石油高等教育"十二五"规划教材

最优控制理论与方法

邵克勇　王婷婷　宋金波　编著

中国石油大学出版社
CHINA UNIVERSITY OF PETROLEUM PRESS

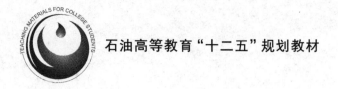

内容提要

本书以最优控制理论为基础，介绍了最优控制的工程应用，主要包括：最优控制中的变分法；连续系统和离散系统极小值原理；极小值原理的应用，包括最短时间控制、最少燃料控制、时间-燃料综合最优控制问题等；线性二次型最优控制系统；离散系统的动态规划和连续控制系统的动态规划。为了方便学习，在各章中都列举了大量的应用实例及其MATLAB实现方法。

本书侧重于基本理论和基础概念的阐述，内容由浅入深，可作为自动化专业本科生的专业课教材使用，也可以作为相关专业的参考用书，以及从事控制系统分析、设计的工程技术人员的参考用书。

PREFACE 前言

最优控制理论是现代控制理论的一个主要分支，着重研究使控制系统的性能指标实现最优化的基本条件和综合方法。随着现代科学技术与生产发展的需要，以及计算机技术的飞速发展，最优控制理论有了许多成功的应用，不仅在运筹学、系统工程、经济管理等学科领域有重要的意义，而且在实际工程设计和系统控制中得到了广泛的重视并取得了显著的使用效果。

本书采用较为通俗易懂的语言，由浅入深地介绍最优控制的基本理论和基础概念，并从工程角度出发，在书中增加了大量的应用性例题，同时为了使题目具有较强的启发性、灵活性和实践性，注重理论的完整性与工程实用性相结合，引入MATLAB软件实现最优控制系统的设计与仿真，将较抽象高深的理论推导形象化，以加深对理论知识的理解。全书各章节间内容联系紧密，逻辑性强，可作为自动化专业本科生专业课的教材使用，也可作为相关专业的参考用书，以及从事控制系统分析、设计的工程技术人员的参考用书。

全书共分7章，第1章主要对最优控制问题的提法、最优控制的分类及最优控制的发展与沿革进行简要介绍；第2章介绍最优控制中的变分法，其中包括泛函与变分和欧拉方程的概念、无约束条件下的变分问题，以及对于不同终端时刻和终端状态的情况，如何运用变分法来求解最优控制问题；第3章介绍极小值原理，包括极小值原理与变分法的联系与区别、连续系统和离散系统极小值原理的提出与证明及应用举例，并对连续系统和离散系统的极小值原理加以比较；第4章和第5章主要介绍最优控制的应用，以极小值原理为基础，介绍最优控制的应用实例，包括最短时间控制问题、最少燃料控制问题及时间-燃料综合最优控制问题；第6章主要介绍线性二次型最优控制系统，其中对二次型性能指标进行简要介绍，着重研究状态调节器、输出调节器和最优跟踪器问题；第7章介绍动态规划问题，在介绍多级决策过程及最优性原理的基础上，着重讨论离散系统的动态规划和连续控制系统的动态规划以及各自在最优控制问题中的应用。

本书由东北石油大学电气信息工程学院邵克勇教授统稿，王婷婷编写第1章、第2章和第3章，宋金波编写第4章、第5章、第6章和第7章。

限于编者水平和经验，书中不妥和疏漏之处在所难免，恳请广大读者批评指正。

作　者

2015年6月

CONTENTS 目录

第1章 导论

本章要点

- 最优控制理论的研究内容：根据被控对象的动态特性（系统数学模型），选择一个容许的控制律，使被控对象按预定要求运行（由初始状态运行到终端状态），并使给定的某一性能指标达到最优值。
- 最优控制问题的数学描述包括被控对象的数学模型、边界条件、容许控制和性能指标。
- 最优控制问题的分类包括单变量函数与多变量函数最优化问题、无约束与有约束最优化问题、确定最优与随机规划问题、线性与非线性最优化问题、静态与动态最优化问题。

1.1 引言

自动控制理论（古典或经典控制理论）对于设计和分析单输入单输出的线性时不变系统是非常有效的。但是随着航空及空间技术的发展，对控制精度提出了更高的要求，并且被控对象是多输入多输出系统，用古典控制理论中的传递函数方法、频率特性方法处理这一类问题变得很复杂。面对实际工程应用中提出的各种问题，学者们深入了解控制系统的内在规律性，充分挖掘时域分析方法的优点，建立了以状态空间法为基础的现代控制理论。

最优控制理论是现代控制理论的重要组成部分，其形成与发展奠定了整个现代控制理论的基础。早在20世纪50年代初，学者们就开始了对最短时间控制问题的研究；随后，由于空间技术的发展，越来越多的学者和工程技术人员投身于这一领域的研究和开发，逐步形成了一套较为完整的最优控制理论体系。迄今为止，控制理论的发展经历了古典控制理论和现代控制理论两个重要发展阶段，并进入了第三阶段——大系统理论和智能控制理论。

最优控制理论研究的主要问题是：根据已建立的被控对象的时域数学模型或频域数学模型，选择一个容许的控制域，使被控对象按预定要求运行，并使给定的某一性能指标达到最优值。从数学观点来看，最优控制理论研究的问题是求解一类带有约束条件的泛函极值问题，属于变分学的理论范畴。

然而，经典变分理论只能解决容许控制属于开集的一类最优控制问题，而工程实践中所遇到的多数是容许控制属于闭集的一类最优控制问题。对于这一类问题，经典变分理论变得无能为力。因此，为了适应工程实践的需要，20 世纪 50 年代中期出现了现代变分理论。在现代变分理论中，最常用的两种方法是极小值原理和动态规划。

极小值（极大值）原理是苏联科学院院士庞特里亚金（N. C. Pontryagin）于 1956 年至 1958 年间逐步创立的。庞特里亚金在力学哈密尔顿原理的启发下进行推测，证明了极小值原理的结论，同时放宽了控制条件，解决了当控制为有界闭集约束时的变分问题，被称为现代变分法。

动态规划是美国学者贝尔曼（R.E.Bellman）于 1953 年至 1957 年为了优化多级决策问题的算法而逐步创立的。贝尔曼依据最优性原理，发展了变分学中的哈密尔顿-雅可比理论。该理论更好地解决了多级决策最优化问题，是一种适用于计算机计算、处理问题范围更广泛的方法。

此外，在现代控制理论的形成与发展中，起过重要推动作用的还有库恩和图克（Kuhn-Tucker）共同推导的关于不等式约束条件下的非线性最优必要条件（库恩-图克定理）以及卡尔曼研究的关于随机控制系统的最优滤波器等。

近年来，由于数字计算机的飞速发展和完善，逐步形成了最优控制理论中的数值计算法。当性能指标比较复杂，或者不能用变量函数表示时，可以采用直接搜索法，经过若干次迭代，搜索到最优点。常用的数值计算法有邻近极值法、梯度法、共轭梯度法及单纯形法等。同时，可以把计算机作为控制系统的一个组成部分，以实现在线控制，从而使最优控制理论的工程实现成为现实。因此，最优控制理论提出的求解方法，既是一种数学方法，又是一种计算机方法。

在现代控制理论和现代控制工程应用中，最优控制吸收了现代数学的很多成果，得到了很大的发展，并渗透到生产、生活、国防、城市规划、智能交通、管理等许多领域，发挥了越来越大的作用。最优控制的发展成果主要包括分布式参数系统的最优控制、随机最优控制、鲁棒最优控制、自适应控制、大系统的最优控制和微分对策等。最优控制理论形成了比较完善的理论体系，在实际工程中的应用将愈来愈广泛。

1.2 最优控制问题实例分析

例 1-1 火车快速到达问题。

考虑一辆火车，其质量为 m，沿着水平轨道运动，不考虑空气的阻力和地面对火车的摩擦力，把火车看成一个沿着直线运动的质点，$x(t)$表示火车在 t 时刻的位置，$u(t)$是施加在火车上的外部控制力。假设火车的初始位置和速度分别为 $x(0)=x_0$，$\dot{x}(0)=0$，要求选择一个合适的外部控制函数 $u(t)$使火车在最短时间内到达并静止在坐标原点，即到达坐标原点时速度为零。

解 根据牛顿第二定律得火车的运动方程为

$$m\ddot{x}(t)=u(t),\quad t>0 \tag{1-1}$$

初始条件为

$$x_1(0)=x_0,\quad x_2(0)=0 \tag{1-2}$$

终端条件为

$$x_1(t_f)=0,\quad x_2(t_f)=0 \tag{1-3}$$

由于技术上的原因，外部推力 $u(t)$ 不可能无限大，它在数量上是有界的，即

$$|u(t)|\leqslant M \tag{1-4}$$

其中，M 是正常数。

控制系统的性能指标为

$$J=\int_0^{t_f}1\mathrm{d}t=t_f \tag{1-5}$$

最优控制问题是寻找一个满足式(1-4)的控制函数 $u(t)$，把火车由初始状态 $(x_0,0)^{\mathrm{T}}$ 转移到终端状态 $(0,0)^{\mathrm{T}}$，且使式(1-5)中的性能指标达到最小。

任何能达到上述要求的控制函数都称为最优控制。电梯的快速升降、轧钢机的快速控制和机械振动的快速消振问题都可以用上述问题阐述。

例 1-2　最大半径轨道转移问题。

已知宇宙飞船沿环形地球轨道飞行，要求用有限推力的小火箭发动机在预定时间 t_f 内使飞船转移到半径最大的环形火星轨道上，试确定小火箭发动机推力方位角的最优变化率。

设宇宙飞船小火箭发动机的推力为 p 且大小恒定，推力方位角为 $\theta(t)$，宇宙飞船到引力中心的径向距离为 $r(t)$，地球轨道的径向距离为 $r(0)$，火星轨道的径向距离为 $r(t_f)$，宇宙飞船速度向量的径向分量为 $u(t)$，切向分量为 $v(t)$，宇宙飞船的质量为 m_0，燃料消耗率为常数 m，引力中心的引力常数为 λ。推力最大半径轨道转移问题如图 1-1 所示。

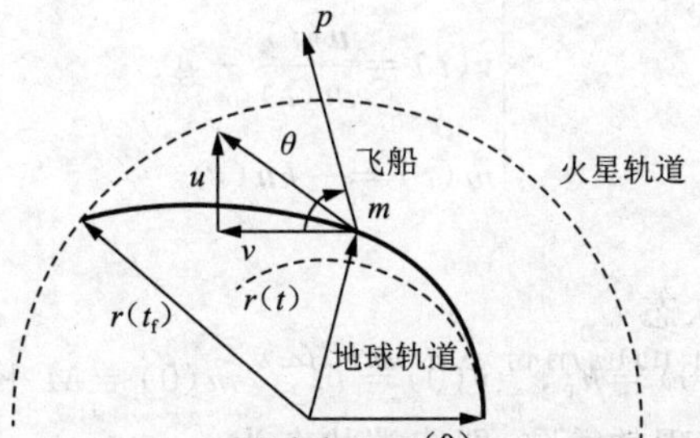

图 1-1　最大半径轨道转移示意图

解　根据力学规律，可以列出系统的运动方程为

$$\begin{cases}\dot{r}(t)=u(t)\\ \dot{u}(t)=\dfrac{v^2(t)}{r(t)}-\dfrac{\lambda}{r^2(t)}+\dfrac{p\sin\theta(t)}{m_0-|\dot{m}|t}\\ \dot{v}(t)=-\dfrac{u(t)v(t)}{r(t)}+\dfrac{p\cos\theta(t)}{m_0-|\dot{m}|t}\end{cases} \tag{1-6}$$

初始状态为

$$r(0)=r_0,\quad u(0)=0$$
$$v(0)=\sqrt{\frac{\lambda}{r_0}},\quad m(0)=m_0 \tag{1-7}$$

终端状态要求为

$$u(t_f)=0,\quad v(t_f)=\sqrt{\frac{\lambda}{r(t_f)}} \tag{1-8}$$

性能指标为

$$J=r(t_f) \tag{1-9}$$

最优控制任务是确定 $\theta^*(t)$，使宇宙飞船在预定时间 t_f 内由已知初态转移到要求的终态，并使性能指标（轨道转移半径）最大。

例 1-3 飞船软着陆最小燃料消耗问题。

为了使宇宙飞船在月球表面实现软着陆（到达月球表面时的速度为零），飞船必须依靠其发动机产生一个与月球重力相反的推力 $\boldsymbol{u}(t)$，试寻求发动机推力的最优控制律，使燃料消耗最少，以便在完成登月考察任务后有足够的燃料离开月球，返回地球。

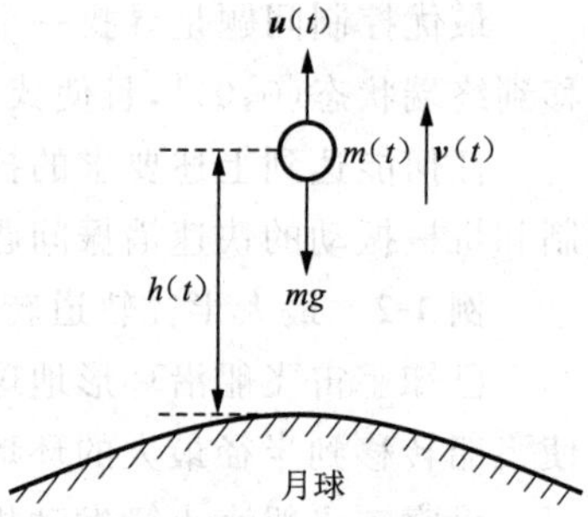

图 1-2 飞船软着陆示意图

解 设飞船总质量为 $m(t)$，距月球高度为 $h(t)$，垂直速度为 $\boldsymbol{v}(t)$，发动机推力为 $\boldsymbol{u}(t)$，月球表面的重力加速度可视为常数 g，不带燃料时飞船自身质量为 M，所带初始燃料质量为 F，初始高度为 h_0，初始垂直速度为 v_0。

飞船从 $t_0=0$ 时刻开始进入着陆过程，其运动方程可以表示为

$$\begin{cases}\dot{h}(t)=\boldsymbol{v}(t)\\ \dot{\boldsymbol{v}}(t)=\dfrac{\boldsymbol{u}(t)}{m(t)}-g\\ \dot{m}(t)=-k\boldsymbol{u}(t)\end{cases} \tag{1-10}$$

式中，k 是一个常数。

要求控制飞船从初始状态

$$h(0)=h_0,\quad \boldsymbol{v}(0)=v_0,\quad m(0)=M+F \tag{1-11}$$

出发，在某一终端时刻 t_f 实现软着陆，即终端状态为

$$h(t_f)=0,\quad \boldsymbol{v}(t_f)=0 \tag{1-12}$$

控制过程中推力 $\boldsymbol{u}(t)$ 不能超过发动机所能提供的最大推力 $\boldsymbol{u}_{\max}$，即 $\boldsymbol{u}(t)$ 要满足约束条件

$$0\leqslant \boldsymbol{u}(t)\leqslant \boldsymbol{u}_{\max} \tag{1-13}$$

而满足上述约束条件的同时，能使飞船实现软着陆的推力 $\boldsymbol{u}(t)$ 不止一种，其中消耗燃料最少的才是本问题所要求的最优推力。

要求燃料消耗最少，就是使

$$J=m(t_0)-m(t_f)=-\int_0^{t_f}\dot{m}(t)\mathrm{d}t=\int_0^{t_f}k\boldsymbol{u}(t)\mathrm{d}t \tag{1-14}$$

取最小值。也就是要寻求发动机推力的最优控制律 $\boldsymbol{u}(t)$，在满足约束条件式(1-13)下，使飞船由初始状态式(1-11)转移到终端状态式(1-12)，并且使式(1-14)的性能指标最小。

式(1-14)中的性能指标是使燃料消耗量为最小。由于初始燃料是个定值，所以式(1-14)可等价为飞船在着陆时的质量为最大，即

$$J = m(t_{\mathrm{f}}) \tag{1-15}$$

达到最大值。可见，极小值和极大值问题可以相互转换。该最优化问题是一个最少燃料消耗的最优控制问题，在第 3 章中会应用极小值原理给出本例的解法。

例 1-4　导弹最快拦截问题。

设空中有一枚敌方导弹 M(称为目标)和一枚我方导弹 N(称为拦截器)，已知 M 以 $\boldsymbol{v}_M$ 做等速飞行，其重力加速度为 g；N 的质量为 $m(t)$，满载燃料时的质量为 $m(0)$，燃料消耗完毕时的质量为 m_{e}，发动机推力为 $p(t)$，单位推力的燃料消耗率为常数 k，推力的方位角为$\theta(t)$，发动机的最大推力限额为 p_M。作战任务要求确定 N 的推力及其方位角的最优变化率 $p^*(t)$ 和 $\theta^*(t)$，以便在空中尽快摧毁目标 M。

为了便于研究，假定 N 与 M 在同一平面内运动，如图 1-3 所示。

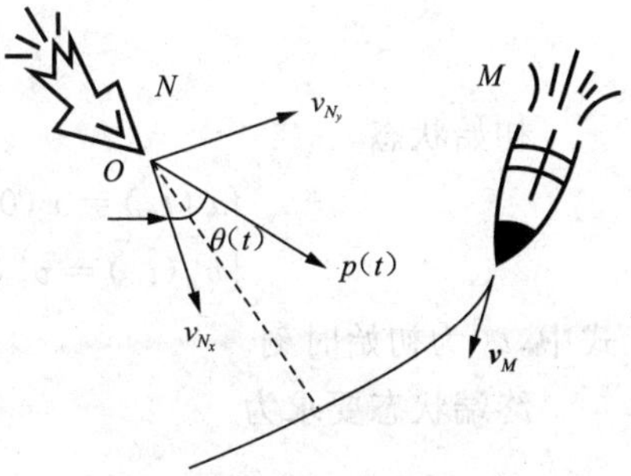

图 1-3　最快拦截问题示意图

解　由图可列出目标 M 的运动方程为

$$\begin{cases} \dot{x}_M(t) = v_{M_x}(t) \\ \dot{y}_M(t) = v_{M_y}(t) \\ \dot{v}_{M_x}(t) = 0 \\ \dot{v}_{M_y}(t) = -g \end{cases} \tag{1-16}$$

式中，(x_M, y_M)表示平面上目标 M 的位置，(v_{M_x}, v_{M_y})表示目标 M 的速度。若用(x_N, y_N)表示平面上 N 的位置，(v_{N_x}, v_{N_y})表示 N 的速度，则 N 的运动方程为

$$\begin{cases} \dot{x}_N(t) = v_{N_x}(t) \\ \dot{y}_N(t) = v_{N_y}(t) \\ \dot{v}_{N_x}(t) = \dfrac{p(t)}{m(t)}\cos\theta(t) \\ \dot{v}_{N_y}(t) = \dfrac{p(t)}{m(t)}\sin\theta(t) - g \\ \dot{m}(t) = kp(t) \end{cases} \tag{1-17}$$

为了进一步简化运动方程，取相对运动坐标系。令 N 与目标的相对位置及相对速度为

$$\begin{cases} x(t) = x_N(t) - x_M(t) \\ y(t) = y_N(t) - y_M(t) \\ v_x(t) = v_{N_x}(t) - v_{M_x}(t) \\ v_y(t) = v_{N_y}(t) - v_{M_y}(t) \end{cases} \tag{1-18}$$

于是，拦截器与目标的相对运动方程可写为

$$\begin{cases}\dot{x}(t)=v_x(t)\\ \dot{y}(t)=v_y(t)\\ \dot{v}_x(t)=\dfrac{p(t)}{m(t)}\cos\theta(t)\\ \dot{v}_y(t)=\dfrac{p(t)}{m(t)}\sin\theta(t)\\ \dot{m}(t)=kp(t)\end{cases} \tag{1-19}$$

初始状态

$$\begin{cases}x(t_0)=x(0),\quad y(t_0)=y(0),\quad m(t_0)=m(0)\\ v_x(t_0)=v_x(0),\quad v_y(t_0)=v_y(0)\end{cases} \tag{1-20}$$

式中，t_0 为初始时刻。

终端状态要求为

$$\begin{cases}x(t_f)=y(t_f)=0\\ m(t_f)\geqslant m_e\end{cases} \tag{1-21}$$

要求拦截器在燃料消耗完毕前击中目标。

控制约束为

$$\begin{cases}|p(t)|\leqslant p_M\\ \theta(t)\ \text{不限}\end{cases} \tag{1-22}$$

性能指标取为

$$J=\int_{t_0}^{t_f}\mathrm{d}t \tag{1-23}$$

最优控制任务是在容许控制中确定 $p^*(t)$ 和 $\theta^*(t)$，使拦截器 N 从已知初态转移到要求的终态，并使给定的性能指标极小(时间最短)。

例 1-5 基金的最优管理问题。

某基金会得到一笔 60 万元的基金，现将这笔基金存入银行，年利率为 10%。该基金计划用 80 年，80 年后要求只剩 0.5 万元用作处理该基金会的结束事宜。根据基金会的需要，每年至少支取 5 万元，至多支取 10 万元作为某种奖金。现在的问题是制定该基金的最优管理策略，即每年支取多少元才能使基金会在 80 年中从银行取出的总金额最大。

解 令 $x(t)$ 表示第 t 年存入银行的总钱数，$u(t)$ 表示第 t 年支取的钱数，则

$$\begin{cases}\dot{x}(t)=rx(t)-u(t),\quad r=0.1\\ x(0)=60\\ x(80)=0.5\end{cases} \tag{1-24}$$

根据基金会的需要，每年至少支取 5 万元，至多支取 10 万元，因此

$$5\leqslant u(t)\leqslant 10 \tag{1-25}$$

基金会在 80 年中从银行支取的总金额为

$$J=\int_0^{80}u(t)\mathrm{d}t \tag{1-26}$$

基金的最优管理问题是求解满足式(1-24)和式(1-25)的 $u(t)$，使式(1-26)中的 J 取最

大值的问题。应用第 3 章介绍的极小值原理可以求出最优管理策略:在第 16 年以前,每年支取 5 万元,第 16 年以后,每年支取 10 万元,共支取 720 万元。

例 1-6 生产计划问题。

设有 m 台同样的机器,每台机器可以做两种工作,如果用于做第一种工作,每台每年可获利 3 万元,机器的损坏率为$\frac{2}{3}$;如果用于做第二种工作,每台每年可获利 2.5 万元,机器的损坏率为$\frac{1}{3}$。现考虑 3 年的生产周期,试确定如何安排生产计划才可以获得最大利润。

解 设第 k 年可用机器的台数为$x(k)$台,第 k 年分配做第一种工作的机器台数为$u(k)$台,显然,第 $k+1$ 年可用机器的台数 $x(k+1)$ 满足状态方程

$$x(k+1)=\frac{1}{3}u(k)+\frac{2}{3}[x(k)-u(k)] \tag{1-27}$$

$u(k)$满足约束条件

$$0\leqslant u(k)\leqslant x(k) \tag{1-28}$$

第 k 年获得的利润为

$$R=3u(k)+2.5[x(k)-u(k)]=0.5u(k)+2.5x(k) \tag{1-29}$$

3 年一共获得的利润为

$$J=\sum_{k=0}^{2}R=\sum_{k=0}^{2}[0.5u(k)+2.5x(k)] \tag{1-30}$$

生产计划问题是寻求满足状态方程(1-27)和约束条件式(1-28)的 $u^*(k)(k=0,1,2)$,使式(1-30)中的性能指标 J 达到最大。

1.3 最优控制问题数学描述

从上述 6 个最优控制问题的实例可以看出,最优控制理论所要解决的问题是:根据被控对象的动态特性(系统数学模型),选择一个容许的控制律,使被控对象按预定要求运行(由初始状态运行到终端状态),并使给定的某一性能指标达到最优值。

因此,最优控制问题的数学描述应包含以下四个方面的内容:被控对象的数学模型、系统的边界条件(初始状态和终端状态)、容许控制和衡量“控制作用”效果的性能指标。

1.3.1 数学模型

被控系统的数学模型即动态系统的微分方程,它反映了动态系统在运动过程中所应遵循的物理或化学规律,其运动规律可以用状态方程来表示。

令 $\boldsymbol{x}(t)=[x_1(t),x_2(t),\cdots,x_n(t)]^{\mathrm{T}}$ 为控制系统的 n 维状态向量,$\boldsymbol{u}(t)=[u_1(t),u_2(t),\cdots,u_m(t)]^{\mathrm{T}}$ 为控制系统的 m 维控制向量,则控制系统的状态方程通常可用一阶微分方程组描述为

$$\dot{\boldsymbol{x}}(t)=f[\boldsymbol{x}(t),\boldsymbol{u}(t),t] \tag{1-31}$$

式中,f 为 n 维向量函数,t 为时间变量。在确定初始状态 $\boldsymbol{x}(t_0)=\boldsymbol{x}_0$ 的情况下,若已知控制

律 $\boldsymbol{u}(t)$，则状态方程(1-31)有唯一解 $\boldsymbol{x}(t)$。

式(1-31)概括了 1.2 节中式(1-1)、式(1-6)、式(1-10)、式(1-16)和式(1-24)几种情况。

当 f 不显含 t 时，称式(1-31)为定常系统（或称时不变系统）；当 f 与 $\boldsymbol{x}(t)$ 和 $\boldsymbol{u}(t)$ 为线性关系时，称式(1-31)为线性系统，这时方程可以写成

$$\dot{\boldsymbol{x}}(t)=\boldsymbol{A}(t)\boldsymbol{x}(t)+\boldsymbol{B}(t)\boldsymbol{u}(t) \tag{1-32}$$

其中，$\boldsymbol{A}(t)$ 和 $\boldsymbol{B}(t)$ 为维数适当的时变矩阵。当 $\boldsymbol{A}$ 和 $\boldsymbol{B}$ 与时间 t 无关时，称式(1-32)为线性定常系统或线性自治系统。

在一些实际问题中，系统的状态变量和控制变量关于时间是离散的，这样的控制系统称为离散控制系统。令 $\boldsymbol{x}(k)=[x_1(k),\cdots,x_n(k)]^{\mathrm{T}}$ 为控制系统的 n 维状态向量，$\boldsymbol{u}(k)=[u_1(k),\cdots,u_m(k)]^{\mathrm{T}}$ 为控制系统的 m 维控制向量，则离散控制系统的状态方程可用差分方程描述成

$$\boldsymbol{x}(k+1)=f[\boldsymbol{x}(k),\boldsymbol{u}(k),k] \tag{1-33}$$

方程(1-33)概括了方程(1-27)的情况。

1.3.2 边界条件

状态方程的边界条件也就是动态系统的初始状态和终端状态。动态系统的运动归根结底是在状态空间里从一个状态转移到另一个状态，其运动随时间的变化对应于状态空间的一条轨线。轨线的初始状态可以记为 $\boldsymbol{x}(t_0)$，t_0 为初始时间；轨线的终端状态可记为 $\boldsymbol{x}(t_{\mathrm{f}})$，$t_{\mathrm{f}}$ 为到达终端的时间。

在最优控制问题中，初始状态一般是已知的，而终端状态可以归结为以下两种情况：

(1) 终端时间和终端状态都固定。

终端时间固定是指到达终端的时间是已知的或固定的，即 t_{f} 是一个定值。终端状态固定是指终端状态 $\boldsymbol{x}(t_{\mathrm{f}})$ 对应于状态空间的一个固定点。

(2) 终端时间固定，终端状态自由。

终端状态自由是指终端状态是一个运动的点，不再是一个固定的点，而是一个满足所有条件的终端状态的集合，这个点的集合称为目标集，可以用 S 来表示。

对于以上两种情况，都可以用一个目标集 S 来概括，如果终端状态不受任何条件的约束，则目标集 S 扩展到整个状态空间；如果终端状态受某些条件的约束，则目标集 S 为状态空间的一个曲面；如果终端状态固定，则目标集 S 仅有一个元素。

1.3.3 容许控制

在控制系统中存在两类控制：一类是变化范围受限制的控制，如例 1-3 中发动机的推力和例 1-4 中拦截器的推力等，这一类控制属于某一闭集；另一类是变化范围不受限制的控制，如例 1-4 中拦截器推力的方位角以及例 1-2 中宇宙飞船小火箭发动机推力的方位角等，这一类控制属于某一开集。

对于一个实际的控制问题，输入控制 $\boldsymbol{u}(t)$ 的取值必定要受一定条件的约束。满足约束条件的控制作用 $\boldsymbol{u}(t)$ 的一个取值对应于 m 维空间的一个点。所有满足条件的控制作用 $\boldsymbol{u}(t)$ 的取值构成 m 维空间的一个集合，记为 Ω，称为容许控制集。凡是属于容许控制集 Ω 的控制都是容许控制，用 $\boldsymbol{u}(t)\in\Omega$ 表示。

1.3.4 性能指标

在状态空间中，从初始状态转移到终端状态，可以通过不同的控制作用来实现。如何衡量系统在每一个控制作用下的好坏，需要用一个标准对其进行量化评定。这个评比的标准称为性能指标。

性能指标的内容与形式主要取决于最优控制问题所要完成的任务。不同的最优控制问题，必定有不同的性能指标。然而，即使是同一个最优控制问题，其性能指标的选取也可能因侧重点的不同而不同。例如，有的要求时间最短，有的注重燃料最省，有的时间与燃料兼顾。应当指出，性能指标选取的合适与否，是决定系统是否存在最优解的关键所在。

性能指标一般用 J 来表示，在最优控制相关资料中也被称为性能泛函、目标函数、价值函数、效益函数、代价函数等。性能指标有以下三种典型形式。

1）积分型或称拉格朗日(Lagrange)型性能指标

$$J=\int_{t_0}^{t_f} L[\boldsymbol{x}(t),\boldsymbol{u}(t),t]\mathrm{d}t \tag{1-34}$$

表示在整个自动控制过程中，状态 $\boldsymbol{x}(t)$和控制 $\boldsymbol{u}(t)$应达到某些要求。要求调节过程的某种积分评价为极小(或极大)属于这一类问题，例如：

(1) 最短时间控制问题。

要求系统在最短的时间内由给定的初始状态 $\boldsymbol{x}(t_0)$转移到要求的终端状态 $\boldsymbol{x}(t_f)$，取 $L[\boldsymbol{x}(t),\boldsymbol{u}(t),t]=1$，则有

$$J=\int_{t_0}^{t_f}\mathrm{d}t=t_f-t_0 \tag{1-35}$$

(2) 最少燃料控制问题。

要求保证$[t_0,t_f]$时间内由给定的初始状态 $\boldsymbol{x}(t_0)$转移到要求的终端状态 $\boldsymbol{x}(t_f)$所用燃料最少，取 $L[\boldsymbol{x}(t),\boldsymbol{u}(t),t]=\sum_{j=1}^{m}|u_j(t)|$，则有

$$J=\int_{t_0}^{t_f}\sum_{j=1}^{m}|u_j(t)|\mathrm{d}t \tag{1-36}$$

(3) 最小能量控制问题。

要求保证一个物理系统所用能源的能量消耗最少，取 $L[\boldsymbol{x}(t),\boldsymbol{u}(t),t]=\boldsymbol{u}^{\mathrm{T}}(t)\boldsymbol{u}(t)$，则有

$$J=\int_{t_0}^{t_f}\boldsymbol{u}^{\mathrm{T}}(t)\boldsymbol{u}(t)\mathrm{d}t \tag{1-37}$$

在变分法中，积分型性能指标的泛函极值最优控制问题称为拉格朗日问题。

2）终端型或称麦耶尔(Mayer)型性能指标

$$J=\Phi[\boldsymbol{x}(t_f),t_f] \tag{1-38}$$

表示系统在控制过程结束后，终端状态 $\boldsymbol{x}(t_f)$应达到某些要求。例如，月球软着陆问题中要求终端时刻飞船的质量最小。终端时刻 t_f 可以固定，也可以自由，由最优控制问题的性质而定。

在变分法中，终端型性能指标的泛函极值最优控制问题称为迈耶尔问题。

3) 综合型或称波尔扎(Bolza)型性能指标

$$J=\Phi[\boldsymbol{x}(t_f),t_f]+\int_{t_0}^{t_f}L[\boldsymbol{x}(t),\boldsymbol{u}(t),t]\mathrm{d}t \tag{1-39}$$

表示对控制过程中的状态 $\boldsymbol{x}(t)$,控制作用 $\boldsymbol{u}(t)$ 及控制过程结束后的终端状态 $x(t_f)$ 均有要求,是最一般的性能指标形式。例如:

(1) 状态调节器问题。

所谓状态调节器,是指设计一个线性系统,使其在干扰作用下始终能保持处于平衡状态 $\boldsymbol{x}(0)=0$,即该系统应具有从任何初始状态返回到平衡状态的能力,选取性能指标如下:

$$J=\frac{1}{2}\boldsymbol{x}^{\mathrm{T}}(t_f)\boldsymbol{F}\boldsymbol{x}(t_f)+\frac{1}{2}\int_{t_0}^{t_f}[\boldsymbol{x}^{\mathrm{T}}(t)\boldsymbol{Q}(t)\boldsymbol{x}(t)+\boldsymbol{u}^{\mathrm{T}}(t)\boldsymbol{R}(t)\boldsymbol{u}(t)]\mathrm{d}t \tag{1-40}$$

式中,$\boldsymbol{F}=\boldsymbol{F}^{\mathrm{T}}\geqslant 0,\boldsymbol{Q}(t)=\boldsymbol{Q}^{\mathrm{T}}(t)\geqslant 0,\boldsymbol{R}(t)=\boldsymbol{R}^{\mathrm{T}}(t)>0$,均为加权矩阵。

(2) 输出调节器问题。

所谓输出调节器问题,是指系统受扰偏离原输出平衡状态时,要求产生一个控制向量,使系统输出 $\boldsymbol{y}(t)$ 保持在原平衡状态附近,并使性能指标式(1-41)极小。

$$J=\frac{1}{2}\boldsymbol{y}^{\mathrm{T}}(t_f)\boldsymbol{F}\boldsymbol{y}(t_f)+\frac{1}{2}\int_{t_0}^{t_f}[\boldsymbol{y}^{\mathrm{T}}(t)\boldsymbol{Q}(t)\boldsymbol{y}(t)+\boldsymbol{u}^{\mathrm{T}}(t)\boldsymbol{R}(t)\boldsymbol{u}(t)]\mathrm{d}t \tag{1-41}$$

(3) 跟踪问题。

所谓跟踪问题,是指要求控制系统的输出 $\boldsymbol{y}(t)$ 跟踪期望输出 $\boldsymbol{y}_r(t)$,选取性能指标如下:

$$J=\frac{1}{2}\boldsymbol{e}^{\mathrm{T}}(t_f)\boldsymbol{F}\boldsymbol{e}(t_f)+\frac{1}{2}\int_{t_0}^{t_f}[\boldsymbol{e}^{\mathrm{T}}(t)\boldsymbol{Q}(t)\boldsymbol{e}(t)+\boldsymbol{u}^{\mathrm{T}}(t)\boldsymbol{R}(t)\boldsymbol{u}(t)]\mathrm{d}t \tag{1-42}$$

式中,$\boldsymbol{F}=\boldsymbol{F}^{\mathrm{T}}\geqslant 0,\boldsymbol{Q}(t)=\boldsymbol{Q}^{\mathrm{T}}(t)\geqslant 0,\boldsymbol{R}(t)=\boldsymbol{R}^{\mathrm{T}}(t)>0$,且 $\boldsymbol{e}(t)=\boldsymbol{y}_r(t)-\boldsymbol{y}(t)$ 为输出误差向量,而 $\boldsymbol{y}_r(t)$ 为希望输出向量,$\boldsymbol{y}(t)$ 为输出向量。

在变分法中,综合型性能指标的泛函极值问题称为波尔扎问题。需要指出的是,积分型、终端型和综合型三种性能指标,通过引入适当的辅助变量可以相互转换。

1.3.5 连续最优控制问题的描述

设连续系统状态方程及初始条件为

$$\dot{\boldsymbol{x}}(t)=f[\boldsymbol{x}(t),\boldsymbol{u}(t),t],\quad \boldsymbol{x}(t_0)=\boldsymbol{x}_0 \tag{1-43}$$

式中,$\boldsymbol{x}(t)\in\mathbf{R}^n,f\in\mathbf{R}^n$ 是 $\boldsymbol{x}(t),\boldsymbol{u}(t)$ 和 t 的连续向量函数,并对 $\boldsymbol{x}(t)$ 和 t 连续可微;$\boldsymbol{u}(t)$ 在 $[t_0,t_f]$ 上分段连续。若存在控制作用 $\boldsymbol{u}(t)$,能使系统从初态 x_0 转移到终态 $x_f\in S$,并使下列性能指标:

$$J=\Phi[\boldsymbol{x}(t_f),t_f]+\int_{t_0}^{t_f}L[\boldsymbol{x}(t),\boldsymbol{u}(t),t]\mathrm{d}t \tag{1-44}$$

达到极小或极大值的控制作用 $\boldsymbol{u}(t)$ 称为最优控制,记为 $\boldsymbol{u}^*(t)$。对应的 $\boldsymbol{x}(t)$ 称为最优轨线,记为 $\boldsymbol{x}^*(t)$。其中,$\Phi[\boldsymbol{x}(t_f),t_f]$ 和 $L[\boldsymbol{x}(t),\boldsymbol{u}(t),t]$ 都是 $\boldsymbol{x}(t)$ 和 t 的连续可微函数。

可见,最优控制的任务是:给定一个被控系统或被控过程(包括有关的约束条件和边界条件)以及性能指标,设计相应的控制系统,使其在满足约束条件和边界条件的同时,性能指标达到极小(或极大)值。

1.3.6 离散最优控制问题的描述

设离散系统的状态方程用如下差分方程表示

$$\boldsymbol{x}(k+1)=f[\boldsymbol{x}(k),\boldsymbol{u}(k),k] \tag{1-45}$$

式中，$\boldsymbol{x}(k)=[x_1(k),x_2(k),\cdots,x_n(k)]^{\mathrm{T}}$ 表示系统在离散时刻 k 的 n 维状态向量，表示第 k 步的状态；$\boldsymbol{u}(k)=[u_1(k),u_2(k),\cdots,u_m(k)]^{\mathrm{T}}$ 表示系统在离散时刻 k 的 m 维控制向量，表示第 k 步的控制量；$f[\boldsymbol{x}(k),\boldsymbol{u}(k),k]$表示 n 维向量函数序列。

性能指标表示为综合型

$$J=\Phi[\boldsymbol{x}(MT),MT]+\sum_{k=0}^{M-1}L[\boldsymbol{x}(kT),\boldsymbol{u}(kT),kT] \tag{1-46}$$

或简写为

$$J=\Phi[\boldsymbol{x}(M),M]+\sum_{k=0}^{M-1}L[\boldsymbol{x}(k),\boldsymbol{u}(k),k] \tag{1-47}$$

式中，$x(M)$表示终端状态，$\Phi[\boldsymbol{x}(M),M]$和 $L[\boldsymbol{x}(k),\boldsymbol{u}(k),k]$均为连续可微的标量函数。

在采样时刻 $0,T,2T,\cdots,(M-1)T$ 寻找最优控制向量 $\boldsymbol{u}^*(0),\boldsymbol{u}^*(1),\boldsymbol{u}^*(2),\cdots,\boldsymbol{u}^*(M-1)$和相应的最优状态向量 $\boldsymbol{x}^*(0),\boldsymbol{x}^*(1),\boldsymbol{x}^*(2),\cdots,\boldsymbol{x}^*(M)$，使离散系统在各种约束条件下经过 M 步控制，系统状态由初始状态 $\boldsymbol{x}^*(0)$转移到终端状态 $\boldsymbol{x}^*(M)$，并使性能指标

$$J=\Phi[\boldsymbol{x}(M),M]+\sum_{k=0}^{M-1}L[\boldsymbol{x}(k),\boldsymbol{u}(k),k] \tag{1-48}$$

取得最小值。

1.4 最优控制问题分类

1.4.1 单变量函数与多变量函数最优化问题

如果系统中需要寻优的变量仅有一个，则为单变量函数的最优化问题。如果系统中需要寻优的变量多于一个，则为多变量函数的最优化问题。尽管实际生产过程中往往需要寻优的变量是很多的，即为多变量函数的最优化问题，但对于不少多变量的优化问题，往往归结为反复地求解一系列变量函数的最优值，因此，单变量函数最优化方法是求解最优化问题的基本方法。

1.4.2 无约束与有约束最优化问题

如果控制变量的范围不受限制，则为无约束的最优化问题。求无约束函数的极值时，问题的最优解即为性能指标的极值，但是在实际的控制问题中，控制变量的取值范围总是受到限制的，也就是说，总是要在一定的约束条件下来研究性能指标的最优化问题，即为有约束的最优化问题。约束条件可分为等式约束条件和不等式约束条件。等式约束条件上各点称为可行解。等式约束曲线表示为可行域。满足不等式约束条件的区域范围称为解的可行域。在该域内的解称为可行解，而可行解的数目会有无限多个，其中必有一个为最优解。

例如，某公司要在规定的时间内对其产品做一个计划，那么它必须根据库存量、市场对产品的需求量以及生产率来考虑使产品的生产成本最低。那么这个问题就是一个经济最优控制问题。

设 T 是一个固定时间，$\boldsymbol{x}(t)$表示在时刻 $t(0\leqslant t\leqslant T)$时的产品存货量，$\boldsymbol{r}(t)$表示在时刻 t 时对产品的需要率。这里假定 $\boldsymbol{r}(t)$为时间 t 的已知连续函数，$\boldsymbol{u}(t)$表示在时刻 t 的生产率，函数 $\boldsymbol{u}(t)$由生产计划人员来选取，即生产计划或者称控制。取 $\boldsymbol{u}(t)$为分段连续函数，则存货量由微分方程(1-49)确定，其中 $\boldsymbol{x}_0$ 是原来的库存量，即初始值。

$$\frac{\mathrm{d}\boldsymbol{x}(t)}{\mathrm{d}t}=-\boldsymbol{r}(t)+\boldsymbol{u}(t),\quad \boldsymbol{x}(0)=\boldsymbol{x}_0 \tag{1-49}$$

设该产品在单位时间内的生产成本是生产率的函数，即单位时间的生产成本是 $h[\boldsymbol{u}(t)]$，$b>0$ 是单位时间储藏单位商品的费用。于是，在时刻 t 该公司生产这个产品的单位时间的成本是

$$L[\boldsymbol{x}(t),\boldsymbol{u}(t),t]=h[\boldsymbol{u}(t)]+b\boldsymbol{r}(t) \tag{1-50}$$

因此，在规定时间 T 内生产此产品的总成本为

$$J=\int_0^T L[\boldsymbol{x}(t),\boldsymbol{u}(t),t]\mathrm{d}t \tag{1-51}$$

对生产计划人员来说，就是要选取一个控制 $\boldsymbol{u}(t)$使总成本 J 达到极小值。

如果对于 $\boldsymbol{x}(t)$，$\boldsymbol{r}(t)$和 $\boldsymbol{u}(t)$不加任何的限制，即为一个无约束条件的最优化问题。但从 $\boldsymbol{x}(t)$的实际意义来看，公司的库存量不可能是无限的，要受一定条件的限制：

$$0\leqslant \boldsymbol{x}(t)\leqslant A,\quad A \text{ 为公司最大库存量}$$

生产计划 $\boldsymbol{u}(t)$是公司的生产率，要受公司生产设备的限制：

$$0\leqslant \boldsymbol{u}(t)\leqslant B,\quad B \text{ 为公司最大生产率}$$

产品的需要率 $\boldsymbol{r}(t)$也不可能是无限的，也要受一定的限制：

$$0\leqslant \boldsymbol{r}(t)\leqslant C,\quad C \text{ 为产品的最大需要率}$$

如果在做计划时考虑这些条件的限制，那么这个问题就是一个在不等式约束条件下的最优化问题。

1.4.3 确定最优与随机规划问题

在确定最优问题中，系统中每个变量的变化规律都是确定的，可用一个确定的关系式描述，而且每个变量的取值也是确定的、可知的。例如，电路中用电设备的耗电量与时间的关系。

在随机最优问题中，系统中有些变量不能用一个确定的表达式来描述，某些变量的取值是不确定的，但可根据大量的实验统计法来确定概率分布规律。例如，电子系统的可靠问题是一个随机性最优化问题，这是因为人们无法确切知道电子系统中某些组成器件或部件的失效时间，而只能根据经验或统计资料掌握其概率分布规律。解决随机性最优化问题一般可采用卡尔曼滤波方法。对于某些能表示成数学规律模型的随机性最优化问题，可以和确定性最优化问题一样采用规划方法求解，称为随机规划。

1.4.4 线性与非线性最优化问题

如果性能指标和所有约束条件式均为线性，即它们是变量的线性函数，则称为线性最优

化问题或线性规划问题。

如果性能指标或约束条件式(即使只是部分约束条件式)中任何一个是变量的非线性函数,则称为非线性最优化问题或非线性规划问题。

线性最优化问题的求解方法大致分为间接法(解析法)和直接法(数值解法)。线性规划问题是非线性规划问题的一个特例,求解线性规划问题有很成熟的方法,比较容易,而求解非线性规划问题则很困难。在实际工程应用中,往往采用线性化方法,用线性函数求解近似非线性最优化中的非线性函数,把非线性最优化问题转化成线性最优化问题。

1.4.5　静态与动态最优化问题

控制系统最优化问题一般可分为静态最优化(参数最优化)问题和动态最优化(最优控制)问题。

静态最优化问题是指在稳定工况下实现最优化,它反映了系统达到稳态后的静态关系。系统中各变量不随时间 t 变化,而只表示对象在稳定工况下各参数之间的关系,其特性用代数方程来描述。大多数的生产过程被控对象可以用静态最优化问题来处理,并且具有足够的精度。静态最优化问题一般可用一个目标函数 $J=f(x)$ 和若干个等式约束条件或不等式约束条件来描述,要求在满足约束条件下使目标函数 J 为极大或极小。

动态最优化问题是指在系统从一个工况变化到另一个工况的变化过程中,应满足最优要求。在动态系统中,所有的参数都是时间 t 的函数,其特性可用微分方程或差分方程来描述。动态最优控制要求寻找出控制作用的一个或一组函数而不是一个或一组数值,使性能指标在满足约束条件下为最优值。这样,性能指标不再是一般函数,而是函数的函数,即性能指标是一个泛函。因此,这在数学上属于泛函求极值的问题。

静态最优化问题可以采用线性规划和非线性规划方法(包括间接法和直接法)来解决。而解决动态最优化问题则采用经典变分法、极小(极大)值原理、动态规划和线性二次型最优控制法等。对于动态系统,当控制无约束时,采用经典变分法;当控制有约束时,采用极小值原理或动态规划法。如果系统是线性的,性能指标是二次型形式的,则可采用线性二次型最优控制方法求解。

应当指出,在求解动态最优化问题中,若将时域$[t_0,t_f]$分成许多有限区域段,在每一分段内将变量近似看作常量,那么动态最优化问题可近似按分段静态最优化问题处理,这就是离散事件最优化问题。显然,分段越多,近似的精确程度越高。所以静态最优和动态最优问题并不是毫无联系的。如果动态最优化问题能够表示成线性规划的数学模型,则完全可以用线性规划方法来求解动态最优化问题。

1.5　本书主要内容

第1章　导论。本章通过几个最优控制问题的实例,介绍最优控制问题的数学描述和分类。

第2章　最优控制中的变分法。首先介绍函数的极值问题和泛函与变分的一些基本概念;其次介绍无约束条件下的泛函极值问题,并阐述对于不同终端时刻和终端状态,如何运用变分法来求解最优控制问题；最后介绍无约束和内点约束下的角点条件。

第 3 章　极小值原理。通过极小值原理和变分法的联系与区别，首先介绍连续系统极小值原理；其次介绍离散欧拉方程和离散系统极小值原理，对连续系统和离散系统的极小值原理进行比较；最后给出连续系统的离散化处理方法。

第 4 章　时间最优控制系统。用极小值原理求解非线性系统的最短时间控制问题，包括平凡时间最优控制和非平凡时间最优控制，然后介绍线性定常系统的最短时间控制问题及最短时间控制的应用。

第 5 章　燃料最优控制系统。首先用极小值原理求解非线性系统的最少燃料控制问题，包括平凡燃料最优问题和非平凡燃料最优问题；其次介绍线性定常系统的最少燃料控制问题；最后给出二次积分模型的时间-燃料最优控制问题的求解方法。

第 6 章　线性二次型最优控制系统。简要介绍二次型性能指标，着重研究状态调节器、输出调节器和最优跟踪器问题，并对离散系统的二次型最优控制问题进行分析。

第 7 章　动态规划。在介绍多段决策过程及最优性原理的基础上，讨论离散系统的动态规划和连续控制系统的动态规划以及各自在最优控制问题中的应用，并给出动态规划、变分法与极小值原理的关系。

第2章

最优控制中的变分法

本章要点

- 多元函数取极值的充分条件可以通过其Hesse矩阵的正定性或负定性来判断;Hesse矩阵是实对称矩阵,其正负定性判断可用特征值法或Sylvest判据来判别。
- 求解带约束条件的函数极值问题常用拉格朗日乘子法。
- 泛函变分的定义:泛函增量的线性主部称为泛函的一阶变分。
- 泛函取极值的必要条件:泛函的变分为零。
- 求解固定端点的泛函极值问题常用欧拉方程,当端点变动时还需要横截条件。
- 当控制变量不受约束时,求解最优控制问题常用哈密尔顿函数法。

最优控制问题是在一定的约束条件下,找到使性能指标达到极值时的控制函数。当被控对象的运动特性由向量微分方程描述,性能指标由泛函数表示时,确定最优控制函数的问题就变成在微分方程约束下求泛函的极值问题,而泛函的极值问题与函数的极值问题在处理的途径和概念上有一定的联系。因此,本章先介绍函数的极值问题,再介绍泛函的变分(Variational Calculus)问题及其在动态最优控制中的应用。

掌握变分法的基本概念,有助于理解以极小值原理和动态规划为代表的现代变分法的思想和内容。为了区别现代变分法与本章所介绍的变分法,常将本章所提出的变分法称为古典变分法或经典变分法。

在动态最优控制中,由于目标函数是一个泛函数,因此求解动态最优化问题可归结为求解一类带有约束条件的泛函极值问题。当函数的自变量没有附加约束条件时求函数的极值问题,称为无约束条件的函数极值问题。然而在实际问题中,常常遇到的问题是自变量要受到约束条件的限制,称为有约束条件的函数极值问题。

2.1 函数极值问题

2.1.1 一元函数的极值

设连续可微的一元函数 $y=f(x)$ 在定义区间$[a,b]$有极值，则函数在 x_0 处可导，且在 x_0 处存在极值的必要条件是

$$\left.\frac{\mathrm{d}y}{\mathrm{d}x}\right|_{x=x_0}=\dot{f}(x)\big|_{x=x_0}=0 \tag{2-1}$$

反之，$\dot{f}(x_0)=0$ 的点不一定是函数的极小值点或极大值点，而有可能是拐点。因此，函数 $f(x)$在 x_0 处为极小值点的充分必要条件是

$$\dot{f}(x)\big|_{x=x_0}=0,\quad \left.\frac{\mathrm{d}^2 y}{\mathrm{d}x^2}\right|_{x=x_0}=\ddot{f}(x_0)>0$$

而函数 $f(x)$在 x_0 处为极大值点的充分必要条件是

$$\dot{f}(x)\big|_{x=x_0}=0,\quad \left.\frac{\mathrm{d}^2 y}{\mathrm{d}x^2}\right|_{x=x_0}=\ddot{f}(x_0)<0$$

如果 $\ddot{f}(x_0)=0$，则需从 $f(x)$ 在 $x=x_0$ 附近的变化情况来判断 x_0 是否为极值点或拐点。

上述情况可用图 2-1 表示。R 点是局部极小点，又是总体极小点；U 只是局部极小点；T 是局部极大点；S 是拐点，不是极值点。

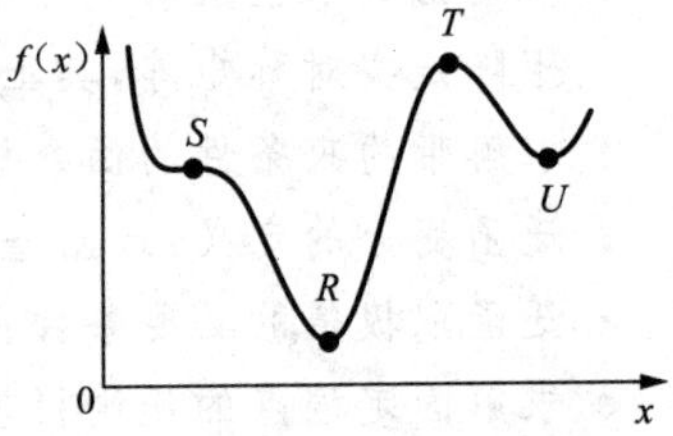

图 2-1　函数的极值点和拐点

例 2-1　求使 $f(x)=(x-a_1)^2+(x-a_2)^2+\cdots+(x-a_n)^2$ 最小的 x 取值。

解　$\dot{f}(x)=2(x-a_1)+2(x-a_2)+\cdots+2(x-a_n)$

由必要条件 $\dot{f}(x)=0$ 得

$$x=\frac{a_1+a_2+\cdots+a_n}{n}$$

充分条件为

$$\ddot{f}(x)=2n>0$$

故求得

$$x=\frac{a_1+a_2+\cdots+a_n}{n}$$

使 $f(x)$达到极小值。

本例是著名的最小二乘问题。

例 2-2　试求函数 $y=3x-x^3$ 的极值。

解　由必要条件 $\frac{\mathrm{d}y}{\mathrm{d}x}=0$ 得

$$\dot{y}=3-3x^2=3(1+x)(1-x)=0$$

解得 $x=\pm1$。由此可见，当 $x=1$ 或 $x=-1$ 时可能出现极值。

因充分条件为$\frac{d^2 y}{dx^2}=-6x$，所以

当 $x=1$ 时，$\ddot{y}<0$，取得极大值，$y_{max}=2$；

当 $x=-1$ 时，$\ddot{y}>0$，取得极小值，$y_{min}=-2$。

例 2-2 的问题可用 MATLAB 求解。MATLAB 中提供了求解函数最小值的函数 fmins( )，其调用格式为

x=fmins('F',x0,options)

其中，函数名 F 的定义要和所求函数一致；而初值 x0 的大小往往能决定最后解的精度和收敛速度；选项 options 是由一些控制变量构成的向量，比如它的第一个分量不为 0，表示在求解时显示整个动态过程（其默认值为 0），第二个分量表示求解的精度（默认值为 10^{-4}），可以制定这些参数来控制求解的条件。

针对例 2-2 问题，首先根据给定函数编写以下 MATLAB 函数文件 myfunex2_2_1.m。

```
%myfunex2_2_1.m
function y=myfunex2_2_1(x)
y=3*x-x^3
```

然后根据下面的极小值命令来求该函数的极小值和极小值点 x。

```
>>x=fmins('myfunex2_2_1',0)
```

结果显示：

```
y=
  -2
x=
  -1
```

结果表明，函数的极小值为−2，极小值点为 $x=-1$。

利用极小值命令函数 fmins( )也可求得函数的极大值，这时只需在所求函数前加负号。例如，根据例 2-2 给定函数编写以下 MATLAB 函数文件 myfunex2_2_2.m。

```
%myfunex2_2_2.m
function y=myfunex2_2_2(x);
y=-(3*x-x^3)
```

再根据下面的极小值命令来求该函数的极小值和极小值点 x。

```
>>x=fmins('myfunex2_2_2',0)
```

结果显示：

```
y=
  -2
x=
  1
```

因此可得函数的极大值为 2（负号表示为极大值），极大值点为 $x=1$。

例 2-3 对边长为 a 的正方形铁板，在四个角处剪去相等的正方形，如图 2-2 所示，折起各边以制成容积最大的方形无盖水

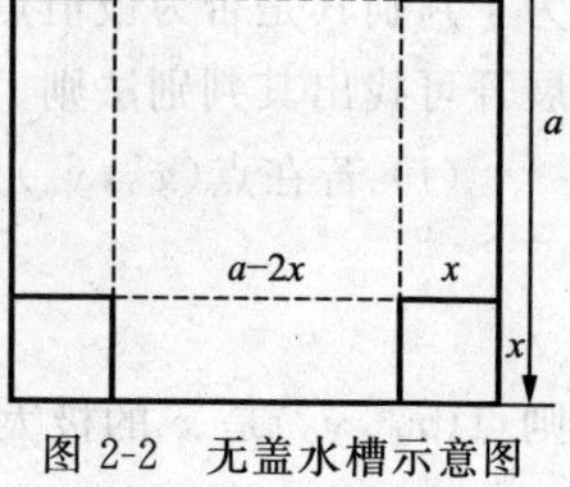

图 2-2 无盖水槽示意图

槽,试求所剪去的小正方形的边长。

解 设剪去的正方形边长为 x,则正方形箱底的边长为 $(a-2x)$,方形无盖水槽的容积为

$$f(x)=(a-2x)^2x$$

令

$$\dot{f}(x)=2(a-2x)\cdot(-2)\cdot x+(a-2x)^2=(a-2x)(a-6x)=0$$

由此可见,当

$$x_1=\frac{a}{2},\quad x_2=\frac{a}{6}$$

时可能出现极值。

显然 x_1 不合实际意义,因若剪去 4 个边长为 $\frac{a}{2}$ 的正方形相当于将铁板全部剪去。现来判定 x_2 是否为极大值点。因为 $\ddot{f}(x)=24x-8a$,将 x_2 代入得 $\ddot{f}\left(\frac{a}{6}\right)=-4a<0$,说明 $x_2=\frac{a}{6}$ 是极大值点,且极大值为

$$[f(x)]_{\max}=\left[a-2\left(\frac{a}{6}\right)\right]^2\cdot\frac{a}{6}=\frac{2}{27}a^3$$

例 2-4 求一元函数 $y=x^3$ 的极值。

解 由已知得 $\dot{y}=3x^2,\ddot{y}=6x$。

可见,$x=0$ 是出现极值的必要条件,但 $x=0$ 处 $\ddot{y}=0$,因此不能确定此点是极值点或拐点,要通过 $x=0$ 附近的变化情况来确定。

当 $x\to0^+$ 时,y 为正;当 $x\to0^-$ 时,y 为负。因此,$x=0$ 处不是极值点,而是拐点。

2.1.2 二元函数的极值

设二元函数 $z=f(x,y)$ 在定义域 D 内可微,则 z 在 D 域内点 (x_0,y_0) 取极值的必要条件是其全微分在点 (x_0,y_0) 处成立,即

$$\begin{cases}\dfrac{\partial f}{\partial x}=0\\[2ex]\dfrac{\partial f}{\partial y}=0\end{cases}\tag{2-2}$$

但是,满足式(2-2)的点不一定是函数的极值点(极大值点或极小值点),也可能是鞍点。为了判别其是否为极值点,假定函数在此点附近是二阶可微的,在此点的邻域进行泰勒级数展开可找出其判别法则。

(1) 若在点 (x_0,y_0) 处满足

$$\frac{\partial^2 f}{\partial x^2}\cdot\frac{\partial^2 f}{\partial y^2}-\left(\frac{\partial^2 f}{\partial x\partial y}\right)^2>0,\quad \frac{\partial^2 f}{\partial x^2}<0$$

则点 (x_0,y_0) 是 x 的极大值点。

(2) 若在点 (x_0,y_0) 处满足

$$\frac{\partial^2 f}{\partial x^2}\cdot\frac{\partial^2 f}{\partial y^2}-\left(\frac{\partial^2 f}{\partial x\partial y}\right)^2>0,\quad \frac{\partial^2 f}{\partial x^2}>0$$

则点(x_0,y_0)是x的极小值点。

(3) 若在点(x_0,y_0)处满足

$$\frac{\partial^2 f}{\partial x^2}\cdot\frac{\partial^2 f}{\partial y^2}-\left(\frac{\partial^2 f}{\partial x\partial y}\right)^2<0$$

则无极值。

(4) 若在点(x_0,y_0)处满足

$$\frac{\partial^2 f}{\partial x^2}\cdot\frac{\partial^2 f}{\partial y^2}-\left(\frac{\partial^2 f}{\partial x\partial y}\right)^2=0$$

则不能确定是否存在极值。

例 2-5 试求二元函数$z=f(x,y)=\frac{1}{2}x^2+\frac{1}{2}y^2$的极值。

解 根据式(2-2)可得

$$\frac{\partial f}{\partial x}=x=0,\quad \frac{\partial f}{\partial y}=y=0$$

由此可见,当$x=0,y=0$时,满足极值的必要条件。

因为

$$\frac{\partial^2 f}{\partial x^2}=1,\quad \frac{\partial^2 f}{\partial y^2}=1,\quad \frac{\partial^2 f}{\partial x\partial y}=0$$

所以

$$\frac{\partial^2 f}{\partial x^2}\cdot\frac{\partial^2 f}{\partial y^2}-\left(\frac{\partial^2 f}{\partial x\partial y}\right)^2=1>0$$

因此在原点(0,0)处,函数$z=f(x,y)=\frac{1}{2}x^2+\frac{1}{2}y^2$有极小值0。

例2-5的问题可以用MATLAB求解,首先根据给定函数编写MATLAB函数文件myfunex2_5.m。

```
%myfunex2_5.m
function z=myfunex2_5(x)
z=1/2*x(1)^2+1/2*x(2)^2
```

然后根据下面的命令来求解函数的极小值和极小值点。

```
>> x=fmins('myfunex2_5',[0,0])
```

结果显示:

```
z=
    3.7613e-009
x=
    0    0
```

结果表明,函数的极小值近似为0,极小值点为原点(0,0)。

2.1.3 多元函数的极值

考虑更一般的$n(\geqslant 3)$元函数$J=f(x_1,x_2,\cdots,x_n)$的极值问题。设它在n维空间$\mathbf{R}^n$的

某个区域 D 上定义，且连续可微，则存在极值的必要条件是

$$\begin{cases} \dfrac{\partial f}{\partial x_1}=0 \\ \dfrac{\partial f}{\partial x_2}=0 \\ \vdots \\ \dfrac{\partial f}{\partial x_n}=0 \end{cases} \tag{2-3}$$

令 $\boldsymbol{x}=[x_1,x_2,\cdots,x_n]^{\mathrm{T}}$，则上式可写成 $\dfrac{\partial f}{\partial \boldsymbol{x}}=0$，$\dfrac{\partial f}{\partial \boldsymbol{x}}$ 可简写为 $\nabla_x f$，称作函数 f 的梯度。

存在极小值的充分条件是

$$\frac{\partial^2 f}{\partial \boldsymbol{x}^2}>0$$

存在极大值的充分条件是

$$\frac{\partial^2 f}{\partial \boldsymbol{x}^2}<0$$

若下列海塞(Hesse)矩阵

$$\frac{\partial^2 f}{\partial \boldsymbol{x}^2}=\begin{bmatrix} \dfrac{\partial^2 f}{\partial x_1^2} & \dfrac{\partial^2 f}{\partial x_1 \partial x_2} & \cdots & \dfrac{\partial^2 f}{\partial x_1 \partial x_n} \\ \dfrac{\partial^2 f}{\partial x_2 \partial x_1} & \dfrac{\partial^2 f}{\partial x_2^2} & \cdots & \dfrac{\partial^2 f}{\partial x_2 \partial x_n} \\ \vdots & \vdots & & \vdots \\ \dfrac{\partial^2 f}{\partial x_n \partial x_1} & \dfrac{\partial^2 f}{\partial x_n \partial x_2} & \cdots & \dfrac{\partial^2 f}{\partial x_n^2} \end{bmatrix} \tag{2-4}$$

为正定矩阵，则函数 $f(x_1,x_2,\cdots,x_n)$ 存在极小值；若 Hesse 矩阵为负定矩阵，则函数 $f(x_1,x_2,\cdots,x_n)$ 存在极大值。

由式(2-4)可知，Hesse 矩阵是实对称矩阵。判别实对称矩阵是否为正定或负定有两种常用的方法。一种是检验矩阵的特征值，若特征值全部为正，则矩阵是正定的；若特征值全部为负，则矩阵是负定的。另一种是应用塞尔维斯特(Sylvest)判据，若矩阵的各阶顺序主子式均大于零，则矩阵是正定的；若矩阵的所有奇数阶顺序主子式均小于零，而所有偶数阶顺序主子式均大于零，则矩阵是负定的。

例 2-6 设多元函数 $f(\boldsymbol{x})=2x_1^2+5x_2^2+x_3^2+2x_2x_3+2x_1x_3-6x_2+3$，试求函数的极值点及其极小值。

解 由极值必要条件得

$$\frac{\partial f}{\partial x_1}=4x_1+2x_3=0$$

$$\frac{\partial f}{\partial x_2}=10x_2+2x_3-6=0$$

$$\frac{\partial f}{\partial x_3}=2x_3+2x_2+2x_1=0$$

联立求解，得 $x_1=1$，$x_2=1$，$x_3=-2$，故极值点为 $\boldsymbol{x}=[1\ \ 1\ \ -2]^{\mathrm{T}}$。

由充分条件，Hesse 矩阵为

$$\frac{\partial^2 f}{\partial \boldsymbol{x}^2}=\begin{bmatrix}\dfrac{\partial^2 f}{\partial x_1^2} & \dfrac{\partial^2 f}{\partial x_1 \partial x_2} & \dfrac{\partial^2 f}{\partial x_1 \partial x_3}\\ \dfrac{\partial^2 f}{\partial x_2 \partial x_1} & \dfrac{\partial^2 f}{\partial x_2^2} & \dfrac{\partial^2 f}{\partial x_2 \partial x_3}\\ \dfrac{\partial^2 f}{\partial x_3 \partial x_1} & \dfrac{\partial^2 f}{\partial x_3 \partial x_2} & \dfrac{\partial^2 f}{\partial x_3^2}\end{bmatrix}=\begin{bmatrix}4 & 0 & 2\\ 0 & 10 & 2\\ 2 & 2 & 2\end{bmatrix}$$

可用塞尔维斯特判据来检验，显然，Hesse 矩阵的各阶主子行列式均大于 0，即

$$|4|>0,\quad \begin{vmatrix}4 & 0\\ 0 & 10\end{vmatrix}=40>0,\quad \begin{vmatrix}4 & 0 & 2\\ 0 & 10 & 2\\ 2 & 2 & 2\end{vmatrix}=24>0$$

由此可知，Hesse 矩阵为正定矩阵，所以函数具有极小值。

将极小值点 $\boldsymbol{x}=[1\quad 1\quad -2]^{\mathrm{T}}$ 代入 $f(\boldsymbol{x})$，得函数的极小值为$[f(\boldsymbol{x})]_{\min}=0$。

例 2-6 的问题可采用 MATLAB 求解，首先根据给定多元函数编写以下 MATLAB 函数文件 myfunex2_6. m。

```
%myfunex2_6. m
function f=myfunex2_6(x)
f=2*x(1)^2+5*x(2)^2+x(3)^2+2*x(2)*x(3)+2*x(1)*x(3)-6*x(2)+3
```

然后根据下面的命令来求解多元函数极小值和极小值点。

```
>>x=fmins('myfunex2_6',[0,0,0])
```

结果显示：

```
f=
  7.213 5 e-009
x=
  1.0000   1.0000   -2.0000
```

结果表明，多元函数的极小值近似为 0，极小值点为 $\boldsymbol{x}=[1\quad 1\quad -2]^{\mathrm{T}}$。

2.1.4 有约束条件的函数极值问题

前面讨论函数的极值问题时，各自变量之间没有约束条件，称为无约束条件的函数极值问题。但在实际问题中，经常遇到的问题是自变量之间受到其他条件的约束，称为有约束条件的函数极值问题。例如，要求过渡过程响应的时间最短，但是加速度又不允许超过某一给定数值或能量损耗必须在一定范围内，这表明时间最短等自变量受到其他条件的限制。

求有约束极值的方法称为拉格朗日(Lagrange)乘子法(或待定乘子法)，其基本原理在于引入待定参数 λ，将求有约束极值的问题转化成求无约束极值的问题。这样，所谓拉格朗日乘子法，就是把约束条件乘以 λ，并与函数一起相加，构成一个新的可调整的函数。

现以 $z=f(x,y)$ 二元函数为例，变量 x 和 y 之间受到下列条件的约束，即 $\varphi(x,y)=0$。引入函数 G，则得

$$G(x,y,\lambda)=f(x,y)+\lambda\varphi(x,y) \tag{2-5}$$

式中，λ 是待定常数，称为拉格朗日乘子；函数 G 称为拉格朗日函数。

极值点必须同时满足 $f(x,y)$ 和 $\varphi(x,y)$，因此也必然满足式(2-5)。再根据满足极值的条件就可以求出 λ 的值和极值点。这样就可以把 G 看成是一个没有约束条件的新的三元函数 $G(x,y,\lambda)$。此时，求极值的必要条件为

$$\frac{\partial G(x,y,\lambda)}{\partial x}=\frac{\partial f(x,y)}{\partial x}+\lambda\frac{\partial \varphi(x,y)}{\partial x}=0$$

$$\frac{\partial G(x,y,\lambda)}{\partial y}=\frac{\partial f(x,y)}{\partial y}+\lambda\frac{\partial \varphi(x,y)}{\partial y}=0$$

$$\frac{\partial G(x,y,\lambda)}{\partial \lambda}=\varphi(x,y)=0$$

例 2-7 已知函数 $f(x)=x_1^2+x_2^2$，约束条件为 $x_1+x_2=3$，试求函数的有约束极值。

解 求解此类问题有多种方法，如消元法和拉格朗日乘子法。

方法一：消元法。

根据题意，由约束条件得

$$x_2=3-x_1$$

将其代入已知函数，得

$$f(x)=x_1^2+(3-x_1)^2$$

为了求极值，现将 $f(x)$ 对 x_1 微分，并令微分结果等于零，得

$$\frac{\partial f}{\partial x_1}=2x_1-2(3-x_1)=0$$

求解上式得

$$x_1=\frac{3}{2}$$

则

$$x_2=3-\frac{3}{2}=\frac{3}{2}$$

方法二：拉格朗日乘子法。

引入一个拉格朗日乘子 λ，得到一个可调整的新函数，即

$$G(x_1,x_2,\lambda)=x_1^2+x_2^2+\lambda(x_1+x_2-3)$$

此时，G 已成为没有约束条件的三元函数，它与 x_1，x_2 和 λ 有关。这样求 G 极值的问题即为求无约束极值的问题，其极值条件为

$$\frac{\partial G}{\partial x_1}=2x_1+\lambda=0$$

$$\frac{\partial G}{\partial x_2}=2x_2+\lambda=0$$

$$\frac{\partial G}{\partial \lambda}=x_1+x_2-3=0$$

联立求解以上三式，则得

$$x_1=x_2=\frac{3}{2},\quad \lambda=-3$$

计算结果表明，两种方法所得结果相同。但消元法只适用于简单的情况，而拉格朗日乘子法具有普遍意义。

例 2-7 的问题也可用 MATLAB 求解。对于非线性方程 $f(x,t)=0$,在 MATLAB 中提供了两个代数非线性方程求解函数 fzero( )和 fsolve( ),可以方便地对其求解。它们的调用格式分别为

x＝fzero(函数名,初值)

和

x＝fsolve(函数名,初值)

其中,x 为返回的解,函数名定义同前,初值为求解过程的起始点;fzero( )用来对一元方程求解;fsolve( )用来对多元方程求解。

针对例 2-7 的方法一,根据所求方程编写以下 MATLAB 函数文件 myfunex2_7_1. m。

```
%myfunex2_7_1. m
function y=myfunex2_7_1(x1)
y=2 * x1-2 * (3-x1);
```

然后根据下面的一元方程求解函数 fzero( )来求方程的解。

```
>>x1=fzero('myfunex2_7_1',0)
```

结果显示:

```
x1=
   1.500
```

结果表明 $x_1=1.5$。

针对例 2-7 的方法二,根据所求方程编写以下 MATLAB 函数文件 myfunex2_7_2. m。

```
%myfunex2_7_2. m
function y=myfunex2_7_2(x)
y(1)= 2*x(1)+x(3);
y(2)=2*x(2)+x(3);
y(3)=x(1)+x(2)-3;
```

然后根据下面的多元方程求解函数 fsolve( )来求方程的解。

```
>>x=fsolve('myfunex2_7_2',[0,0,0])
```

结果显示:

```
x=
   1.5000    1.5000    -3.0000
```

结果表明 $x_1=1.5, x_2=1.5, \lambda=-3$。

对于三元函数 $f(x,y,z)$,当约束条件为 $\varphi(x,y,z)=0$ 时,求其极值的必要条件为

$$\frac{\partial G(x,y,z,\lambda)}{\partial x}=\frac{\partial f(x,y,z)}{\partial x}+\lambda\frac{\partial \varphi(x,y,z)}{\partial x}=0$$

$$\frac{\partial G(x,y,z,\lambda)}{\partial y}=\frac{\partial f(x,y,z)}{\partial y}+\lambda\frac{\partial \varphi(x,y,z)}{\partial y}=0$$

$$\frac{\partial G(x,y,z,\lambda)}{\partial z}=\frac{\partial f(x,y,z)}{\partial z}+\lambda\frac{\partial \varphi(x,y,z)}{\partial z}=0$$

$$\frac{\partial G(x,y,z,\lambda)}{\partial \lambda}=\varphi(x,y,z)=0$$

又如三元函数为 $f(x,y,z)$，当存在两个约束条件即 $\varphi_1(x,y,z)=0,\varphi_2(x,y,z)=0$ 时，求其极值的必要条件为

$$\frac{\partial G(x,y,z,\lambda,\mu)}{\partial x}=\frac{\partial f(x,y,z)}{\partial x}+\lambda\frac{\partial \varphi_1(x,y,z)}{\partial x}+\mu\frac{\partial \varphi_2(x,y,z)}{\partial x}=0$$

$$\frac{\partial G(x,y,z,\lambda,\mu)}{\partial y}=\frac{\partial f(x,y,z)}{\partial y}+\lambda\frac{\partial \varphi_1(x,y,z)}{\partial y}+\mu\frac{\partial \varphi_2(x,y,z)}{\partial y}=0$$

$$\frac{\partial G(x,y,z,\lambda,\mu)}{\partial z}=\frac{\partial f(x,y,z)}{\partial z}+\lambda\frac{\partial \varphi_1(x,y,z)}{\partial z}+\mu\frac{\partial \varphi_2(x,y,z)}{\partial z}=0$$

$$\frac{\partial G(x,y,z,\lambda,\mu)}{\partial \lambda}=\varphi_1(x,y,z)=0$$

$$\frac{\partial G(x,y,z,\lambda,\mu)}{\partial \mu}=\varphi_2(x,y,z)=0$$

2.2 泛函与变分

泛函是函数概念的一种扩充，可以简单地理解为“函数的函数”，它经常以定积分的形式出现。求泛函极值的方法与求函数极值的方法有许多类似之处。由于性能指标是一种泛函，因此本节将简要介绍有关泛函及其变分的若干基本概念。

在数学领域中，求一般函数的极值时，微分或导数起着重要的作用，而在研究泛函极值时，变分起着同样重要的作用。求泛函的极大值和极小值问题都称为变分问题，求泛函极值的方法称为变分法。

变分在泛函研究中的作用与微分在函数研究中的作用几乎一样，泛函的变分与函数的微分定义式形式相当。本小节通过回顾函数的概念，引出泛函的定义式。

2.2.1 泛函的定义

对应于定义域中的每一个值 x，y 有一个（或一组）值与之对应，则称 y 是 x 的函数，记为 $y=f(x)$。这里 x 是自变量，y 是因变量。

与函数概念相对应，可以这样来阐明泛函的概念：对应于某一类函数中的每一个确定的函数 $y(x)$（注意，不是函数值），因变量 J 都有一个确定的值（注意，不是函数）与之对应，则称因变量 J 为函数 $y(x)$ 的泛函数，简称泛函，记为 $J=J[y(x)]$ 或简单记为 J。也就是说，泛函可以简单地理解为“函数的函数”，它经常以定积分的形式出现。

例如，函数的定积分是一个泛函。设

$$J=\int_0^2 x(t)\mathrm{d}t$$

则 J 的值由函数 $x(t)$ 决定。当 $x(t)=2t$ 时

$$J=\int_0^2 2t\,\mathrm{d}t=4$$

当 $x(t)=\cos t$ 时

$$J=\int_0^2 \cos t\,\mathrm{d}t=\sin 2$$

可见 $x(t)$ 表示一类函数，一旦函数的表达式确定，则 J 的值就是确定的。J 的值随函数 $x(t)$ 的确定而确定，它是一个泛函。

又如图 2-3 所示，在平面上给定两点 A 和 B，连接 A，B 两点的弧长 J 也是一个泛函。

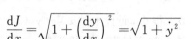

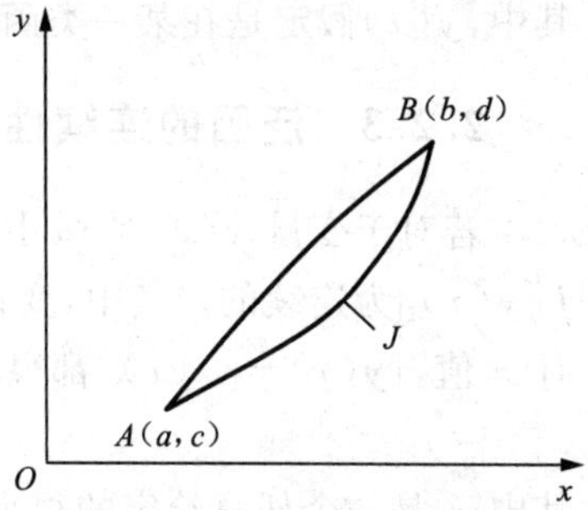

图 2-3　求弧长的变分问题

设 A，B 两点坐标分别为 $A(a,c)$，$B(b,d)$，连接 A，B 两点的弧长为 J，由弧长的微分

$$\mathrm{d}J^2=\mathrm{d}x^2+\mathrm{d}y^2$$

可得

$$\frac{\mathrm{d}J}{\mathrm{d}x}=\sqrt{1+\left(\frac{\mathrm{d}y}{\mathrm{d}x}\right)^2}=\sqrt{1+\dot{y}^2}$$

所以

$$J=\int_a^b\sqrt{1+\dot{y}^2}\,\mathrm{d}x$$

当 $y(x)$ 确定时，将 $\dot{y}(x)$ 代入上式，进行定积分即可得到弧长 J 的值。显然对于不同的曲线 $y(x)$，有不同的弧长 J 与之对应，因此弧长 J 是 $y(x)$ 的泛函，即

$$J=\int_a^b\sqrt{1+\dot{y}^2}\,\mathrm{d}x=\int_a^b L(\dot{y})\mathrm{d}x$$

式中

$$L(\dot{y})=\sqrt{1+\dot{y}^2}$$

一般地，L 也是 x，y 的函数，可以写成

$$J=\int_a^b L(y,\dot{y},x)\mathrm{d}x \tag{2-6}$$

而两点间的最短弧长是直线，用 $y^*(x)$ 表示，即

$$J_{\min}=J^*=\min J[y(x)]=J[y^*(x)]$$

在控制系统中，自变量是 t，状态变量是 $\boldsymbol{x}(t)$，系统的性能指标一般可以表示为

$$J=\int_{t_0}^{t_\mathrm{f}} L[\boldsymbol{x}(t),\boldsymbol{u}(t),t]\mathrm{d}t \tag{2-7}$$

可以表示为这种类型的性能指标称为积分型性能指标，J 的值取决于控制变量 $\boldsymbol{u}(t)$。对于不同的 $\boldsymbol{u}(t)$，有不同的 J 值与之对应，所以 J 是 $\boldsymbol{u}(t)$ 的泛函。要求出最优控制 $\boldsymbol{u}^*(t)$，就是寻求使性能指标 J 取得极值的控制作用 $\boldsymbol{u}(t)$。

值得注意的是，有些定积分表达式与泛函的定义式相像，但并不是泛函，例如

$$J=\int_0^t x(\tau)\mathrm{d}\tau$$

因为式中 τ 和 t 都是变量，不能满足泛函定义式中要求的“因变量 J 有一个确定的值与之对应”，此例中的 J 没有确定的值，是随变量 τ 和 t 变化的，因此该式不是泛函。

2.2.2　泛函的变量 $y(x)$ 的变分

泛函 $J[y(x)]$ 的变量 $y(x)$ 的增量 $y(x)-y_0(x)$ 也称变量 $y(x)$ 的变分，记为

$$\delta y(x)=y(x)-y_0(x)$$

其中，$y(x)$假定是在某一类函数中任意改变的。有时简记$\delta y(x)$为δy。

2.2.3 泛函的连续性

若对于变量$y(x)$的微小改变存在与之对应的泛函$J[y(x)]$的微小改变，则称泛函$J[y(x)]$为连续的。其中，变量$y(x)$的微小改变的含义是：对于$y(x)$与$y_0(x)$有定义的所有x值，$|y(x)-y_0(x)|$都很小，表示成下式

$$|y(x)-y_0(x)|\leqslant\varepsilon \tag{2-8}$$

其中，ε是一个任意给定的很小的正数，则称$y(x)$与$y_0(x)$有零阶接近度。如图2-4所示，$y(x)$和$y_0(x)$两条曲线的形状差别很大，但是它们具有零阶接近度。

如果不仅$|y(x)-y_0(x)|$很小，而且$|\dot{y}(x)-\dot{y}_0(x)|$也很小，则这就意味着$y(x)$与$y_0(x)$有微小改变，称这种微小改变具有一阶接近度，如图2-5所示。

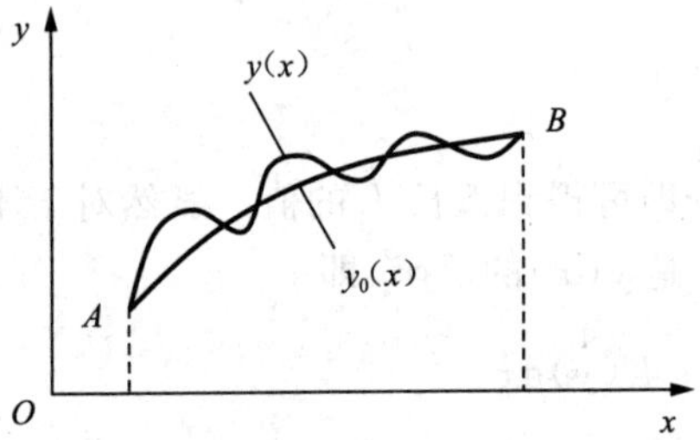

图 2-4　具有零阶接近度的曲线

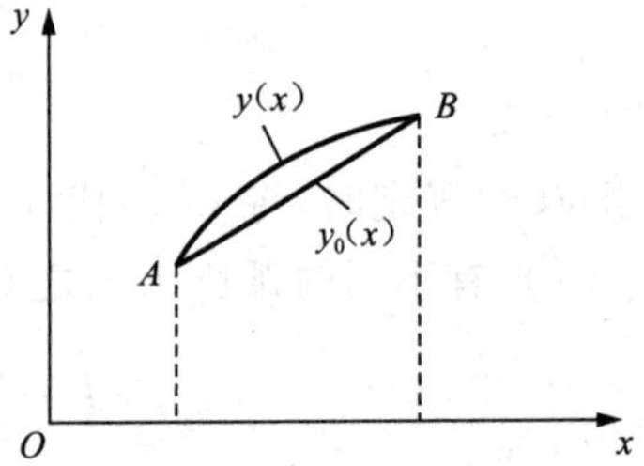

图 2-5　具有一阶接近度的曲线

根据一阶接近度的概念，很容易推广得到：如果变量$y(x)$从0阶到k阶导数的差的模都很小，则称这类微小改变具有k阶接近度，而且它的各阶导数也是接近的，即若满足

$$\begin{cases}|y(x)-y_0(x)|\leqslant\varepsilon\\|\dot{y}(x)-\dot{y}_0(x)|\leqslant\varepsilon\\|\ddot{y}(x)-\ddot{y}_0(x)|\leqslant\varepsilon\\\vdots\\|y^{(k)}(x)-y_0^{(k)}(x)|\leqslant\varepsilon\end{cases} \tag{2-9}$$

则称$y(x)$与$y_0(x)$有k阶接近度。

比较图2-4和图2-5可见，接近度阶次越高，函数的接近程度就越好。如果函数有k阶接近度，则必定有$k-1$阶接近度，反之则不成立。

当$y(x)$与$y_0(x)$有k阶接近度时，如果能使$|J[y(x)]-J[y_0(x)]|<\beta$，则称泛函$J[y(x)]$在$y_0(x)$处是$k$阶连续的。其中，$\beta$为正数。

2.2.4 线性泛函

如果泛函$J[y(x)]$满足如下两个条件：

$$J[y_1(x)+y_2(x)]=J[y_1(x)]+J[y_2(x)]\quad（可加性） \tag{2-10}$$

$$J[ay(x)]=aJ[y(x)]\quad（齐次性） \tag{2-11}$$

则称 $J[y(x)]$ 为线性泛函，记为 $L[y(x)]$。式中，a 为任意常数。对于线性泛函，泛函值随宗量 $y(x)$ 线性变化，例如

$$J[y(x)]=\int_a^b 3y(x)\mathrm{d}x$$

$$J[y(x)]=\int_a^b [ay(x)+by(x)]\mathrm{d}x$$

$$J[y(x)]=y(x)\big|_{x=2}$$

都是线性泛函。但形如下式的泛函不满足齐次性，不是线性泛函。

$$J[y(x)]=\int_a^b [y^2(x)+1]\mathrm{d}x$$

2.2.5 泛函的变分

当宗量 $y(x)$ 有变分 $\delta y(x)$ 时，连续泛函 $J[y(x)]$ 的增量可以表示为

$$\begin{aligned}\Delta J&=J[y(x)+\delta y(x)]-J[y(x)]\\&=L[y(x),\delta y(x)]+R[y(x),\delta y(x)]\end{aligned}\tag{2-12}$$

其中，$\delta y(x)=y(x)-y_0(x)$，是宗量 $y(x)$ 的变分；$L[y(x),\delta y(x)]$ 是泛函增量的线性主部，它是 $\delta y(x)$ 的线性连续泛函；$R[y(x),\delta y(x)]$ 是关于 $\delta y(x)$ 的高阶无穷小量。一般来说，把第一项泛函增量的线性主部 $L[y(x),\delta y(x)]$ 称为泛函的变分，并记为

$$\delta J=L[y(x),\delta y(x)]\tag{2-13}$$

由此可知，泛函的变分是泛函增量的线性主部，所以泛函的变分也可以称为泛函的微分。当泛函的变分存在，即其增量 ΔJ 可用式(2-12)表达时，称泛函是可微的。

例 2-8 试求泛函 $J=\int_{t_1}^{t_2} x^2(t)\mathrm{d}t$ 的变分。

解 根据式(2-12)和题意可得

$$\begin{aligned}\Delta J&=J[x(t)+\delta x(t)]-J[x(t)]\\&=\int_{t_1}^{t_2}[x(t)+\delta x(t)]^2\mathrm{d}t-\int_{t_1}^{t_2}x^2(t)\mathrm{d}t\\&=\int_{t_1}^{t_2}2x(t)\delta x(t)\mathrm{d}t+\int_{t_1}^{t_2}[\delta x(t)]^2\mathrm{d}t\end{aligned}$$

泛函增量的线性主部

$$L[x(t),\delta x(t)]=\int_{t_1}^{t_2}2x(t)\delta x(t)\mathrm{d}t$$

所以待求泛函的变分为

$$\delta J=\int_{t_1}^{t_2}2x(t)\delta x(t)\mathrm{d}t$$

类似于对函数 $f(x)$ 求微分的方法，除了用例 2-8 中的方法求解变分以外，一般常用以下定理更方便地求取泛函的变分。

定理 2-1 如果泛函 $J[y(x)]$ 存在，则泛函的变分可以表示为

$$\delta J=\frac{\partial}{\partial\alpha}J[y(x)+\alpha\delta y(x)]\bigg|_{\alpha=0}\tag{2-14}$$

证明 泛函的增量可以表示如下

$$\frac{\partial}{\partial\alpha}J[y(x)+\alpha\delta y(x)]\Big|_{\alpha=0}=\lim_{\alpha\to0}\frac{J[y(x)+\alpha\delta y(x)]-J[y(x)]}{\alpha}$$

$$=\lim_{\alpha\to0}\frac{L[y(x)+\alpha\delta y(x)]+R[y(x),\alpha\delta y(x)]}{\alpha}$$

$$=\lim_{\alpha\to0}\frac{L[y(x)+\alpha\delta y(x)]}{\alpha}+\lim_{\alpha\to0}\frac{R[y(x),\alpha\delta y(x)]}{\alpha}$$

上式等号右边第一项为线性泛函取极限，第二项为高阶无穷小取极限。

由于 $L[y(x),\delta y(x)]$ 是关于 $\alpha\delta y(x)$ 的线性连续泛函，根据线性泛函的性质有

$$L[y(x),\alpha\delta y(x)]=\alpha L[y(x),\delta y(x)]$$

又由于 $R[y(x),\alpha\delta y(x)]$ 是关于 $\alpha\delta y(x)$ 的高阶无穷小量，所以

$$\lim_{\alpha\to0}\frac{R[y(x),\alpha\delta y(x)]}{\alpha}=\lim_{\alpha\to0}\frac{R[y(x),\alpha\delta y(x)]}{\alpha\delta y(x)}\delta y(x)=0$$

故

$$\frac{\partial}{\partial\alpha}J[y(x)+\alpha\delta y(x)]\Big|_{\alpha=0}=\lim_{\alpha\to0}\frac{\alpha L[y(x),\delta y(x)]}{\alpha}=L[y(x),\delta y(x)]=\delta J$$

同理，如果泛函的 n 阶变分存在，则其 n 阶变分为

$$\delta^{(n)}J[y(x)]=\frac{\partial^n}{\partial\alpha^n}J[y(x)+\alpha\delta y(x)]\Big|_{\alpha=0} \tag{2-15}$$

如果泛函 $J[y(x)]$ 是多元泛函，即

$$J[y(x)]=J[y_1(x),y_2(x),\cdots,y_n(x)]$$

式中，$y_1(x),y_2(x),\cdots,y_n(x)$ 是泛函 $J[y(x)]$ 的宗量函数，则多元泛函的变分为

$$\delta J[y(x)]=\frac{\partial}{\partial\alpha}J[y_1(x)+\alpha\delta y_1(x),y_2(x)+\alpha\delta y_2(x),\cdots,y_n(x)+\alpha\delta y_n(x)]\big|_{\alpha=0} \tag{2-16}$$

由此可见，利用函数的微分法则，就可以方便地计算泛函的变分。

例 2-9 试用定理法求例 2-8 中泛函的变分，并求当 $t_1=0,t_2=1,x(t)=t^2,\delta x=0.1t$ 时的变分值。

解 由式(2-14)，泛函的变分为

$$\delta J=\frac{\partial}{\partial\alpha}J[x(t)+\alpha\delta x(t)]\Big|_{\alpha=0}=\frac{\partial}{\partial\alpha}\int_{t_1}^{t_2}[x(t)+\alpha\delta x(t)]^2\mathrm{d}t\Big|_{\alpha=0}$$

$$=\int_{t_1}^{t_2}\frac{\partial}{\partial\alpha}[x(t)+\alpha\delta x(t)]^2\mathrm{d}t\Big|_{\alpha=0}=\int_{t_1}^{t_2}2[x(t)+\alpha\delta x(t)]\delta x(t)\mathrm{d}t\Big|_{\alpha=0}$$

$$=\int_{t_1}^{t_2}2x(t)\delta x(t)\mathrm{d}t$$

与例 2-8 的结果完全一致。

由 $t_1=0,t_2=1,x(t)=t^2,\delta x=0.1t$，得变分的值为

$$\delta J=\int_0^1 2t^2\cdot0.1t\mathrm{d}t=\int_0^1 0.2t^3\mathrm{d}t=0.05$$

例 2-10 求泛函 $J=\int_{t_0}^{t_f}L[t,x(t),\dot{x}(t)]\mathrm{d}t$ 的变分。

解 根据式(2-14)，所求变分为

$$
\begin{aligned}
\delta J &= \frac{\partial}{\partial \alpha} J[y(x) + \alpha \delta y(x)]\big|_{\alpha=0} \\
&= \int_{t_0}^{t_f} \frac{\partial}{\partial \alpha} L[t, x(t) + \alpha \delta x(t), \dot{x}(t) + \alpha \delta \dot{x}(t)]\big|_{\alpha=0} \mathrm{d}t \qquad (2\text{-}17) \\
&= \int_{t_0}^{t_f} \left\{ \frac{\partial L[t, x(t), \dot{x}(t)]}{\partial x(t)} \delta x(t) + \frac{\partial L[t, x(t), \dot{x}(t)]}{\partial \dot{x}(t)} \delta \dot{x}(t) \right\} \mathrm{d}t
\end{aligned}
$$

由变分定义可以看出，泛函的变分是一种线性映射，因此其运算规则类似于函数的线性运算。泛函变分的运算规则如下：

设 L_1 和 L_2 是函数 $x, \dot{x}$ 和 t 的函数，则有如下变分规则：

(1) $\delta(L_1 + L_2) = \delta L_1 + \delta L_2$；

(2) $\delta(L_1 \cdot L_2) = L_1 \delta L_2 + L_2 \delta L_1$；

(3) $\delta \int_a^b L[x, \dot{x}, t] \mathrm{d}t = \int_a^b \delta L[x, \dot{x}, t] \mathrm{d}t$；

(4) $\delta \dot{x} = \frac{\mathrm{d}}{\mathrm{d}t} \delta x$。

例 2-11 已知性能指标函数为

$$J = \int_0^1 [x^2(t) + t x(t)] \mathrm{d}t$$

试求：

(1) δJ 的表达式；

(2) 分别求当 $\delta x = 0.1t$ 和 $\delta x = 0.2t$ 时变分 δJ 的值。

解 由泛函变分公式求解。

$$\delta J = \int_0^1 \delta[x^2(t) + t x(t)] \mathrm{d}t = \int_0^1 (2x \delta x + t \delta x) \mathrm{d}t$$

当 $x(t) = t^2, \delta x = 0.1t$ 时，有

$$\delta J_1 = \int_0^1 (2t^2 \times 0.1t + t \times 0.1t) \mathrm{d}t = \frac{1}{12}$$

当 $x(t) = t^2, \delta x = 0.2t$ 时，有

$$\delta J_2 = \int_0^1 (2t^2 \times 0.2t + t \times 0.2t) \mathrm{d}t = \frac{1}{6}$$

例 2-12 试求下列性能指标的变分 δJ。

$$J = \int_{t_0}^{t_f} (t^2 + x^2 + \dot{x}^2) \mathrm{d}t$$

解 $\delta J = \int_{t_0}^{t_f} \delta(t^2 + x^2 + \dot{x}^2) \mathrm{d}t = \int_{t_0}^{t_f} (2x \delta x + 2\dot{x} \delta \dot{x}) \mathrm{d}t$

2.2.6 泛函的极值

如果泛函 $J[y(x)]$ 在任何一条与 $y_0(x)$ 接近的曲线上所取的值不小于 $J[y_0(x)]$，即

$$\Delta J = J[y(x)] - J[y_0(x)] \geqslant 0 \qquad (2\text{-}18)$$

则称泛函 $J[y(x)]$ 在曲线 $y_0(x)$ 上达到极小值，其中 $y_0(x)$ 称为泛函 $J[y(x)]$ 的极小值函数或极小值曲线；反之，如果

$$\Delta J = J[y(x)] - J[y_0(x)] \leqslant 0 \tag{2-19}$$

则称泛函 $J[y(x)]$ 在曲线 $y_0(x)$ 上达到极大值，其中 $y_0(x)$ 称为泛函 $J[y(x)]$ 的极大值函数或极大值曲线。

泛函极值是一个相对的比较概念，如果 $y(x)$ 与 $y_0(x)$ 具有零阶接近度，则泛函达到的极值为强极值；如果 $y(x)$ 与 $y_0(x)$ 具有一阶（或一阶以上）接近度，则泛函的极值为弱极值。显然，在 $y_0(x)$ 上达到强极值的泛函，必然在 $y_0(x)$ 上达到弱极值，但反之不一定成立。同时，强极值是范围更大的一类曲线（函数）的泛函中比较出来的，所以强极大值大于或等于弱极大值，而强极小值小于或等于弱极小值。

在求取泛函极值时，常常采用以下泛函极值定理。

定理 2-2 若可微泛函 $J[y(x)]$ 在 $y_0(x)$ 达到极值，则在 $y_0(x)$ 上的变分等于零，即

$$\delta J = 0 \tag{2-20}$$

证明 已知 $J[y_0(x)]$ 是泛函极值，考察极值曲线 $y_0(x)$ 获得增量 δy 后的泛函。设宗量变分 δy 任意取定不变，则 $J[y_0(x)+\alpha\delta y(x)]$ 便是实变量 α 的函数，即

$$\varphi(\alpha) = J[y_0(x) + \alpha\delta y(x)] \tag{2-21}$$

将 $\varphi(\alpha)$ 对 α 求导，并令 $\alpha=0$，有

$$\dot{\varphi}(\alpha)\big|_{\alpha=0} = \frac{\partial}{\partial\alpha}J[y_0(x)+\alpha\delta y(x)]\bigg|_{\alpha=0} = \delta J[y_0(x)] \tag{2-22}$$

对于函数 $\varphi(\alpha)$，当 $\alpha=0$ 时，$\varphi(0)=J[y_0(x)]$ 是极值，根据函数极值定理条件

$$\dot{\varphi}(\alpha)\big|_{\alpha=0} = 0 \tag{2-23}$$

故有

$$\dot{\varphi}(\alpha)\big|_{\alpha=0} = \delta J[y(x)] = 0 \tag{2-24}$$

对于多元函数也可以证明：多元泛函取极值的必要条件是

$$\delta J = 0 \tag{2-25}$$

需要说明的是，以上对于泛函的相关性质，对于含有多个函数的泛函

$$J[y_1(x), y_2(x), \cdots, y_n(x)]$$

和对于含有多变量函数的泛函

$$J[y(x_1, x_2, \cdots, x_n)]$$

以及对于含有多个含多变量函数的泛函

$$J[y_1(x_1,x_2,\cdots,x_n), y_2(x_1,x_2,\cdots,x_n), \cdots, y_n(x_1,x_2,\cdots,x_n)]$$

同样适用。

为了简化泛函达到极值的条件，深入研究控制系统在无约束条件和有约束条件下的动态最优化问题，并得出求解最优控制和最优控制轨线的公式，需要应用到变分学的几个基本引理。

引理 2-1 设 $N(t)$ 在区间 $[t_0, t_f]$ 内处处连续，且具有连续二阶导数。对在 t_0 及 t_f 处为零（即 $\eta(t_0)=\eta(t_f)=0$）的任意选取的函数 $\eta(t)$ 而言，有

$$\int_{t_0}^{t_f} \eta(t)N(t)\,dt = 0 \tag{2-26}$$

则在整个区间 $[t_0, t_f]$ 内有

$$N(t) \equiv 0 \tag{2-27}$$

证明 反证法。

若在 $t \in [t_0, t_f]$ 处，$N(t) \neq 0$。由于 $N(t)$ 的连续性，必能找到 t_ε 的一个邻域 $[t_1, t_2] \subset [t_0, t_f]$ 使 $N(t)$ 在该邻域内不为零，且符号保持不变（见图 2-6）。由于 $\eta(t)$ 可以任意选取，则可以选为

$$\eta(t) = \begin{cases} 0, & t \notin [t_1, t_2] \\ (t - t_1)^4 (t - t_2)^4, & t \in [t_1, t_2] \end{cases}$$

满足引理的规定。而这时

$$\int_{t_0}^{t_f} \eta(t) N(t) \mathrm{d}t = \int_{t_1}^{t_2} \eta(t) N(t) \mathrm{d}t \neq 0$$

显然与引理发生矛盾。因此，在整个区间内不可能存在 $N(t) \neq 0$ 的点。

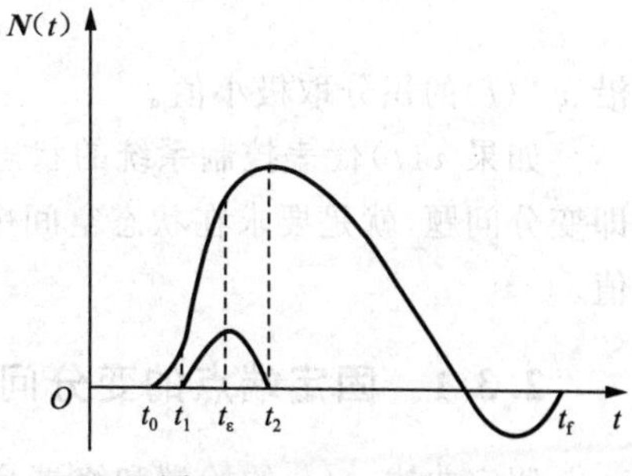

图 2-6 $\boldsymbol{N}(t)$ 示意图

引理 2-2 设 n 维向量函数

$$\boldsymbol{N}(t) = [N_1(t), N_2(t), \cdots, N_n(t)]^{\mathrm{T}}$$

在区间 $[t_0, t_f]$ 内处处连续，且具有连续二阶导数。对在 t_0 及 t_f 处为零，并对任意选取的 n 维向量函数

$$\boldsymbol{\eta}(t) = [\eta_1(t), \eta_2(t), \cdots, \eta_n(t)]^{\mathrm{T}}$$

而言，有

$$\int_{t_0}^{t_f} \boldsymbol{\eta}^{\mathrm{T}}(t) \boldsymbol{N}(t) \mathrm{d}t = 0 \tag{2-28}$$

则在整个区间 $[t_0, t_f]$ 内，有

$$\boldsymbol{N}(t) = 0 \tag{2-29}$$

证明 反证法。

若在 $t \in [t_0, t_f]$ 处，$\boldsymbol{N}(t)$ 的某个分量 $N_i \neq 0$。由于 $\boldsymbol{N}(t)$ 的连续性，必能找到 t_ε 的一个邻域 $[t_1, t_2] \subset [t_0, t_f]$，使 N_i 在该邻域内不为零，且符号保持不变。又因 $\boldsymbol{\eta}(t)$ 可以任意选取，现选为

$$\eta_i(t) = \begin{cases} 0, & t \notin [t_1, t_2] \\ (t - t_1)^4 (t - t_2)^4, & t \in [t_1, t_2] \end{cases}$$

$$\eta_j(t) = 0, \quad j = 1, 2, \cdots, i-1, i+1, \cdots, n$$

显然满足引理规定。而这时

$$\int_{t_0}^{t_f} \boldsymbol{\eta}^{\mathrm{T}}(t) \boldsymbol{N}(t) \mathrm{d}t = \int_{t_0}^{t_f} \sum_{k=1}^{n} \eta_k(t) N_k(t) \mathrm{d}t = \int_{t_1}^{t_2} \eta_i(t) N_i(t) \mathrm{d}t \neq 0$$

与引理发生矛盾。因此，在整个区间内不可能存在 $\boldsymbol{N}(t)$ 的任一分量 $N_i \neq 0$ 的点。

2.3 无约束条件下的泛函极值问题

设函数 $x(t)$ 在时间区间 $[t_0, t_f]$ 上连续可微，而函数 $L = L[x(t), \dot{x}(t), t]$ 在每个时刻 t 的值由函数 $x(t)$ 及其导数 $\dot{x}(t)$ 以及时间 t 确定，则求取泛函

$$J = \int_{t_0}^{t_f} L[x(t), \dot{x}(t), t] \mathrm{d}t \tag{2-30}$$

的极值,即要确定一个函数 $x(t)$,使得 J 达到极小(大)值。

所谓无约束条件下的泛函极值问题,是指泛函的宗量不受任何条件的限制,可以取任意函数。对无约束条件的变分问题可分为固定端点和变动端点两种情况来研究。

用几何语言来说,就是要找出一条容许轨线(容许曲线)$x(t)$,使给定函数

$$L=L[x(t),\dot{x}(t),t]$$

沿 $x^*(t)$的积分取极小值。

如果 $x(t)$代表控制系统的状态向量,则式(2-30)代表系统的性能指标。泛函极值问题即变分问题,就是要求在状态空间中确定一条最优轨线,使给定性能指标式(2-30)达到极小值。

2.3.1 固定端点的变分问题——欧拉方程

假定曲线 $x(t)$的始端和终端是固定的,容许轨线 $x(t)$应满足下列边界条件:

$$x(t_0)=x_0,\quad x(t_f)=x_f \tag{2-31}$$

设 $x^*(t)$是使泛函 J 取极值 J^* 的一条极值曲线,$x(t)$是由极值曲线的微小摄动而成,则有

$$x(t)=x^*(t)+\varepsilon\eta(t) \tag{2-32}$$

其中,ε 为微小的参变量,一般为$[0,1]$之间;$\eta(t)$是任意选定的具有连续导数的函数,且满足

$$\eta(t_0)=\eta(t_f)=0 \tag{2-33}$$

将式(2-32)取函数 $x(t)$的导数,可得

$$\dot{x}(t)=\dot{x}^*(t)+\varepsilon\dot{\eta}(t) \tag{2-34}$$

显然当 $\varepsilon=0$ 时,有 $x(t)=x^*(t)$。

将式(2-32)的 $x(t)$和式(2-34)的 $\dot{x}(t)$都代入式(2-30),则有

$$J=\int_{t_0}^{t_f}L[x^*(t)+\varepsilon\eta(t),\dot{x}^*(t)+\varepsilon\dot{\eta}(t),t]\mathrm{d}t \tag{2-35}$$

由于 $x^*(t)$是假定的极值函数,$\eta(t)$是任意选定的函数,所以泛函 J 只是参变量 ε 的函数,泛函在 $x^*(t)$上取得极值,等价于 J 在 $\varepsilon=0$ 时取得极值,则有

$$\delta J=\left.\frac{\partial J}{\partial\varepsilon}\right|_{\varepsilon=0}=0 \tag{2-36}$$

只要 $x^*(t)$是极值曲线,不管 $\eta(t)$如何选择总是成立的。

因 $L[x(t),\dot{x}(t),t]$具有二阶连续偏导数,且求导和积分次序可交换,则有

$$\begin{aligned}\delta J&=\frac{\partial J}{\partial\varepsilon}\Big|_{\varepsilon=0}=\frac{\partial}{\partial\varepsilon}\int_{t_0}^{t_f}L[x^*(t)+\varepsilon\eta(t),\dot{x}^*(t)+\varepsilon\dot{\eta}(t),t]\mathrm{d}t\Big|_{\varepsilon=0}\\&=\int_{t_0}^{t_f}\frac{\partial}{\partial\varepsilon}L[x^*(t)+\varepsilon\eta(t),\dot{x}^*(t)+\varepsilon\dot{\eta}(t),t]\Big|_{\varepsilon=0}\mathrm{d}t\\&=\int_{t_0}^{t_f}\left\{\frac{\partial L[x^*(t),\dot{x}^*(t),t]}{\partial x}\eta(t)+\frac{\partial L[x^*(t),\dot{x}^*(t),t]}{\partial\dot{x}}\dot{\eta}(t)\right\}\mathrm{d}t\end{aligned}$$

由式(2-36)得

$$\int_{t_0}^{t_f}\left\{\frac{\partial L[x^*(t),\dot{x}^*(t),t]}{\partial x}\eta(t)+\frac{\partial L[x^*(t),\dot{x}^*(t),t]}{\partial\dot{x}}\dot{\eta}(t)\right\}\mathrm{d}t=0 \tag{2-37}$$

记

$$L_x = L_x[x^*(t), \dot{x}(t), t] = \frac{\partial L[x^*(t), \dot{x}^*(t), t]}{\partial x} \tag{2-38}$$

$$L_{\dot{x}} = L_{\dot{x}}[x^*(t), \dot{x}(t), t] = \frac{\partial L[x^*(t), \dot{x}^*(t), t]}{\partial \dot{x}} \tag{2-39}$$

则

$$\int_{t_0}^{t_f} [L_x \eta(t) + L_{\dot{x}} \dot{\eta}(t)] \mathrm{d}t = 0 \tag{2-40}$$

对第二项进行分部积分

$$\int_{t_0}^{t_f} L_{\dot{x}} \dot{\eta}(t) \mathrm{d}t = L_{\dot{x}} \eta(t) \Big|_{t_0}^{t_f} - \int_{t_0}^{t_f} \eta(t) \frac{\mathrm{d}}{\mathrm{d}t} L_{\dot{x}} \mathrm{d}t \tag{2-41}$$

将式(2-41)代入式(2-40),整理得

$$\int_{t_0}^{t_f} L_x \eta(t) \mathrm{d}t + L_{\dot{x}} \eta(t) \Big|_{t_0}^{t_f} - \int_{t_0}^{t_f} \eta(t) \frac{\mathrm{d}}{\mathrm{d}t} L_{\dot{x}} \mathrm{d}t = \int_{t_0}^{t_f} \left(L_x - \frac{\mathrm{d}}{\mathrm{d}t} L_{\dot{x}} \right) \eta(t) \mathrm{d}t + L_{\dot{x}} \eta(t) \Big|_{t_0}^{t_f} = 0 \tag{2-42}$$

考虑 $\eta(t)$的边界条件,有

$$L_{\dot{x}} \eta(t) \Big|_{t_0}^{t_f} = L_{\dot{x}} \eta(t_f) - L_{\dot{x}} \eta(t_0) = 0$$

代入式(2-42)有

$$\int_{t_0}^{t_f} \left(L_x - \frac{\mathrm{d}}{\mathrm{d}t} L_{\dot{x}} \right) \eta(t) \mathrm{d}t = 0$$

应用变分学的基本引理,可得泛函取得极值的必要条件如下

$$L_x - \frac{\mathrm{d}}{\mathrm{d}t} L_{\dot{x}} = 0$$

即

$$\frac{\partial L}{\partial x} - \frac{\mathrm{d}}{\mathrm{d}t} \frac{\partial L}{\partial \dot{x}} = 0 \tag{2-43}$$

以上方程式(2-43)通常称为欧拉(Euler)方程或称欧拉-拉格朗日方程。

对欧拉方程式(2-43)有如下几点需要说明:

(1) 当$L_{\dot{x}} \neq 0$时,欧拉方程是二阶常微分方程,欧拉方程的积分曲线$x = (t, c_1, c_2)$称为极值曲线,只有在极值曲线上泛函才可能达到极小(大)值。如果端点固定,直接将端点条件代入,即可得到极值曲线。

将第二项展开,得到

$$L_x - \frac{\mathrm{d}}{\mathrm{d}t} L_{\dot{x}} = L_x - L_{\dot{x}t} - \dot{x} L_{\dot{x}x} - \ddot{x} L_{\dot{x}\dot{x}} = 0 \tag{2-44}$$

一般来说,二阶常微分方程在大多数情况下难以得到封闭形式的解析解。

(2) 当$\eta(t_0) \neq 0$,以及$\eta(t_f) \neq 0$时,泛函式(2-30)沿曲线$x^*(t)$取极值的必要条件,除了需要满足欧拉方程式(2-43)以外,还应该包括以下两式,称之为横截条件。

$$\frac{\partial L}{\partial \dot{x}} \Big|_{t=t_0} = 0$$

$$\left.\frac{\partial L}{\partial \dot{x}}\right|_{t=t_f}=0$$

(3) 当 L 中不显含 t 时，即 $L=L[x,\dot{x}]$，欧拉方程有首部积分。

用 $\dot{x}=\dfrac{\mathrm{d}x}{\mathrm{d}t}$ 乘以式(2-43)的两端，有下式成立

$$\frac{\mathrm{d}x}{\mathrm{d}t}\left[\frac{\partial L}{\partial x}-\frac{\mathrm{d}}{\mathrm{d}t}\left(\frac{\partial L}{\partial \dot{x}}\right)\right]=\frac{\partial L}{\partial t}-\frac{\mathrm{d}}{\mathrm{d}t}\left(\frac{\partial L}{\partial \dot{x}}\right)\frac{\mathrm{d}x}{\mathrm{d}t}=\frac{\mathrm{d}}{\mathrm{d}t}\left(L-\dot{x}\frac{\partial L}{\partial \dot{x}}\right)=0$$

即

$$\frac{\mathrm{d}}{\mathrm{d}t}\left(L-\dot{x}\frac{\partial L}{\partial \dot{x}}\right)=0 \tag{2-45}$$

两边积分，可得

$$L-\dot{x}\frac{\partial L}{\partial \dot{x}}=c \tag{2-46}$$

也可记为

$$L-\dot{x}L_{\dot{x}}=c \tag{2-47}$$

其中，c 为常数。式(2-47)即为 L 中不显含 t 时欧拉方程的首部积分公式。

(4) 由泛函极值的必要条件——欧拉方程，求得的极值曲线 $x^*(t)$ 究竟是极大值还是极小值曲线还需要进一步加以判断。如同函数极值的性质可由二阶导数的符号来判定一样，泛函极值的性质可由二阶变分 $\delta^2 J$ 的符号来判定。

若两个函数存在无穷小量的差异，则 $x(t)$ 的一次变分可写成 $\delta x(t)=x(t)-x^*(t)$。对于泛函 $L[x(t),\dot{x}(t),t]$，若它具有三阶以上的连续偏导数，则在满足欧拉方程的极值曲线 $x^*(t)$ 邻域内有如下泰勒展开式

$$\begin{aligned}\Delta J&=J[x^*(t)+\delta x(t)]-J[x^*(t)]\\&=\int_{t_0}^{t_f}\{L[x^*(t)+\delta x(t),\dot{x}^*(t)+\delta\dot{x}(t),t]-L[x^*(t),\dot{x}^*(t),t]\}\mathrm{d}t\\&=\int_{t_0}^{t_f}\left[\frac{\partial L}{\partial x}\delta x(t)+\frac{\partial L}{\partial \dot{x}}\delta\dot{x}(t)\right]\mathrm{d}t+\frac{1}{2}\int_{t_0}^{t_f}\left[\frac{\partial^2 L}{\partial x^2}(\delta x)^2+2\frac{\partial^2 L}{\partial x\partial \dot{x}}\delta x\delta\dot{x}+\frac{\partial^2 L}{\partial \dot{x}^2}(\delta\dot{x})^2\right]\mathrm{d}t+\cdots\end{aligned}$$

这样，定义泛函的一次变分为泰勒级数展开的一次项

$$\delta J=\int_{t_0}^{t_f}\left[\frac{\partial L}{\partial x}\delta x(t)+\frac{\partial L}{\partial \dot{x}}\delta\dot{x}(t)\right]\mathrm{d}t$$

定义泛函的二次变分为泰勒级数展开的二次项

$$\delta^2 J=\frac{1}{2}\int_{t_0}^{t_f}\left[\frac{\partial^2 L}{\partial x^2}(\delta x)^2+2\frac{\partial^2 L}{\partial x\partial \dot{x}}\delta x\delta\dot{x}+\frac{\partial^2 L}{\partial \dot{x}^2}(\delta\dot{x})^2\right]\mathrm{d}t \tag{2-48}$$

故

$$\Delta J=\delta J+\delta^2 J+\cdots$$

由此可见，泛函的二次变分并不等于对泛函的一次变分再取一次变分。

当 $x^*(t)$ 为泛函 J 的极值曲线时，$\delta J=0$ 是泛函 J 取极值的必要条件，而其充分条件是：当二次变分 $\delta^2 J$ 为正时，泛函 J 有极小值；当二次变分 $\delta^2 J$ 为负时，泛函 J 有极大值。

泛函的二次变分式(2-48)可写成矩阵形式

$$\delta^2 J = \frac{1}{2}\int_{t_0}^{t_f} [\delta x \quad \delta \dot{x}] \begin{bmatrix} \dfrac{\partial^2 L}{\partial x^2} & \dfrac{\partial^2 L}{\partial x \partial \dot{x}} \\ \dfrac{\partial^2 L}{\partial x \partial \dot{x}} & \dfrac{\partial^2 L}{\partial \dot{x}^2} \end{bmatrix} \begin{bmatrix} \delta x \\ \delta \dot{x} \end{bmatrix} \mathrm{d}t \tag{2-49}$$

如果式(2-49)中的矩阵是正定的，则泛函 J 为极小值；如果矩阵是负定的，则泛函 J 为极大值。

(5) 由于二次变分 $\delta^2 J$ 是一个积分式，直接通过对它积分来判定极值的性质很不方便。为此，下面不加论证地引入勒让德(Legender)条件，即无约束泛函极小值的充分条件。当 $\dfrac{\partial^2 L}{\partial \dot{x}^2} \geqslant 0$ 时，泛函 J 取极小值；当 $\dfrac{\partial^2 L}{\partial \dot{x}^2} < 0$ 时，泛函 J 取极大值。

例 2-13 设泛函为

$$J = \int_1^2 (\dot{x}^2 t^2 + \dot{x}) \mathrm{d}t$$

边界条件为

$$x(1) = 1, \quad x(2) = 2$$

求使泛函 J 为极小值的最优轨线 $x^*(t)$。

解 本题为两端固定、无约束泛函的极小值问题。先求泛函极值。由题意

$$L[x, \dot{x}, t] = \dot{x}^2 t^2 + \dot{x}$$

可得

$$\frac{\partial L}{\partial x} = 0, \quad \frac{\partial L}{\partial \dot{x}} = 1 + 2\dot{x}t^2$$

$$\frac{\partial^2 L}{\partial x \partial \dot{x}} = 0, \quad \frac{\partial^2 L}{\partial \dot{x}^2} = 2t^2$$

运用欧拉方程，得到

$$\frac{\partial L}{\partial x} - \frac{\mathrm{d}}{\mathrm{d}t}\frac{\partial L}{\partial \dot{x}} = -\frac{\mathrm{d}}{\mathrm{d}t}(1 + 2\dot{x}t^2) = 0$$

于是

$$1 + 2\dot{x}t^2 = c$$

$$\dot{x} = \frac{c-1}{2t^2} = -\frac{c_1}{t^2}$$

式中

$$c_1 = \frac{1}{2}(1-c)$$

为待定常数。可解得最优轨线

$$x^*(t) = \frac{c_1}{t} + c_2$$

代入已知的边界条件，解出常数

$$c_1 = -2, \quad c_2 = 3$$

因此，使泛函达到极值的最优轨线为

$$x^*(t)=3-\frac{2}{t}$$

接下来用勒让德条件判断泛函 J 在 t_1 上是否为极小值。因为

$$\frac{\partial^2 L}{\partial \dot{x}^2}=2t^2>0,\quad \forall t\in[1,2]$$

所以求出的 $x^*(t)$ 为最优轨线，相应的泛函取得极小值，即

$$J^*=\int_1^2 \frac{6}{t^2}\mathrm{d}t=3$$

例 2-14 求使泛函 $J=\int_0^{\pi/2}[\dot{x}^2(t)-x^2(t)]\mathrm{d}t$ 满足边界条件 $x(0)=0, x\left(\frac{\pi}{2}\right)=2$ 的最优轨线 $x^*(t)$。

解 对于本例

$$L[x,\dot{x},t]=\dot{x}^2-x^2$$

根据欧拉方程式(2-43)，得

$$\ddot{x}+x=0$$

其通解为

$$x(t)=c_1\cos t+c_2\sin t$$

代入已知边界条件，求得

$$c_1=0,\quad c_2=2$$

因此，最优轨线为

$$x^*(t)=2\sin t$$

即本例最优轨线轨迹是正弦信号轨迹。

针对例 2-14 的问题，可利用 MATLAB 所提供的符号数学工具箱（Symbolic Math Toolbox）中的符号微分函数 diff( )和符号微分方程求解函数 dsolve( )来求解，其中 diff( )函数的调用格式为

diff('F','x',n)

其中，n 表示对符号表达式 F 中指定的符号变量 x 计算的 n 阶导数，n 的缺省值是 1。

符号微分方程求解函数 dsolve( )的调用格式为

[y1,y2,…]=dslove('eq1,eq2,…','cond1,cond2,…','x')

或

[y1,y2,…]=dslove('eq1','eq2',…,'cond1','cond2',…,'x')

其中，eq1，eq2，…表示所求微分方程；cond1，cond2，…表示初始条件；x 表示独立变量；y1，y2，…表示输出量。微分方程的记述规定：当“y”是因变量时，用“Dny”表示 y 的 n 阶导数，即 Dny 表示形如$\frac{\mathrm{d}^n y}{\mathrm{d}x^n}$的导数。

因此，针对例 2-14 的问题，可由 MATLAB 求解，其命令如下：

```
>> syms Dx x;                                %符号变量说明
>>L=Dx^2-x^2;                                %定义被积函数
```

```
>>LDx=diff(L,'Dx')                                 %求解∂L/∂x
  运行结果：
  Lx=
      -2*x
>>LDx=diff(L,'Dx')                                 %求解∂L/∂ẋ
  运行结果：
  LDx=
      2*Dx
>>f=sym('-2*x-2*D2x=0')                            %列写欧拉方程
  运行结果：
  f=
    -2*x-2*D2x=0
>>x=dsolve('D2x+x=0','x(0)=0,x(pi/2)=2','t')      %求解微分方程
  运行结果：
  x=
    2*sin(t)
```

例 2-15 求泛函 $J=\int_0^1(\dot{x}^2+12xt)\mathrm{d}t$ 满足边界条件 $x(0)=0,x(1)=1$ 的极值函数 $x(t)$，并判别泛函极值的性质。

解 对本例而言，$L=\dot{x}^2+12xt$

$$\frac{\partial L}{\partial x}=12t,\quad \frac{\partial L}{\partial \dot{x}}=2\dot{x},\quad \frac{\mathrm{d}}{\mathrm{d}t}\frac{\partial L}{\partial \dot{x}}=2\ddot{x}$$

代入欧拉方程，则有

$$12t-2\ddot{x}=0$$

以上方程的通解为

$$x(t)=t^3+c_1t+c_2$$

利用边界条件得

$$c_1=0,\quad c_2=0$$

所以

$$x(t)=t^3$$

又由于

$$\frac{\partial^2 L}{\partial \dot{x}^2}=\frac{\partial}{\partial \dot{x}}\left(\frac{\partial L}{\partial \dot{x}}\right)=\frac{\partial}{\partial \dot{x}}2\dot{x}=2>0$$

所以，泛函 J 有极小值。

针对例 2-15 的问题，同样可由 MATLAB 求解，其命令如下：

```
>>syms Dx x t;                                     %符号变量说明
>>L=Dx^2+12*x*t;                                   %定义被积函数
>>Lx=diff(L,'x')                                   %求解∂L/∂x
```

```
    运行结果:
    Lx=
        12 * t
>>LDx=diff(L,'Dx')                                      %求解∂L/∂ẋ
    运行结果:
    LDx=
        2 * Dx
>>f=sym('12 * t-2 * D2x=0')                             %列写欧拉方程
    运行结果:
    f=
       12 * t-2 * D2x=0
>>x=dsolve('12 * t-2 * D2x=0','x(0)=0,x(1)=1','t')      %求解微分方程
    运行结果:
    x=
       t^3
```

例 2-16 求泛函 $J=\int_{t_0}^{t_f}\sqrt{1+\dot{x}^2}\,\mathrm{d}t$ 满足边界条件 $x(t_0)=x_0$，$x(t_f)=x_f$ 的极值曲线。

解 这时的被积函数 L 依赖于 $\dot{x}$，其欧拉方程为 $\frac{\mathrm{d}}{\mathrm{d}t}L_{\dot{x}}=0$，积分得 $L_{\dot{x}}=c$，而 $L_{\dot{x}}=\frac{\dot{x}}{\sqrt{1+\dot{x}^2}}$，所以

$$\frac{\dot{x}}{\sqrt{1+\dot{x}^2}}=c$$

式中，c 为待定的积分常数。由上式得

$$\dot{x}=c_1$$

这里 c_1 为另一常数。对上式进行积分，可得方程的通解为

$$x(t)=c_1t+c_2$$

由此可见，所求的极值曲线是给定两点 $A(t_0,x_0)$ 和 $B(t_f,x_f)$ 之间的直线。

2.3.2 边界条件

在上节中求解欧拉方程时，需要由横截条件确定两点边界值。两端固定并且初始时刻 t_0 和终端时刻 t_f 同时固定只是一种最简单的情况，在实际工程问题中情况会复杂一些。一般情况下，在初始时刻 t_0 和终端时刻 t_f 都固定时，根据初始状态 $x(t_0)$ 和终端状态 $x(t_f)$ 是固定的或者自由的，边界条件存在以下四种情况。

(1) 固定始端和固定终端。

由于此时两个端点都固定，即边界条件 $x(t_0)$ 和 $x(t_f)$ 已经给定，因此有

$$\eta(t_0)=\eta(t_f)=0$$

不需要由横截条件给出边界条件。

(2) 自由始端和自由终端。

由于此时两个端点都不固定，其值为任意，因此在始端与终端上的 $\eta(t)$ 值也都为任意的，需要由横截条件

$$\begin{cases} \left.\dfrac{\partial L}{\partial \dot{x}}\right|_{t=t_0} = 0 \\ \left.\dfrac{\partial L}{\partial \dot{x}}\right|_{t=t_f} = 0 \end{cases}$$

给出边界条件。这种情况下的边界条件称为自由边界条件。

(3) 自由始端和固定终端。

由于此时始端 $x(t_0)$ 自由，可以是任意值，因此 $\eta(t_0)$ 也是任意值，又由于终端 $x(t_f)$ 固定，因此有 $\eta(t_f)=0$，需要由 $x(t_f)$ 以及横截条件

$$\left.\frac{\partial L}{\partial \dot{x}}\right|_{t=t_0} = 0$$

给出边界条件。

(4) 固定始端和自由终端。

由于此时始端 $x(t_0)$ 固定，则有 $\eta(t_0)=0$，而终端 $x(t_f)$ 自由，因此 $\eta(t_f)$ 任意，需要由 $x(t_0)$ 以及横截条件

$$\left.\frac{\partial L}{\partial \dot{x}}\right|_{t=t_f} = 0$$

给出边界条件。

综上所述，把泛函极值问题的求取归结为求解给定边界值的微分方程问题，也就是常说的两点边值问题。表 2-1 总结了初始时刻和终端时刻固定的情况下，始端状态和终端状态不同时的横截条件。

表 2-1 初始时刻和终端时刻固定时的横截条件

序 号	名 称	横截条件
1	固定始端和固定终端	$x(t_0)=x_0,\quad x(t_f)=x_f$
2	自由始端和自由终端	$\left.\frac{\partial L}{\partial \dot{x}}\right\|_{t=t_0}=0,\quad \left.\frac{\partial L}{\partial \dot{x}}\right\|_{t=t_f}=0$
3	自由始端和固定终端	$\left.\frac{\partial L}{\partial \dot{x}}\right\|_{t=t_0}=0,\quad x(t_f)=x_f$
4	固定始端和自由终端	$x(t_0)=x_0,\quad \left.\frac{\partial L}{\partial \dot{x}}\right\|_{t=t_f}=0$

例 2-17 求性能指标

$$J=\int_0^1 (\dot{x}^2+1)\mathrm{d}t$$

在边界条件 $x(0)=0$，$x(1)$ 自由情况下的极值曲线。

解 本题为终端时刻固定，终端状态自由的无约束泛函极值问题。由题意

$$L=\dot{x}^2+1$$

得

$$x(t)=c_1t+c_2$$

由 $x(0)=0$ 得

$$c_2=0$$

当 $x(1)$ 自由时，由横截条件

$$\left.\frac{\partial L}{\partial \dot{x}}\right|_{t=t_f}=2\dot{x}\,|_{t=t_f}=0$$

则

$$c_1=0$$

因而极值曲线为

$$x^*(t)=0$$

在工程问题中，$x(t)$ 一般表示运动轨迹，如飞机或导弹的飞行轨迹。例如，从地面固定发射架发射，到达固定地面目标的地对地导弹的飞行轨迹，属于固定始端和固定终端问题；用地对空导弹射击空中目标，相当于固定始端和自由终端问题；在空战中，空对空导弹的飞行轨迹，属于自由始端和自由终端问题；利用空对地导弹袭击地面固定目标，相当于自由始端和固定终端问题。

2.3.3 多变量系统的泛函极值问题

以上所阐述的问题都属于单变量的欧拉问题，但是它可以很容易地推广到多变量系统中。设多变量系统的积分型性能指标泛函为

$$J=\int_{t_0}^{t_f}L[\boldsymbol{x}(t),\dot{\boldsymbol{x}}(t),t]\mathrm{d}t$$

式中，$\boldsymbol{x}(t)$ 为系统的 n 维状态向量，$\boldsymbol{x}(t_0)=\boldsymbol{x}_0$。

求多变量泛函 J 的极值，如同单变量时一样，可推导出极值存在的必要条件为满足如下欧拉方程

$$\frac{\partial L}{\partial \boldsymbol{x}}-\frac{\mathrm{d}}{\mathrm{d}t}\frac{\partial L}{\partial \dot{\boldsymbol{x}}}=0 \tag{2-50}$$

及横截条件方程

$$\left.\left[\frac{\partial L}{\partial \dot{\boldsymbol{x}}}\right]^{\mathrm{T}}\right|_{t=t_0}=\delta\boldsymbol{x}(t_f)-\left.\left[\frac{\partial L}{\partial \dot{\boldsymbol{x}}}\right]^{\mathrm{T}}\right|_{t=t_0}=\delta\boldsymbol{x}(t_0)=0 \tag{2-51}$$

式中

$$\frac{\partial L}{\partial \boldsymbol{x}}=\left(\frac{\partial L}{\partial x_1},\frac{\partial L}{\partial x_2},\cdots,\frac{\partial L}{\partial x_n}\right)^{\mathrm{T}},\quad \frac{\partial L}{\partial \dot{\boldsymbol{x}}}=\left[\frac{\partial L}{\partial \dot{x}_1},\frac{\partial L}{\partial \dot{x}_2},\cdots,\frac{\partial L}{\partial \dot{x}_n}\right]^{\mathrm{T}}$$

式(2-50)为多变量的欧拉方程，它是一个二阶矩阵微分方程，其解就是极值曲线 $\boldsymbol{x}^*(t)$。

例 2-18 求泛函

$$J=\int_0^{\frac{\pi}{2}}(2x_1x_2+\dot{x}_1^2+\dot{x}_2^2)\mathrm{d}t$$

在条件 $x_1(0)=0, x_1\left(\frac{\pi}{2}\right)=1, x_2(0)=0, x_2\left(\frac{\pi}{2}\right)=-1$ 下的极值曲线。

解 本例为求解含有两个变量 x_1, x_2 系统的泛函极值问题，始端和终端状态都固定，这时的欧拉方程为

$$\begin{cases}\dfrac{\partial L}{\partial x_1}-\dfrac{\mathrm{d}}{\mathrm{d}t}\dfrac{\partial L}{\partial \dot{x}_1}=0\\ \dfrac{\partial L}{\partial x_2}-\dfrac{\mathrm{d}}{\mathrm{d}t}\dfrac{\partial L}{\partial \dot{x}_2}=0\end{cases}$$

被积函数为

$$L=2x_1x_2+\dot{x}_1^2+\dot{x}_2^2$$

因此

$$\frac{\partial L}{\partial x_1}=2x_2,\quad \frac{\partial L}{\partial \dot{x}_1}=2\dot{x}_1,\quad \frac{\mathrm{d}}{\mathrm{d}t}\frac{\partial L}{\partial \dot{x}_1}=2\ddot{x}_1$$

$$\frac{\partial L}{\partial x_2}=2x_1,\quad \frac{\partial L}{\partial \dot{x}_2}=2\dot{x}_2,\quad \frac{\mathrm{d}}{\mathrm{d}t}\frac{\partial L}{\partial \dot{x}_2}=2\ddot{x}_2$$

代入欧拉方程得

$$\begin{cases}\ddot{x}_1-x_2=0\\ \ddot{x}_2-x_1=0\end{cases}$$

对上述第一个方程求导两次，再由第二个方程可以将 x_2 消去，得

$$x_1^{(4)}-x_1=0$$

不难求出此方程的解为

$$x_1=c_1\mathrm{e}^t+c_2\mathrm{e}^{-t}+c_3\cos t+c_4\sin t$$

对此式求导两次，得

$$x_2=c_1\mathrm{e}^t+c_2\mathrm{e}^{-t}-c_3\cos t-c_4\sin t$$

利用给定的端点条件，可求出

$$c_1=c_2=c_3=0,\quad c_4=1$$

因此，曲线

$$\begin{cases}x_1=\sin t\\ x_2=-\sin t\end{cases}$$

是泛函的一条极值曲线。

例 2-18 中的微分方程组

$$\begin{cases}\ddot{x}_1-x_2=0\\ \ddot{x}_2-x_1=0\end{cases}$$

可利用 MATLAB 所提供的符号数学工具箱的符号微分方程求解函数 dsolve( )来求解。相应的 MATLAB 命令如下：

```
>>[x1,x2]=dsolve('D2x1-x2=0,D2x2-x1=0','x1(0)=0,x1(pi/2)=1,
x2(0)=0,x2(pi/2)=-1','t')
```

运算结果：

x1＝

sin(t)

x2＝

－sin(t)

需要说明的是，以上无论是单变量还是多变量系统泛函的极值问题，指的都是初始时刻 t_0 和终端时刻 t_f 固定时的横截条件的选取问题。而在有些工程应用中，经常碰到另一类变分问题——变动端点的变分问题，即曲线的始端时刻或终端时刻是变动的。因此，下一节将讨论终端时刻 t_f 可变时的横截条件。

2.3.4 变动端点的变分问题——横截条件

假定初始时刻 t_0 和初始状态 $\boldsymbol{x}(t_0)$ 都是固定的，即 $\boldsymbol{x}(t_0)=\boldsymbol{x}_0$；终端时刻 t_f 可变，终端状态 $\boldsymbol{x}(t_f)$ 受到终端边界线的约束。假设沿着给定的目标曲线 $\boldsymbol{\varphi}(t)$ 变动，即应满足 $\boldsymbol{x}(t_f)=\boldsymbol{\varphi}(t_f)$，所以终端状态 $\boldsymbol{x}(t_f)$ 是终端时刻 t_f 的函数，如图 2-7 所示。其中，$\boldsymbol{\varphi}(t)$ 常被称为靶线。

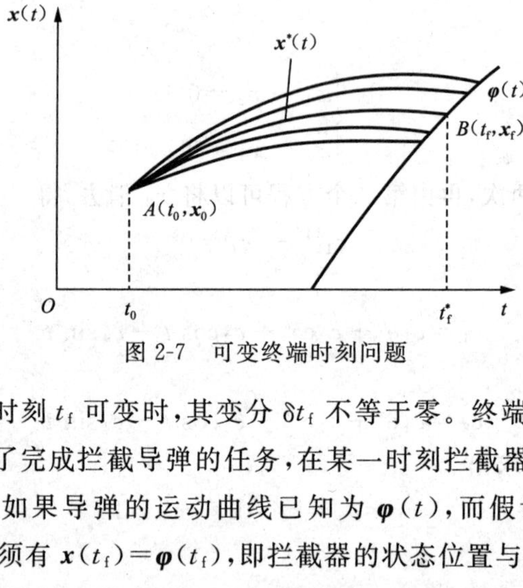

图 2-7 可变终端时刻问题

当状态曲线的终端时刻 t_f 可变时，其变分 δt_f 不等于零。终端可变的典型例子是导弹的拦截问题。拦截器为了完成拦截导弹的任务，在某一时刻拦截器运动曲线的终端必须与导弹的运动曲线相遇。如果导弹的运动曲线已知为 $\boldsymbol{\varphi}(t)$，而假设拦截器的运动曲线为 $\boldsymbol{x}(t)$，则在 $t=t_f$ 时刻必须有 $\boldsymbol{x}(t_f)=\boldsymbol{\varphi}(t_f)$，即拦截器的状态位置与导弹的状态位置相重合。

因此，所谓可变终端时刻问题，是指寻找一条连续可微的极值曲线 $\boldsymbol{x}^*(t)$，当它由给定始端 $(t_0,\boldsymbol{x}_0)$ 到达给定终端约束曲线 $\boldsymbol{x}(t_f)=\boldsymbol{\varphi}(t_f)$ 时，使性能指标

$$J=\int_{t_0}^{t_f} L[\boldsymbol{x}(t),\dot{\boldsymbol{x}}(t),t]\mathrm{d}t \tag{2-52}$$

达到极值。其中，$\boldsymbol{x}(t)$ 表示 n 维状态向量，t_0 已知，t_f 未知。此时不仅要确定最优轨线 $\boldsymbol{x}^*(t)$，还要求出最优时间 t_f^*。

设 $\boldsymbol{x}^*(t)$ 是泛函(2-52)达到极值的一条曲线，与 $\boldsymbol{x}^*(t)$ 接近的容许曲线可以表示为

$$\boldsymbol{x}(t)=\boldsymbol{x}^*(t)+\alpha\eta(t) \tag{2-53}$$

$$\dot{\boldsymbol{x}}(t)=\dot{\boldsymbol{x}}^*(t)+\alpha\dot{\eta}(t) \tag{2-54}$$

其中，α 为一个小参变量，$\eta(t)$ 为可任意选定的具有连续导数的函数，且满足 $\eta(t_0)=0$，而 t_f

未知,也是一个变量。因为每一个 $\boldsymbol{x}(t)$ 都对应于一个终端时刻 t_f,假定极值曲线 $\boldsymbol{x}^*(t)$ 对应的终端时刻为 t_f^*,那么容许曲线 $\boldsymbol{x}(t)$ 对应的终端时刻 t_f 可表示为

$$t_f = t_f^* + \alpha\xi(t_f) \tag{2-55}$$

将式(2-53)~式(2-55)代入式(2-52)可得

$$J = \int_{t_0}^{t_f^*+\alpha\xi(t_f)} L[\boldsymbol{x}^*(t)+\alpha\boldsymbol{\eta}(t),\dot{\boldsymbol{x}}^*(t)+\alpha\dot{\boldsymbol{\eta}}(t),t]\mathrm{d}t \tag{2-56}$$

以下介绍终端变动时泛函取极值的必要条件。

通过前面的内容可知,泛函取得极值的条件是泛函的变分为 0,即

$$\left.\frac{\partial J(\alpha)}{\partial \alpha}\right|_{\alpha=0} = 0 \tag{2-57}$$

则将式(2-56)代入式(2-57)有

$$\frac{\partial}{\partial \alpha}\int_{t_0}^{t_f^*+\alpha\xi(t_f)} L[\boldsymbol{x}^*(t)+\alpha\boldsymbol{\eta}(t),\dot{\boldsymbol{x}}^*(t)+\alpha\dot{\boldsymbol{\eta}}(t),t]\mathrm{d}t = 0$$

也即

$$\frac{\partial}{\partial \alpha}\left\{\int_{t_0}^{t_f^*} L[\boldsymbol{x}^*(t)+\alpha\boldsymbol{\eta}(t),\dot{\boldsymbol{x}}^*(t)+\alpha\dot{\boldsymbol{\eta}}(t),t]\mathrm{d}t + \int_{t_f^*}^{t_f^*+\alpha\xi(t_f)} L[\boldsymbol{x}^*(t)+\alpha\boldsymbol{\eta}(t),\dot{\boldsymbol{x}}^*(t)+\alpha\dot{\boldsymbol{\eta}}(t),t]\mathrm{d}t\right\}\Bigg|_{\alpha=0} = 0$$

对上式第二项应用中值定理,得

$$\frac{\partial}{\partial \alpha}\left\{\int_{t_0}^{t_f^*} L[\boldsymbol{x}^*(t)+\alpha\boldsymbol{\eta}(t),\dot{\boldsymbol{x}}^*(t)+\alpha\dot{\boldsymbol{\eta}}(t),t]\mathrm{d}t + \alpha\xi(t_f)L[\boldsymbol{x}^*(t_f^*),\dot{\boldsymbol{x}}^*(t_f^*),t_f^*]\right\}\Bigg|_{\alpha=0} = 0 \tag{2-58}$$

变换积分与求导顺序,可得

$$\int_{t_0}^{t_f^*}\left[\boldsymbol{\eta}(t)\frac{\partial L}{\partial \boldsymbol{x}} + \dot{\boldsymbol{\eta}}(t)\frac{\partial L}{\partial \dot{\boldsymbol{x}}}\right]\mathrm{d}t + \xi(t_f)L[\boldsymbol{x}^*(t_f^*),\dot{\boldsymbol{x}}^*(t_f^*),t_f^*] = 0 \tag{2-59}$$

对式(2-59)中被积函数的第二项进行分部积分,并考虑到 $\boldsymbol{\eta}(t_0)=0$,则有

$$\int_{t_0}^{t_f^*}\boldsymbol{\eta}(t)\left[\frac{\partial L}{\partial \boldsymbol{x}} - \frac{\mathrm{d}}{\mathrm{d}t}\frac{\partial L}{\partial \dot{\boldsymbol{x}}}\right]\mathrm{d}t + \boldsymbol{\eta}(t)\left.\frac{\partial L}{\partial \dot{\boldsymbol{x}}}\right|_{t=t_f^*} + \xi(t_f)L[\boldsymbol{x}^*(t_f^*),\dot{\boldsymbol{x}}^*(t_f^*),t_f^*] = 0 \tag{2-60}$$

而 $\boldsymbol{\eta}(t_f^*)$ 和 $\xi(t_f^*)$ 不是互相独立的,它们受终端条件 $\boldsymbol{x}(t_f)=\boldsymbol{\varphi}(t_f)$ 的约束,即

$$\boldsymbol{x}^*[t_f^*+\alpha\xi(t_f)] + \alpha\boldsymbol{\eta}[t_f^*+\alpha\xi(t_f)] = \boldsymbol{\varphi}[t_f^*+\alpha\xi(t_f)] \tag{2-61}$$

将式(2-61)对 α 求导,并令 $\alpha\to 0$,得

$$\xi(t_f)\dot{\boldsymbol{x}}^*(t_f^*) + \boldsymbol{\eta}(t_f^*) = \xi(t_f)\dot{\boldsymbol{\varphi}}(t_f^*)$$

即

$$\boldsymbol{\eta}(t_f^*) = \xi(t_f)[\dot{\boldsymbol{\varphi}}(t_f^*) - \dot{\boldsymbol{x}}^*(t_f^*)] \tag{2-62}$$

将式(2-62)代入式(2-60),并考虑维数匹配,得

$$\int_{t_0}^{t_f^*} \eta(t)\left[\frac{\partial L}{\partial \boldsymbol{x}}-\frac{\mathrm{d}}{\mathrm{d}t}\frac{\partial L}{\partial \dot{\boldsymbol{x}}}\right]\mathrm{d}t+$$

$$\xi(t_f)\left\{[\dot{\boldsymbol{\varphi}}(t_f^*)-\dot{\boldsymbol{x}}^*(t_f^*)]^{\mathrm{T}}\frac{\partial L[\boldsymbol{x}^*(t_f^*),\dot{\boldsymbol{x}}^*(t_f^*),t_f^*]}{\partial \dot{\boldsymbol{x}}}+L[\boldsymbol{x}^*(t_f^*),\dot{\boldsymbol{x}}^*(t_f^*),t_f^*]\right\}=0 \tag{2-63}$$

对于任意的 $\eta(t)$ 及 $\xi(t_f)$，应用变分学的基本引理，有

$$\frac{\partial L}{\partial \boldsymbol{x}}-\frac{\mathrm{d}}{\mathrm{d}t}\frac{\partial L}{\partial \dot{\boldsymbol{x}}}=0 \tag{2-64}$$

$$\left\{L+[\dot{\boldsymbol{\varphi}}(t)-\dot{\boldsymbol{x}}(t)]^{\mathrm{T}}\frac{\partial L}{\partial \dot{\boldsymbol{x}}}\right\}_{t=t_f^*}=0 \tag{2-65}$$

式(2-64)即欧拉方程，式(2-65)建立了终端处 $\dot{\boldsymbol{\varphi}}(t)$ 和 $\dot{\boldsymbol{x}}(t)$ 之间的关系，并影响着 $\dot{\boldsymbol{x}}(t)$ 和 $\boldsymbol{\varphi}(t)$ 在时刻 t_f 的交点，因此被称为终端横截条件。以上两式就是可变终端时刻问题泛函取得极值的必要条件。

同理可以推导得到终端固定，始端沿 $\boldsymbol{\varphi}(t)$ 变化时的始端横截条件为

$$\left\{L+[\dot{\boldsymbol{\varphi}}(t)-\dot{\boldsymbol{x}}(t)]^{\mathrm{T}}\frac{\partial L}{\partial \dot{\boldsymbol{x}}}\right\}_{t=t_0}=0 \tag{2-66}$$

对端点变动时泛函取得极值的必要条件有几点说明：

(1) 最优轨线是欧拉方程的解。

(2) 当有任意一个端点变动时，由欧拉方程表示出的待定常数由固定端点和横截条件确定。

(3) 在实际问题中，大多数靶线是平行或垂直于 t 轴的，横截条件变形如下。

当始端固定，终端靶线平行于 t 轴时，$\dot{\boldsymbol{\varphi}}(t)=0$，横截条件为

$$\left[L-\dot{\boldsymbol{x}}^{\mathrm{T}}(t)\frac{\partial L}{\partial \dot{\boldsymbol{x}}}\right]_{t=t_f^*}=0 \tag{2-67}$$

当始端固定，终端靶线垂直于 t 轴时，$\dot{\boldsymbol{\varphi}}(t)=\infty$，此时由式(2-65)可得

$$\frac{L(t_f^*)}{\dot{\boldsymbol{\varphi}}(t_f^*)-\dot{\boldsymbol{x}}(t_f^*)}+\left.\frac{\partial L}{\partial \dot{\boldsymbol{x}}}\right|_{t=t_f^*}=0 \tag{2-68}$$

横截条件为

$$\left.\frac{\partial L}{\partial \dot{\boldsymbol{x}}}\right|_{t=t_f^*}=0 \tag{2-69}$$

当终端固定，始端给定曲线 $\boldsymbol{\varphi}(t)$ 平行于 t 轴时，$\dot{\boldsymbol{\varphi}}(t)=0$，横截条件为

$$\left[L-\dot{\boldsymbol{x}}^{\mathrm{T}}(t)\frac{\partial L}{\partial \dot{\boldsymbol{x}}}\right]_{t=t_0}=0 \tag{2-70}$$

当终端固定，始端给定曲线 $\boldsymbol{\varphi}(t)$ 垂直于 t 轴时，$\dot{\boldsymbol{\varphi}}(t)=\infty$，横截条件为

$$\left.\frac{\partial L}{\partial \dot{\boldsymbol{x}}}\right|_{t=t_0}=0 \tag{2-71}$$

表 2-2 总结了终端时刻或初始时刻自由时的横截条件。

表 2-2 终端时刻或初始时刻自由时的横截条件

序 号	名 称	横 截 条 件
1	固定始端，自由终端	$\left[L-\dot{\boldsymbol{x}}^{\mathrm{T}}(t)\dfrac{\partial L}{\partial \dot{\boldsymbol{x}}}\right]_{t=t_f^*}=0$ $\left.\dfrac{\partial L}{\partial \dot{\boldsymbol{x}}}\right\|_{t=t_f^*}=0,\quad \boldsymbol{x}(t_0)=\boldsymbol{x}_0$
2	固定始端，终端受约束	$\left\{L+[\dot{\boldsymbol{\varphi}}(t)-\dot{\boldsymbol{x}}(t)]^{\mathrm{T}}\dfrac{\partial L}{\partial \dot{\boldsymbol{x}}}\right\}_{t=t_f^*}=0$ $\boldsymbol{x}(t_f)=\boldsymbol{\varphi}(t_f),\quad \boldsymbol{x}(t_0)=\boldsymbol{x}_0$
3	始端受约束，固定终端	$\left\{L+[\dot{\boldsymbol{\varphi}}(t)-\dot{\boldsymbol{x}}(t)]^{\mathrm{T}}\dfrac{\partial L}{\partial \dot{\boldsymbol{x}}}\right\}_{t=t_0}=0$ $\boldsymbol{x}(t_0)=\boldsymbol{\varphi}(t_0),\quad \boldsymbol{x}(t_f)=\boldsymbol{x}_f$
4	自由始端，固定终端	$\left[L-\dot{\boldsymbol{x}}^{\mathrm{T}}(t)\dfrac{\partial L}{\partial \dot{\boldsymbol{x}}}\right]_{t=t_0}=0$ $\left.\dfrac{\partial L}{\partial \dot{\boldsymbol{x}}}\right\|_{t=t_0}=0,\quad \boldsymbol{x}(t_f)=\boldsymbol{x}_f$

例 2-19 求从 $x(0)=1$ 到直线 $x(t)=2-t$ 间距离最短的曲线（见图 2-8）。

解 本例为始端固定、终端时刻 t_f 自由、终端状态受约束的泛函极值问题，即求使性能指标泛函 $J=\int_0^{t_f}\sqrt{1+\dot{x}^2}\,dt$ 取极小值的状态轨线 $x(t)$。显然，泛函 J 是 $x(t)$ 的弧长，约束方程 $\varphi(t)=2-t$ 是平面上的斜直线，即要求 $x(0)$ 到直线 $\varphi(t)$ 并使弧长最短的曲线 $x^*(t)$。

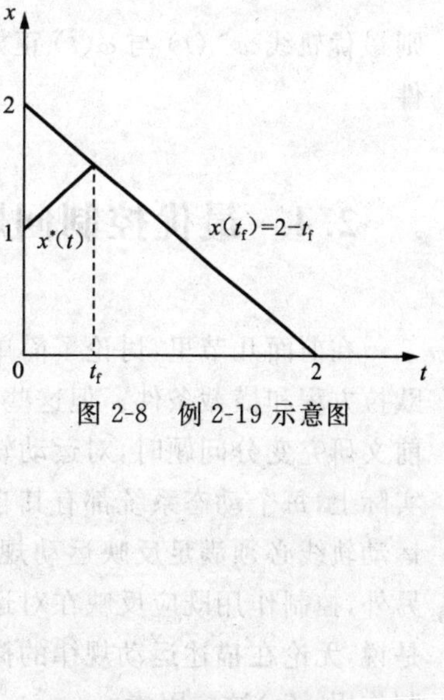

图 2-8 例 2-19 示意图

由题意得

$$L[x,\dot{x},t]=\sqrt{1+\dot{x}^2}$$

其偏导数为

$$\frac{\partial L}{\partial x}=0,\quad \frac{\partial L}{\partial \dot{x}}=\frac{\dot{x}}{(1+\dot{x}^2)^{1/2}}$$

代入欧拉方程得

$$\frac{\partial L}{\partial x}-\frac{\mathrm{d}}{\mathrm{d}t}\frac{\partial L}{\partial \dot{x}}=0 \Rightarrow -\frac{\mathrm{d}}{\mathrm{d}t}\left[\frac{\dot{x}}{\sqrt{1+\dot{x}^2}}\right]=0$$

两边积分，求得

$$\frac{\dot{x}}{\sqrt{1+\dot{x}^2}}=c$$

其中，c 为积分常数。

由上式可解得

$$\dot{x}=\sqrt{\frac{c^2}{1-c^2}}=a$$

其中 a 为待定常数。进一步积分得

$$x(t)=at+b$$

其中 b 为待定常数。

将已知边界条件 $x(0)=1$ 代入上式,可求得 $b=1$。再由横截条件

$$\left[L+(\dot{\varphi}-\dot{x})^{\mathrm{T}}\frac{\partial L}{\partial \dot{x}}\right]\Bigg|_{t=t_f}=\left[\sqrt{1+\dot{x}^2}+(-1-\dot{x})\frac{\dot{x}}{\sqrt{1+\dot{x}^2}}\right]\Bigg|_{t=t_f}=0$$

解得

$$\dot{x}(t_f)=1$$

因为 $\dot{x}(t)=a$,所以 $a=1$,则最优轨线为

$$x^*(t)=t+1$$

当 $t=t_f$ 时,$x(t_f)=\varphi(t_f)$,可得

$$t_f+1=2-t_f$$

求出最优终端时刻 $t_f^*=0.5$,将 $x^*(t)$ 及 t_f^* 代入指标泛函,可得最优性能指标为

$$J^*=0.707$$

则最优轨线 $x^*(t)$ 与 $\varphi(t)$ 正好正交,因此,对积分型性能指标而言,横截条件又称为正交条件。

2.4 最优控制问题的变分法

在前面几节里,讨论了简单泛函的极值问题,导出了极值轨线所应满足的必要条件——欧拉方程和横截条件。但这些结论还不能直接用来求解实际系统的最优控制问题。因为在前文研究变分问题时,对运动轨线 $\boldsymbol{x}(t)$ 没有附加任何限制条件,即属于无约束的变分问题。实际上,每个动态系统都有其自己的运动规律,这种规律的数学描述就是微分方程。因此,运动轨线必须满足反映运动规律的微分方程,这是处理动态系统最优化问题的前提条件。另外,控制作用既应反映在对运动规律的控制作用中,又应显示其对性能指标的影响。也就是说,无论在描述运动规律的微分方程中,还是在评价系统好坏的性能指标中,都应包含控制作用 $\boldsymbol{u}(t)$ 这一因素。

考虑如下描述的最优控制问题。

设系统的状态方程

$$\dot{\boldsymbol{x}}(t)=f[\boldsymbol{x}(t),\boldsymbol{u}(t),t],\quad t\in[t_0,t_f] \tag{2-72}$$

系统的初始状态为

$$\boldsymbol{x}(t_0)=\boldsymbol{x}(0) \tag{2-73}$$

其中,$\boldsymbol{x}(t)\in\mathbf{R}^n$ 为 n 维状态向量;$\boldsymbol{u}(t)\in\mathbf{R}^m$ 为 m 维控制向量,不受不等式约束;$f[\boldsymbol{x}(t),\boldsymbol{u}(t),t]$ 为 n 维连续可微的向量函数,可以是线性或非线性的、时变或非时变的。

性能指标选为波尔扎型(综合型)

$$J = \Phi[\boldsymbol{x}(t_f), t_f] + \int_{t_0}^{t_f} L[\boldsymbol{x}(t), \boldsymbol{u}(t), t] \mathrm{d}t \tag{2-74}$$

此时最优控制的提法是:求取一个不受不等式约束的容许控制 $\boldsymbol{u}^*(t)$,在以状态方程式(2-72)为等式约束的条件下,使性能指标 J 取极值(通常取极小值),所得相应的最优轨线 $\boldsymbol{x}^*(t)$与 $\boldsymbol{u}^*(t)$一起满足状态方程式(2-72)。

显然,上述求解最优控制的问题与 2.3 节中讨论的无约束条件下的泛函极值问题有所不同。2.3 节讨论的问题是假定泛函各宗量之间不存在依赖关系,一般称之为无约束条件的变分问题;而上述问题中泛函各宗量之间存在相互依赖关系,如式(2-72)所示,称之为具有约束条件下的变分问题。

约束条件可以分为等式约束和不等式约束。等式约束又可以分为过程等式约束和点式约束两大类。过程等式约束包括微分约束、积分约束、控制等式约束、轨线等式约束等。在过程等式约束中,微分约束是最具有代表性的,而其他一般的过程约束也可视为微分约束的特例,并且容易转换为微分约束。因此,微分约束条件下推导的结论很容易推广到其他过程约束中去。在上述最优控制问题中,泛函 J 所依赖的函数受到系统状态方程式(2-72)的约束,是非常典型的微分等式约束问题。

在这种情况下,可采用拉格朗日乘子法,将这种具有状态方程约束(等式约束)的泛函极值问题转化成等价的无约束条件的泛函极值问题,从而将在等式约束条件下对泛函 J 求极值的最优控制问题转化为在无约束条件下求哈密尔顿(Hamilton)函数 H 的极值问题。这种方法称为哈密尔顿方法。

需要说明的是,如果系统的最优控制问题比较简单,例如很容易从系统的约束方程中解出 $\boldsymbol{u}(t)$,则可以直接应用 2.3 节给出的结果求解,如下例。

例 2-20 设某一阶系统的状态方程为

$$\dot{x}(t) = -x(t) + u(t), \quad x(0) = 3$$

要求确定最优控制函数 $u^*(t)$及最优轨线 $x^*(t)$,在 $t=2$ 时将系统转移到 $x(2)=0$,并使下列性能指标取得极小值

$$J = \int_0^2 [1 + u(t)^2] \mathrm{d}t$$

解 首先考虑可以从系统的状态方程中解出 $u(t)$,即

$$u(t) = \dot{x}(t) + x(t)$$

将其代入性能指标,得

$$J = \int_0^2 [1 + \dot{x}^2(t) + 2x(t)\dot{x}(t) + x^2(t)] \mathrm{d}t$$

于是性能指标中只含一个宗量 $x(t)$,这样便可以直接应用 2.3 节的相关结论。

本例是终端时刻固定、初始状态和终端状态固定、积分型性能指标的变分问题。令

$$L = 1 + \dot{x}^2(t) + 2x(t)\dot{x}(t) + x^2(t)$$

由泛函极值的必要条件,欧拉方程为

$$\frac{\partial L}{\partial x} - \frac{\mathrm{d}}{\mathrm{d}t}\frac{\partial L}{\partial \dot{x}} = x(t) - \ddot{x}(t) = 0$$

解得

$$x(t)=c_1\mathrm{e}^{t}+c_2\mathrm{e}^{-t}$$

式中,c_1,c_2 为待定常数。根据横截条件

$$x(0)=3,\quad x(2)=0$$

求出

$$c_1=3\,(1-\mathrm{e}^{4})^{-1},\quad c_2=3\,(1-\mathrm{e}^{-4})^{-1}$$

则使给定性能指标取极值的最优解为

$$u^*(t)=\frac{6}{1-\mathrm{e}^{4}}\mathrm{e}^{t}$$

$$x^*(t)=\frac{3}{1-\mathrm{e}^{-4}}\mathrm{e}^{-t}+\frac{3}{1-\mathrm{e}^{4}}\mathrm{e}^{t}$$

再由勒让德条件,可得

$$\frac{\partial^2 L}{\partial x^2}-\frac{\mathrm{d}}{\mathrm{d}t}\frac{\partial^2 L}{\partial x\partial \dot{x}}=2>0$$

$$\frac{\partial^2 L}{\partial x^2}=2>0$$

故所求得的 $u^*(t)$可使性能指标取极小值。

但是,一般情况下很难从系统的约束方程中求解出 $\boldsymbol{u}(t)$。如果再考虑到目标集约束条件以及性能指标为综合型的情况,上例方法就无法求解。因此,对于一般的最优控制问题,应采用拉格朗日乘子法,引入哈密尔顿函数的概念,将泛函条件极值问题转化为无约束泛函极值问题,以获得最优解的必要条件和充分条件。

本节将分别讨论终端时刻固定,终端状态自由或受约束或固定;终端时刻不固定,终端状态受约束时,应用变分法求解最优控制问题的普遍方法。

2.4.1 终端时刻固定,终端状态自由

首先讨论终端时刻 t_f 固定,终端状态 $\boldsymbol{x}(t_\mathrm{f})$自由时,受状态方程等式约束下的最优控制问题。

将状态方程(2-72)写成约束方程的形式,即

$$f[\boldsymbol{x}(t),\boldsymbol{u}(t),t]-\dot{\boldsymbol{x}}(t)=0$$

引入拉格朗日乘子向量 $\boldsymbol{\lambda}(t)=[\lambda_1(t),\lambda_2(t),\cdots,\lambda_n(t)]^\mathrm{T}$,构造以下增广性能指标泛函

$$\bar{J}=\Phi[\boldsymbol{x}(t_\mathrm{f}),t_\mathrm{f}]+\int_{t_0}^{t_\mathrm{f}}\{L[\boldsymbol{x}(t),\boldsymbol{u}(t),t]+\boldsymbol{\lambda}^\mathrm{T}(t)[f[\boldsymbol{x}(t),\boldsymbol{u}(t),t]-\dot{\boldsymbol{x}}(t)]\}\mathrm{d}t \tag{2-75}$$

显然,当式(2-72)成立时,式(2-75)与式(2-74)相同,二者的变分相等,即 $\delta\bar{J}=\delta J$。

引入一个标量函数

$$H[\boldsymbol{x}(t),\boldsymbol{\lambda}(t),\boldsymbol{u}(t),t]=L[\boldsymbol{x}(t),\boldsymbol{u}(t),t]+\boldsymbol{\lambda}^\mathrm{T}(t)f[\boldsymbol{x}(t),\boldsymbol{u}(t),t] \tag{2-76}$$

称 H 为哈密顿函数,它是 $\boldsymbol{x}(t)$,$\boldsymbol{u}(t)$,$\boldsymbol{\lambda}(t)$和 t 的函数。

将式(2-76)代入式(2-75),得

$$\bar{J}=\Phi[\boldsymbol{x}(t_\mathrm{f}),t_\mathrm{f}]+\int_{t_0}^{t_\mathrm{f}}\{H[\boldsymbol{x}(t),\boldsymbol{\lambda}(t),\boldsymbol{u}(t),t]-\boldsymbol{\lambda}^\mathrm{T}(t)\dot{\boldsymbol{x}}(t)\}\mathrm{d}t \tag{2-77}$$

将式(2-77)中被积函数的最后一项进行分部积分,即

$$\int_{t_0}^{t_f} \boldsymbol{\lambda}^{\mathrm{T}}(t)\dot{\boldsymbol{x}}(t)\mathrm{d}t = \boldsymbol{\lambda}(t)\boldsymbol{x}(t)\Big|_{t_0}^{t_f} - \int_{t_0}^{t_f} \dot{\boldsymbol{\lambda}}^{\mathrm{T}}(t)\boldsymbol{x}(t)\mathrm{d}t \tag{2-78}$$

将式(2-78)代入式(2-77),可得

$$\bar{J} = \Phi[\boldsymbol{x}(t_f),t_f] - \boldsymbol{\lambda}^{\mathrm{T}}(t_f)\boldsymbol{x}(t_f) + \boldsymbol{\lambda}^{\mathrm{T}}(t_0)\boldsymbol{x}(t_0) + \int_{t_0}^{t_f}\{H[\boldsymbol{x}(t),\boldsymbol{\lambda}(t),\boldsymbol{u}(t),t] + \dot{\boldsymbol{\lambda}}^{\mathrm{T}}(t)\boldsymbol{x}(t)\}\mathrm{d}t \tag{2-79}$$

在式(2-79)中引起泛函 $\bar{J}$ 变分的是控制变量 $\boldsymbol{u}(t)$ 的变分 $\delta\boldsymbol{u}(t)$ 和状态变量 $\boldsymbol{x}(t)$ 的变分 $\delta\boldsymbol{x}(t)$,将式(2-79)对它们分别取一次变分,并注意到待定乘子向量 $\boldsymbol{\lambda}(t)$ 不变分,并且 $\delta\boldsymbol{x}(t_0)=0$,得

$$\delta\bar{J} = \left[\frac{\partial\Phi}{\partial\boldsymbol{x}(t_f)}\right]^{\mathrm{T}}\delta\boldsymbol{x}(t_f) - \boldsymbol{\lambda}^{\mathrm{T}}(t_f)\delta\boldsymbol{x}(t_f) + \int_{t_0}^{t_f}\left[\left(\frac{\partial H}{\partial\boldsymbol{u}}\right)^{\mathrm{T}}\delta\boldsymbol{u}(t) + \left(\frac{\partial H}{\partial\boldsymbol{x}}\right)^{\mathrm{T}}\delta\boldsymbol{x}(t) + \dot{\boldsymbol{\lambda}}^{\mathrm{T}}(t)\delta\boldsymbol{x}(t)\right]\mathrm{d}t$$

式中

$$\delta\boldsymbol{x}(t) = [\delta x_1,\delta x_2,\cdots,\delta x_n]^{\mathrm{T}},\quad \delta\boldsymbol{u}(t) = [\delta u_1,\delta u_2,\cdots,\delta u_m]^{\mathrm{T}}$$

将上式进一步整理得

$$\delta\bar{J} = \delta\boldsymbol{x}^{\mathrm{T}}(t)\left[\frac{\partial\Phi}{\partial\boldsymbol{x}(t_f)} - \boldsymbol{\lambda}(t_f)\right] + \int_{t_0}^{t_f}\left\{\delta\boldsymbol{x}^{\mathrm{T}}(t)\left[\frac{\partial H}{\partial\boldsymbol{x}} + \dot{\boldsymbol{\lambda}}(t)\right] + \delta\boldsymbol{u}^{\mathrm{T}}(t)\frac{\partial H}{\partial\boldsymbol{u}}\right\}\mathrm{d}t \tag{2-80}$$

由于应用了拉格朗日乘子法后按无约束问题处理,因此 $\boldsymbol{x}(t)$ 和 $\boldsymbol{u}(t)$ 可看作彼此独立的,$\delta\boldsymbol{x}(t)$ 和 $\delta\boldsymbol{u}(t)$ 不受约束,即 $\delta\boldsymbol{x}(t)$ 和 $\delta\boldsymbol{u}(t)$ 是任意的。也就是说,$\delta\boldsymbol{x}(t)\neq 0$,$\delta\boldsymbol{u}(t)\neq 0$。

又根据泛函极值存在的必要条件,式(2-73)取极值的必要条件是其一阶变分为零,即 $\delta\bar{J}=0$。综合以上的分析,从式(2-73)可得泛函极值存在的必要条件是

协态方程(或称伴随方程)

$$\dot{\boldsymbol{\lambda}}(t) = -\frac{\partial H}{\partial\boldsymbol{x}} \tag{2-81}$$

控制方程

$$\frac{\partial H}{\partial\boldsymbol{u}} = 0 \tag{2-82}$$

横截条件

$$\boldsymbol{\lambda}(t_f) = \frac{\partial\Phi}{\partial\boldsymbol{x}(t_f)} \tag{2-83}$$

另外,根据哈密尔顿函数表达式(2-76)可得状态方程为

$$\dot{\boldsymbol{x}} = \frac{\partial H}{\partial\boldsymbol{\lambda}} = f[\boldsymbol{x}(t),\boldsymbol{u}(t),t] \tag{2-84}$$

通常称式(2-81)为伴随方程或协状态方程,因为在方程式中 $\boldsymbol{x}(t)$ 和 $\boldsymbol{\lambda}(t)$ 的形式上与式(2-84)所示的状态方程中 $\boldsymbol{x}(t)$ 和 $\boldsymbol{\lambda}(t)$ 是相应的,状态方程中的 $\dot{\boldsymbol{x}}(t)$ 对应于伴随方程中的 $\dot{\boldsymbol{\lambda}}(t)$,状态方程中的 $\frac{\partial H}{\partial\boldsymbol{\lambda}}$ 对应于伴随方程中的 $\frac{\partial H}{\partial\boldsymbol{x}}$,仅相差一个符号而已。正因为它们对应,故一个称为状态方程,而另一个称为协状态方程,简称协态方程。因此,$\boldsymbol{\lambda}(t)$ 称为伴随向量

或协态向量。

式(2-82)称为控制方程或耦合方程。因为从 $\frac{\partial H}{\partial \boldsymbol{u}}=0$ 可求出 $\boldsymbol{u}(t)$ 与 $\boldsymbol{x}(t)$ 和 $\boldsymbol{\lambda}(t)$ 的关系,它把状态方程与伴随方程联系起来,故又称为耦合方程。控制方程表示哈密尔顿函数 H 对最优控制 $\boldsymbol{u}^*(t)$ 来说有稳定值,该式只当 $\boldsymbol{u}(t)$ 不受约束,即 $\delta\boldsymbol{u}(t)$ 完全任意时才成立。

式(2-83)称为横截条件,反映端点的边界情况。

式(2-81)与式(2-84)称为哈密尔顿正则方程。

根据以上的分析,可以总结出终端时刻固定、终端状态自由时的最优控制问题的计算步骤:

第 1 步　构造哈密顿函数

$$H[\boldsymbol{x}(t),\boldsymbol{\lambda}(t),\boldsymbol{u}(t),t]=L[\boldsymbol{x}(t),\boldsymbol{u}(t),t]+\boldsymbol{\lambda}^{\mathrm{T}}(t)f[\boldsymbol{x}(t),\boldsymbol{u}(t),t]$$

第 2 步　根据 $\frac{\partial H}{\partial \boldsymbol{u}}=0$,求出 $\boldsymbol{u}^*(t)=\boldsymbol{u}[\boldsymbol{x}(t),\boldsymbol{\lambda}(t)]$。

第 3 步　将 $\boldsymbol{u}^*(t)=\boldsymbol{u}[\boldsymbol{x}(t),\boldsymbol{\lambda}(t)]$ 代入正则方程式(2-81)与式(2-84),消去 $\boldsymbol{u}(t)$,解两点边值问题

$$\begin{cases}\dot{\boldsymbol{x}}=\dfrac{\partial H}{\partial \boldsymbol{\lambda}}=f[\boldsymbol{x}(t),\boldsymbol{u}(t),t]\\ \dot{\boldsymbol{\lambda}}(t)=-\dfrac{\partial H}{\partial \boldsymbol{x}}\\ \boldsymbol{\lambda}(t_{\mathrm{f}})=\dfrac{\partial \Phi}{\partial \boldsymbol{x}(t_{\mathrm{f}})}\end{cases}$$

得到 $\boldsymbol{x}(t)=\boldsymbol{x}^*(t),\boldsymbol{\lambda}(t)=\boldsymbol{\lambda}^*(t)$。

第 4 步　将 $\boldsymbol{x}(t)=\boldsymbol{x}^*(t),\boldsymbol{\lambda}(t)=\boldsymbol{\lambda}^*(t)$ 代入 $\boldsymbol{u}^*(t)=\boldsymbol{u}[\boldsymbol{x}(t),\boldsymbol{\lambda}(t)]$,得到所求的最优控制。

例 2-21　设一阶系统方程为

$$\dot{x}(t)=u(t),\quad x(t_0)=x_0$$

性能指标取为

$$J=\frac{1}{2}cx^2(t_{\mathrm{f}})+\frac{1}{2}\int_{t_0}^{t_{\mathrm{f}}}u^2(t)\mathrm{d}t$$

式中,常数 $c>0$,t_0 和 t_{f} 给定,$x(t_{\mathrm{f}})$ 自由。试求使 J 取极小值的最优控制 $u^*(t)$ 和相应的性能指标 J^*。

解　本题为综合型性能指标,始端固定、终端时刻固定、终端状态自由的情况。

由题意知

$$L=\frac{1}{2}u^2(t),\quad \Phi=\frac{1}{2}cx^2(t_{\mathrm{f}}),\quad f=u(t)$$

(1) 构造哈密尔顿函数

$$H=L+\lambda^{\mathrm{T}}(t)f=\frac{1}{2}u^2(t)+\lambda(t)u(t)$$

(2) 根据 $\frac{\partial H}{\partial u}=0$ 得

$$\frac{\partial H}{\partial u}=u(t)+\lambda(t)=0$$

整理得

$$u(t)=-\lambda(t)$$

(3) 将 $u(t)=-\lambda(t)$ 代入式(2-81)、式(2-84) 和式(2-83) 得

$$\begin{cases}\dot{\lambda}(t)=-\dfrac{\partial H}{\partial x(t)}=0\\ \dot{x}(t)=\dfrac{\partial H}{\partial \lambda(t)}=f[x(t),u(t),t]=u(t)\\ \lambda(t_{\mathrm{f}})=\dfrac{\partial \Phi}{\partial x(t_{\mathrm{f}})} \quad \Rightarrow \quad \lambda(t_{\mathrm{f}})=cx(t_{\mathrm{f}})\end{cases}$$

由以上方程组可得

$$\dot{x}(t)=u(t)=-\lambda(t)=-cx(t_{\mathrm{f}})$$

求解此方程,得

$$x(t)=x_0-\int_{t_0}^{t_{\mathrm{f}}}cx(t_{\mathrm{f}})\mathrm{d}t=x_0-cx(t_{\mathrm{f}})(t_{\mathrm{f}}-t_0)$$

在上式中令 $t=t_{\mathrm{f}}$,得

$$x(t_{\mathrm{f}})=x_0-cx(t_{\mathrm{f}})(t_{\mathrm{f}}-t_0)$$

整理得

$$x^*(t_{\mathrm{f}})=\frac{x_0}{1+c(t_{\mathrm{f}}-t_0)}$$

因此,最优解为

$$u^*(t)=-cx^*(t_{\mathrm{f}})=-\frac{cx_0}{1+c(t_{\mathrm{f}}-t_0)}$$

$$\lambda^*(t)=-u^*(t)=\frac{cx_0}{1+c(t_{\mathrm{f}}-t_0)}$$

$$J^*=\frac{1}{2}\frac{cx_0^2}{1+c(t_{\mathrm{f}}-t_0)}$$

$$H^*=\frac{1}{2}u^{*2}(t)+\lambda^*(t)u^*(t)=-\frac{1}{2}\frac{c^2x_0^2}{[1+c(t_{\mathrm{f}}-t_0)]^2}$$

例 2-22 设系统的状态方程为

$$\dot{x}_1(t)=x_2(t),\quad \dot{x}_2(t)=u(t)$$

初始条件为 $x_1(0)=1,x_2(0)=1$;终端条件为 $x_1(1)=0,x_2(1)$ 自由。试求最优控制 $u(t)$ 使性能指标泛函

$$J=\frac{1}{2}\int_0^1 u^2(t)\mathrm{d}t$$

取极小值。

解 由题意知

$$\Phi[x(t_{\mathrm{f}}),t_{\mathrm{f}}]=0,\quad L=\frac{1}{2}u^2(t)$$

构造哈密尔顿函数为

$$H=\frac{1}{2}u^2+\lambda_1 x_2+\lambda_2 u$$

则伴随方程和控制方程为

$$\dot{\lambda}_1=-\frac{\partial H}{\partial x_1}=0,\quad \lambda_1=c_1$$

$$\dot{\lambda}_2=-\frac{\partial H}{\partial x_2}=-\lambda_1,\quad \lambda_2=-c_1 t+c_2$$

$$\frac{\partial H}{\partial u}=u+\lambda_2=0,\quad u=-\lambda_2=c_1 t-c_2$$

横截条件为

$$\lambda_2(1)=\frac{\partial \Phi}{\partial x_2(1)}=0$$

由系统的状态方程

$$\dot{x}_1(t)=x_2(t),\quad \dot{x}_2(t)=u(t)$$

及

$$u(t)=c_1 t-c_2$$

可得

$$x_1(t)=\frac{1}{6}c_1 t^3-\frac{1}{2}c_2 t^2+c_3 t+c_4$$

$$x_2(t)=\frac{1}{2}c_1 t^2-c_2 t+c_3$$

利用边界条件及横截条件可得

$$c_1=c_2=6,\quad c_3=c_4=1$$

故最优控制 $u^*(t)$及最优轨线 $x^*(t)$为

$$u^*(t)=6(t-1)$$

$$x_1^*(t)=1+t-3t^2+t^3$$

$$x_2^*(t)=1-6t+3t^2$$

2.4.2 终端时刻不固定，终端状态受约束

有时最优控制问题当中的终端时刻 t_f 不固定，并且终端状态 $\boldsymbol{x}(t_f)$受某个等式约束，此时需要引入新的变量来求解最优控制问题。

设系统的状态方程为

$$\dot{\boldsymbol{x}}(t)=f[\boldsymbol{x}(t),\boldsymbol{u}(t),t] \tag{2-85}$$

系统的初始状态为

$$\boldsymbol{x}(t_0)=\boldsymbol{x}_0$$

求取控制向量 $\boldsymbol{u}(t)$，使系统由初始状态 $\boldsymbol{x}_0$ 转移到终端状态 $\boldsymbol{x}(t_f)$，且 $\boldsymbol{x}(t_f)$满足以下约束条件

$$\Psi[\boldsymbol{x}(t_f),t_f]=0 \tag{2-86}$$

并使综合型性能指标

$$J=\Phi[\boldsymbol{x}(t_f),t_f]+\int_{t_0}^{t_f} L[\boldsymbol{x}(t),\boldsymbol{u}(t),t]\mathrm{d}t \tag{2-87}$$

取极值。其中 $\boldsymbol{\Psi}[\boldsymbol{x}(t_f),t_f]$ 是 m 维连续可微的向量函数；$\Phi[\boldsymbol{x}(t_f),t_f]$ 和 $L[\boldsymbol{x}(t),\boldsymbol{u}(t),t]$ 都为连续可微的标量函数；终端时刻 t_f 不固定，即 t_f 未知。

式(2-85)为状态方程的等式约束，式(2-86)为边界条件的终端约束。由于上述求取最优控制问题中存在两种类型的等式约束，一个是状态方程等式约束，一个是边界条件终端约束，因此引入两个拉格朗日乘子，即 n 维乘子 $\boldsymbol{\lambda}(t)=[\lambda_1(t),\lambda_2(t),\cdots,\lambda_n(t)]^{\mathrm{T}}$ 和 m 维乘子 $\boldsymbol{\gamma}=[\gamma_1,\gamma_2,\cdots,\gamma_m]^{\mathrm{T}}$，其中 $\boldsymbol{\gamma}$ 只出现在终端约束条件中，是待定常向量。

应用拉格朗日乘子法写出增广性能指标泛函

$$\bar{J}=\Phi[\boldsymbol{x}(t_f),t_f]+\boldsymbol{\gamma}^{\mathrm{T}}\boldsymbol{\Psi}[\boldsymbol{x}(t_f),t_f]+\int_{t_0}^{t_f}\{L[\boldsymbol{x}(t),\boldsymbol{u}(t),t]+\boldsymbol{\lambda}^{\mathrm{T}}(t)[f[\boldsymbol{x}(t),\boldsymbol{u}(t),t]-\dot{\boldsymbol{x}}(t)]\}\mathrm{d}t \tag{2-88}$$

引入哈密尔顿函数

$$H[\boldsymbol{x}(t),\boldsymbol{\lambda}(t),\boldsymbol{u}(t),t]=L[\boldsymbol{x}(t),\boldsymbol{u}(t),t]+\boldsymbol{\lambda}^{\mathrm{T}}(t)f[\boldsymbol{x}(t),\boldsymbol{u}(t),t]$$

并将式(2-88)中最后一项 $\int_{t_0}^{t_f}\boldsymbol{\lambda}^{\mathrm{T}}(t)\dot{\boldsymbol{x}}(t)\mathrm{d}t$ 用部分分式法展开，以消去 $\dot{\boldsymbol{x}}(t)$，有

$$\int_{t_0}^{t_f}\boldsymbol{\lambda}^{\mathrm{T}}(t)\dot{\boldsymbol{x}}(t)\mathrm{d}t=\boldsymbol{\lambda}^{\mathrm{T}}(t)\boldsymbol{x}(t)\Big|_{t_0}^{t_f}-\int_{t_0}^{t_f}\dot{\boldsymbol{\lambda}}^{\mathrm{T}}(t)\boldsymbol{x}(t)\mathrm{d}t$$

将上式代入式(2-88)得

$$\bar{J}=\Phi[\boldsymbol{x}(t_f),t_f]+\boldsymbol{\gamma}^{\mathrm{T}}\boldsymbol{\Psi}[\boldsymbol{x}(t_f),t_f]+\int_{t_0}^{t_f}\{H[\boldsymbol{x}(t),\boldsymbol{\lambda}(t),\boldsymbol{u}(t),t]+\dot{\boldsymbol{\lambda}}^{\mathrm{T}}(t)\boldsymbol{x}(t)\}\mathrm{d}t-\boldsymbol{\lambda}^{\mathrm{T}}(t_f)\boldsymbol{x}(t_f)+\boldsymbol{\lambda}^{\mathrm{T}}(t_0)\boldsymbol{x}(t_0) \tag{2-89}$$

式(2-89)表示的是一个可变端点的变分问题。

作 $\bar{J}$ 的一次变分 $\delta\bar{J}$，并设

$$\boldsymbol{x}(t)=\boldsymbol{x}^*(t)+\delta\boldsymbol{x}(t)$$
$$\boldsymbol{u}(t)=\boldsymbol{u}^*(t)+\delta\boldsymbol{u}(t)$$
$$t_f=t_f^*+\delta t_f$$

其中 $\boldsymbol{x}^*(t)$，$\boldsymbol{u}^*(t)$ 和 t_f^* 代表相应变量的最优值。

如图 2-9 所示，在端点处各变分存在如下近似关系

$$\delta\boldsymbol{x}(t_f)\approx\delta\boldsymbol{x}(t_f^*)+\dot{\boldsymbol{x}}^*(t_f^*)\delta t_f \tag{2-90}$$

其中，$\delta\boldsymbol{x}(t_f{}^*)$ 表示 $\boldsymbol{x}(t)$ 在 t_f^* 时的一次变分；$\delta\boldsymbol{x}(t_f{}^*+\delta t_f)$ 表示 $\boldsymbol{x}(t)$ 在 $t_f^*+\delta t_f$ 时的一次变分。

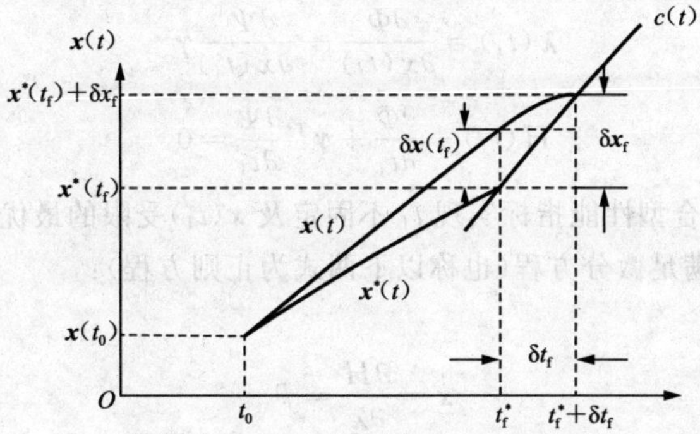

图 2-9　终端时刻自由时的变分问题

式(2-90)的近似关系式中忽略了高阶无穷小量，描述了在可变端点下，$\boldsymbol{x}(t)$ 在 t_f^* 和 $t_f^*+\delta t_f$ 两个时刻上变分的近似关系。

当终端由$[\boldsymbol{x}^*(t_f),t_f^*]$位置移动到$[\boldsymbol{x}^*(t_f)+\delta\boldsymbol{x}(t_f),t_f^*+\delta t_f]$位置时，产生如下广义指标泛函增量：

$$
\begin{aligned}
\Delta\bar{J} &= \bar{J}[\boldsymbol{x}(t),\boldsymbol{u}(t),t]-\bar{J}[\boldsymbol{x}^*(t),\boldsymbol{u}^*(t),t] \\
&= \Phi[\boldsymbol{x}^*(t_f)+\delta\boldsymbol{x}(t_f),t_f+\delta t_f]-\Phi[\boldsymbol{x}^*(t_f),t_f]+ \\
&\quad \boldsymbol{\gamma}^{\mathrm{T}}\{\Psi[\boldsymbol{x}^*(t_f)+\delta\boldsymbol{x}(t_f),t_f+\delta t_f]-\Psi[\boldsymbol{x}^*(t_f),t_f]\}+ \\
&\quad \int_{t_f}^{t_f+\delta t_f}\{H(\boldsymbol{x}^*+\delta\boldsymbol{x},\boldsymbol{\lambda},\boldsymbol{u}^*+\delta\boldsymbol{u},t)-\boldsymbol{\lambda}^{\mathrm{T}}(t)[\dot{\boldsymbol{x}}^*(t)+\delta\dot{\boldsymbol{x}}]\}\mathrm{d}t+ \\
&\quad \int_{t_0}^{t_f}[H(\boldsymbol{x}^*+\delta\boldsymbol{x},\boldsymbol{\lambda},\boldsymbol{u}^*+\delta\boldsymbol{u},t)-H(\boldsymbol{x}^*,\boldsymbol{\lambda},\boldsymbol{u}^*,t)-\boldsymbol{\lambda}^{\mathrm{T}}(t)\delta\dot{\boldsymbol{x}}]\mathrm{d}t
\end{aligned} \tag{2-91}
$$

对式(2-91)取一次变分，并应用积分中值定理和分部积分，以及考虑到 $\delta\boldsymbol{x}(t_0)=0$，得到广义泛函的一次变分表达式

$$
\begin{aligned}
\delta\bar{J} &= \left[\frac{\partial\Phi}{\partial\boldsymbol{x}(t_f)}\right]^{\mathrm{T}}\delta\boldsymbol{x}_f+\frac{\partial\Phi}{\partial t_f}\delta t_f+ \\
&\quad \boldsymbol{\gamma}^{\mathrm{T}}\left\{\left[\frac{\partial\Psi^{\mathrm{T}}}{\partial\boldsymbol{x}(t_f)}\right]^{\mathrm{T}}\delta\boldsymbol{x}_f+\frac{\partial\Psi}{\partial t_f}\delta t_f\right\}+[H-\boldsymbol{\lambda}^{\mathrm{T}}(t)\dot{\boldsymbol{x}}]\Big|_{t=t_f}\delta t_f+ \\
&\quad \int_{t_0}^{t_f}\left[\left(\frac{\partial H}{\partial\boldsymbol{x}}+\dot{\boldsymbol{\lambda}}(t)\right)^{\mathrm{T}}\delta\boldsymbol{x}+\left(\frac{\partial H}{\partial u}\right)^{\mathrm{T}}\delta\boldsymbol{u}\right]\mathrm{d}t-[\boldsymbol{\lambda}^{\mathrm{T}}(t)\delta\boldsymbol{x}]\Big|_{t=t_f}
\end{aligned} \tag{2-92}
$$

将式(2-91)代入上式，整理得

$$
\begin{aligned}
\delta\bar{J} &= \delta t_f\left[H+\dot{\boldsymbol{\lambda}}^{\mathrm{T}}\boldsymbol{x}+\frac{\partial\Phi}{\partial t_f}+\boldsymbol{\gamma}^{\mathrm{T}}\frac{\partial\Psi}{\partial t_f}-\frac{\partial\boldsymbol{\lambda}^{\mathrm{T}}}{\partial t_f}\boldsymbol{x}\right]\Bigg|_{t=t_f}+ \\
&\quad \delta\boldsymbol{x}^{\mathrm{T}}\left[\frac{\partial\Phi}{\partial\boldsymbol{x}}+\frac{\partial\Psi^{\mathrm{T}}}{\partial\boldsymbol{x}}\boldsymbol{\gamma}-\boldsymbol{\lambda}\right]\Bigg|_{t=t_f}+\int_{t_0}^{t_f}\left[\delta\boldsymbol{x}^{\mathrm{T}}\left(\frac{\partial H}{\partial\boldsymbol{x}}+\dot{\boldsymbol{\lambda}}\right)+\delta\boldsymbol{u}^{\mathrm{T}}\frac{\partial H}{\partial\boldsymbol{u}}\right]\mathrm{d}t
\end{aligned} \tag{2-93}
$$

由于取极值的必要条件是 $\delta\bar{J}=0$，且变分 $\delta t_f,\delta\boldsymbol{x},\delta\boldsymbol{u}$ 取值任意，令式(2-93)为零，可得如下关系式：

$$\dot{\boldsymbol{x}}=\frac{\partial H}{\partial\boldsymbol{\lambda}},\quad \dot{\boldsymbol{\lambda}}=-\frac{\partial H}{\partial\boldsymbol{x}} \tag{2-94}$$

$$\frac{\partial H}{\partial\boldsymbol{u}}=0 \tag{2-95}$$

$$\boldsymbol{\lambda}(t_f)=\frac{\partial\Phi}{\partial\boldsymbol{x}(t_f)}+\frac{\partial\Psi^{\mathrm{T}}}{\partial\boldsymbol{x}(t_f)}\boldsymbol{\gamma} \tag{2-96}$$

$$H(t_f)+\frac{\partial\Phi}{\partial t_f}+\boldsymbol{\gamma}^{\mathrm{T}}\frac{\partial\Psi}{\partial t_f}=0 \tag{2-97}$$

综上可知，基于综合型性能指标实现 t_f 不固定及 $\boldsymbol{x}(t_f)$受限的最优控制的必要条件是：

(1) $\boldsymbol{x}(t)$和$\boldsymbol{\lambda}(t)$满足微分方程(也称以下两式为正则方程)：

状态方程

$$\dot{\boldsymbol{x}}=\frac{\partial H}{\partial\boldsymbol{\lambda}}=f \tag{2-98}$$

协态方程

$$\dot{\boldsymbol{\lambda}} = -\frac{\partial H}{\partial \boldsymbol{x}} \tag{2-99}$$

(2) 横截条件(端点约束)为

$$\boldsymbol{x}(t_0) = \boldsymbol{x}_0 \tag{2-100}$$

$$\boldsymbol{\lambda}(t_f) = \frac{\partial \Phi}{\partial \boldsymbol{x}(t_f)} + \frac{\partial \boldsymbol{\Psi}^{\mathrm{T}}}{\partial \boldsymbol{x}(t_f)}\boldsymbol{\gamma} \tag{2-101}$$

(3) H 对 $\boldsymbol{u}(t)$ 取极值(控制方程),即

$$\frac{\partial H}{\partial \boldsymbol{u}} = 0 \tag{2-102}$$

(4) 边界条件为

$$\boldsymbol{\Psi}[\boldsymbol{x}(t_f), t_f] = 0$$

(5) H 在终端需满足横截条件,即

$$H(t_f) + \frac{\partial \Phi}{\partial t_f} + \boldsymbol{\gamma}^{\mathrm{T}}\frac{\partial \boldsymbol{\Psi}}{\partial t_f} = 0 \tag{2-103}$$

例 2-23 设一阶系统方程为

$$\dot{x}(t) = u(t)$$

性能指标取为

$$J = t_f + \frac{1}{2}\int_0^{t_f} u^2(t)\mathrm{d}t$$

式中,t_f 自由。试确定最优控制 $u^*(t)$,使系统由 $x(0)=1$ 转移到 $x(t_f)=0$ 时,性能指标为极小值。

解 本题为综合型性能指标、终端时刻 t_f 不固定、终端状态受约束、控制变量取值无约束的最优化问题,并且终端状态的约束条件为 $\boldsymbol{\Psi}[\boldsymbol{x}(t_f), t_f] = \boldsymbol{x}(t_f) = 0$,可用变分法求解。

令哈密顿函数

$$H = \frac{1}{2}u^2 + \lambda u$$

由协态方程

$$\dot{\lambda} = -\frac{\partial H}{\partial x} = 0 \;\Rightarrow\; \lambda(t) = a\text{(常数)}$$

由极值条件

$$\frac{\partial H}{\partial u} = u + \lambda = 0 \;\Rightarrow\; u(t) = -\lambda(t) = -a$$

由状态方程及初态条件

$$\dot{x}(t) = \frac{\partial H}{\partial \lambda} \;\Rightarrow\; \dot{x}(t) = u(t) = -a \;\Rightarrow\; x(t) = 1 - at$$

由终端状态的约束条件

$$x(t_f) = 1 - at_f = 0 \;\Rightarrow\; a = \frac{1}{t_f}$$

由哈密顿函数在最优轨线终端应满足的条件

$$H(t_f) = \frac{1}{2}u^2(t_f) + \lambda(t_f)u(t_f) = -\frac{\partial \Phi}{\partial t_f} = -1$$

即

$$\frac{1}{2}a^2-a^2=-1$$

解得

$$a=\sqrt{2}$$

于是最优解为

$$u^*(t)=-\sqrt{2},\quad t_f^*=\frac{\sqrt{2}}{2}$$

$$x^*(t)=1-\sqrt{2}t,\quad \lambda^*(t)=\sqrt{2}$$

$$J^*=t_f^*+\frac{1}{2}\int_0^{t_f^*}u^{*2}(t)\mathrm{d}t=\sqrt{2}$$

2.4.3 终端时刻固定,终端状态受约束

有时最优控制问题当中的终端时刻 t_f 固定,终端状态 $\boldsymbol{x}(t_f)$受到某个等式约束,显然可以将 2.4.2 节得到的结论进行推广,即可得到终端时刻固定,终端状态受约束时最优控制问题的求法。

设系统的状态方程为

$$\dot{\boldsymbol{x}}(t)=f[\boldsymbol{x}(t),\boldsymbol{u}(t),t]$$

系统的初始状态为

$$\boldsymbol{x}(t_0)=\boldsymbol{x}_0$$

求取控制向量 $\boldsymbol{u}(t)$,使系统由初始状态 $\boldsymbol{x}(t_0)$转移到终端状态 $\boldsymbol{x}(t_f)$,且 $\boldsymbol{x}(t_f)$满足以下约束条件

$$\boldsymbol{\Psi}[\boldsymbol{x}(t_f),t_f]=0$$

时,性能指标 J 取极小值的必要条件为

$$\dot{\boldsymbol{\lambda}}=-\frac{\partial H}{\partial \boldsymbol{x}} \tag{2-104}$$

$$\frac{\partial H}{\partial \boldsymbol{u}}=0 \tag{2-105}$$

$$\boldsymbol{\lambda}(t_f)=\frac{\partial \Phi}{\partial \boldsymbol{x}(t_f)}+\frac{\partial \boldsymbol{\Psi}^{\mathrm{T}}}{\partial \boldsymbol{x}(t_f)}\boldsymbol{\gamma} \tag{2-106}$$

比较式(2-104)～式(2-106)可知,它们与式(2-94)～式(2-96)完全相同,只因此问题中终端时刻 t_f 固定,因此横截条件(2-103)不存在。

例 2-24 设系统方程为

$$\begin{cases}\dot{x}_1(t)=x_2(t)\\ \dot{x}_2(t)=u(t)\end{cases}$$

试求从已知初始状态 $x_1(0)=0$ 和 $x_2(0)=0$ 出发,在 t_1 时转移到目标集(终端约束)

$$x_1(1)+x_2(1)=1$$

且使性能指标泛函

$$J=\frac{1}{2}\int_{0}^{1}u^{2}(t)\mathrm{d}t$$

为最小的最优控制 $u^*(t)$ 和相应的最优曲线 $x^*(t)$。

解 本例属积分性能指标、终端时刻 t_f 固定、终端状态 $x(t_f)$ 受约束的极值问题。由题意知

$$\Phi[x(t_f),t_f]=0,\quad L=\frac{1}{2}u^2,\quad \Psi[x(t_f)]=x_1(1)+x_2(1)-1$$

构造哈密尔顿函数为

$$H=\frac{1}{2}u^2+\lambda_1x_2+\lambda_2u$$

由伴随方程得

$$\dot{\lambda}_1=-\frac{\partial H}{\partial x_1}=0,\quad \lambda_1(t)=c_1$$

$$\dot{\lambda}_2=-\frac{\partial H}{\partial x_2}=-\lambda_1,\quad \lambda_2(t)=-c_1t+c_2$$

由控制方程得

$$\frac{\partial H}{\partial u}=u+\lambda_2=0,\quad u(t)=-\lambda_2(t)=c_1t-c_2$$

由状态方程得

$$\dot{x}_2(t)=u=c_1t-c_2,\quad x_2(t)=\frac{1}{2}c_1t^2-c_2t+c_3$$

$$\dot{x}_1(t)=x_2(t)=\frac{1}{2}c_1t^2-c_2t+c_3,\quad x_1(t)=\frac{1}{6}c_1t^3-\frac{1}{2}c_2t^2+c_3t+c_4$$

根据已知初始状态

$$x_1(0)=0,\quad x_2(0)=0$$

得

$$c_3=c_4=0$$

再根据目标集条件

$$x_1(1)+x_2(1)=1$$

得

$$4c_1-9c_2=6$$

根据横截条件

$$\lambda_1(1)=\frac{\partial\Psi^{\mathrm{T}}}{\partial x_1(t)}\gamma\bigg|_{t=1}=\gamma,\quad \lambda_2(1)=\frac{\partial\Psi^{\mathrm{T}}}{\partial x_2(t)}\gamma\bigg|_{t=1}=\gamma$$

得到 $\lambda_1(1)=\lambda_2(1)$，故有

$$c_1=\frac{1}{2}c_2$$

于是解出

$$c_1=-\frac{3}{7},\quad c_2=-\frac{6}{7}$$

从而最优解为

$$u^*(t) = -\frac{3}{7}(t-2)$$

$$x_1^*(t) = -\frac{1}{14}t^2(t-6)$$

$$x_2^*(t) = -\frac{3}{14}t^2(t-4)$$

$$\lambda_1^*(t) = -\frac{3}{7}$$

$$\lambda_2^*(t) = \frac{3}{7}(t-2)$$

$$\gamma^* = -\frac{3}{7}$$

$$J^* = \frac{1}{7}$$

2.4.4 终端时刻固定,终端状态固定

有时最优控制问题当中的终端时刻 t_f 固定,终端状态 $\boldsymbol{x}(t_f)$ 也是固定的,这是终端受限的一种特例。当终端状态固定时,它对性能指标 J 的极值变化不再产生影响,于是在 J 中不存在终值项 $\Phi[\boldsymbol{x}(t_f),t_f]$,即 J 为拉格朗日型(积分型)性能指标

$$J = \int_{t_0}^{t_f} L[\boldsymbol{x}(t),\boldsymbol{u}(t),t]\mathrm{d}t \tag{2-107}$$

由式(2-106)所示终端横截条件可以求得

$$\boldsymbol{\lambda}(t_f) = \boldsymbol{\gamma} \tag{2-108}$$

其中,$\boldsymbol{\gamma} = [\gamma_1,\gamma_2,\cdots,\gamma_m]^{\mathrm{T}}$ 为待定常向量。

设系统的状态方程为

$$\dot{\boldsymbol{x}}(t) = f[\boldsymbol{x}(t),\boldsymbol{u}(t),t]$$

在终端条件式(2-108)的约束下,由性能指标式(2-107)实现不受约束的最优控制的必要条件是

$$\dot{\boldsymbol{\lambda}} = -\frac{\partial H}{\partial \boldsymbol{x}} \tag{2-109}$$

$$\frac{\partial H}{\partial \boldsymbol{u}} = 0 \tag{2-110}$$

$$\boldsymbol{\lambda}(t_f) = \boldsymbol{\gamma} \tag{2-111}$$

例 2-25 设人造地球卫星姿态控制系统的状态方程为

$$\dot{\boldsymbol{x}}(t) = \begin{bmatrix} 0 & 1 \\ 0 & 0 \end{bmatrix}\boldsymbol{x}(t) + \begin{bmatrix} 0 \\ 1 \end{bmatrix}u(t)$$

性能指标为

$$J = \frac{1}{2}\int_0^2 u^2(t)\mathrm{d}t$$

初始条件为

$$x_1(0) = 1, \quad x_2(0) = 1$$

终端条件为

$$x_1(2)=0,\quad x_2(2)=0$$

试求使指标函数取极值的最优曲线 $\boldsymbol{x}^*(t)$ 和最优控制 $u^*(t)$。

解 该问题为始端时刻、始端状态、终端时刻和终端状态都固定的情况。

由题意知

$$L=\frac{1}{2}u^2(t),\quad \boldsymbol{\lambda}^{\mathrm{T}}(t)=[\lambda_1(t)\quad \lambda_2(t)]$$

(1) 构造哈密尔顿函数

$$\begin{aligned}H=L+\boldsymbol{\lambda}^{\mathrm{T}}f&=\frac{1}{2}u^2(t)+[\lambda_1(t)\quad \lambda_2(t)]\begin{bmatrix}x_2(t)\\u(t)\end{bmatrix}\\&=\frac{1}{2}u^2(t)+\lambda_1(t)x_2(t)+\lambda_2(t)u(t)\end{aligned}$$

(2) 根据控制方程 $\frac{\partial H}{\partial u}=0$，求出 $u^*(t)$

$$\frac{\partial H}{\partial u}=u(t)+\lambda_2(t)=0$$

即

$$u^*(t)=-\lambda_2(t)$$

(3) 将 $u^*(t)=-\lambda_2(t)$ 代入正则方程式(2-81)与式(2-84)，消去 $u(t)$，解两边值问题得到 $\boldsymbol{x}(t)=\boldsymbol{x}^*(t)$，$\boldsymbol{\lambda}(t)=\boldsymbol{\lambda}^*(t)$，则状态方程为

$$\dot{\boldsymbol{x}}=\frac{\partial H}{\partial \boldsymbol{\lambda}}=f[\boldsymbol{x}(t),u(t),t]\quad\Rightarrow\quad\begin{cases}\dot{x}_1=x_2(t)\\\dot{x}_2=u(t)\end{cases}$$

协态方程为

$$\dot{\boldsymbol{\lambda}}=-\frac{\partial H}{\partial \boldsymbol{x}}\quad\Rightarrow\quad\begin{cases}\dot{\lambda}_1(t)=-\dfrac{\partial H}{\partial x_1}=0\\\dot{\lambda}_2(t)=-\dfrac{\partial H}{\partial x_2}=-\lambda_1(t)\end{cases}$$

将协态方程两边积分后分别得到

$$\lambda_1(t)=a_1$$
$$\lambda_2(t)=-a_1t+a_2$$

其中，a_1，a_2 为待定常数。

由于

$$\dot{x}_2=u(t)=-\lambda_2(t)=a_1t-a_2$$

则

$$x_2(t)=\frac{1}{2}a_1t^2-a_2t+a_3$$

又由于

$$\dot{x}_1(t)=x_2(t)=\frac{1}{2}a_1t^2-a_2t+a_3$$

则

$$x_1(t)=\frac{1}{6}a_1t^3-\frac{1}{2}a_2t^2+a_3t+a_4$$

其中，a_3，a_4 为待定常数。

利用边界条件

$$x_1(0)=1,\quad x_2(0)=1$$
$$x_1(2)=0,\quad x_2(2)=0$$

确定积分常数，可得

$$a_1=3,\quad a_2=\frac{7}{2},\quad a_3=1,\quad a_4=1$$

(4) 将 $\boldsymbol{x}(t)=\boldsymbol{x}^*(t)$，$\boldsymbol{\lambda}(t)=\boldsymbol{\lambda}^*(t)$ 代入 $u^*(t)=-\lambda_2(t)$，得到所求的最优控制为

$$u^*(t)=a_1t-a_2=3t-\frac{7}{2}$$

最优轨线为

$$x_1{}^*(t)=\frac{1}{6}a_1t^3-\frac{1}{2}a_2t^2+a_3t+a_4=\frac{1}{2}t^3-\frac{7}{4}t^2+t+1$$

$$x_2{}^*(t)=\frac{1}{2}a_1t^2-a_2t+a_3=\frac{3}{2}t^2-\frac{7}{2}t+1$$

针对例 2-25 中的问题，同样可由 MATLAB 求解，命令如下：

```
>>syms H lmd1 lmd2 x1 x2 u                         %符号变量说明
>>H=0.5*u^2+lmd1*x2+lmd2*u                         %定义哈密尔顿函数
  运行结果：
  H=
     1/2*u^2+lmd1*x2+lmd2*u
>>Dlmd1=-diff(H,'x1')                              %求解伴随方程
  运行结果：
  Dlmd1=
     0
```

即 $\dot{\lambda}_1=0$

```
>>Dlmd2=-diff(H,'x2')                              %求解伴随方程
  运行结果：
  Dlmd2=
     -lmd1
```

即 $\dot{\lambda}_2=-\lambda_1$

```
>>u=solve(diff(H,'u'))                             %求解控制方程
  运行结果：
  u=
     -lmd2
```

即 $u=-\lambda_2$

```
>>[lmd1,lmd2]=dsolve('Dlmd1=0','Dlmd2=-lmd1')          %求解拉格朗日乘子
运行结果：
lmd1=
    C2
lmd2=
    -C2*t+C1
```

即 $\lambda_1=a, \lambda_2=-at+b$

```
>>[x1,x2]=dsolve('Dx1=x2','Dx2=a*t-b')                  %求解状态变量
运行结果：
x1=
    1/6*a*t^3-1/2*b*t^2+C2*t+C1
x1=
    1/2*a*t^2-b*t+C2
```

即 $x_1=\frac{1}{6}at^3-\frac{1}{2}bt^2+ct+d, x_2=\frac{1}{2}at^2-bt+c$

```
>>[a,b,c,d,t0,t1]=solve('t0=0,t1=2,1/6*a*t0^3-1/2*b*t0^2+c*t0+d=1,
1/6*a*t1^3-1/2*b*t1^2+c*t1+d=0,1/2*a*t0^2-b*t0+c=1,1/2*a*t1^2-b
*t1+c=0')                                                   %求解待定常数
运行结果：
a=
    3
b=
    7/2
c=
    1
d=
    1
```

由以上结果同样可知最优曲线为

$$x_1^*(t)=0.5t^3-1.75t^2+t+1, \quad x_2^*(t)=1.5t^2-3.5t+1$$

在上述程序中，利用了 MATLAB 提供的求解符号代数方程函数 solve( )，其具体使用格式为

```
[y1,y2,...,yn]=solve('eq1,eq2,...,eqn','var1,var2,...,varn')
```

表示对 n 个方程表达式(eq)指定变量(var)求解。

2.5 角点条件

用变分法求解最优控制问题，要求容许轨线 $\boldsymbol{x}(t)$ 连续可微。但是，实际上常有 $\boldsymbol{x}(t)$ 是分段光滑的情况，即 $\boldsymbol{x}(t)$ 在有限个点上连续但不可微。这种连续而不可微的点称为角点。

例如，当采用继电器型控制，受控系统的载荷发生突变时，系统中的某些状态就会出现角点。又如当潜艇从深水区向空中发射导弹时，由于水和空气对导弹的阻力系数不同，导弹的运行状态将在水和空气的界面处出现角点。本节将研究在最优解的必要条件中角点应满足的条件。

2.5.1 无约束情况下的角点条件

设分段光滑曲线 $\boldsymbol{x}^*(t)$ 是泛函

$$J=\int_{t_0}^{t_f} L[\boldsymbol{x}(t),\dot{\boldsymbol{x}}(t),t]\mathrm{d}t$$

取极小值的最优曲线，试求其角点条件。

为简单计，假定 $\boldsymbol{x}(t)$ 的始端都是固定的，并只在 $t_1\in[t_0,t_f]$ 处有一个角点，如图 2-10 所示。由于对角点没有提出任何约束条件，所以 t_1 及 $\boldsymbol{x}(t_1)$ 是完全自由的。此时泛函可表示为

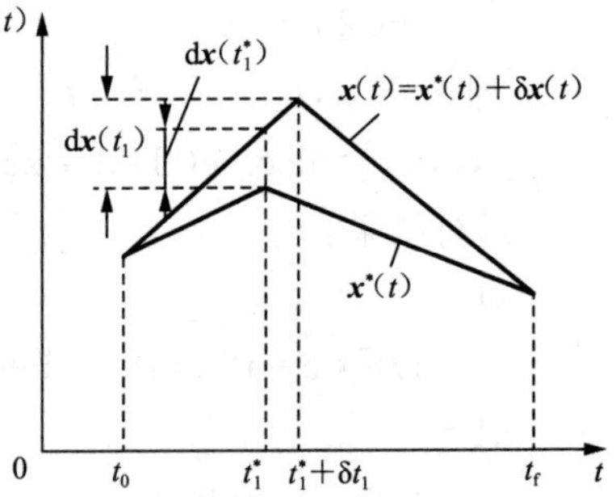

图 2-10 具有角点的情况

$$\begin{aligned}J&=\int_{t_0}^{t_f} L[\boldsymbol{x}(t),\dot{\boldsymbol{x}}(t),t]\mathrm{d}t\\&=\int_{t_0}^{t_1^-} L[\boldsymbol{x}(t),\dot{\boldsymbol{x}}(t),t]\mathrm{d}t+\int_{t_1^+}^{t_f} L[\boldsymbol{x}(t),\dot{\boldsymbol{x}}(t),t]\mathrm{d}t=J_1+J_2\end{aligned}$$

式中，$J_1=\int_{t_0}^{t_1^-} L[\boldsymbol{x}(t),\dot{\boldsymbol{x}}(t),t]\mathrm{d}t$，$J_2=\int_{t_1^+}^{t_f} L[\boldsymbol{x}(t),\dot{\boldsymbol{x}}(t),t]\mathrm{d}t$。

t_1^- 和 t_1^+ 分别表示从 t_1 之前到达 t_1 和从 t_1 之后到达 t_1，即 t_1^- 为 t_1 的左极限值，t_1^+ 为 t_1 的右极限值。

也就是说，可将泛函 J 分成 J_1 和 J_2 两部分。相应地，J 的一阶变分 δJ 也就分为 δJ_1 和 δJ_2 两部分。由于最优曲线 $\boldsymbol{x}^*(t)$ 在区间 $[t_0,t_1)$ 和 $(t_1,t_f]$ 内连续可微，故应满足欧拉方程。由此可见，在始端时刻 t_0 和终端时刻 t_f 给定的情况下，对泛函分量 J_1 而言，属于始端固定、终端可变的变分问题，而对泛函分量 J_2 而言，则是一个始端可变、终端固定的变分问题。

泛函分量 J_1 的一阶变分为

$$\delta J_1=L[\boldsymbol{x},\dot{\boldsymbol{x}},t]\big|_{t=t_1^-}\delta t_1+\left(\frac{\partial L}{\partial\dot{\boldsymbol{x}}}\right)^{\mathrm{T}}\delta\boldsymbol{x}(t)\bigg|_{t=t_1^-}+\int_{t_0}^{t_1^-}\left[\frac{\partial L}{\partial\boldsymbol{x}}-\frac{\mathrm{d}}{\mathrm{d}t}\frac{\partial L}{\partial\dot{\boldsymbol{x}}}\right]^{\mathrm{T}}\delta\boldsymbol{x}\,\mathrm{d}t \tag{2-112}$$

由图 2-10 可见

$$\mathrm{d}\boldsymbol{x}(t_1^-)=\delta\boldsymbol{x}(t_1^-)+\dot{\boldsymbol{x}}(t_1^-)\delta t_1$$

或

$$\delta\boldsymbol{x}(t_1^-)=\mathrm{d}\boldsymbol{x}(t_1^-)-\dot{\boldsymbol{x}}(t_1^-)\delta t_1 \tag{2-113}$$

将式(2-113)代入式(2-112)中，并考虑到 $\boldsymbol{x}^*(t)$ 在 $t_1\in[t_0,t_1^-]$ 满足欧拉方程，于是可得

$$\delta J_1=\left\{L[\boldsymbol{x},\dot{\boldsymbol{x}},t]-\left(\frac{\partial L}{\partial\dot{\boldsymbol{x}}}\right)^{\mathrm{T}}\dot{\boldsymbol{x}}\right\}_{t=t_1^-}\delta t_1+\left(\frac{\partial L}{\partial\dot{\boldsymbol{x}}}\right)^{\mathrm{T}}\mathrm{d}\boldsymbol{x}(t)\bigg|_{t=t_1^-}$$

类似地有

$$\delta J_2=-\left\{L[\boldsymbol{x},\dot{\boldsymbol{x}},t]-\left(\frac{\partial L}{\partial\dot{\boldsymbol{x}}}\right)^{\mathrm{T}}\dot{\boldsymbol{x}}\right\}_{t=t_1^+}\delta t_1+\left(\frac{\partial L}{\partial\dot{\boldsymbol{x}}}\right)^{\mathrm{T}}\mathrm{d}\boldsymbol{x}(t)\bigg|_{t=t_1^+}$$

根据 $\delta J=\delta J_1+\delta J_2=0$ 得

$$\delta J=\left\{\left[L[\boldsymbol{x},\dot{\boldsymbol{x}},t]-\left(\frac{\partial L}{\partial \dot{\boldsymbol{x}}}\right)^{\mathrm{T}}\dot{\boldsymbol{x}}\right]_{t=t_1^-}-\left[L[\boldsymbol{x},\dot{\boldsymbol{x}},t]-\left(\frac{\partial L}{\partial \dot{\boldsymbol{x}}}\right)^{\mathrm{T}}\dot{\boldsymbol{x}}\right]_{t=t_1^+}\right\}\delta t_1+$$
$$\left(\frac{\partial L}{\partial \dot{\boldsymbol{x}}}\right)^{\mathrm{T}}\bigg|_{t=t_1^-}\mathrm{d}\boldsymbol{x}(t_1^-)-\left(\frac{\partial L}{\partial \dot{\boldsymbol{x}}}\right)^{\mathrm{T}}\bigg|_{t=t_1^+}\mathrm{d}\boldsymbol{x}(t_1^+)=0$$

因为 $\boldsymbol{x}(t)$ 为连续函数,故 $\mathrm{d}\boldsymbol{x}(t_1^-)=\mathrm{d}\boldsymbol{x}(t_1^+)=\mathrm{d}\boldsymbol{x}(t_1)$。此外,由于对角点未加任何约束条件,所以 δt_1 和 $\mathrm{d}x(t_1)$ 是相互独立的。因此有

$$\frac{\partial L}{\partial \dot{\boldsymbol{x}}}\bigg|_{t=t_1^-}=\frac{\partial L}{\partial \dot{\boldsymbol{x}}}\bigg|_{t=t_1^+} \tag{2-114}$$

$$\left\{L[\boldsymbol{x},\dot{\boldsymbol{x}},t]-\left(\frac{\partial L}{\partial \dot{\boldsymbol{x}}}\right)^{\mathrm{T}}\dot{\boldsymbol{x}}\right\}_{t=t_1^-}=\left\{L[\boldsymbol{x},\dot{\boldsymbol{x}},t]-\left(\frac{\partial L}{\partial \dot{\boldsymbol{x}}}\right)^{\mathrm{T}}\dot{\boldsymbol{x}}\right\}_{t=t_1^+} \tag{2-115}$$

式(2-114)和式(2-115)就是对角点位置不加限制时,最优曲线在角点处应满足的条件,简称角点条件,又称维尔斯特拉斯-欧德曼(Weierstrass-Erdmann)条件。

2.5.2 内点约束情况下的角点条件

设在波尔扎问题中,加上一组内点的约束条件

$$\boldsymbol{\Psi}_0[\boldsymbol{x}(t_1),t_1]=0$$

式中,t_1 是某一中间时刻,$t_0<t_1<t_f$;$\boldsymbol{\Psi}_0$ 为连续可微向量函数。

现在所考虑的是同时满足前面已讨论过的各种条件约束及附加内点约束的泛函极值问题。

在这种情况下,存在3个约束条件,即状态方程 $\dot{\boldsymbol{x}}(t)=f[\boldsymbol{x}(t),\boldsymbol{u}(t),t]$,终端约束方程 $\boldsymbol{\Psi}_1[\boldsymbol{x}(t_f),t_f]=0$ 和内点约束方程 $\boldsymbol{\Psi}_0[\boldsymbol{x}(t_1),t_1]=0$。为解决这些约束条件,在上述引入拉格朗日乘子 $\boldsymbol{\lambda}$ 和 $\boldsymbol{\gamma}$ 的基础上,再添加一个新的拉格朗日乘子 $\boldsymbol{\pi}$,则性能指标可写成

$$\begin{aligned}J&=\Phi[\boldsymbol{x}(t_f),t_f]+\boldsymbol{\gamma}^{\mathrm{T}}\boldsymbol{\Psi}_1[\boldsymbol{x}(t_f),t_f]+\boldsymbol{\pi}^{\mathrm{T}}\boldsymbol{\Psi}_0[\boldsymbol{x}(t_1),t_1]+\\&\quad\int_{t_0}^{t_f}\{L[\boldsymbol{x}(t),\boldsymbol{u}(t),t]+\boldsymbol{\lambda}^{\mathrm{T}}(t)[f[\boldsymbol{x}(t),\boldsymbol{u}(t),t]-\dot{\boldsymbol{x}}(t)]\}\mathrm{d}t\\&=\Phi[\boldsymbol{x}(t_f),t_f]+\boldsymbol{\gamma}^{\mathrm{T}}\boldsymbol{\Psi}_1[\boldsymbol{x}(t_f),t_f]+\boldsymbol{\pi}^{\mathrm{T}}\boldsymbol{\Psi}_0[\boldsymbol{x}(t_1),t_1]+\\&\quad\int_{t_0}^{t_f}\{H[\boldsymbol{x}(t),\boldsymbol{\lambda}(t),\boldsymbol{u}(t),t]-\boldsymbol{\lambda}^{\mathrm{T}}(t)\dot{\boldsymbol{x}}(t)\}\mathrm{d}t\end{aligned}$$

仿照前面的方法,把积分分成两部分 $\int_{t_0}^{t_1^-}+\int_{t_1^+}^{t_f}$,并进行分部积分,得

$$\begin{aligned}\delta J&=\left[\frac{\partial(\Phi+\boldsymbol{\gamma}^{\mathrm{T}}\boldsymbol{\Psi}_1)}{\partial \boldsymbol{x}}\right]^{\mathrm{T}}\bigg|_{t=t_f}\delta\boldsymbol{x}(t_f)+\boldsymbol{\pi}^{\mathrm{T}}\frac{\partial\boldsymbol{\Psi}_0}{\partial t_1}\delta t_1+\boldsymbol{\pi}^{\mathrm{T}}\frac{\partial\boldsymbol{\Psi}_0}{\partial\boldsymbol{x}(t_1)}\mathrm{d}\boldsymbol{x}(t_1)+\\&\quad(H-\boldsymbol{\lambda}^{\mathrm{T}}\dot{\boldsymbol{x}})|_{t=t_1^-}\delta t_1-(H-\boldsymbol{\lambda}^{\mathrm{T}}\dot{\boldsymbol{x}})|_{t=t_1^+}\delta t_1-\\&\quad\boldsymbol{\lambda}^{\mathrm{T}}\delta\boldsymbol{x}\bigg|_{t=t_0}^{t=t_1^-}-\boldsymbol{\lambda}^{\mathrm{T}}\delta\boldsymbol{x}\bigg|_{t=t_1^+}^{t=t_f}+\int_{t_0}^{t_f}\left[\left(\dot{\boldsymbol{\lambda}}+\frac{\partial H}{\partial\boldsymbol{x}}\right)^{\mathrm{T}}\delta\boldsymbol{x}+\left(\frac{\partial H}{\partial\boldsymbol{u}}\right)^{\mathrm{T}}\delta\boldsymbol{u}\right]\mathrm{d}t\end{aligned} \tag{2-116}$$

利用下列关系式

$$\mathrm{d}\boldsymbol{x}(t_1)=\delta\boldsymbol{x}(t_1^-)+\dot{\boldsymbol{x}}(t_1^-)\delta t_1$$

$$dx(t_1)=\delta x(t_1^+)+\dot{x}(t_1^+)\delta t_1$$

消去式(2-116)中的 $\delta x(t_1^-)$ 和 $\delta x(t_1^+)$，并整理得

$$\delta J=\left[\frac{\partial \Phi}{\partial x}+\left(\frac{\partial \Psi_1}{\partial x}\right)^{\mathrm{T}}\gamma-\lambda(t)\right]^{\mathrm{T}}\Bigg|_{t=t_f}\delta x(t_f)+\left[\lambda^{\mathrm{T}}(t_1^+)-\lambda^{\mathrm{T}}(t_1^-)+\pi^{\mathrm{T}}\frac{\partial \Psi_0}{\partial x(t_1)}\right]dx(t_1)+$$
$$\left[H(t_1^-)-H(t_1^+)+\pi^{\mathrm{T}}\frac{\partial \Psi_0}{\partial t_1}\right]\delta t_1+\lambda^{\mathrm{T}}\delta x(t_0)+\int_{t_0}^{t_f}\left[\left(\dot{\lambda}+\frac{\partial H}{\partial x}\right)^{\mathrm{T}}\delta x+\left(\frac{\partial H}{\partial u}\right)^{\mathrm{T}}\delta u\right]dt$$

由 $dx(t_1)$ 和 δt_1 的系数为零得

$$\begin{cases}\lambda^{\mathrm{T}}(t_1^-)=\lambda^{\mathrm{T}}(t_1^+)+\pi^{\mathrm{T}}\dfrac{\partial \Psi_0}{\partial x(t_1)}\\ H(t_1^-)=H(t_1^+)-\pi^{\mathrm{T}}\dfrac{\partial \Psi_0}{\partial t_1}\end{cases}\tag{2-117}$$

这便是内点约束情况下的角点条件。

例 2-26 一艘轮船在不连续的水流中航行，如图 2-11 所示。设水流速度可表示为

$$u=\begin{cases}0, & y<h\\ \varepsilon V, & y>h\end{cases}$$
$$v=0$$

其中，u 为水流速度在 x 方向上的分量；v 为水流速度在 y 方向上的分量；V 为轮船对水的航行速度，常数；ε, h 为已知常数。试确定如何驾驶这艘轮船，方能使它在最短的时间内由点 $A(0,0)$ 驶至点 $B[ah,(1+b)h]$，其中，a 和 b 为已知常数。

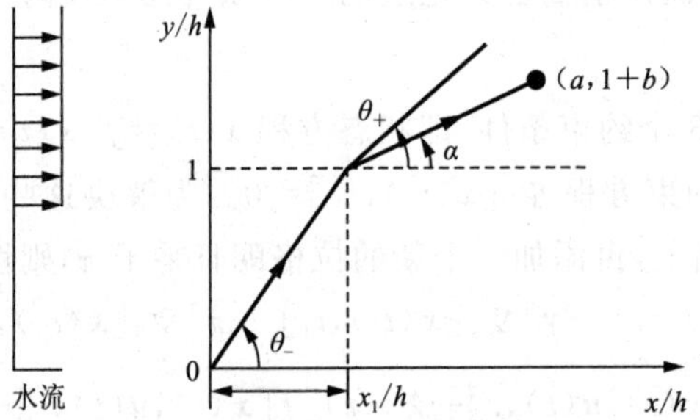

图 2-11 在不连续水流中的船舶航线

解 轮船的运动方程为

$$\begin{cases}\dot{x}=V\cos\theta+u\\ \dot{y}=V\sin\theta+u\end{cases}$$

式中，θ 为轮船驾驶方向与 x 轴的夹角，θ 为控制参数。

目标泛函为

$$J=\int_0^{t_f}1dt$$

设当 $t=t_1$ 时，轮船到达临界线 $y=h$。

(1) 当 $0<t<t_1$ 时，轮船的运动方程为

$$\begin{cases}\dot{x}=V\cos\theta_-\\ \dot{y}=V\sin\theta_-\end{cases}$$

由哈密尔顿函数得

$$H_1(t)=1+\lambda_x^-(t)V\cos\theta_-+\lambda_y^-(t)V\sin\theta_-$$

由伴随方程得

$$\begin{cases}\dot{\lambda}_x^-(t)=-\dfrac{\partial H_1}{\partial x}=0\\ \dot{\lambda}_y^-(t)=-\dfrac{\partial H_1}{\partial y}=0\end{cases}$$

由极值条件得

$$\frac{\partial H_1(t)}{\partial\theta_-}=V[-\lambda_x^-(t)V\sin\theta_-+\lambda_y^-(t)\cos\theta_-]=0$$

由伴随方程可知，$\lambda_x^-(t)$ 及 $\lambda_y^-(t)$ 为常数。

设

$$\lambda_x^-(t)=\lambda_x(t_1^-)=\text{const}$$

$$\lambda_y^-(t)=\lambda_y(t_1^-)=\text{const}$$

由极值条件可知

$$\tan\theta_-=\frac{\lambda_x^-(t)}{\lambda_y^-(t)}=\frac{\lambda_x(t_1^-)}{\lambda_y(t_1^-)}=\text{const}$$

所以 θ_- 亦为常数，即轮船在 $0<t<t_1$ 期间沿直线方向行驶。

由于

$$\Phi[x(t_1^-),y(t_1^-),t_1^-]=0$$

$$\Psi_1[x(t_1^-),y(t_1^-),t_1^-]=y(t_1^-)-h$$

故可由横截条件

$$H_1(t_1^-)+\frac{\partial\Phi}{\partial t_1^-}+\boldsymbol{\gamma}^{\mathrm{T}}\frac{\partial\Psi_1}{\partial t_1^-}=0$$

推得

$$H_1(t_1^-)=0$$

又因 $H_1(t)$ 中不显含 t，故沿最优轨迹 $H_1=\text{const}$，即

$$H_1(t)=1+\lambda_x(t_1^-)V\cos\theta_-+\lambda_y(t_1^-)\sin\theta_-=0$$

(2) 当 $t_1<t<t_f$ 时，轮船的运动方程为

$$\begin{cases}\dot{x}=V(\cos\theta_++\varepsilon)\\ \dot{y}=V\sin\theta_+\end{cases}$$

由哈密尔顿函数得

$$H_2(t)=1+\lambda_x^+(t)V(\cos\theta_++\varepsilon)+\lambda_y^+(t)V\sin\theta_+$$

由伴随方程得

$$\begin{cases}\dot{\lambda}_x^+(t)=-\dfrac{\partial H_2}{\partial x}=0\\ \dot{\lambda}_y^+(t)=-\dfrac{\partial H_2}{\partial y}=0\end{cases}$$

由极值条件得

$$\frac{\partial H_2(t)}{\partial \theta_+}=V[-\lambda_x^+(t)V\sin\theta_+ +\lambda_y^+(t)\cos\theta_+]=0$$

由伴随方程可知，$\lambda_x^+(t)$ 及 $\lambda_y^+(t)$ 为常数。

设

$$\lambda_x^+(t)=\lambda_x(t_1^+)=\text{const}$$

$$\lambda_y^+(t)=\lambda_y(t_1^+)=\text{const}$$

由极值条件可知

$$\tan\theta_+=\frac{\lambda_x^+(t)}{\lambda_y^+(t)}=\frac{\lambda_x(t_1^+)}{\lambda_y(t_1^+)}=\text{const}$$

所以 θ_+ 也为常数，即轮船在 $t_1<t<t_f$ 期间也沿直线方向行驶。

由于

$$\Phi[x(t_f),y(t_f),t_f]=0$$

$$\boldsymbol{\Psi}_1[x(t_f),y(t_f),t_f]=\begin{bmatrix}x(t_f)-ah\\ y(t_f)-(1+b)h\end{bmatrix}$$

故可由横截条件

$$H_2(t_f)+\frac{\partial\Phi}{\partial t_f}+\boldsymbol{\gamma}^{\mathrm{T}}\frac{\partial\boldsymbol{\Psi}_1}{\partial t_f}=0$$

推得

$$H_2(t_f)=0$$

又因 $H_2(t)$ 中不显含 t，故沿最优轨迹 $H_2=\text{const}$，即

$$H_2(t)=1+\lambda_x^+(t_1)V(\cos\theta_+ +\varepsilon)+\lambda_y^+(t_1)V\sin\theta_+=0$$

(3) 本例的内点约束为

$$\Psi_0[x(t_1),y(t_1),t_1^-]=y(t_1)-h=0$$

由角点条件知

$$\begin{cases}\lambda_x(t_1^-)=\lambda_x(t_1^+)+0\\ \lambda_y(t_1^-)=\lambda_y(t_1^+)+\pi_y\end{cases}$$

综合应用上述条件，即可求出 $\theta_-,\theta_+,t_1,t_f$。其中，最优航向 θ_-^* 和 θ_+^* 可由下式确定

$$\begin{cases}\sec\theta_-^*=\sec\theta_+^*-\varepsilon\\ \cot\theta_-^*=a-b(\cot\theta_+^*+\varepsilon\csc\theta_+^*)\end{cases}$$

轮船航线由两段相连接直线组成，故有

$$\tan\theta_-=\frac{h}{x_1}$$

$$\tan\alpha=\frac{\sin\theta_+}{\cos\theta_+ +\varepsilon}=\frac{bh}{ah-x_1}$$

2.6 小 结

变分法是研究泛函极值的一种经典方法，它的任务是求泛函的极大值或极小值。

本章主要介绍了函数极值问题、变分法的基本原理以及变分法求解连续系统最优控制问题的方法。求解连续系统最优控制问题，一般把系统看成最优轨线应满足的等式约束条件，这样就变为具有等式约束的泛函极值问题，可以用变分法进行求解。本章主要内容包括：

1) 一元函数的极值

函数 $f(x)$ 在 x_0 处为极小值点的充分必要条件是

$$\dot{f}(x)\big|_{x=x_0}=0,\quad \frac{\mathrm{d}^2 y}{\mathrm{d}x^2}\Big|_{x=x_0}=\ddot{f}(x_0)>0$$

而函数 $f(x)$ 在 x_0 处为极大值点的充分必要条件是

$$\dot{f}(x)\big|_{x=x_0}=0,\quad \frac{\mathrm{d}^2 y}{\mathrm{d}x^2}\Big|_{x=x_0}=\ddot{f}(x_0)<0$$

如果 $\ddot{f}(x_0)=0$，则需从 $f(x)$ 在 $x=x_0$ 附近的变化情况来判断 x_0 是否为极值点或拐点。

2) 二元函数的极值

设二元函数 $z=f(x,y)$ 在定义域 D 内可微，则 z 在 D 域内点 (x_0,y_0) 取极值的必要条件是其全微分在点 (x_0,y_0) 处成立，即

$$\begin{cases}\left.\dfrac{\partial f}{\partial x}\right|_{x=x_0}=0\\[2ex]\left.\dfrac{\partial f}{\partial y}\right|_{y=y_0}=0\end{cases}$$

3) 多元函数的极值

设 $n(n\geqslant 3)$ 元函数 $J=f(x_1,x_2,\cdots,x_n)$ 在 n 维空间 $\mathbf{R}^n$ 的某个区域 D 上定义，且连续可微，则存在极值的必要条件是

$$\begin{cases}\dfrac{\partial f}{\partial x_1}=0\\[2ex]\dfrac{\partial f}{\partial x_2}=0\\\quad\vdots\\\dfrac{\partial f}{\partial x_n}=0\end{cases}$$

4) 有约束条件的函数极值

二元函数 $z=f(x,y)$ 中，如果变量 x 和 y 受到如下约束，即 $\varphi(x,y)=0$，引入函数 G，得 $G(x,y)=f(x,y)+\lambda\varphi(x,y)$，则求极值的必要条件为

$$\frac{\partial G(x,y,\lambda)}{\partial x}=\frac{\partial f(x,y)}{\partial x}+\lambda\frac{\partial \varphi(x,y)}{\partial x}=0$$

$$\frac{\partial G(x,y,\lambda)}{\partial y}=\frac{\partial f(x,y)}{\partial y}+\lambda\frac{\partial \varphi(x,y)}{\partial y}=0$$

$$\frac{\partial G(x,y,\lambda)}{\partial \lambda}=\varphi(x,y)=0$$

5) 泛函变分的定义

泛函增量的线性主部称为泛函的一阶变分。

$$\delta J = L[y(x), \delta y(x)]$$

6) 泛函取得极值的必要条件

泛函取得极值的必要条件是泛函的变分为零，即

$$\delta J = 0$$

7) 泛函变分的求法

$$\delta J = \frac{\partial}{\partial \alpha} J[y(x) + \alpha \delta y(x)]\Big|_{\alpha=0} = 0$$

8) 无约束条件下的泛函极值

无约束条件下的泛函极值问题是指泛函的宗量不受任何条件的限制，可以取任意函数。对无约束条件的变分问题分为固定始端与终端问题和可变终端时刻问题两种情况进行讨论。

(1) 固定始端与终端问题。

此时，初始时刻和终端时刻都为已知的固定值，泛函取得极值的必要条件为

欧拉方程 $$\frac{\partial L}{\partial \boldsymbol{x}} - \frac{\mathrm{d}}{\mathrm{d}t}\frac{\partial L}{\partial \dot{\boldsymbol{x}}} = 0$$

同时，按照初始状态和终端状态是否固定，又具体分为以下 4 种情况。

① 固定始端与固定终端。

$$\eta(t_0) = \eta(t_\mathrm{f}) = 0$$

不需要由横截条件给出边界条件。

② 自由始端与自由终端。

需要由横截条件

$$\begin{cases} \left.\dfrac{\partial L}{\partial \dot{\boldsymbol{x}}}\right|_{t=t_0} = 0 \\ \left.\dfrac{\partial L}{\partial \dot{\boldsymbol{x}}}\right|_{t=t_\mathrm{f}} = 0 \end{cases}$$

给出边界条件。

③ 自由始端与固定终端。

需要由 $\boldsymbol{x}(t_\mathrm{f})$ 以及横截条件

$$\left.\frac{\partial L}{\partial \dot{\boldsymbol{x}}}\right|_{t=t_0} = 0$$

给出边界条件。

④ 固定始端与自由终端。

需要由 $\boldsymbol{x}(t_0)$ 以及横截条件

$$\left.\frac{\partial L}{\partial \dot{\boldsymbol{x}}}\right|_{t=t_\mathrm{f}} = 0$$

给出边界条件。

(2) 可变终端时刻问题。

所谓可变终端时刻问题，是指终端时刻 t_f 不再固定，而是变化的。此时，泛函取得极值的必要条件为

欧拉方程
$$\frac{\partial L}{\partial \boldsymbol{x}}-\frac{\mathrm{d}}{\mathrm{d}t}\frac{\partial L}{\partial \dot{\boldsymbol{x}}}=0$$

终端横截条件
$$\left\{L+[\dot{\varphi}(t)-\dot{\boldsymbol{x}}(t)]^{\mathrm{T}}\frac{\partial L}{\partial \dot{\boldsymbol{x}}}\right\}_{t=t_f}=0$$

同理可以推得，当终端时刻固定，始端可变时，始端横截条件为
$$\left\{L+[\dot{\varphi}(t)-\dot{\boldsymbol{x}}(t)]^{\mathrm{T}}\frac{\partial L}{\partial \dot{\boldsymbol{x}}}\right\}_{t=t_0}=0$$

9）应用变分法求解最优控制

如果泛函各宗量之间存在相互依赖关系，则称之为具有约束条件下的变分问题。

设系统的状态方程为
$$\dot{\boldsymbol{x}}(t)=f[\boldsymbol{x}(t),\boldsymbol{u}(t),t]\quad t\in[t_0,t_f]$$

系统的初始状态为
$$\boldsymbol{x}(t_0)=\boldsymbol{x}_0$$

性能指标选为波尔扎型（综合型）
$$J=\Phi[\boldsymbol{x}(t_f),t_f]+\int_{t_0}^{t_f}L[\boldsymbol{x}(t),\boldsymbol{u}(t),t]\mathrm{d}t$$

求取一个不受不等式约束的容许控制 $\boldsymbol{u}^*(t)$，在以状态方程为等式约束的条件下，使性能指标 J 取极值（通常取极小值），所得相应的最优轨线 $\boldsymbol{x}^*(t)$ 与 $\boldsymbol{u}^*(t)$ 一起满足状态方程。

(1) 终端时刻固定，终端状态自由。

状态方程为
$$\dot{\boldsymbol{x}}=\frac{\partial H}{\partial \boldsymbol{\lambda}}=f[\boldsymbol{x}(t),\boldsymbol{u}(t),t]$$

协态方程（或称伴随方程）为
$$\dot{\boldsymbol{\lambda}}(t)=-\frac{\partial H}{\partial \boldsymbol{x}}$$

控制方程为
$$\frac{\partial H}{\partial \boldsymbol{u}}=0$$

横截条件为
$$\boldsymbol{\lambda}(t_f)=\frac{\partial \Phi}{\partial \boldsymbol{x}(t_f)}$$

(2) 终端时刻不固定，终端状态受约束。

此时，t_f 不固定，并且终端状态 $\boldsymbol{x}(t_f)$ 满足以下约束条件
$$\Psi[\boldsymbol{x}(t_f),t_f]=0$$

状态方程为
$$\dot{\boldsymbol{x}}=\frac{\partial H}{\partial \boldsymbol{\lambda}}=f$$

协态方程为

$$\dot{\boldsymbol{\lambda}}(t)=-\frac{\partial H}{\partial \boldsymbol{x}}$$

控制方程为

$$\frac{\partial H}{\partial \boldsymbol{u}}=0$$

横截条件为

$$\boldsymbol{x}(t_0)=\boldsymbol{x}(0)$$

$$\boldsymbol{\lambda}(t_f)=\frac{\partial \Phi}{\partial \boldsymbol{x}(t_f)}+\frac{\partial \boldsymbol{\Psi}^{\mathrm{T}}}{\partial \boldsymbol{x}(t_f)}\boldsymbol{\gamma}$$

边界条件为

$$\boldsymbol{\Psi}[\boldsymbol{x}(t_f),t_f]=0$$

H 在终端需满足横截条件为

$$H(t_f)+\frac{\partial \Phi}{\partial t_f}+\boldsymbol{\gamma}^{\mathrm{T}}\frac{\partial \boldsymbol{\Psi}}{\partial t_f}=0$$

(3) 终端时刻固定,终端状态受约束。

因为此问题中终端时刻 t_f 固定,因此情况(2)中 H 在终端需满足横截条件不存在,其他条件和情况(2)相同。

(4) 终端时刻固定,终端状态固定。

当终端状态固定时,在 J 中不存在终值项 $\Phi[\boldsymbol{x}(t_f),t_f]$,即 J 为拉格朗日型(积分型)性能指标

$$J=\int_{t_0}^{t_f}L[\boldsymbol{x}(t),\boldsymbol{u}(t),t]\mathrm{d}t$$

状态方程为

$$\dot{\boldsymbol{x}}=\frac{\partial H}{\partial \boldsymbol{\lambda}}=f[\boldsymbol{x}(t),\boldsymbol{u}(t),t]$$

协态方程为

$$\dot{\boldsymbol{\lambda}}=-\frac{\partial H}{\partial \boldsymbol{x}}$$

控制方程为

$$\frac{\partial H}{\partial \boldsymbol{u}}=0$$

横截条件为

$$\boldsymbol{\lambda}(t_f)=\boldsymbol{\gamma}$$

10) 无约束情况下的角点条件

设分段光滑曲线 $\boldsymbol{x}^*(t)$是泛函

$$J=\int_{t_0}^{t_f}L[\boldsymbol{x}(t),\dot{\boldsymbol{x}}(t),t]\mathrm{d}t$$

取极小值的最优曲线,则对角点位置不加限制时,最优曲线在角点处应满足的条件(角点条件)如下式所示。

$$\left.\frac{\partial L}{\partial \dot{\boldsymbol{x}}}\right|_{t=t_1^-}=\left.\frac{\partial L}{\partial \dot{\boldsymbol{x}}}\right|_{t=t_1^+}$$

$$\left\{L[\boldsymbol{x},\dot{\boldsymbol{x}},t]-\left(\frac{\partial L}{\partial \dot{\boldsymbol{x}}}\right)^{\mathrm{T}}\dot{\boldsymbol{x}}\right\}_{t=t_1^-}=\left\{L[\boldsymbol{x},\dot{\boldsymbol{x}},t]-\left(\frac{\partial L}{\partial \dot{\boldsymbol{x}}}\right)^{\mathrm{T}}\dot{\boldsymbol{x}}\right\}_{t=t_1^+}$$

11）内点约束情况下的角点条件

设在波尔扎问题中，加上一组内点的约束条件

$$\boldsymbol{\Psi}_0[\boldsymbol{x}(t_1),t_1]=0$$

则内点约束情况下的角点条件如下所示。

$$\begin{cases}\boldsymbol{\lambda}^{\mathrm{T}}(t_1^-)=\boldsymbol{\lambda}^{\mathrm{T}}(t_1^+)+\boldsymbol{\pi}^{\mathrm{T}}\dfrac{\partial \boldsymbol{\Psi}_0}{\partial x(t_1)}\\ H(t_1^-)=H(t_1^+)-\boldsymbol{\pi}^{\mathrm{T}}\dfrac{\partial \boldsymbol{\Psi}_0}{\partial t_1}\end{cases}$$

第 2 章　习　题

2-1　求性能指标 $J=\int_0^1\left(\frac{1}{2}\dot{x}^2+x\dot{x}+\dot{x}+x\right)\mathrm{d}t$ 的极值轨线，已知边界条件为 $x(0)=\frac{1}{2}$，$x(1)$ 自由。

2-2　试利用公式

$$\delta J=\frac{\partial}{\partial \alpha}J[x+\alpha\delta x]\big|_{\alpha=0}$$

求泛函 $J=\int_0^{t_f}L[x,\dot{x},\ddot{x}]\mathrm{d}t$ 的变分，并写出在此情况下的欧拉方程。

2-3　利用上题结论，求泛函

$$J=\int_{-1}^{1}(\ddot{x}^2+8x)\mathrm{d}t$$

在边值条件 $x(-1)=\dot{x}(-1)=x(1)=\dot{x}(1)=0$ 下的极值曲线。

2-4　已知 $x(t_0)=x_0$，试导出在约束 $g[\dot{x},x,t]=0$ 条件下，使性能指标

$$J=\Phi[x(t_f),t_f]+\int_{t_0}^{t_f}L[x,\dot{x},t]\mathrm{d}t$$

取极小值的必要条件，其中 t_f 是固定的。

2-5　一质点沿曲线 $y=f(x)$ 从点 $(0,8)$ 运动到点 $(4,0)$，设质点运动速度为 x，问曲线取什么样的形状，质点运动的时间最短？

2-6　已知线性系统的状态方程 $\dot{\boldsymbol{x}}=\boldsymbol{A}\boldsymbol{x}+\boldsymbol{B}\boldsymbol{u}$，其中

$$\boldsymbol{A}=\begin{bmatrix}0&1\\0&0\end{bmatrix},\quad \boldsymbol{B}=\begin{bmatrix}1&0\\0&1\end{bmatrix},\quad \boldsymbol{x}^{\mathrm{T}}=[x_1\quad x_2],\quad \boldsymbol{u}^{\mathrm{T}}=[u_1\quad u_2]$$

给定 $\boldsymbol{x}^{\mathrm{T}}(0)=[1\quad 1]$，$x_1(2)=0$，求 $\boldsymbol{u}(t)$，使性能指标 $J=\frac{1}{2}\int_0^2\|\boldsymbol{u}\|^2\mathrm{d}t$ 为最小。

第 3 章

极小值原理

本章要点

- 当控制变量受约束时，无法用变分法求解最优控制问题，可用极小值原理求解。
- 极小值原理和变分法求解泛函取极值的必要条件差别仅在于极值条件(控制方程)。
- 通过连续极小值原理可以类比得到离散极小值原理。

3.1 极小值原理与变分法

应用变分法求解最优控制问题时，控制变量$\boldsymbol{u}(t)$的取值范围不受任何条件的限制，即控制变量$\boldsymbol{u}(t)$的变分是任意的，从而得到最优控制$\boldsymbol{u}^*(t)$应满足控制方程$\dfrac{\partial H}{\partial \boldsymbol{u}}=0$。而大多数实际最优控制问题中，控制变量$\boldsymbol{u}(t)$总要受到一定条件的限制，容许控制只能在一定的控制域内取值。例如，动力装置的转矩不可能为无穷大，系统的能量是有限的，流量的最大值受到输送管道和阀门的限制，有些电力系统中存在饱和元件等。此时，$\boldsymbol{u}(t)$不能任意取值，而是被限制在某一闭集内。

一般情况下，可以将控制变量$\boldsymbol{u}(t)$所受到的不等式约束条件利用如下形式的不等式表示：

$$g[\boldsymbol{x}(t),\boldsymbol{u}(t),t]\geqslant 0 \tag{3-1}$$

在这种情况下，显然控制方程$\dfrac{\partial H}{\partial \boldsymbol{u}}=0$已不成立，不能再用变分法来求解这类最优控制问题。

极小值原理(也称极大值原理、最大值原理)是苏联著名学者庞特里亚金(Pontryagin)等在总结并运用经典变分法成果的基础上，结合简单最优控制的早期研究成果，特别是受力学中的哈密尔顿原理的启发，在 20 世纪 50 年代中期逐步创立的，成为控制变量受约束时求解最优控制问题的有效工具。最初只将极小值原理用于连续系统，以后又推广用于离散系统。

极小值原理的结论与经典变分法的结论有许多相似之处，它能够应用于控制变量受边界限制的情况，并且不要求哈密尔顿函数对控制变量连续可微，因此扩大了应用范围。

当极小值原理出现后，第 2 章中所讨论的变分法称为经典变分法。极小值原理与变分法的区别有如下几个方面：

(1) 放宽了容许控制条件。在经典变分法中，需要假设控制域充满全部控制空间。从控制变分 $\delta \boldsymbol{u}(t)$ 的任意性出发，导出极值条件 $\frac{\partial H}{\partial \boldsymbol{u}}=0$。这一极值条件虽然简单，但应用起来受到很大限制。然而极小值原理中的条件对于通常的控制约束均适用，用极小值原理来求解各种最优控制问题不会带来很大的困难。

(2) 最优控制使哈密尔顿函数取全局极小值。对 $t\in[t_0,t_f]$ 上的任意连续点，当容许控制 $\boldsymbol{u}(t)$ 取遍了控制域的所有点时，$\boldsymbol{u}^*(t)$ 使 H 取全局最小值。而在经典变分法中，由于 $\boldsymbol{u}^*(t)$ 只与“接近”的 $\boldsymbol{u}(t)$ 相比较，所以 $\boldsymbol{u}^*(t)$ 只能使 H 取弱极值，甚至只能得到 H 的驻点条件。

(3) 极小值原理不要求哈密尔顿函数对控制的可微性，因此应用条件进一步放宽。在经典变分法中，对函数 f 和 L 的可微性要求很严格，特别是要求 $\frac{\partial L}{\partial \boldsymbol{u}}$ 存在，但实际工程问题往往不满足这一条件。例如，在燃料最优控制系统中，指标泛函的形式为

$$J=\int_0^{t_f}\sum_{i=1}^{m}|u_i|\,dt$$

不满足上述要求，因而无法用经典变分法求解最优控制，只能用极小值原理求解。

(4) 极小值原理给出了最优控制的必要而非充分条件。也就是说，满足极小值原理的控制是否真能使性能指标泛函取得最小值，还需进一步判断。如果由实际问题的物理意义已经能够判断所讨论问题的解是存在的，而由极小值原理所求出的控制又是唯一的，则可以断言，所求出的控制就是要求的最优控制。

本章主要介绍连续系统的极小值原理和离散系统的极小值原理(也称连续极小值原理和离散极小值原理)，并对连续和离散系统的极小值原理进行比较，最后结合具体例子分别说明连续系统和离散系统极小值原理的应用。

3.2 连续系统的极小值原理

3.2.1 连续系统极小值原理

庞特里亚金提出关于极小值原理的理论之后，不久又给出了严格的证明，其中包括了一系列引理和定理，涉及包括拓扑学在内的许多数学问题。后来，有些学者利用增量法对极小值原理提供了更容易理解的证明，所需要的数学知识较少，推导过程简单明了，且具有启发性，容易为初学者所理解与接受。因此，本书中将采用这种证明方法。

设给定系统的状态方程为

$$\dot{\boldsymbol{x}}(t)=f[\boldsymbol{x}(t),\boldsymbol{u}(t),t] \tag{3-2}$$

式中，$f[\boldsymbol{x}(t),\boldsymbol{u}(t),t]$——$n$ 维连续可微的向量函数。

初始条件为 $\boldsymbol{x}(t_0)=\boldsymbol{x}_0$，终端状态 $\boldsymbol{x}(t_f)$ 满足终端边界条件

$$\boldsymbol{\Psi}[\boldsymbol{x}(t_f),t_f]=0 \tag{3-3}$$

式中，$\boldsymbol{\Psi}[\boldsymbol{x}(t_f),t_f]$——$m$ 维连续可微的标量函数，且 $m\leqslant n$。

控制作用 $\boldsymbol{u}(t)\in\mathbf{R}^m$ 且受不等式约束

$$g[\boldsymbol{x}(t),\boldsymbol{u}(t),t]\geqslant 0 \tag{3-4}$$

式中，$g[\boldsymbol{x}(t),\boldsymbol{u}(t),t]$——$l$ 维连续可微的矢量函数，且 $l\leqslant m$。

性能指标

$$J=\Phi[\boldsymbol{x}(t_f),t_f]+\int_{t_0}^{t_f}L[\boldsymbol{x}(t),\boldsymbol{u}(t),t]\mathrm{d}t \tag{3-5}$$

式中，$\Phi[\boldsymbol{x}(t_f),t_f]$ 和 $L[\boldsymbol{x}(t),\boldsymbol{u}(t),t]$ 都为连续可微的标量函数，t_f 为待定终端时间。

与前面讨论过的等式约束条件最优控制问题进行比较，可知它们之间的主要差别在于：这里的控制作用 $\boldsymbol{u}(t)$ 是属于有界闭集 Ω 的，受到 $g[\boldsymbol{x}(t),\boldsymbol{u}(t),t]$ 不等式的约束。为了把这样的不等式约束问题转化为等式约束问题，一般采取以下两个措施。

(1) 引入一个新的 m 维变量 $\boldsymbol{w}(t)$，令

$$\dot{\boldsymbol{w}}(t)=\boldsymbol{u}(t),\quad \boldsymbol{w}(t_0)=0 \tag{3-6}$$

虽然 $\boldsymbol{u}(t)$ 是不连续的，但 $\boldsymbol{w}(t)$ 是连续的。若 $\boldsymbol{u}(t)$ 是分段连续的，则 $\boldsymbol{w}(t)$ 是分段光滑连续的。

(2) 引入另一个新的 l 维变量 $\boldsymbol{z}(t)$，令

$$(\dot{\boldsymbol{z}})^2=g[\boldsymbol{x}(t),\boldsymbol{u}(t),t],\quad \boldsymbol{z}(t_0)=0 \tag{3-7}$$

无论 $\dot{\boldsymbol{z}}$ 是正是负，$(\dot{\boldsymbol{z}})^2$ 恒非负，满足 $g[\boldsymbol{x}(t),\boldsymbol{u}(t),t]$ 的非负要求。

通过以上的处理，具有不等式约束的最优控制问题已经转化为在状态方程 $\dot{\boldsymbol{x}}=f[\boldsymbol{x}(t),\boldsymbol{u}(t),t]$，终端边界条件 $\boldsymbol{\Psi}[\boldsymbol{x}(t_f),t_f]=0$ 以及人为约束条件 $(\dot{\boldsymbol{z}})^2=g[\boldsymbol{x}(t),\boldsymbol{u}(t),t]$ 等式约束下的条件极值问题，可以用第 2 章中的经典变分法来解决。

应用拉格朗日乘子法，引入拉格朗日乘子 $\boldsymbol{\lambda}$，$\boldsymbol{\gamma}$ 和 $\boldsymbol{\Gamma}$，问题进一步化为求下列增广性能指标

$$\begin{aligned}\bar{J}=&\Phi[\boldsymbol{x}(t_f),t_f]+\boldsymbol{\gamma}^{\mathrm{T}}\boldsymbol{\Psi}[\boldsymbol{x}(t_f),t_f]+\\&\int_{t_0}^{t_f}\{L[\boldsymbol{x},\dot{\boldsymbol{w}},t]+\boldsymbol{\lambda}^{\mathrm{T}}[f[\boldsymbol{x},\dot{\boldsymbol{w}},t]-\dot{\boldsymbol{x}}]+\boldsymbol{\Gamma}^{\mathrm{T}}[g[\boldsymbol{x},\dot{\boldsymbol{w}},t]-(\dot{\boldsymbol{z}})^2]\}\mathrm{d}t\end{aligned} \tag{3-8}$$

的极值问题。

为简便起见，令

$$H[\boldsymbol{x},\dot{\boldsymbol{w}},\boldsymbol{\lambda},t]=L[\boldsymbol{x},\dot{\boldsymbol{w}},t]+\boldsymbol{\lambda}^{\mathrm{T}}f[\boldsymbol{x},\dot{\boldsymbol{w}},t] \tag{3-9}$$

$$\Theta[\boldsymbol{x},\dot{\boldsymbol{x}},\dot{\boldsymbol{w}},\boldsymbol{\lambda},\boldsymbol{\Gamma},\dot{\boldsymbol{z}},t]=H[\boldsymbol{x},\dot{\boldsymbol{w}},\boldsymbol{\lambda},t]-\boldsymbol{\lambda}^{\mathrm{T}}\dot{\boldsymbol{x}}+\boldsymbol{\Gamma}^{\mathrm{T}}\{g[\boldsymbol{x},\dot{\boldsymbol{w}},t]-(\dot{\boldsymbol{z}})^2\} \tag{3-10}$$

则增广性能指标式(3-8)可改写为

$$\bar{J}=\Phi[\boldsymbol{x}(t_f),t_f]+\boldsymbol{\gamma}^{\mathrm{T}}\boldsymbol{\Psi}[\boldsymbol{x}(t_f),t_f]+\int_{t_0}^{t_f}\Theta[\boldsymbol{x},\dot{\boldsymbol{x}},\dot{\boldsymbol{w}},\boldsymbol{\lambda},\boldsymbol{\Gamma},\dot{\boldsymbol{z}},t]\mathrm{d}t \tag{3-11}$$

增广性能指标的一次变分为

$$\delta\bar{J}=\delta J_{t_f}+\delta J_x+\delta J_w+\delta J_z \tag{3-12}$$

式中，$\delta J_{t_f}, \delta J_x, \delta J_w, \delta J_z$ 分别是由于 t_f, x, w, z 做微小变化所引起的 $\bar{J}$ 的变分，简记为

$$\boldsymbol{\Phi}[\boldsymbol{x}(t_f), t_f] = \boldsymbol{\Phi} \tag{3-13}$$

$$\boldsymbol{\Psi}[\boldsymbol{x}(t_f), t_f] = \boldsymbol{\Psi} \tag{3-14}$$

$$\Theta[\boldsymbol{x}, \dot{\boldsymbol{x}}, \dot{\boldsymbol{w}}, \boldsymbol{\lambda}, \boldsymbol{\Gamma}, \dot{\boldsymbol{z}}, t] = \Theta \tag{3-15}$$

$$\delta J_{t_f} = \frac{\partial}{\partial t_f}\left[\boldsymbol{\Phi} + \boldsymbol{\gamma}^{\mathrm{T}}\boldsymbol{\Psi} + \int_t^{t+\delta t_f} \Theta \mathrm{d}t\right]_{t=t_f} \delta t_f = \left[\frac{\partial \boldsymbol{\Phi}}{\partial t_f} + \frac{\partial \boldsymbol{\Psi}^{\mathrm{T}}}{\partial t_f}\boldsymbol{\gamma} + \Theta\right]_{t=t_f} \delta t_f \tag{3-16}$$

$$\begin{aligned}\delta J_x &= \mathrm{d}\boldsymbol{x}^{\mathrm{T}}(t_f)\frac{\partial}{\partial \boldsymbol{x}}[\boldsymbol{\Phi} + \boldsymbol{\gamma}^{\mathrm{T}}\boldsymbol{\Psi}]_{t=t_f} + \int_{t_0}^{t_f}\left(\delta \boldsymbol{x}^{\mathrm{T}}\frac{\partial \Theta}{\partial \boldsymbol{x}} + \delta \dot{\boldsymbol{x}}^{\mathrm{T}}\frac{\partial \Theta}{\partial \dot{\boldsymbol{x}}}\right)\mathrm{d}t \\ &= \mathrm{d}\boldsymbol{x}^{\mathrm{T}}(t_f)\left[\frac{\partial \boldsymbol{\Phi}}{\partial \boldsymbol{x}} + \frac{\partial \boldsymbol{\Psi}^{\mathrm{T}}}{\partial \boldsymbol{x}}\boldsymbol{\gamma}\right]_{t=t_f} + \left[\delta \boldsymbol{x}^{\mathrm{T}}(t)\frac{\partial \Theta}{\partial \dot{\boldsymbol{x}}}\right]_{t=t_f} + \int_{t_0}^{t_f}\delta \boldsymbol{x}^{\mathrm{T}}\left(\frac{\partial \Theta}{\partial \boldsymbol{x}} - \frac{\mathrm{d}}{\mathrm{d}t}\frac{\partial \Theta}{\partial \dot{\boldsymbol{x}}}\right)\mathrm{d}t\end{aligned} \tag{3-17}$$

注意到

$$\mathrm{d}\boldsymbol{x}(t_f) = \delta \boldsymbol{x}(t_f) + \dot{\boldsymbol{x}}(t_f)\delta t_f$$

则式(3-17)可化简为

$$\begin{aligned}\delta J_x = \delta \boldsymbol{x}^{\mathrm{T}}(t_f)&\left[\frac{\partial \boldsymbol{\Phi}}{\partial \boldsymbol{x}} + \frac{\partial \boldsymbol{\Psi}^{\mathrm{T}}}{\partial \boldsymbol{x}}\boldsymbol{\gamma} + \frac{\partial \Theta}{\partial \dot{\boldsymbol{x}}}\right]_{t=t_f} - \dot{\boldsymbol{x}}^{\mathrm{T}}\frac{\partial \Theta}{\partial \dot{\boldsymbol{x}}}\bigg|_{t=t_f}\delta t_f + \\ &\int_{t_0}^{t_f}\delta \boldsymbol{x}^{\mathrm{T}}\left(\frac{\partial \Theta}{\partial \boldsymbol{x}} - \frac{\mathrm{d}}{\mathrm{d}t}\frac{\partial \Theta}{\partial \dot{\boldsymbol{x}}}\right)\mathrm{d}t\end{aligned} \tag{3-18}$$

$$\delta J_w = \delta \boldsymbol{w}^{\mathrm{T}}(t_f)\frac{\partial \Theta}{\partial \dot{\boldsymbol{w}}}\bigg|_{t=t_f} - \int_{t_0}^{t_f}\delta \boldsymbol{w}^{\mathrm{T}}\frac{\mathrm{d}}{\mathrm{d}t}\frac{\partial \Theta}{\partial \dot{\boldsymbol{w}}}\mathrm{d}t \tag{3-19}$$

$$\delta J_z = \delta \boldsymbol{z}^{\mathrm{T}}(t_f)\frac{\partial \Theta}{\partial \dot{\boldsymbol{z}}}\bigg|_{t=t_f} - \int_{t_0}^{t_f}\delta \boldsymbol{z}^{\mathrm{T}}\frac{\mathrm{d}}{\mathrm{d}t}\frac{\partial \Theta}{\partial \dot{\boldsymbol{z}}}\mathrm{d}t \tag{3-20}$$

把式(3-16)～式(3-20)代入式(3-12)，整理可得

$$\begin{aligned}\delta \bar{J} &= \delta J_{t_f} + \delta J_x + \delta J_w + \delta J_z \\ &= \left[\Theta - \dot{\boldsymbol{x}}^{\mathrm{T}}\frac{\partial \Theta}{\partial \dot{\boldsymbol{x}}} + \frac{\partial \boldsymbol{\Phi}}{\partial t_f} + \frac{\partial \boldsymbol{\Psi}^{\mathrm{T}}}{\partial t_f}\boldsymbol{\gamma}\right]_{t=t_f}\delta t_f + \delta \boldsymbol{w}^{\mathrm{T}}(t_f)\frac{\partial \Theta}{\partial \dot{\boldsymbol{w}}}\bigg|_{t=t_f} + \\ &\quad \delta \boldsymbol{x}^{\mathrm{T}}(t_f)\left[\frac{\partial \boldsymbol{\Phi}}{\partial \boldsymbol{x}} + \frac{\partial \boldsymbol{\Psi}^{\mathrm{T}}}{\partial \boldsymbol{x}}\boldsymbol{\gamma} + \frac{\partial \Theta}{\partial \dot{\boldsymbol{x}}}\right]_{t=t_f} + \delta \boldsymbol{z}^{\mathrm{T}}(t_f)\frac{\partial \Theta}{\partial \dot{\boldsymbol{z}}}\bigg|_{t=t_f} + \\ &\quad \int_{t_0}^{t_f}\left[\delta \boldsymbol{x}^{\mathrm{T}}\left(\frac{\partial \Theta}{\partial \boldsymbol{x}} - \frac{\mathrm{d}}{\mathrm{d}t}\frac{\partial \Theta}{\partial \dot{\boldsymbol{x}}}\right) - \delta \boldsymbol{w}^{\mathrm{T}}\frac{\mathrm{d}}{\mathrm{d}t}\frac{\partial \Theta}{\partial \dot{\boldsymbol{w}}} - \delta \boldsymbol{z}^{\mathrm{T}}\frac{\mathrm{d}}{\mathrm{d}t}\frac{\partial \Theta}{\partial \dot{\boldsymbol{z}}}\right]\mathrm{d}t\end{aligned} \tag{3-21}$$

由于 $\delta t_f, \delta \boldsymbol{x}(t_f), \delta \boldsymbol{x}, \delta \boldsymbol{w}, \delta \boldsymbol{z}$ 都是任意的，所以增广泛函取极值的必要条件是以下各关系式成立。

(1) 欧拉方程为

$$\frac{\partial \Theta}{\partial \boldsymbol{x}} - \frac{\mathrm{d}}{\mathrm{d}t}\frac{\partial \Theta}{\partial \dot{\boldsymbol{x}}} = 0 \tag{3-22}$$

$$\frac{\mathrm{d}}{\mathrm{d}t}\frac{\partial \Theta}{\partial \dot{\boldsymbol{w}}} = 0$$

即

$$\frac{\partial \Theta}{\partial \boldsymbol{w}}-\frac{\mathrm{d}}{\mathrm{d}t}\frac{\partial \Theta}{\partial \dot{\boldsymbol{w}}}=0 \tag{3-23}$$

$$\frac{\mathrm{d}}{\mathrm{d}t}\frac{\partial \Theta}{\partial \dot{\boldsymbol{z}}}=0$$

即

$$\frac{\partial \Theta}{\partial \boldsymbol{z}}-\frac{\mathrm{d}}{\mathrm{d}t}\frac{\partial \Theta}{\partial \dot{\boldsymbol{z}}}=0 \tag{3-24}$$

(2) 横截条件为

$$\left[\Theta-\dot{\boldsymbol{x}}^{\mathrm{T}}\frac{\partial \Theta}{\partial \dot{\boldsymbol{x}}}+\frac{\partial \Phi}{\partial t_{\mathrm{f}}}+\frac{\partial \boldsymbol{\Psi}^{\mathrm{T}}}{\partial t_{\mathrm{f}}}\boldsymbol{\gamma}\right]_{t=t_{\mathrm{f}}}=0 \tag{3-25}$$

$$\left[\frac{\partial \Phi}{\partial \boldsymbol{x}}+\frac{\partial \boldsymbol{\Psi}^{\mathrm{T}}}{\partial \boldsymbol{x}}\boldsymbol{\gamma}+\frac{\partial \Theta}{\partial \dot{\boldsymbol{x}}}\right]_{t=t_{\mathrm{f}}}=0 \tag{3-26}$$

$$\left.\frac{\partial \Theta}{\partial \dot{\boldsymbol{w}}}\right|_{t=t_{\mathrm{f}}}=0 \tag{3-27}$$

$$\left.\frac{\partial \Theta}{\partial \dot{\boldsymbol{z}}}\right|_{t=t_{\mathrm{f}}}=0 \tag{3-28}$$

将 $\Theta[\boldsymbol{x},\dot{\boldsymbol{x}},\dot{\boldsymbol{w}},\boldsymbol{\lambda},\boldsymbol{\gamma},\dot{\boldsymbol{z}},t]$代入式(3-22)，并注意到$\frac{\partial \Theta}{\partial \dot{\boldsymbol{x}}}=-\boldsymbol{\lambda}$，可得

(1) 欧拉方程为

$$\dot{\boldsymbol{\lambda}}=-\frac{\partial \Theta}{\partial \boldsymbol{x}}=-\left(\frac{\partial H}{\partial \boldsymbol{x}}+\boldsymbol{\Gamma}^{\mathrm{T}}\frac{\partial g}{\partial \boldsymbol{x}}\right)=-\frac{\partial H}{\partial \boldsymbol{x}}-\frac{\partial g^{\mathrm{T}}}{\partial \boldsymbol{x}}\boldsymbol{\Gamma} \tag{3-29}$$

$$\frac{\mathrm{d}}{\mathrm{d}t}\frac{\partial \Theta}{\partial \dot{\boldsymbol{w}}}=\frac{\mathrm{d}}{\mathrm{d}t}\left[\frac{\partial H}{\partial \dot{\boldsymbol{w}}}+\frac{\partial g^{\mathrm{T}}}{\partial \dot{\boldsymbol{w}}}\boldsymbol{\Gamma}\right]=0 \tag{3-30}$$

$$\frac{\mathrm{d}}{\mathrm{d}t}\frac{\partial \Theta}{\partial \dot{\boldsymbol{z}}}=\frac{\mathrm{d}}{\mathrm{d}t}(-2\boldsymbol{\Gamma}^{\mathrm{T}}\dot{\boldsymbol{z}})=0 \quad\Rightarrow\quad \frac{\mathrm{d}}{\mathrm{d}t}(\boldsymbol{\Gamma}^{\mathrm{T}}\dot{\boldsymbol{z}})=0 \tag{3-31}$$

(2) 横截条件为

$$\left[H+\frac{\partial \Phi}{\partial t_{\mathrm{f}}}+\frac{\partial \boldsymbol{\Psi}^{\mathrm{T}}}{\partial t_{\mathrm{f}}}\boldsymbol{\gamma}\right]_{t=t_{\mathrm{f}}}=0 \tag{3-32}$$

$$\left[\frac{\partial \Phi}{\partial \boldsymbol{x}}+\frac{\partial \boldsymbol{\Psi}^{\mathrm{T}}}{\partial \boldsymbol{x}}\boldsymbol{\gamma}-\boldsymbol{\lambda}\right]_{t=t_{\mathrm{f}}}=0 \tag{3-33}$$

$$\left[\frac{\partial H}{\partial \dot{\boldsymbol{w}}}+\frac{\partial g^{\mathrm{T}}}{\partial \dot{\boldsymbol{w}}}\boldsymbol{\Gamma}\right]_{t=t_{\mathrm{f}}}=0 \tag{3-34}$$

$$[\boldsymbol{\Gamma}^{\mathrm{T}}\dot{\boldsymbol{z}}]_{t=t_{\mathrm{f}}}=0 \tag{3-35}$$

以上方程是当控制作用受不等式约束时取得极小值的必要条件，由此可以得出下列结论。

(1) 当 $g[\boldsymbol{x},\dot{\boldsymbol{w}},t]$ 中不含 $\boldsymbol{x}$，即 $g[\boldsymbol{u}(t),t]\geqslant 0$ 时，有

$$\dot{\boldsymbol{\lambda}}=-\frac{\partial H}{\partial \boldsymbol{x}}-\frac{\partial g^{\mathrm{T}}}{\partial \boldsymbol{x}}\boldsymbol{\Gamma}=-\frac{\partial H}{\partial \boldsymbol{x}} \tag{3-36}$$

与前一章的伴随方程一致。

(2) 最优轨线恒有

$$\frac{\partial \Theta}{\partial \dot{\boldsymbol{w}}}=\frac{\partial \Theta}{\partial \dot{\boldsymbol{x}}}=0 \tag{3-37}$$

由式(3-23)和式(3-24)可知，$\frac{\partial \Theta}{\partial \dot{\boldsymbol{w}}}$ 和 $\frac{\partial \Theta}{\partial \dot{\boldsymbol{x}}}$ 均为常数，又由式(3-27)和式(3-28)可知，它们在终端处的值为零，所以式(3-37)恒成立，即$\frac{\partial \Theta}{\partial \dot{\boldsymbol{w}}}$ 和 $\frac{\partial \Theta}{\partial \dot{\boldsymbol{x}}}$ 沿最优轨线恒等于零。

(3) 根据$\frac{\partial \Theta}{\partial \dot{\boldsymbol{w}}}=0, \dot{\boldsymbol{w}}=\boldsymbol{u}$，将

$$\Theta=H-\boldsymbol{\lambda}^{\mathrm{T}} \boldsymbol{x}+\boldsymbol{\Gamma}^{\mathrm{T}}\left[g-(\dot{z})^{2}\right]$$

代入式(3-30)有

$$\frac{\partial H}{\partial \dot{\boldsymbol{w}}}+\frac{\partial g^{\mathrm{T}}}{\partial \dot{\boldsymbol{w}}} \boldsymbol{\Gamma}=0 \tag{3-38}$$

即

$$\frac{\partial H}{\partial \boldsymbol{u}}+\frac{\partial g^{\mathrm{T}}}{\partial \boldsymbol{u}} \boldsymbol{\Gamma}=0 \tag{3-39}$$

也就是

$$\frac{\partial H}{\partial \boldsymbol{u}}=-\frac{\partial g^{\mathrm{T}}}{\partial \boldsymbol{u}} \boldsymbol{\Gamma} \tag{3-40}$$

由此可见，控制$\boldsymbol{u}$受不等式$g[\boldsymbol{x}(t), \boldsymbol{u}(t), t] \geqslant 0$约束的情况下，$\frac{\partial g^{\mathrm{T}}}{\partial \boldsymbol{u}} \neq 0$，而$\boldsymbol{\Gamma}$是引入的乘子，不恒为零。所以，在最优轨线上控制方程$\frac{\partial H}{\partial \boldsymbol{u}} \neq 0$。

以上式(3-29)～式(3-35)即求解此类控制受约束的最优控制问题的必要条件。

需要说明的是，为使给定性能指标 J 取极小值，还必须满足维尔斯特拉斯 E 函数沿最优轨线为非负的条件，即

$$\begin{aligned} E= & \Theta\left[\boldsymbol{x}^{*}, \boldsymbol{w}^{*}, \boldsymbol{z}^{*}, \dot{\boldsymbol{x}}, \dot{\boldsymbol{w}}, \dot{\boldsymbol{z}}\right]-\Theta\left[\boldsymbol{x}^{*}, \boldsymbol{w}^{*}, \boldsymbol{z}^{*}, \dot{\boldsymbol{x}}^{*}, \dot{\boldsymbol{w}}^{*}, \dot{\boldsymbol{z}}^{*}\right]- \\ & {\left[\dot{\boldsymbol{x}}-\dot{\boldsymbol{x}}^{*}\right]^{\mathrm{T}} \frac{\partial \Theta}{\partial \dot{\boldsymbol{x}}}-\left[\dot{\boldsymbol{w}}-\dot{\boldsymbol{w}}^{*}\right]^{\mathrm{T}} \frac{\partial \Theta}{\partial \dot{\boldsymbol{w}}}-\left[\dot{\boldsymbol{z}}-\dot{\boldsymbol{z}}^{*}\right]^{\mathrm{T}} \frac{\partial \Theta}{\partial \dot{\boldsymbol{z}}} \geqslant 0 } \end{aligned} \tag{3-41}$$

由于沿最优轨线有

$$\dot{\boldsymbol{\lambda}}=\frac{\partial \Theta}{\partial \boldsymbol{x}}, \quad \frac{\partial \Theta}{\partial \dot{\boldsymbol{w}}}=\frac{\partial \Theta}{\partial \dot{\boldsymbol{z}}}=0, \quad(\dot{\boldsymbol{z}})^{2}=g[\boldsymbol{x}(t), \dot{\boldsymbol{w}}, t] \tag{3-42}$$

代入式(3-41)可得

$$\begin{aligned} E & =\Theta\left[\boldsymbol{x}^{*}, \boldsymbol{w}^{*}, \boldsymbol{z}^{*}, \dot{\boldsymbol{x}}, \dot{\boldsymbol{w}}, \dot{\boldsymbol{z}}\right]-\Theta\left[\boldsymbol{x}^{*}, \boldsymbol{w}^{*}, \boldsymbol{z}^{*}, \dot{\boldsymbol{x}}, \dot{\boldsymbol{w}}^{*}, \dot{\boldsymbol{z}}^{*}\right]-\left[\dot{\boldsymbol{x}}-\dot{\boldsymbol{x}}^{*}\right]^{\mathrm{T}} \frac{\partial \Theta}{\partial \dot{\boldsymbol{x}}} \\ & =\Theta\left[\boldsymbol{x}^{*}, \boldsymbol{w}^{*}, \boldsymbol{z}^{*}, \dot{\boldsymbol{x}}, \dot{\boldsymbol{w}}, \dot{\boldsymbol{z}}\right]+\boldsymbol{\lambda}^{\mathrm{T}} \dot{\boldsymbol{x}}-\Theta\left[\boldsymbol{x}^{*}, \boldsymbol{w}^{*}, \boldsymbol{z}^{*}, \dot{\boldsymbol{x}}^{*}, \dot{\boldsymbol{w}}^{*}, \dot{\boldsymbol{z}}^{*}\right]+\boldsymbol{\lambda}^{\mathrm{T}} \dot{\boldsymbol{x}}^{*} \\ & =H\left[\boldsymbol{x}^{*}, \boldsymbol{\lambda}, \dot{\boldsymbol{w}}, t\right]-H\left[\boldsymbol{x}^{*}, \boldsymbol{\lambda}, \dot{\boldsymbol{w}}^{*}, t\right] \geqslant 0 \end{aligned} \tag{3-43}$$

将 $\dot{w}=u,\dot{w}^*=u^*$ 代入式(3-43),则有

$$H[\boldsymbol{x}^*,\boldsymbol{\lambda},\boldsymbol{u},t]\geqslant H[\boldsymbol{x}^*,\boldsymbol{\lambda},\boldsymbol{u}^*,t] \tag{3-44}$$

即若把哈密尔顿函数 H 看作 $\boldsymbol{u}(t)\in\Omega$ 的函数,则最优轨线 $\boldsymbol{x}^*(t)$ 上与最优控制 $\boldsymbol{u}^*(t)$ 相对应的 H 将取绝对极小值。这是极小值原理的一个重要结论。

根据以上分析,可得到如下极小值原理。

定理 3-1 （极小值原理)设系统的状态方程为

$$\dot{\boldsymbol{x}}=f[\boldsymbol{x}(t),\boldsymbol{u}(t),t],\quad \boldsymbol{x}(t)\in\mathbf{R}^n \tag{3-45}$$

始端条件为

$$\boldsymbol{x}(t_0)=\boldsymbol{x}_0 \tag{3-46}$$

终端约束为

$$\Psi[\boldsymbol{x}(t_f),t_f]=0,\quad \boldsymbol{\Psi}\in\mathbf{R}^m,\quad m\leqslant n,\quad t_f\text{ 待定} \tag{3-47}$$

控制约束为

$$g[\boldsymbol{x}(t),\boldsymbol{u}(t),t]\geqslant 0,\quad \boldsymbol{u}(t)\in\mathbf{R}^m,\quad g\in\mathbf{R}^l,\quad l\leqslant m\leqslant n \tag{3-48}$$

性能指标为

$$J=\Phi[\boldsymbol{x}(t_f),t_f]+\int_{t_0}^{t_f}L[\boldsymbol{x}(t),\boldsymbol{u}(t),t]\mathrm{d}t \tag{3-49}$$

取哈密尔顿函数为

$$H=L[\boldsymbol{x},\boldsymbol{u},t]+\boldsymbol{\lambda}^{\mathrm{T}}f[\boldsymbol{x},\boldsymbol{u},t] \tag{3-50}$$

则实现最优控制的必要条件是:最优控制 $\boldsymbol{u}^*$、最优轨线 $\boldsymbol{x}^*$ 和最优协态矢量 $\boldsymbol{\Gamma}^*$ 满足下列关系式。

① 沿最优轨线满足正则方程

$$\dot{\boldsymbol{x}}=\frac{\partial H}{\partial\boldsymbol{\lambda}} \tag{3-51}$$

$$\dot{\boldsymbol{\lambda}}=-\frac{\partial H}{\partial\boldsymbol{x}}-\frac{\partial g^{\mathrm{T}}}{\partial\boldsymbol{x}}\boldsymbol{\Gamma} \tag{3-52}$$

（当 g 不含 $\boldsymbol{x}$ 时,$\dot{\boldsymbol{\lambda}}=-\dfrac{\partial H}{\partial\boldsymbol{x}}$）

② 在最优轨线上,与最优控制 $\boldsymbol{u}^*$ 相对应的 H 函数取绝对极小值,即

$$H[\boldsymbol{x}^*,\boldsymbol{\lambda},\boldsymbol{u}^*,t]=\min_{\boldsymbol{u}\in\Omega}H[\boldsymbol{x}^*,\boldsymbol{\lambda},\boldsymbol{u},t] \tag{3-53}$$

或记为

$$H[\boldsymbol{x}^*,\boldsymbol{\lambda},\boldsymbol{u},t]\geqslant H[\boldsymbol{x}^*,\boldsymbol{\lambda},\boldsymbol{u}^*,t]$$

沿最优轨线有

$$\frac{\partial H}{\partial\boldsymbol{u}}=-\frac{\partial g^{\mathrm{T}}}{\partial\boldsymbol{u}}\boldsymbol{\Gamma} \tag{3-54}$$

③ H 函数在最优轨线终点满足

$$H(t_f)=-\frac{\partial\Phi}{\partial t_f}-\frac{\partial\boldsymbol{\Psi}^{\mathrm{T}}}{\partial t_f}\boldsymbol{\gamma} \tag{3-55}$$

④ 协态终值满足横截条件

$$\boldsymbol{\lambda}(t_f)=\frac{\partial\Phi}{\partial\boldsymbol{x}(t_f)}+\frac{\partial\boldsymbol{\Psi}^{\mathrm{T}}}{\partial\boldsymbol{x}(t_f)}\boldsymbol{\gamma} \tag{3-56}$$

⑤ 满足边界条件

$$\boldsymbol{x}(t_0)=\boldsymbol{x}_0,\quad \boldsymbol{\Psi}[\boldsymbol{x}(t_f),t_f]=0 \tag{3-57}$$

这就是著名的极小值原理。

3.2.2 连续系统极小值原理说明

对于连续系统的极小值原理的应用，有以下几点说明。

1) 控制作用在不等式约束下与在等式约束下最优控制的必要条件比较

(1) 二者的横截条件和端点边界条件相同。

(2) 控制作用在等式约束下时，控制方程 $\frac{\partial H}{\partial \boldsymbol{u}}=0$ 不成立，改为以下条件

$$\frac{\partial H}{\partial\boldsymbol{u}}=-\frac{\partial g^{\mathrm{T}}}{\partial\boldsymbol{u}}\boldsymbol{\Gamma} \tag{3-58}$$

$$H[\boldsymbol{x}^*,\boldsymbol{\lambda},\boldsymbol{u}^*,t]=\min_{\boldsymbol{u}\in\Omega}H[\boldsymbol{x}^*,\boldsymbol{\lambda},\boldsymbol{u},t] \tag{3-59}$$

并且，协态方程改为

$$\dot{\boldsymbol{\lambda}}=-\frac{\partial H}{\partial\boldsymbol{x}}-\frac{\partial g^{\mathrm{T}}}{\partial\boldsymbol{x}}\boldsymbol{\Gamma} \tag{3-60}$$

由上式可知，只有 g 中不含 $\boldsymbol{x}$ 时，方程才与等式约束条件下的协态方程相同，即

$$\dot{\boldsymbol{\lambda}}=-\frac{\partial H}{\partial\boldsymbol{x}} \tag{3-61}$$

2) 控制作用有界和无界时的必要条件比较

(1) 当控制作用无界时，控制方程 $\frac{\partial H}{\partial \boldsymbol{u}}=0$ 成立；当控制作用有界时，$\frac{\partial H}{\partial \boldsymbol{u}}=0$ 不成立。

(2) 当控制作用有界时，控制作用满足

$$\frac{\partial H}{\partial\boldsymbol{u}}=-\frac{\partial g^{\mathrm{T}}}{\partial\boldsymbol{u}}\boldsymbol{\Gamma} \tag{3-62}$$

$$H[\boldsymbol{x}^*,\boldsymbol{\lambda},\boldsymbol{u}^*,t]=\min_{\boldsymbol{u}\in\Omega}H[\boldsymbol{x}^*,\boldsymbol{\lambda},\boldsymbol{u},t] \tag{3-63}$$

(3) 显然，控制作用有界是控制作用无界的一种特殊情况。从上面的条件可以推断出，当控制作用无界时，由控制方程确定的最优控制实际上是使 H 取极小值或极大值的驻点条件，取得的最优控制 $\boldsymbol{u}^*(t)$ 只能取得相对极小值或极大值。而当控制作用有界时，由式(3-62)和式(3-63)确定的最优控制 $\boldsymbol{u}^*(t)$ 保证了使 H 取得全局极小值。此外，当控制作用有界时，式(3-62)实际上变为控制方程。

3) 应用极小值原理求解最优控制问题的步骤

(1) 根据要求构造出哈密尔顿函数 H；

(2) 写出正则方程；

(3) 由正则方程写出 $\boldsymbol{u}(t)$ 和 $\boldsymbol{x}(t)$ 的表达式；

(4) 写出边界条件、边界约束条件和协态终值方程；

(5) 联立以上各方程求解,求出积分常数,确定出最优控制 $\boldsymbol{u}^*(t)$、最优轨线 $\boldsymbol{x}^*(t)$ 和最优性能指标 J^*(若要求计算的话)。

4) 极小值原理的实际意义

极小值原理的实际意义是:放宽了控制条件,解决了当控制为有界闭集时最优控制的求解问题,不要求 H 对 $\boldsymbol{u}$ 具有可微性。例如,当 $H(\boldsymbol{u})$ 为线性函数,或者在容许控制范围内 $H(\boldsymbol{u})$ 是单调上升(或下降)时,由极小值原理求解的最优控制在边界上,但用变分法却求解不出来,因为 $\frac{\partial H}{\partial \boldsymbol{u}}=0$ 已经不适用。

极小值原理的诞生与推广使经典变分法无法求解的最优控制问题得到解决,最优控制理论成为可以解决实际控制工程应用问题的实用技术。

5) 极小值原理只是求解最优控制问题所满足的必要条件

极小值原理只是最优控制应满足的必要条件,并非充要条件。但实际问题中,由极小值原理给出的经常是单值的最优控制,而最优控制又确实存在,在这种情况下,求出的最优控制也就满足了充分条件。要注意的是,有时可能给出非单值的最优控制,这样的话,究竟由极小值原理求出的结果是不是最优控制,还要根据问题的性质来判定,或进一步从数学上进行证明。但是,对线性系统来说,可以证明出极小值原理是泛函取极小值的充要条件。

一般情况下,极小值原理没有涉及最优控制问题的解的存在性和唯一性问题。另外,如果实际问题的物理意义已经能够判定所讨论的问题的解是存在的,而由极小值原理所求出的控制又只有一个,则可以断定此控制就是最优控制。一般实际遇到的问题往往属于这种情况。

6) 极小值原理与极大值原理的关系

$H[\boldsymbol{x}^*,\boldsymbol{\lambda},\boldsymbol{u}^*,t]=\min\limits_{\boldsymbol{u}\in\Omega}H[\boldsymbol{x}^*,\boldsymbol{\lambda},\boldsymbol{u},t]$ 说明当 $\boldsymbol{u}(t)$ 和 $\boldsymbol{u}^*(t)$ 都从容许的有界集中取值时,只有 $\boldsymbol{u}^*(t)$ 才能使哈密尔顿函数为全局最小,因此称之为极小值原理。

也就是说,当泛函求极值是求最小时,应有全局最小,对应称之为极小值原理;而当泛函求极值是求最大时,则应有全局最大,即 $H[\boldsymbol{x}^*,\boldsymbol{\lambda},\boldsymbol{u}^*,t]=\max\limits_{\boldsymbol{u}\in\Omega}H[\boldsymbol{x}^*,\boldsymbol{\lambda},\boldsymbol{u},t]$,对应称之为极大值原理。

3.2.3 连续系统极小值原理应用举例

在举例说明极小值原理的应用之前,首先介绍几种典型的终端情况下极小值原理的具体形式,并只讨论始端时间和始端状态都固定时的情况。

1) 综合型性能指标时的极小值原理

(1) 始端固定,终端固定时的极小值原理。

此时始端时间 t_0 和始端状态 $\boldsymbol{x}(t_0)$ 固定,终端时间 t_f 和终端状态 $\boldsymbol{x}(t_f)$ 也固定,是应用极小值原理求解的特例情况,也是最简单的情况。

设系统的状态方程为

$$\dot{\boldsymbol{x}}=f[\boldsymbol{x}(t),\boldsymbol{u}(t),t] \tag{3-64}$$

其中,$\boldsymbol{x}(t)\in\mathbf{R}^n$,$\boldsymbol{u}(t)\in\mathbf{R}^m$,$m\leqslant n$,$f[\boldsymbol{x}(t),\boldsymbol{u}(t),t]$ 为 n 维矢量函数。

初始时间为 t_0,初始状态为 $\boldsymbol{x}(t_0)=\boldsymbol{x}_0$。

终端时间 t_f 固定,终端状态为 $\boldsymbol{x}(t_f)=\boldsymbol{x}_f$。

容许控制 $\boldsymbol{u}(t)$在 m 维向量空间 $\mathbf{R}^m$ 的有界闭集 Ω 中取值,即

$$\boldsymbol{u}(t)\in\Omega \tag{3-65}$$

性能指标选为综合型,即

$$J=\Phi[\boldsymbol{x}(t_f),t_f]+\int_{t_0}^{t_f}L[\boldsymbol{x}(t),\boldsymbol{u}(t),t]\mathrm{d}t \tag{3-66}$$

其中,$\Phi[\boldsymbol{x}(t_f),t_f]$和$L[\boldsymbol{x}(t),\boldsymbol{u}(t),t]$是连续可微的标量函数。要求最优容许控制$\boldsymbol{u}(t)$在满足上列条件下使性能指标 J 达到极小值。

这类问题与前面介绍极小值原理时描述的问题的不同点在于,对容许控制 $\boldsymbol{u}(t)$的限制仅是在 m 维向量空间 $\mathbf{R}^m$ 的有界闭集 Ω 中取值,这个限制条件可转化为与 $\boldsymbol{x}$ 无关的不等式约束条件,即有

$$\frac{\partial g^{\mathrm{T}}}{\partial \boldsymbol{x}}=0 \tag{3-67}$$

终端时间 t_f 固定,终端状态 $\boldsymbol{x}(t_f)$确定,也就是没有 $\Psi[\boldsymbol{x}(t_f),t_f]$项,根据式(3-51)～式(3-67)可推导出此时极小值原理的具体形式如下。

① 沿最优轨线满足正则方程

$$\dot{\boldsymbol{x}}=\frac{\partial H}{\partial \boldsymbol{\lambda}} \tag{3-68}$$

$$\dot{\boldsymbol{\lambda}}=-\frac{\partial H}{\partial \boldsymbol{x}} \tag{3-69}$$

② 在最优轨线上,与最优控制 $\boldsymbol{u}^*$ 相对应的 H 函数取极小值,即

$$H[\boldsymbol{x}^*,\boldsymbol{\lambda},\boldsymbol{u}^*,t]=\min_{\boldsymbol{u}\in\Omega}H[\boldsymbol{x}^*,\boldsymbol{\lambda},\boldsymbol{u},t] \tag{3-70}$$

③ 满足边界条件

$$\begin{cases}\boldsymbol{x}(t_0)=\boldsymbol{x}_0\\ \boldsymbol{x}(t_f)=\boldsymbol{x}_f\end{cases} \tag{3-71}$$

(2) 始端固定,终端时间固定,终端状态自由时的极小值原理。

此时始端时间 t_0 和始端状态 $\boldsymbol{x}(t_0)$固定,终端时间固定为 t_f,终端状态 $\boldsymbol{x}(t_f)$自由。

设系统的状态方程为

$$\dot{\boldsymbol{x}}=f[\boldsymbol{x}(t),\boldsymbol{u}(t),t] \tag{3-72}$$

其中,$\boldsymbol{x}(t)\in\mathbf{R}^n$,$\boldsymbol{u}(t)\in\mathbf{R}^m$,$m\leqslant n$,$f[\boldsymbol{x}(t),\boldsymbol{u}(t),t]$为 n 维矢量函数。

初始时间为 t_0,初始状态为 $\boldsymbol{x}(t_0)=\boldsymbol{x}_0$。

终端时间 t_f 固定,终端状态 $\boldsymbol{x}(t_f)$自由。

容许控制 $\boldsymbol{u}(t)$在 m 维向量空间 $\mathbf{R}^m$ 的有界闭集 Ω 中取值,即

$$\boldsymbol{u}(t)\in\Omega \tag{3-73}$$

性能指标选为综合型,即

$$J=\Phi[\boldsymbol{x}(t_f),t_f]+\int_{t_0}^{t_f}L[\boldsymbol{x}(t),\boldsymbol{u}(t),t]\mathrm{d}t \tag{3-74}$$

其中，$\Phi[\boldsymbol{x}(t_f),t_f]$和$L[\boldsymbol{x}(t),\boldsymbol{u}(t),t]$是连续可微的标量函数。要求最优容许控制$\boldsymbol{u}(t)$在满足上列条件下使性能指标$J$达到极小值。

与始端固定，终端固定的情况相比，不同之处在于此时终端状态自由，也就是说，终端状态需要用协态终值横截条件来确定。根据式(3-51)～式(3-57)可推导出此时极小值原理的具体形式如下。

① 沿最优轨线满足正则方程

$$\dot{\boldsymbol{x}}=\frac{\partial H}{\partial \boldsymbol{\lambda}} \tag{3-75}$$

$$\dot{\boldsymbol{\lambda}}=-\frac{\partial H}{\partial \boldsymbol{x}} \tag{3-76}$$

② 在最优轨线上，与最优控制$\boldsymbol{u}^*$相对应的H函数取绝对极小值，即

$$H[\boldsymbol{x}^*,\boldsymbol{\lambda},\boldsymbol{u}^*,t]=\min_{\boldsymbol{u}\in\Omega} H[\boldsymbol{x}^*,\boldsymbol{\lambda},\boldsymbol{u},t] \tag{3-77}$$

③ 协态终值满足横截条件

$$\boldsymbol{\lambda}(t_f)=0 \tag{3-78}$$

④ 满足边界条件

$$\boldsymbol{x}(t_0)=\boldsymbol{x}_0 \tag{3-79}$$

(3) 始端固定，终端约束时的极小值原理。

此时始端时间t_0和始端状态$\boldsymbol{x}(t_0)$固定，终端时间t_f未知，终端状态$\boldsymbol{x}(t_f)$受等式条件约束。

设系统的状态方程为

$$\dot{\boldsymbol{x}}=f[\boldsymbol{x}(t),\boldsymbol{u}(t),t] \tag{3-80}$$

其中，$\boldsymbol{x}(t)\in\mathbf{R}^n$，$\boldsymbol{u}(t)\in\mathbf{R}^m$，$m\leqslant n$，$f[\boldsymbol{x}(t),\boldsymbol{u}(t),t]$为$n$维矢量函数。

初始时间为t_0，初始状态为$\boldsymbol{x}(t_0)=\boldsymbol{x}_0$。

终端时间t_f未知，终端状态$\boldsymbol{x}(t_f)$满足终端约束方程

$$\Psi[\boldsymbol{x}(t_f),t_f]=0 \tag{3-81}$$

容许控制$\boldsymbol{u}(t)$在m维向量空间$\mathbf{R}^m$的有界闭集Ω中取值，即

$$\boldsymbol{u}(t)\in\Omega \tag{3-82}$$

性能指标选为综合型，即

$$J=\Phi[\boldsymbol{x}(t_f),t_f]+\int_{t_0}^{t_f}L[\boldsymbol{x}(t),\boldsymbol{u}(t),t]\mathrm{d}t \tag{3-83}$$

其中，$\Phi[\boldsymbol{x}(t_f),t_f]$和$L[\boldsymbol{x}(t),\boldsymbol{u}(t),t]$是连续可微的标量函数。要求最优容许控制$\boldsymbol{u}(t)$在满足上列条件下使性能指标$J$达到极小值。

与始端固定，终端时间固定，终端状态自由的情况相比，不同之处在于此时终端状态$\boldsymbol{x}(t_f)$不自由，而是受等式条件式(3-81)约束，因此协态终值横截条件要进行变动，H函数在最优轨线终点的条件需满足。根据式(3-51)～式(3-57)可推导出此时极小值原理的具体形式如下。

① 沿最优轨线满足正则方程

$$\dot{\boldsymbol{x}}=\frac{\partial H}{\partial \boldsymbol{\lambda}} \tag{3-84}$$

$$\dot{\boldsymbol{\lambda}}=-\frac{\partial H}{\partial \boldsymbol{x}} \tag{3-85}$$

② 在最优轨线上,与最优控制 $\boldsymbol{u}^*$ 相对应的 H 函数取绝对极小值,即

$$H[\boldsymbol{x}^*,\boldsymbol{\lambda},\boldsymbol{u}^*,t]=\min_{\boldsymbol{u}\in\Omega}H[\boldsymbol{x}^*,\boldsymbol{\lambda},\boldsymbol{u},t] \tag{3-86}$$

③ H 函数在最优轨线终点满足

$$H(t_f)=-\frac{\partial \Phi}{\partial t_f}-\frac{\partial \boldsymbol{\Psi}^T}{\partial t_f}\boldsymbol{\gamma} \tag{3-87}$$

④ 协态终值满足横截条件

$$\boldsymbol{\lambda}(t_f)=\frac{\partial \Phi}{\partial \boldsymbol{x}(t_f)}+\frac{\partial \boldsymbol{\Psi}^T}{\partial \boldsymbol{x}(t_f)}\boldsymbol{\gamma} \tag{3-88}$$

⑤ 满足边界条件

$$\begin{cases}\boldsymbol{x}(t_0)=\boldsymbol{x}_0\\ \boldsymbol{\Psi}[\boldsymbol{x}(t_f),t_f]=0\end{cases} \tag{3-89}$$

(4) 始端固定,终端多约束时的极小值原理。

此时始端时间 t_0 和始端状态 $\boldsymbol{x}(t_0)$ 固定,终端时间 t_f 未知,终端状态 $\boldsymbol{x}(t_f)$ 同时受等式条件约束和不等式条件约束。

设系统的状态方程为

$$\dot{\boldsymbol{x}}=f[\boldsymbol{x}(t),\boldsymbol{u}(t),t] \tag{3-90}$$

其中,$\boldsymbol{x}(t)\in\mathbf{R}^n$,$\boldsymbol{u}(t)\in\mathbf{R}^m$,$m\leqslant n$,$f[\boldsymbol{x}(t),\boldsymbol{u}(t),t]$ 为 n 维矢量函数。

初始时间为 t_0,初始状态为 $\boldsymbol{x}(t_0)=\boldsymbol{x}_0$。

终端时间 t_f 未知,终端状态 $\boldsymbol{x}(t_f)$ 满足终端约束方程

$$\begin{cases}\boldsymbol{\Psi}_1[\boldsymbol{x}(t_f),t_f]=0\\ \boldsymbol{\Psi}_2[\boldsymbol{x}(t_f),t_f]\geqslant 0\end{cases} \tag{3-91}$$

容许控制 $\boldsymbol{u}(t)$ 在 m 维向量空间 $\mathbf{R}^m$ 的有界闭集 Ω 中取值,即

$$\boldsymbol{u}(t)\in\Omega \tag{3-92}$$

性能指标选为综合型,即

$$J=\Phi[\boldsymbol{x}(t_f),t_f]+\int_{t_0}^{t_f}L[\boldsymbol{x}(t),\boldsymbol{u}(t),t]\mathrm{d}t \tag{3-93}$$

其中,$\Phi[\boldsymbol{x}(t_f),t_f]$ 和 $L[\boldsymbol{x}(t),\boldsymbol{u}(t),t]$ 是连续可微的标量函数。要求最优容许控制 $\boldsymbol{u}(t)$ 在满足上列条件下使性能指标 J 达到极小值。

与始端固定,终端时间固定,终端状态 $\boldsymbol{x}(t_f)$ 只受等式条件约束的情况相比,不同之处在于,终端状态所要满足的终端约束方程数目增多,假设此时终端状态受到一个等式约束、一个不等式约束,这时需要另外引入一个新的乘子 $\boldsymbol{\mu}$ 来处理不等式约束条件,这将影响 H 函数在最优轨线终点满足的条件、协态终值条件和边界条件。根据式(3-51)~式(3-57)可推导出此时极小值原理的具体形式如下。

① 沿最优轨线满足正则方程

$$\dot{\boldsymbol{x}}=\frac{\partial H}{\partial \boldsymbol{\lambda}} \tag{3-94}$$

$$\dot{\boldsymbol{\lambda}}=-\frac{\partial H}{\partial \boldsymbol{x}} \tag{3-95}$$

② 在最优轨线上，与最优控制 $\boldsymbol{u}^*$ 相对应的 H 函数取绝对极小值，即

$$H[\boldsymbol{x}^*,\boldsymbol{\lambda},\boldsymbol{u}^*,t]=\min_{\boldsymbol{u}\in\Omega}H[\boldsymbol{x}^*,\boldsymbol{\lambda},\boldsymbol{u},t] \tag{3-96}$$

③ H 函数在最优轨线终点满足

$$H(t_f)=-\frac{\partial\Phi}{\partial t_f}-\frac{\partial\boldsymbol{\Psi}_1^T}{\partial t_f}\boldsymbol{\gamma}-\frac{\partial\boldsymbol{\Psi}_2^T}{\partial t_f}\boldsymbol{\mu} \tag{3-97}$$

④ 协态终值满足横截条件

$$\boldsymbol{\lambda}(t_f)=\frac{\partial\Phi}{\partial\boldsymbol{x}(t_f)}+\frac{\partial\boldsymbol{\Psi}_1^T}{\partial\boldsymbol{x}(t_f)}\boldsymbol{\gamma}+\frac{\partial\boldsymbol{\Psi}_2^T}{\partial\boldsymbol{x}(t_f)}\boldsymbol{\mu} \tag{3-98}$$

⑤ 满足边界条件

$$\begin{cases}\boldsymbol{x}(t_0)=\boldsymbol{x}_0\\ \boldsymbol{\Psi}_1[\boldsymbol{x}(t_f),t_f]=0\\ \boldsymbol{\Psi}_2[\boldsymbol{x}(t_f),t_f]\geqslant 0\end{cases} \tag{3-99}$$

2）积分型性能指标时的极小值原理

当极小值原理中的综合型性能指标中 $\Phi[\boldsymbol{x}(t_f),t_f]=0$，也就是终端型性能指标为 0 时，即为积分型性能指标的情况，同样只讨论始端时间和始端状态都固定的情况。根据终端时间 t_f 固定或自由，终端状态 $\boldsymbol{x}(t_f)$ 固定或受约束，分以下几种情况。

（1）始端时间和始端状态固定，终端时间 t_f 自由，终端状态 $\boldsymbol{x}(t_f)$固定的情况。

设系统的状态方程为

$$\dot{\boldsymbol{x}}=f[\boldsymbol{x}(t),\boldsymbol{u}(t),t] \tag{3-100}$$

其中，$\boldsymbol{x}(t)\in\mathbf{R}^n$，$\boldsymbol{u}(t)\in\mathbf{R}^m$，$m\leqslant n$，$f[\boldsymbol{x}(t),\boldsymbol{u}(t),t]$ 为 n 维矢量函数。

初始时间 t_0，初始状态为 $\boldsymbol{x}(t_0)=\boldsymbol{x}_0$。

终端时间 t_f 自由，终端状态 $\boldsymbol{x}(t_f)$ 固定为 $\boldsymbol{x}(t_f)=\boldsymbol{x}_f$。

容许控制 $\boldsymbol{u}(t)$在 m 维向量空间 $\mathbf{R}^m$ 的有界闭集 Ω 中取值，即

$$\boldsymbol{u}(t)\in\Omega \tag{3-101}$$

性能指标为

$$J=\int_{t_0}^{t_f}L[\boldsymbol{x}(t),\boldsymbol{u}(t),t]\mathrm{d}t \tag{3-102}$$

其中，$L[\boldsymbol{x}(t),\boldsymbol{u}(t),t]$是连续可微的标量函数。要求最优容许控制 $\boldsymbol{u}(t)$在满足上列条件下使性能指标 J 达到极小值。

与之前的情况相比，不同之处仅在于综合型性能指标变成了积分型性能指标，也就是说，根据式(3-51)～式(3-57)将有关 $\Phi[\boldsymbol{x}(t_f),t_f]$的公式进行调整即可。

可推导出这种情况下极小值原理的具体形式如下。

① 沿最优轨线满足正则方程

$$\dot{\boldsymbol{x}}=\frac{\partial H}{\partial\boldsymbol{\lambda}} \tag{3-103}$$

$$\dot{\boldsymbol{\lambda}}=-\frac{\partial H}{\partial\boldsymbol{x}} \tag{3-104}$$

② 在最优轨线上，与最优控制 $\boldsymbol{u}^*$ 相对应的 H 函数取绝对极小值，即

$$H[\boldsymbol{x}^*,\boldsymbol{\lambda},\boldsymbol{u}^*,t]=\min_{\boldsymbol{u}\in\Omega}H[\boldsymbol{x}^*,\boldsymbol{\lambda},\boldsymbol{u},t] \tag{3-105}$$

③ H 函数在最优轨线终点满足

$$H(t_f)=0 \tag{3-106}$$

④ 协态终值满足横截条件

$$\boldsymbol{\lambda}(t_f)=\boldsymbol{\gamma} \tag{3-107}$$

⑤ 满足边界条件

$$\begin{cases}\boldsymbol{x}(t_0)=\boldsymbol{x}_0\\ \boldsymbol{x}(t_f)=\boldsymbol{x}_f\end{cases} \tag{3-108}$$

(2) 始端时间和始端状态固定,终端时间 t_f 自由,终端状态 $\boldsymbol{x}(t_f)$不受约束的情况。

此时,将上述情况(1) 中的终端状态 $\boldsymbol{x}(t_f)$ 写成 $\boldsymbol{\Psi}[\boldsymbol{x}(t_f),t_f]=0$,其他条件不变。因此,只将式(3-107)改为下式即可。

$$\boldsymbol{\lambda}(t_f)=0 \tag{3-109}$$

(3) 始端时间和始端状态固定,终端时间 t_f 自由,终端状态 $\boldsymbol{x}(t_f)$受约束的情况。

此时,将上述情况(1)中的终端状态 $\boldsymbol{x}(t_f)$写成

$$\boldsymbol{\Psi}[\boldsymbol{x}(t_f),t_f]=h[\boldsymbol{x}(t_f)]=0 \tag{3-110}$$

其他条件不变。因此,只将式(3-107)改为下式即可。

$$\boldsymbol{\lambda}(t_f)=\frac{\partial h^{\mathrm{T}}[\boldsymbol{x}(t_f)]}{\partial \boldsymbol{x}(t_f)}\boldsymbol{\gamma} \tag{3-111}$$

(4) 始端时间和始端状态固定,终端时间 t_f 自由,终端状态 $\boldsymbol{x}(t_f)$在动点 $\varphi(t)$上的情况。

此时,将上述情况(1)中的终端状态 $\boldsymbol{x}(t_f)$写成

$$\boldsymbol{\Psi}[\boldsymbol{x}(t_f),t_f]=h[\boldsymbol{x}(t_f)]-\varphi[\boldsymbol{x}(t_f)]=0 \tag{3-112}$$

其他条件不变。因此,只将式(3-106)改为下式即可,即 H 函数在最优轨线终点满足

$$H(t_f)=\frac{\partial \varphi^{\mathrm{T}}}{\partial t_f}\boldsymbol{\gamma} \tag{3-113}$$

(5) 若对于以上(1)～(4)这四种情况,终端时间 t_f 改为固定,其他条件不变,则用来确定 t_f 的 H 函数在最优轨线终点满足的横截条件式(3-106)便不存在,其他结论与(1)～(4)相同。

3) 终端型性能指标时的极小值原理

当极小值原理中的综合型性能指标中$L[\boldsymbol{x}(t),\boldsymbol{u}(t),t]=0$,也就是积分型性能指标为 0 时,即为终端型性能指标的情况,同样只讨论始端时间和始端状态都固定的情况。根据终端时间 t_f 固定或自由,终端状态 $\boldsymbol{x}(t_f)$固定或受约束,分以下几种情况讨论。

(1) 始端时间和始端状态固定,终端时间 t_f 自由,终端状态 $\boldsymbol{x}(t_f)$自由的情况。

设系统的状态方程为

$$\dot{\boldsymbol{x}}=f[\boldsymbol{x}(t),\boldsymbol{u}(t),t] \tag{3-114}$$

其中,$\boldsymbol{x}(t)\in\mathbf{R}^n,\boldsymbol{u}(t)\in\mathbf{R}^m,m\leqslant n,f[\boldsymbol{x}(t),\boldsymbol{u}(t),t]$ 为 n 维矢量函数。

初始时间为 t_0,初始状态为 $\boldsymbol{x}(t_0)=\boldsymbol{x}_0$。

终端时间 t_f 自由,终端状态 $\boldsymbol{x}(t_f)$自由。

容许控制 $\boldsymbol{u}(t)$在 m 维向量空间 $\mathbf{R}^m$ 的有界闭集 Ω 中取值,即

$$\boldsymbol{u}(t)\in\Omega \tag{3-115}$$

性能指标为

$$J=\Phi[\boldsymbol{x}(t_f),t_f] \tag{3-116}$$

其中，$\Phi[\boldsymbol{x}(t_f),t_f]$是连续可微的标量函数。要求最优容许控制$\boldsymbol{u}(t)$在满足上列条件下使性能指标$J$达到极小值。

与之前的情况相比，不同之处仅在于性能指标变成了终端型性能指标，也就是说，根据式(3-51)～式(3-57)，将含有积分项的有关公式进行调整即可。

可推导出这种情况下极小值原理的具体形式如下。

① 沿最优轨线满足正则方程

$$\dot{\boldsymbol{x}}=\frac{\partial H}{\partial \boldsymbol{\lambda}} \tag{3-117}$$

$$\dot{\boldsymbol{\lambda}}=-\frac{\partial H}{\partial \boldsymbol{x}} \tag{3-118}$$

② 在最优轨线上，与最优控制$\boldsymbol{u}^*$相对应的H函数取绝对极小值，即

$$H[\boldsymbol{x}^*,\boldsymbol{\lambda},\boldsymbol{u}^*,t]=\min_{\boldsymbol{u}\in\Omega}H[\boldsymbol{x}^*,\boldsymbol{\lambda},\boldsymbol{u},t] \tag{3-119}$$

③ H 函数在最优轨线终点满足

$$H(t_f)=0 \tag{3-120}$$

④ 协态终值满足横截条件

$$\boldsymbol{\lambda}(t_f)=\frac{\partial \Phi}{\partial \boldsymbol{x}(t_f)} \tag{3-121}$$

⑤ 满足边界条件

$$\boldsymbol{x}(t_0)=\boldsymbol{x}_0 \tag{3-122}$$

(2) 始端时间和始端状态固定，终端时间t_f自由，终端状态$\boldsymbol{x}(t_f)$受等式约束的情况。

此时，将上述情况(1)中的终端状态$\boldsymbol{x}(t_f)$写成

$$\boldsymbol{\Psi}[\boldsymbol{x}(t_f),t_f]=0 \tag{3-123}$$

其他条件不变。因此，将式(3-121)改为

$$\boldsymbol{\lambda}(t_f)=\frac{\partial \Phi}{\partial \boldsymbol{x}(t_f)}+\frac{\partial \boldsymbol{\Psi}^{\mathrm{T}}}{\partial \boldsymbol{x}(t_f)}\boldsymbol{\gamma} \tag{3-124}$$

并在上述情况(1)中的边界条件式(3-122)中加上$\boldsymbol{\Psi}[\boldsymbol{x}(t_f),t_f]=0$即可。

(3) 始端时间和始端状态固定，终端时间t_f固定，终端状态$\boldsymbol{x}(t_f)$自由的情况。

此时，将上述情况(1)中H函数在最优轨线终点的条件改成下式即可，其他条件不变，即将式(3-120)改为

$$H(t_f)=-\frac{\partial \Phi}{\partial t_f} \tag{3-125}$$

(4) 始端时间和始端状态固定，终端时间t_f固定，终端状态$\boldsymbol{x}(t_f)$受等式约束的情况。

此时，将上述情况(2)中的终端状态$\boldsymbol{x}(t_f)$写成

$$\boldsymbol{\Psi}[\boldsymbol{x}(t_f),t_f]=0 \tag{3-126}$$

其他条件不变。因此，将式(3-120)改为下式即可。

$$H(t_f)=-\frac{\partial \Phi}{\partial t_f} \tag{3-127}$$

为了便于应用，表 3-1 给出定常系统最优控制问题应用极小值原理的形式，以供查阅。

表 3-1　定常系统极小值原理

<table>
<tr><th>终端时刻</th><th>性能指标</th><th>终端状态</th><th>正则方程</th><th>极小值条件</th><th>边界条件</th><th>H变化率</th></tr>
<tr><td rowspan="7">t_{f} 固定</td><td rowspan="2">$J=\Phi[\boldsymbol{x}(t_{\mathrm{f}})]$</td><td>终端自由</td><td rowspan="2">$\dot{\boldsymbol{x}}=\frac{\partial H}{\partial \boldsymbol{\lambda}},\ \dot{\boldsymbol{\lambda}}=-\frac{\partial H}{\partial \boldsymbol{x}}$
式中：
$H=\boldsymbol{\lambda}^{\mathrm{T}}(t)f[\boldsymbol{x},\boldsymbol{u}]$</td><td rowspan="7">$H[\boldsymbol{x}^*,\boldsymbol{\lambda},\boldsymbol{u}^*]=\min\limits_{\boldsymbol{u}\in\Omega}H[\boldsymbol{x}^*,\boldsymbol{\lambda},\boldsymbol{u}]$</td><td>$\boldsymbol{x}(t_0)=\boldsymbol{x}_0,\ \boldsymbol{\lambda}(t_{\mathrm{f}})=\frac{\partial \Phi}{\partial \boldsymbol{x}(t_{\mathrm{f}})}$</td><td rowspan="2">$H^*(t)$
$=H^*(t_{\mathrm{f}})$
$=\mathrm{const}$</td></tr>
<tr><td>终端约束</td><td>$\boldsymbol{x}(t_0)=\boldsymbol{x}_0,\ \Psi[\boldsymbol{x}(t_{\mathrm{f}})]=0$
$\boldsymbol{\lambda}(t_{\mathrm{f}})=\frac{\partial \Phi}{\partial \boldsymbol{x}(t_{\mathrm{f}})}+\frac{\partial \Psi^{\mathrm{T}}}{\partial \boldsymbol{x}(t_{\mathrm{f}})}\boldsymbol{\gamma}$</td></tr>
<tr><td rowspan="3">$J=\int_{t_0}^{t_{\mathrm{f}}}L[\boldsymbol{x},\boldsymbol{u},t]\mathrm{d}t$</td><td>终端固定</td><td rowspan="5">$\dot{\boldsymbol{x}}=\frac{\partial H}{\partial \boldsymbol{\lambda}},\ \dot{\boldsymbol{\lambda}}=-\frac{\partial H}{\partial \boldsymbol{x}}$
式中：
$H=L[\boldsymbol{x},\boldsymbol{u}]+$
$\boldsymbol{\lambda}^{\mathrm{T}}(t)f[\boldsymbol{x},\boldsymbol{u}]$</td><td>$\boldsymbol{x}(t_0)=\boldsymbol{x}_0,\ \boldsymbol{x}(t_{\mathrm{f}})=\boldsymbol{x}_{\mathrm{f}}$
[$\boldsymbol{\lambda}(t_{\mathrm{f}})$ 未知]</td><td rowspan="3">$H^*(t)$
$=H^*(t_{\mathrm{f}})$
$=\mathrm{const}$</td></tr>
<tr><td>终端自由</td><td>$\boldsymbol{x}(t_0)=\boldsymbol{x}_0,$
$\boldsymbol{\lambda}(t_{\mathrm{f}})=0$</td></tr>
<tr><td>终端约束</td><td>$\boldsymbol{x}(t_0)=\boldsymbol{x}_0,$
$\Psi[\boldsymbol{x}(t_{\mathrm{f}})]=0$
$\boldsymbol{\lambda}(t_{\mathrm{f}})=\frac{\partial \Phi^{\mathrm{T}}}{\partial \boldsymbol{x}(t_{\mathrm{f}})}\boldsymbol{\gamma}$</td></tr>
<tr><td rowspan="2">$J=\Phi[\boldsymbol{x}(t_{\mathrm{f}})]+$
$\int_{t_0}^{t_{\mathrm{f}}}L[\boldsymbol{x},\boldsymbol{u}]\mathrm{d}t$</td><td>终端自由</td><td>$\boldsymbol{x}(t_0)=\boldsymbol{x}_0,$
$\boldsymbol{\lambda}(t_{\mathrm{f}})=\frac{\partial \Phi}{\partial \boldsymbol{x}(t_{\mathrm{f}})}$</td><td rowspan="2">$H^*(t)$
$=H^*(t_{\mathrm{f}})$
$=\mathrm{const}$</td></tr>
<tr><td>终端约束</td><td>$\boldsymbol{x}(t_0)=\boldsymbol{x}_0,\ \Psi[\boldsymbol{x}(t_{\mathrm{f}})]=0$
$\boldsymbol{\lambda}(t_{\mathrm{f}})=\frac{\partial \Phi}{\partial \boldsymbol{x}(t_{\mathrm{f}})}+\frac{\partial \Psi^{\mathrm{T}}}{\partial \boldsymbol{x}(t_{\mathrm{f}})}\boldsymbol{\gamma}$</td></tr>
<tr><td rowspan="7">t_{f} 自由</td><td rowspan="2">$J=\Phi[\boldsymbol{x}(t_{\mathrm{f}})]$</td><td>终端自由</td><td rowspan="2">$\dot{\boldsymbol{x}}=\frac{\partial H}{\partial \boldsymbol{\lambda}},\ \dot{\boldsymbol{\lambda}}=-\frac{\partial H}{\partial \boldsymbol{x}}$
式中：
$H=\boldsymbol{\lambda}^{\mathrm{T}}(t)f[\boldsymbol{x},\boldsymbol{u}]$</td><td rowspan="7">$H[\boldsymbol{x}^*,\boldsymbol{\lambda},\boldsymbol{u}^*]=\min\limits_{\boldsymbol{u}\in\Omega}H[\boldsymbol{x}^*,\boldsymbol{\lambda},\boldsymbol{u}]$</td><td>$\boldsymbol{x}(t_0)=\boldsymbol{x}_0,\ \boldsymbol{\lambda}(t_{\mathrm{f}})=\frac{\partial \Phi}{\partial \boldsymbol{x}(t_{\mathrm{f}})}$</td><td>$H^*(t_{\mathrm{f}}^*)=0$</td></tr>
<tr><td>终端约束</td><td>$\boldsymbol{x}(t_0)=\boldsymbol{x}_0,\ \Psi[\boldsymbol{x}(t_{\mathrm{f}})]=0$
$\boldsymbol{\lambda}(t_{\mathrm{f}})=\frac{\partial \Phi}{\partial \boldsymbol{x}(t_{\mathrm{f}})}+\frac{\partial \Psi^{\mathrm{T}}}{\partial \boldsymbol{x}(t_{\mathrm{f}})}\boldsymbol{\gamma}$</td><td>$H^*(t_{\mathrm{f}}^*)=0$</td></tr>
<tr><td rowspan="3">$J=\int_{t_0}^{t_{\mathrm{f}}}L[\boldsymbol{x},\boldsymbol{u}]\mathrm{d}t$</td><td>终端固定</td><td rowspan="5">$\dot{\boldsymbol{x}}=\frac{\partial H}{\partial \boldsymbol{\lambda}},\ \dot{\boldsymbol{\lambda}}=-\frac{\partial H}{\partial \boldsymbol{x}}$
式中：
$H=L[\boldsymbol{x},\boldsymbol{u}]+$
$\boldsymbol{\lambda}^{\mathrm{T}}(t)f[\boldsymbol{x},\boldsymbol{u}]$</td><td>$\boldsymbol{x}(t_0)=\boldsymbol{x}_0,\ \boldsymbol{x}(t_{\mathrm{f}})=\boldsymbol{x}_{\mathrm{f}}$
[$\boldsymbol{\lambda}(t_{\mathrm{f}})$ 未知]</td><td rowspan="3">$H^*(t_{\mathrm{f}}^*)=0$</td></tr>
<tr><td>终端自由</td><td>$\boldsymbol{x}(t_0)=\boldsymbol{x}_0,\ \boldsymbol{\lambda}(t_{\mathrm{f}})=0$</td></tr>
<tr><td>终端约束</td><td>$\boldsymbol{x}(t_0)=\boldsymbol{x}_0,\ \Psi[\boldsymbol{x}(t_{\mathrm{f}})]=0$
$\boldsymbol{\lambda}(t_{\mathrm{f}})=\frac{\partial \Psi^{\mathrm{T}}}{\partial \boldsymbol{x}(t_{\mathrm{f}})}\boldsymbol{\gamma}$</td></tr>
<tr><td rowspan="2">$J=\Phi[\boldsymbol{x}(t_{\mathrm{f}})]+$
$\int_{t_0}^{t_{\mathrm{f}}}L[\boldsymbol{x},\boldsymbol{u}]\mathrm{d}t$</td><td>终端自由</td><td>$\boldsymbol{x}(t_0)=\boldsymbol{x}_0,\ \boldsymbol{\lambda}(t_{\mathrm{f}})=\frac{\partial \Phi}{\partial \boldsymbol{x}(t_{\mathrm{f}})}$</td><td rowspan="2">$H^*(t_{\mathrm{f}}^*)=0$</td></tr>
<tr><td>终端约束</td><td>$\boldsymbol{x}(t_0)=\boldsymbol{x}_0,\ \Psi[\boldsymbol{x}(t_{\mathrm{f}})]=0$
$\boldsymbol{\lambda}(t_{\mathrm{f}})=\frac{\partial \Phi}{\partial \boldsymbol{x}(t_{\mathrm{f}})}+\frac{\partial \Psi^{\mathrm{T}}}{\partial \boldsymbol{x}(t_{\mathrm{f}})}\boldsymbol{\gamma}$</td></tr>
</table>

表 3-2 给出时变系统最优控制问题应用极小值原理的形式。

表 3-2 时变系统极小值原理

<table>
<tr><th>终端时刻</th><th>性能指标</th><th>终端状态</th><th>正则方程</th><th>极小值条件</th><th>边界条件</th><th>H变化率</th></tr>
<tr><td rowspan="7">t_f 固定</td><td rowspan="2">$J=\Phi[\boldsymbol{x}(t_f),t_f]$</td><td>终端自由</td><td rowspan="2">$\dot{\boldsymbol{x}}=\frac{\partial H}{\partial \boldsymbol{\lambda}}$，$\dot{\boldsymbol{\lambda}}=-\frac{\partial H}{\partial \boldsymbol{x}}$
式中：
$H=\boldsymbol{\lambda}^{\mathrm{T}}(t)f[\boldsymbol{x},\boldsymbol{u},t]$</td><td rowspan="7">$H[\boldsymbol{x}^*,\boldsymbol{\lambda},\boldsymbol{u}^*,t]=\min\limits_{\boldsymbol{u}\in\Omega}H[\boldsymbol{x}^*,\boldsymbol{\lambda},\boldsymbol{u},t]$</td><td>$\boldsymbol{x}(t_0)=\boldsymbol{x}_0$，$\boldsymbol{\lambda}(t_f)=\frac{\partial\Phi}{\partial\boldsymbol{x}(t_f)}$</td><td rowspan="2">$H^*(t)$
$=H^*(t_f)-\int_t^{t_f}\frac{\partial H}{\partial\tau}\mathrm{d}\tau$</td></tr>
<tr><td>终端约束</td><td>$\boldsymbol{x}(t_0)=\boldsymbol{x}_0$，$\Psi[\boldsymbol{x}(t_f),t_f]=0$
$\boldsymbol{\lambda}(t_f)=\frac{\partial\Phi}{\partial\boldsymbol{x}(t_f)}+\frac{\partial\Psi^{\mathrm{T}}}{\partial\boldsymbol{x}(t_f)}\boldsymbol{\gamma}$</td></tr>
<tr><td rowspan="3">$J=\int_{t_0}^{t_f}L[\boldsymbol{x},\boldsymbol{u},t]\mathrm{d}t$</td><td>终端固定</td><td rowspan="5">$\dot{\boldsymbol{x}}=\frac{\partial H}{\partial \boldsymbol{\lambda}}$，$\dot{\boldsymbol{\lambda}}=-\frac{\partial H}{\partial \boldsymbol{x}}$
式中：
$H=L[\boldsymbol{x},\boldsymbol{u},t]+\boldsymbol{\lambda}^{\mathrm{T}}(t)f[\boldsymbol{x},\boldsymbol{u},t]$</td><td>$\boldsymbol{x}(t_0)=\boldsymbol{x}_0$，$\boldsymbol{x}(t_f)=\boldsymbol{x}_f$
[$\boldsymbol{\lambda}(t_f)$未知]</td><td rowspan="3">$H^*(t)$
$=H^*(t_f)-\int_t^{t_f}\frac{\partial H}{\partial\tau}\mathrm{d}\tau$</td></tr>
<tr><td>终端自由</td><td>$\boldsymbol{x}(t_0)=\boldsymbol{x}_0$，$\boldsymbol{\lambda}(t_f)=0$</td></tr>
<tr><td>终端约束</td><td>$\boldsymbol{x}(t_0)=\boldsymbol{x}_0$，$\Psi[\boldsymbol{x}(t_f),t_f]=0$
$\boldsymbol{\lambda}(t_f)=\frac{\partial\Psi^{\mathrm{T}}}{\partial\boldsymbol{x}(t_f)}\boldsymbol{\gamma}$</td></tr>
<tr><td rowspan="2">$J=\Phi[\boldsymbol{x}(t_f),t_f]+\int_{t_0}^{t_f}L[\boldsymbol{x},\boldsymbol{u},t]\mathrm{d}t$</td><td>终端自由</td><td>$\boldsymbol{x}(t_0)=\boldsymbol{x}_0$
$\boldsymbol{\lambda}(t_f)=\frac{\partial\Phi}{\partial\boldsymbol{x}(t_f)}$</td><td rowspan="2">$H^*(t)$
$=H^*(t_f)-\int_t^{t_f}\frac{\partial H}{\partial\tau}\mathrm{d}\tau$</td></tr>
<tr><td>终端约束</td><td>$\boldsymbol{x}(t_0)=\boldsymbol{x}_0$，$\Psi[\boldsymbol{x}(t_f),t_f]=0$
$\boldsymbol{\lambda}(t_f)=\frac{\partial\Phi}{\partial\boldsymbol{x}(t_f)}+\frac{\partial\Psi^{\mathrm{T}}}{\partial\boldsymbol{x}(t_f)}\boldsymbol{\gamma}$</td></tr>
<tr><td rowspan="7">t_f 自由</td><td rowspan="2">$J=\Phi[\boldsymbol{x}(t_f),t_f]$</td><td>终端自由</td><td rowspan="7">$\dot{\boldsymbol{x}}=\frac{\partial H}{\partial \boldsymbol{\lambda}}$，$\dot{\boldsymbol{\lambda}}=-\frac{\partial H}{\partial \boldsymbol{x}}$
式中：
$H=L[\boldsymbol{x},\boldsymbol{u},t]+\boldsymbol{\lambda}^{\mathrm{T}}(t)f[\boldsymbol{x},\boldsymbol{u},t]$</td><td rowspan="7">$H[\boldsymbol{x}^*,\boldsymbol{\lambda},\boldsymbol{u}^*,t]=\min\limits_{\boldsymbol{u}\in\Omega}H[\boldsymbol{x}^*,\boldsymbol{\lambda},\boldsymbol{u},t]$</td><td>$\boldsymbol{x}(t_0)=\boldsymbol{x}_0$
$\boldsymbol{\lambda}(t_f)=\frac{\partial\Phi}{\partial\boldsymbol{x}(t_f)}$</td><td>$H^*(t_f^*)$
$=-\frac{\partial\Phi}{\partial t_f}$</td></tr>
<tr><td>终端约束</td><td>$\boldsymbol{x}(t_0)=\boldsymbol{x}_0$，$\Psi[\boldsymbol{x}(t_f),t_f]=0$
$\boldsymbol{\lambda}(t_f)=\frac{\partial\Phi}{\partial\boldsymbol{x}(t_f)}+\frac{\partial\Psi^{\mathrm{T}}}{\partial\boldsymbol{x}(t_f)}\boldsymbol{\gamma}$</td><td>$H^*(t_f^*)$
$=-\frac{\partial\Phi}{\partial t_f}-\frac{\partial\Psi^{\mathrm{T}}}{\partial t_f}\boldsymbol{\gamma}$</td></tr>
<tr><td rowspan="3">$J=\int_{t_0}^{t_f}L[\boldsymbol{x},\boldsymbol{u},t]\mathrm{d}t$</td><td>终端固定</td><td>$\boldsymbol{x}(t_0)=\boldsymbol{x}_0$，$\boldsymbol{x}(t_f)=\boldsymbol{x}_f$
[$\boldsymbol{\lambda}(t_f)$未知]</td><td>$H^*(t_f^*)=0$</td></tr>
<tr><td>终端自由</td><td>$\boldsymbol{x}(t_0)=\boldsymbol{x}_0$
$\boldsymbol{\lambda}(t_f)=0$</td><td>$H^*(t_f^*)=0$</td></tr>
<tr><td>终端约束</td><td>$\boldsymbol{x}(t_0)=\boldsymbol{x}_0$
$\Psi[\boldsymbol{x}(t_f),t_f]=0$
$\boldsymbol{\lambda}(t_f)=\frac{\partial\Psi^{\mathrm{T}}}{\partial\boldsymbol{x}(t_f)}\boldsymbol{\gamma}$</td><td>$H^*(t_f^*)$
$=-\boldsymbol{\gamma}^{\mathrm{T}}\frac{\partial\Psi}{\partial t_f}$</td></tr>
<tr><td rowspan="2">$J=\Phi[\boldsymbol{x}(t_f),t_f]+\int_{t_0}^{t_f}L[\boldsymbol{x},\boldsymbol{u},t]\mathrm{d}t$</td><td>终端自由</td><td>$\boldsymbol{x}(t_0)=\boldsymbol{x}_0$，$\boldsymbol{\lambda}(t_f)=\frac{\partial\Phi}{\partial\boldsymbol{x}(t_f)}$</td><td>$H^*(t_f^*)$
$=-\frac{\partial\Phi}{\partial t_f}$</td></tr>
<tr><td>终端约束</td><td>$\boldsymbol{x}(t_0)=\boldsymbol{x}_0$，$\Psi[\boldsymbol{x}(t_f),t_f]=0$
$\boldsymbol{\lambda}(t_f)=\frac{\partial\Phi}{\partial\boldsymbol{x}(t_f)}+\frac{\partial\Psi^{\mathrm{T}}}{\partial\boldsymbol{x}(t_f)}\boldsymbol{\gamma}$</td><td>$H^*(t_f^*)$
$=-\frac{\partial\Phi}{\partial t_f}-\boldsymbol{\gamma}^{\mathrm{T}}\frac{\partial\Psi}{\partial t_f}$</td></tr>
</table>

例 3-1 设系统的状态方程为

$$\dot{x}=x-u,\quad x(0)=5 \tag{3-128}$$

控制约束条件为 $0.5\leqslant u\leqslant 1$，求最优控制 u^* 使性能指标

$$J=\int_0^1 (x+u)\mathrm{d}t \tag{3-129}$$

取得最小值。

解 本题属于终端自由，并且控制为有界闭集最优控制的求解问题，无法用变分法求解，应用极小值原理求解如下。

① 根据要求构造出哈密尔顿函数 H。

$$H=L+\lambda^{\mathrm{T}}f=x+u+\lambda(x-u)=(1+\lambda)x+(1-\lambda)u \tag{3-130}$$

② 列出正则方程。

$$\dot{x}=\frac{\partial H}{\partial \lambda}=x-u \tag{3-131}$$

由于控制约束条件为 $0.5\leqslant u\leqslant 1$，因此有

$$g=(u-0.5)(1-u)\geqslant 0 \tag{3-132}$$

g 与 x 无关，即有

$$\frac{\partial g^{\mathrm{T}}}{\partial x}=0 \tag{3-133}$$

即

$$\dot{\lambda}=-\frac{\partial H}{\partial x}-\frac{\partial g^{\mathrm{T}}}{\partial x}\boldsymbol{\Gamma}=-\frac{\partial H}{\partial x}=-(1+\lambda) \tag{3-134}$$

③ 由协态方程求出 λ 的表达式。

由式(3-134)可得

$$\dot{\lambda}+\lambda=-1 \tag{3-135}$$

其解为

$$\lambda=-1+c\mathrm{e}^{-t} \tag{3-136}$$

④ 确定出最优控制 $u^*(t)$。

由极小值原理可知，求 H 极小等效于求泛函极小。由式(3-130)可知 H 是 u 的线性函数，只要使 $(1-\lambda)u$ 取得极小值即可。所以有：当 $\lambda>1$ 时，应取 $u^*=1$(上界)；当 $\lambda<1$ 时，应取 $u^*=0.5$(下界)。

⑤ 确定积分时间常数和上下界的切换点 λ。

由于终端时间已知，$t_{\mathrm{f}}=1$，由协态终值方程可得

$$\lambda(t_{\mathrm{f}})=\frac{\partial \Phi}{\partial x(t_{\mathrm{f}})}+\frac{\partial \boldsymbol{\Psi}^{\mathrm{T}}}{\partial x(t_{\mathrm{f}})}\boldsymbol{\gamma} \tag{3-137}$$

将式(3-137)代入式(3-136)得

$$0=-1+c\mathrm{e}^{-1}$$

求得

$$c=\mathrm{e}$$

所以

$$\lambda = -1 + e^{-t+1} \tag{3-138}$$

切换点为 $\lambda = 1$，代入式(3-138)即

$$1 = -1 + e^{-t+1}$$

可解得切换时间为

$$t = 1 - \ln 2 \approx 0.307$$

⑥ 由状态方程求解最优轨线 $x^*(t)$。

当 $0 \leqslant t < 0.307$ 时，$\lambda > 1$，将 $u^* = 1$ 代入式(3-128)得

$$\dot{x} = x - 1 \tag{3-139}$$

可解出

$$x^*(t) = 1 + c_1 e^t \tag{3-140}$$

代入初始条件 $x(0) = 5$ 可求出 $c_1 = 4$，所以

$$x^*(t) = 1 + 4e^t \tag{3-141}$$

当 $0.307 < t \leqslant 1$ 时，$\lambda < 1$，将 $u^* = 0.5$ 代入式(3-128)得

$$\dot{x} = x - 0.5$$

解得

$$x^*(t) = 0.5 + c_2 e^t$$

考虑到前一段的终点为 $x(0.307) = 6.438$ 即为这一段的起点，代入可得 $c_2 = 0.4368$，于是

$$x^*(t) = 0.5 + 4.368e^t \tag{3-142}$$

⑦ 求得最优性能指标

$$J^* = \int_0^{0.307} (x+1)\mathrm{d}t + \int_{0.307}^1 (x+0.5)\mathrm{d}t$$
$$= \int_0^{0.307} (1+4e^t+1)\mathrm{d}t + \int_{0.307}^1 (0.5+4.368e^t+0.5)\mathrm{d}t = 8.68$$

所求得的最优解如图3-1所示。

(a) 最优伴随向量 $\boldsymbol{\lambda}^*$ 　　(b) 最优控制 $\boldsymbol{u}^*$ 　　(c) 最优轨线 $\boldsymbol{x}^*$

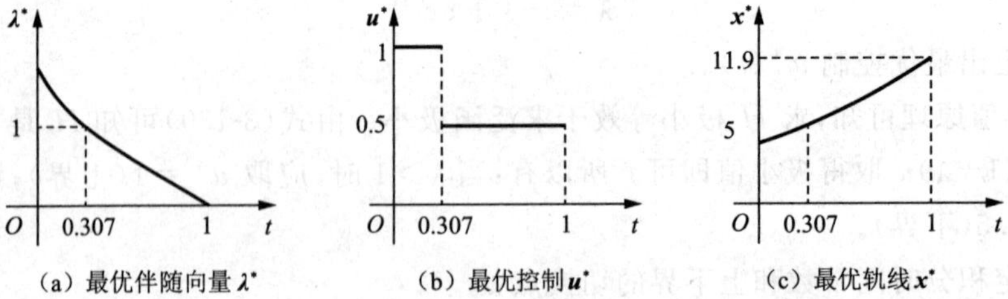

图 3-1　例 3-1 最优解示意图

针对例3-1中的问题，由 MATLAB 求解，命令如下：

```
>>syms H lmd x u x1              %符号变量说明
>>H=x+u+lmd*(x-u);              %计算哈密尔顿函数
>>Dlmd=-diff(H,'x')            %求解伴随方程
```

运行结果：

```
Dlmd =

    -1-lmd
```

即 $\dot{\lambda}(t)=-(1+\lambda)$。

```
>>lmd=dsolve('Dlmd=-1-lmd','lmd(1)=0')          %求解拉格朗日乘子
```

运行结果：

```
lmd =
     -1+exp(-t)/exp(-1)
```

即 $\lambda(t)=e^{1-t}-1$。

```
>>ts=solve('exp(1-ts)-1=1'),ts=1-log(2)          %求解切换时间
```

运行结果：

```
ts =
   0.3069
>>x=dsolve('Dx=x-1','x(0)=5')                      %求解 0≤t≤0.307 状态变量
```

运行结果：

```
x =
   1+4*exp(t)
>>4*exp(0.307)+1                                    %求解边界条件 x*(0.307)=4e^0.307+1
```

运行结果：

```
ans =
     6.4374
>>x1=dsolve('Dx1=x1-0.5','x1(0.307)=6.44')        %求解 0.307≤t≤1 状态变量
```

运行结果：

```
x1 =
     1/2+297/50*exp(t)/exp(307/1000)
```

即所求结果为 $x^*(t)=0.5+4.368e^t$。

例 3-2 设一阶系统状态方程为

$$\dot{x}(t)=-x(t)+u(t),\quad x(0)=10$$

性能指标为

$$J=\frac{1}{2}\int_0^1[x^2(t)+u^2(t)]dt$$

如果 $u(t)$ 分别为以下两种情况：

① $u(t)$无约束。

② $u(t)$ 的约束为 $|u(t)|\leqslant 0.3$。

试分别求最优控制 $u^*(t)$，使性能指标 J 为极小值。

解 本例为定常系数、积分型性能指标、t_f 固定和终端自由的最优控制问题。

令哈密尔顿函数

$$H=\frac{1}{2}(x^2+u^2)+\lambda(-x+u)=\frac{1}{2}x^2+\frac{1}{2}u^2-\lambda x+\lambda u$$

$$=\frac{1}{2}x^2-\lambda x-\frac{1}{2}\lambda^2+\frac{1}{2}(u+\lambda)^2$$

① $u(t)$无约束时。

极值条件为

$$\frac{\partial H}{\partial u}=u+\lambda=0,\quad u^*(t)=-\lambda(t)$$

由正则方程得

$$\dot{\lambda}=-\frac{\partial H}{\partial x}=-x+\lambda$$

$$\dot{x}=\frac{\partial H}{\partial \lambda}=-x+u=-x-\lambda$$

整理得

$$\ddot{x}(t)=2x(t)$$

解出

$$x(t)=c_1 e^{\sqrt{2t}}+c_2 e^{-\sqrt{2t}}$$

由横截条件及初始条件

$$\lambda(1)=0,\quad x(0)=10$$

求出 $c_1=0.1, c_2=9.9$，故最优轨线为

$$x^*(t)=0.1e^{\sqrt{2t}}+9.9^{-\sqrt{2t}}$$

最优控制为

$$u^*(t)=0.24^{\sqrt{2t}}-4.1e^{-\sqrt{2t}}$$

最优性能指标为

$$J^*=\frac{1}{2}\int_0^1[x^{*2}(t)+u^{*2}(t)]dt=18.4$$

② $u(t)$有约束时。

由极小值条件得最优控制

$$u^*(t)=-0.3\text{sgn}\{\lambda(t)\}=\begin{cases}-0.3, & \lambda>0.3\\ -\lambda, & |\lambda|\leqslant 0.3\\ 0.3, & \lambda<-0.3\end{cases}$$

若 $\lambda>0.3$，有 $u^*(t)=-0.3$，解出

$$\lambda(t)=-0.578e^t+5.15e^{-t}-0.3$$

$$x^*(t)=10.3e^{-t}-0.3$$

令 $\lambda(t)=0.3$，求出 $t=0.914$。

当 $0.914\leqslant t\leqslant 1$，有 $u^*=-\lambda$，解出

$$\lambda(t)=-0.296e^{\sqrt{2t}}+5.01e^{-\sqrt{2t}}$$

$$x^*(t)=0.123e^{\sqrt{2t}}+12.094e^{-\sqrt{2t}}$$

于是得

$$u^*(t)=\begin{cases}-0.3, & 0\leqslant t<0.914\\ 0.296e^{\sqrt{2t}}-5.01e^{-\sqrt{2t}}, & 0.914\leqslant t\leqslant 1\end{cases}$$

$$x^*(t)=\begin{cases}10.3e^{-t}-0.3, & 0\leqslant t<0.914\\ 0.123e^{\sqrt{2t}}+12.094e^{-\sqrt{2t}}, & 0.914\leqslant t\leqslant 1\end{cases}$$

例 3-3 已知二阶系统的状态方程

$$\dot{x}_1(t)=x_2(t),\quad x_1(0)=0$$

$$\dot{x}_2(t)=u(t),\quad x_2(0)=0$$

设终端时刻 t_f 自由，终端状态

$$x_1(t_f)=x_2(t_f)=\frac{1}{4}$$

控制约束

$$|u(t)|\leqslant 1$$

试确定最优控制 $u^*(t)$，使下列性能指标

$$J=\int_0^{t_f}u^2(t)\mathrm{d}t$$

取极小值。

解 本例为最小能量控制问题，可用极小值原理求解。

构造哈密尔顿函数

$$H=u^2+\lambda_1x_2+\lambda_2u=\left(u+\frac{1}{2}\lambda_2\right)^2+\lambda_1x_2-\frac{1}{4}\lambda_2^2$$

由极小值条件，最优控制应取

$$u^*(t)=\begin{cases}-1, & \lambda_2(t)>2\\ -\dfrac{1}{2}\lambda_2(t), & |\lambda_2(t)|\leqslant 2\\ 1, & \lambda_2(t)<-2\end{cases}$$

由哈密尔顿函数沿最优轨线的变化律 $H^*(t_f^*)=0$ 可得

$$u^{*2}(0)+\lambda_1(0)x_2^*(0)+\lambda_2(0)u^*(0)=0$$

以及

$$u^{*2}(t_f^*)+\lambda_1(t_f^*)x_2^*(t_f^*)+\lambda_2(t_f^*)u^*(t_f^*)=0$$

因为 $x_2(0)=0$，可以断定 $u^*(0)=0$；否则，$u^*(0)=-\lambda_2(0)$ 与 $u^*(0)=-\frac{1}{2}\lambda_2(0)$ 矛盾。

由协态方程

$$\dot{\lambda}_1(t)=-\frac{\partial H}{\partial x_1}=0$$

$$\dot{\lambda}_2(t)=-\frac{\partial H}{\partial x_2}=-\lambda_1(t)$$

解得

$$\lambda_1(t)=2c_1,\quad \lambda_2(t)=-2c_1t+c_2$$

因

$$u^*(0)=-\frac{1}{2}\lambda_2(0)=0$$

故 $c_2=0$，于是有

$$\lambda_2(t)=-2c_1t$$

对应于 c_1 的符号,最优控制应为

$$u^*(t)=\begin{cases}c_1 t, & t\leqslant \dfrac{1}{c_1}\\ 1, & t>\dfrac{1}{c_1}\end{cases} \tag{3-143}$$

或者

$$u^*(t)=\begin{cases}c_1 t, & t\leqslant -\dfrac{1}{c_1}\\ -1, & t>-\dfrac{1}{c_1}\end{cases} \tag{3-144}$$

由所给状态方程及初始条件不难推证:若 $c_1>0$,即 $x_2(t_f)>0$,应采用式(3-143);否则,采用式(3-144)。本例已知 $x_2(t_f)=\dfrac{1}{4}$,故最优控制律应取式(3-143)。显然,状态方程的解应为

$$\begin{cases}x_1(t)=\dfrac{1}{6}c_1 t^3\\ x_2(t)=\dfrac{1}{2}c_1 t^2\end{cases},\quad t\leqslant \frac{1}{c_1} \tag{3-145}$$

或者

$$\begin{cases}x_1(t)=\dfrac{1}{6c_1^2}+\dfrac{1}{2c_1}t+\dfrac{1}{2}t^2\\ x_2(t)=\dfrac{1}{2c_1}+t\end{cases},\quad t>\frac{1}{c_1} \tag{3-146}$$

设解为式(3-145),代入已知的终端状态

$$x_1(t_f)=x_2(t_f)=\frac{1}{4}$$

容易求得

$$t_f^*=3,\quad c_1=\frac{1}{18}$$

正好满足 $t_f\leqslant \dfrac{1}{c_1}$ 的要求,故所设状态方程的解是正确的。

最后,本例的最优控制为

$$u^*(t)=\frac{1}{18}t,\quad \forall t\in[0,3]$$

相应的最优性能指标为

$$J^*=\int_0^3 u^{*2}(t)\mathrm{d}t=\frac{1}{36}$$

最优轨线及拉格朗日乘子分别为

$$\begin{cases}x_1^*(t)=\dfrac{1}{108}t^3\\ x_2^*(t)=\dfrac{1}{36}t^2\end{cases}\quad 及 \quad \begin{cases}\lambda_1(t)=\dfrac{1}{9}\\ \lambda_2(t)=-\dfrac{1}{9}t\end{cases}$$

例 3-4 设

$$\begin{bmatrix}\dot{x}_1\\ \dot{x}_2\end{bmatrix}=\begin{bmatrix}-1 & 0\\ 1 & -1\end{bmatrix}\begin{bmatrix}x_1\\ x_2\end{bmatrix}+\begin{bmatrix}1\\ 0\end{bmatrix}u,\ \begin{bmatrix}x_1(0)\\ x_2(0)\end{bmatrix}=\begin{bmatrix}15\\ 20\end{bmatrix}$$

终端时间 $t_f=18$，性能指标为

$$J=\max\{x_1(18)+x_2(18)\}$$

控制约束为

$$0\leqslant u(t)\leqslant 3$$

试求最优控制与最优轨线。

解 性能指标调整为

$$J_1=-J=\min\{-x_1(18)-x_2(18)\}$$

则有

$$L[\boldsymbol{x},u,t]=0,\quad \Phi[\boldsymbol{x}(t_f)]=-x_1(18)-x_2(18)$$

① 哈密尔顿函数为

$$H=[\lambda_1\quad\lambda_2]\left\{\begin{bmatrix}-1 & 0\\ 1 & -1\end{bmatrix}\begin{bmatrix}x_1\\ x_2\end{bmatrix}+\begin{bmatrix}1\\ 0\end{bmatrix}u\right\}$$

$$=\lambda_1(u-x_1)+\lambda_2(x_1-x_2)=(\lambda_2-\lambda_1)x_1-\lambda_2x_2+\lambda_1u$$

② $$\begin{bmatrix}\dot{\lambda}_1\\ \dot{\lambda}_2\end{bmatrix}=-\frac{\partial H}{\partial \boldsymbol{x}}=\begin{bmatrix}\lambda_1-\lambda_2\\ \lambda_2\end{bmatrix}=\begin{bmatrix}1 & -1\\ 0 & 1\end{bmatrix}\begin{bmatrix}\lambda_1\\ \lambda_2\end{bmatrix}$$

$$\begin{bmatrix}\lambda_1(18)\\ \lambda_2(18)\end{bmatrix}=\frac{\partial\Phi[\boldsymbol{x}(t_f)]}{\partial\boldsymbol{x}(t)}=\begin{bmatrix}-1\\ -1\end{bmatrix}$$

令 $\boldsymbol{A}=\begin{bmatrix}1 & -1\\ 0 & 1\end{bmatrix}$，则

$$(s\boldsymbol{I}-\boldsymbol{A})^{-1}=\begin{bmatrix}s-1 & 1\\ 0 & s-1\end{bmatrix}^{-1}=\begin{bmatrix}\dfrac{1}{s-1} & -\dfrac{1}{(s-1)^2}\\ 0 & \dfrac{1}{s-1}\end{bmatrix}$$

所以

$$e^{\boldsymbol{A}t}=L^{-1}[(s\boldsymbol{I}-\boldsymbol{A})^{-1}]=\begin{bmatrix}e^t & -te^t\\ 0 & e^t\end{bmatrix}$$

在伴随方程两边乘以 $e^{-\boldsymbol{A}t}$，得到

$$e^{-\boldsymbol{A}t}\dot{\boldsymbol{\lambda}}-e^{-\boldsymbol{A}t}\boldsymbol{A}\boldsymbol{\lambda}=0$$

即

$$d(e^{-\boldsymbol{A}t}\boldsymbol{\lambda})=0$$

在 $[t,18]$ 上求积分，得

$$e^{-\boldsymbol{A}\cdot 18}\boldsymbol{\lambda}(18)-e^{-\boldsymbol{A}t}\boldsymbol{\lambda}(t)=0$$

所以

$$\begin{bmatrix}\lambda_1\\ \lambda_2\end{bmatrix}=e^{\boldsymbol{A}(t-18)}\boldsymbol{\lambda}(18)=\begin{bmatrix}e^{t-18} & (18-t)e^{t-18}\\ 0 & e^{t-18}\end{bmatrix}\begin{bmatrix}-1\\ -1\end{bmatrix}$$

其中

$$\lambda_1(t) = -e^{t-18} - (18-t)e^{t-18} = e^{t-18}(t-19) < 0,\quad t \in [0,18]$$

③ 由 $\lambda_1 < 0$ 可得最优控制为

$$u^*(t) = 3,\quad t \in [0,18]$$

④ 将 $u^* = 3$ 代入状态方程

$$\begin{bmatrix} \dot{x}_1 \\ \dot{x}_2 \end{bmatrix} = \begin{bmatrix} -1 & 0 \\ 1 & -1 \end{bmatrix} \begin{bmatrix} x_1 \\ x_2 \end{bmatrix} + \begin{bmatrix} 3 \\ 0 \end{bmatrix}$$

得

$$x_1^* = 3 + 12e^{-t}$$
$$x_2^* = 3 + 17e^{-t} + 12te^{-t}$$

终端状态为

$$x_1^*(18) \approx 3,\quad x_2^*(18) \approx 3$$

例 3-5 求状态方程为

$$\dot{x} = u,\quad x(0) = 1$$

性能指标为

$$J = \int_0^1 x(t)\,dt$$

控制约束为

$$u(t) \in [-1,1]$$

的最优控制。

解 ① 这里 $\Phi[x(t_f),t_f] = 0$。哈密尔顿函数为

$$H[x,u,\lambda,t] = L + \lambda^T f = x + \lambda^T u$$

待定

$$u^*(t) = \begin{cases} -1, & \lambda > 0 \\ \text{任取}, & \lambda = 0 \\ 1, & \lambda < 0 \end{cases}$$

② 由 $\dot{\lambda} = -\dfrac{\partial H}{\partial x} = -1, \lambda(1) = \dfrac{\partial \Phi}{\partial x} = 0$ 得

$$\lambda = 1 - t,\quad t \in [0,1]$$

③ 由 $\lambda = 1 - t \geqslant 0 (t \in [0,1])$ 知

$$u^*(t) = -1$$

④ 将 $u^*(t)$ 代入系统,由 $x(0) = 1$ 解得

$$x^*(t) = 1 - t$$

则性能指标极小值 $J^* = 0.5$。

例 3-6 设系统的状态方程及初始条件为

$$\dot{x}_1(t) = -x_1(t) + u(t),\quad x_1(0) = 1$$

$$\dot{x}_2(t) = x_1(t),\quad x_2(0) = 0$$

其中,$|u(t)| \leqslant 1$。若系统终端状态 $x(t_f)$ 自由,试求 $u^*(t)$ 使性能指标 $J = x_2(1)$ 为极小

值。

解 本例为定常系统、终端型性能指标、终端自由、t_f 固定、控制受约束的最优控制问题。

由题意得

$$\Phi[x(t_f)]=x_2(1),\quad t_f=1$$

构造哈密尔顿函数为

$$H[x,\lambda,u,t]=\lambda_1(-x_1+u)+\lambda_2 x_1=(\lambda_2-\lambda_1)x_1+\lambda_1 u$$

由伴随方程可得

$$\dot{\lambda}_2=-\frac{\partial H}{\partial x_2}=0,\quad \lambda_2(t)=c_2$$

$$\dot{\lambda}_1=-\frac{\partial H}{\partial x_1}=\lambda_1-\lambda_2,\quad \lambda_1(t)=c_1\mathrm{e}^t+c_2$$

其中，c_1 和 c_2 为待定常数。

由横截条件

$$\lambda_1(1)=\frac{\partial\Phi}{\partial x_1(1)}=0,\quad \lambda_2(1)=\frac{\partial\Phi}{\partial x_2(1)}=1$$

解出

$$c_1=-\mathrm{e}^{-1},\quad c_2=1$$

故有

$$\lambda_1(t)=1-\mathrm{e}^{t-1},\quad \lambda_2(t)=1$$

根据极小值定理，最优控制函数应使哈密尔顿函数 H 取极小值，因此为使变量 $u(t)$ 的函数 H 在约束 $|u(t)|\leqslant 1$ 条件下达到极小值，显然应取

$$u^*(t)=-\operatorname{sgn}(\lambda_1)=\begin{cases}-1, & \lambda_1>0\\ 1, & \lambda_1<0\end{cases}$$

由于

$$\lambda_1(t)=1-\mathrm{e}^{t-1}>0,\quad \forall t\in[0,1)$$
$$\lambda_1(t)=0,\quad t=1$$

故所求最优控制为

$$u^*(t)=\begin{cases}-1, & \forall t\in[0,1)\\ 0, & t=1\end{cases}$$

将 $u^*(t)$ 代入状态方程得

$$\dot{x}_1(t)=-x_1(t)-1,\quad x_1(0)=1$$
$$\dot{x}_2(t)=x_1(t),\quad x_2(0)=0$$

解上式得

$$\begin{cases}x_1^*(t)=2\mathrm{e}^{-t}-1\\ x_2^*(t)=-2\mathrm{e}^{-t}-t+2\end{cases}$$

由此得到性能泛函的极小值为

$$J^*=x_2(1)=-2\mathrm{e}^{-1}+1=0.264\ 2$$

针对例3-6中的问题，可由MATLAB求解，命令如下：

```
>>syms FI H lmd1 lmd2 x1 x2 u                                  %符号变量说明
>> FI=x2(1);                                                   %列写终端条件
>> H=lmd1 * (-x1+u)+lmd2 * x1;                                 %计算哈密尔顿函数
>> Dlmd1=-diff(H,'x1'),Dlmd2=-diff(H,'x2')                     %求解伴随方程
```

运行结果:

```
Dlmd1 =
        lmd1-lmd2
Dlmd2 =
        0
```

即 $-1<\lambda(0)<0$。

```
>> lmd1(1)=diff(FI,'x1'),lmd2(1)=diff(FI,'x2')                 %求解横截条件
```

运行结果:

```
lmd1 =
      0
lmd2 =
      1
>> [lmd1,lmd2]=dsolve('Dlmd1=lmd1-lmd2,Dlmd2=0','lmd1(1)=0,lmd2(1)=1')
                                                               %求解拉格朗日乘子
```

运行结果:

```
lmd1 =
       1-exp(t)/exp(1)
lmd2 =
       1
```

即 $\lambda_1(t)=1-e^{t-1}, \lambda_2(t)=1$。

```
>> [x1,x2]=dsolve('Dx1=-x1-1,Dx2=x1','x1(0)=1,x2(0)=0')
                                                               %求解状态常量
```

运行结果:

```
x1 =
     -1+2 * exp(-t)
x2 =
     -t-2 * exp(-t)+2
>> J=-2 * exp(-1)+1                                            %求解性能指标
```

运行结果:

```
J =
    0.2642
```

例 3-7 设二阶系统状态方程为

$$\begin{cases}\dot{x}_1=u_1\\ \dot{x}_2=x_1+u_2\end{cases},\quad \begin{cases}x_1(0)=0\\ x_2(0)=0\end{cases},\quad \begin{cases}x_1(1)=1\\ x_2(1)=1\end{cases}$$

其中 u_1 无约束，$u_2\leqslant\frac{1}{4}$，求 $\boldsymbol{u}^*(t)$ 和 $\boldsymbol{x}^*(t)$ 使性能指标

$$J=\int_0^1(x_1+u_1^2+u_2^2)\mathrm{d}t$$

取得极小值。

解

$$H=x_1+u_1^2+u_2^2+\lambda_1u_1+\lambda_2(x_1+u_2)=\left(u_2+\frac{1}{2}\lambda_2\right)^2+x_1+u_1^2+\lambda_1u_1+\lambda_2x_1-\frac{1}{4}\lambda_2^2$$

① 正则方程为

$$\begin{cases}\dot{\lambda}_1=-\dfrac{\partial H}{\partial x_1}=-1-\lambda_2\\ \dot{\lambda}_2=-\dfrac{\partial H}{\partial x_2}=0\end{cases}$$

解得

$$\begin{cases}\lambda_1=-(1+c_1)t+c_2\\ \lambda_2=c_1\end{cases}$$

② 控制方程为

$$\frac{\partial H}{\partial u_1}=2u_1+\lambda_1=0$$

得

$$u_1=-\frac{1}{2}\lambda_1=\frac{1}{2}(1+c_1)t-\frac{1}{2}c_2$$

根据极小值原理

$$H[\boldsymbol{x}^*,\boldsymbol{\lambda},\boldsymbol{u}^*,t]=\min_{u\in\Omega}H[\boldsymbol{x}^*,\boldsymbol{\lambda},\boldsymbol{u},t]$$

由 $u_2\leqslant\frac{1}{4}$ 得

$$\begin{cases}\lambda_2>-\dfrac{1}{2},\quad u_2>-\dfrac{1}{2}c_1\\ \lambda_2\leqslant-\dfrac{1}{2},\quad u_2>\dfrac{1}{4}\end{cases}$$

假设 $\lambda_2>-\frac{1}{2}$，取 $u_2>-\frac{1}{2}c_1$，由状态方程得

$$\begin{cases}\dot{x}_1=u_1=\dfrac{1}{2}(1+c_1)t-\dfrac{1}{2}c_2\\ \dot{x}_2=x_1-\dfrac{1}{2}c_1\end{cases}$$

解得

$$\begin{cases}x_1=\dfrac{1}{4}(1+c_1)t^2-\dfrac{1}{2}c_2t+c_3\\ x_2=\dfrac{1}{12}(1+c_1)t^3-\dfrac{1}{4}c_2t^2+\left(c_3+\dfrac{1}{4}-\dfrac{1}{2}c_1\right)t+c_4\end{cases}$$

由

$$\begin{cases} x_1(0)=0 \\ x_2(0)=0 \end{cases} \Rightarrow \begin{cases} c_3=0 \\ c_4=0 \end{cases}$$

又由于

$$\begin{cases} x_1(1)=1 \\ x_2(1)=1 \end{cases}$$

解得

$$c_1=-\frac{7}{13}, \quad \lambda_2=c_1=-\frac{7}{13}<-\frac{1}{2}$$

与假设条件相矛盾。

假设 $\lambda_2<-\frac{1}{2}$,取 $u_2<\frac{1}{4}$,由状态方程得

$$\begin{cases} \dot{x}_1=u_1=\frac{1}{2}(1+c_1)t-\frac{1}{2}c_2 \\ \dot{x}_2=x_1+\frac{1}{4} \end{cases}$$

解得

$$\begin{cases} x_1=\frac{1}{4}(1+c_1)t^2-\frac{1}{2}c_2t+c_3 \\ x_2=\frac{1}{12}(1+c_1)t^3-\frac{1}{4}c_2t^2+\left(c_3+\frac{1}{4}\right)t+c_4 \end{cases}$$

由

$$\begin{cases} x_1(0)=0 \\ x_2(0)=0 \end{cases} \Rightarrow \begin{cases} c_3=0 \\ c_4=0 \end{cases}$$

又由

$$\begin{cases} x_1(1)=0 \\ x_2(1)=0 \end{cases} \Rightarrow \begin{cases} c_1=-7 \\ c_2=-5 \end{cases}$$

则

$$\lambda_2=c_1=-7<-\frac{1}{2}$$

满足条件。

所以最优解为

$$\begin{cases} u_1^*(t)=\frac{1}{2}(5-6t) \\ u_2^*(t)=\frac{1}{4} \end{cases}$$

$$\begin{cases} x_1^*(t)=\frac{1}{2}(5t-3t^2) \\ x_2^*(t)=-\frac{1}{2}t^3+\frac{5}{4}t^2+\frac{1}{4}t \end{cases}$$

例 3-8 火车快速到达问题。

考虑一辆火车，其质量为 m，沿着水平轨道运动，不考虑空气的阻力和地面对火车的摩擦力，把火车看成一个沿着直线运动的质点，$x(t)$ 表示火车在 t 时刻的位置，$u(t)$ 是施加在火车上的外部推力，假设火车的初始位置和速度分别为 $x_1(0)=x_0$，$x_2(0)=0$，要求选择一个合适的外部控制函数 $u(t)$ 使火车在最短时间内到达并静止在坐标原点，即到达坐标原点时速度为零。

解 由例 1-1 分析可知，火车快速到达问题可转化为以下最优控制问题：

初始条件

$$x_1(0)=x_0,\quad x_2(0)=0$$

终端条件

$$x_1(t_f)=0,\quad x_2(t_f)=0$$

由于技术上的原因，外部推力 $u(t)$ 不可能无限大，它在数量上是有界的，即

$$|u(t)|\leqslant M$$

其中，M 是正常数。

控制系统的性能指标为

$$J=\int_0^{t_f}1\mathrm{d}t=t_f$$

则哈密尔顿函数为

$$H=1+\lambda_1 x_2+\lambda_2 u$$

① 正则方程为

$$\begin{cases}\dot{\lambda}_1=-\dfrac{\partial H}{\partial x_1}=-1-\lambda_2\\ \dot{\lambda}_2=-\dfrac{\partial H}{\partial x_2}=0\end{cases}$$

解得

$$\begin{cases}\lambda_1=c_1\\ \lambda_2=-c_1 t+c_2\end{cases}$$

② 根据极小值原理

$$H[\boldsymbol{x}^*,\boldsymbol{\lambda},\boldsymbol{u}^*,t]=\min_{\boldsymbol{u}\in\Omega}H[\boldsymbol{x}^*,\boldsymbol{\lambda},\boldsymbol{u},t]$$

得

$$u^*(t)=\begin{cases}M, & \lambda_2(t)<0\\ -M, & \lambda_2(t)>0\end{cases}$$

根据问题的物理含义知道，在 $[0,t_f]$ 上不可能恒有 $\lambda_2(t)<0$；否则，$u^*(t)\equiv M$，这时火车不可能在 t_f 时刻停在原点。在 $[0,t_f]$ 上也不可能恒有 $\lambda_2(t)>0$；否则，$u^*(t)\equiv -M$，则火车越来越远离原点。我们期望最优控制先从 0 到 t_s 时刻以最大推力 $u^*(t)=M$ 作用于火车快速前进，接着从 t_s 时刻开始使火车尽快减速，即 $u^*(t)=-M$，使火车到达原点时恰好速度为零。t_s 为切换时间，它应满足

$$\lambda_2(t_s)=-c_1 t_s+c_2=0$$

由于 $\lambda_2=-c_1 t+c_2$ 是一条直线（单调函数），所以切换次数仅有一次。在 $[0,t_s]$ 上取

$u^*(t)=M$，由状态方程及初始条件 $x_1(0)=x_0, x_2(0)=0$ 可得

$$\begin{cases} x_1(t)=\dfrac{1}{2}\dfrac{M}{m}t^2+x_0 \\ x_2(t)=\dfrac{M}{m}t \end{cases}$$

在$[t_s, t_f]$上取 $u^*(t)=-M$，由状态方程可得

$$\begin{cases} x_1(t)=-\dfrac{1}{2}\dfrac{M}{m}t^2+c_1t+c_2 \\ x_2(t)=-\dfrac{M}{m}t+c_1 \end{cases}$$

由状态的连续性以及终端状态 $x_1(t_f)=0, x_2(t_f)=0$ 可得

$$\begin{cases} \dfrac{1}{2}\dfrac{M}{m}t_s^2+x_0=-\dfrac{1}{2}\dfrac{M}{m}t_s^2+c_1t_s+c_2 \\ \dfrac{M}{m}t_s=-\dfrac{M}{m}t_s+c_1 \\ -\dfrac{1}{2}\dfrac{M}{m}t_f^2+c_1t_f+c_2=0 \\ -\dfrac{M}{m}t_f+c_1=0 \end{cases}$$

由以上四个方程，可以解出 c_1, c_2, t_s, t_f 四个未知数。

例 3-9 飞船软着陆最小燃料消耗问题。

为了使宇宙飞船在月球表面实现软着陆(到达月球表面时的速度为零)，飞船必须依靠其发动机产生一个与月球重力相反的推力 $\boldsymbol{u}(t)$。要寻求发动机推力的最优控制规律，使燃料消耗最少，以便在完成登月考察任务后，有足够的燃料离开月球，返回地球。

解 由例 1-3 分析可知，设飞船总质量为 $m(t)$，距月球高度为 $h(t)$，垂直速度为 $\boldsymbol{v}(t)$，发动机推力为 $\boldsymbol{u}(t)$，月球表面的重力加速度可视为常数 g，不带燃料时飞船自身质量为 M，所带初始燃料质量为 F，初始高度为 h_0，初始垂直速度为 v_0。最优控制问题描述为：

状态方程为

$$\begin{cases} \dot{h}(t)=\boldsymbol{v}(t) \\ \dot{\boldsymbol{v}}(t)=\dfrac{\boldsymbol{u}(t)}{m(t)}-g \\ \dot{m}(t)=-k\boldsymbol{u}(t) \end{cases}$$

边界条件为

$$h(0)=h_0,\quad \boldsymbol{v}(0)=v_0,\quad m(0)=M+F$$
$$h(t_f)=0,\quad \boldsymbol{v}(t_f)=0,\quad m(t_f)>0 \text{ 自由}$$

控制约束为

$$0\leqslant \boldsymbol{u}(t)\leqslant \boldsymbol{u}_{\max}$$

性能指标为

$$J=\int_0^{t_f}\boldsymbol{u}(t)\mathrm{d}t$$

取极小值。

哈密尔顿函数为

$$H=\boldsymbol{u}+\lambda_1\boldsymbol{v}+\lambda_2\left(\frac{\boldsymbol{u}}{m}-g\right)-\lambda_3k\boldsymbol{u}=\left(1-\lambda_3k+\frac{\lambda_2}{m}\right)\boldsymbol{u}+\lambda_1\boldsymbol{v}-\lambda_2g$$

正则方程为

$$\begin{cases}\dot{\lambda}_1=-\dfrac{\partial H}{\partial h}=0 \quad\Rightarrow\quad \lambda_1=c_1\\ \dot{\lambda}_2=-\dfrac{\partial H}{\partial \boldsymbol{v}}=\lambda_1 \quad\Rightarrow\quad \lambda_2=-c_1t+c_2\\ \dot{\lambda}_3=-\dfrac{\partial H}{\partial m}=\dfrac{1}{m^2}\lambda_2\boldsymbol{u} \quad\Rightarrow\quad \lambda_3=\dfrac{\boldsymbol{u}}{m^2}(-c_1t+c_2)\end{cases}$$

$m(t_f)>0$ 自由，故横截条件为

$$\lambda_3(t_f)=\frac{\partial\Phi}{\partial m(t_f)}+\frac{\partial\boldsymbol{\Psi}^{\mathrm{T}}}{\partial m(t_f)}\boldsymbol{v}(t_f)=0$$

根据极小值原理

$$H[\boldsymbol{x}^*,\boldsymbol{\lambda},\boldsymbol{u}^*,t]=\min_{\boldsymbol{u}\in\Omega}H[\boldsymbol{x}^*,\boldsymbol{\lambda},\boldsymbol{u},t]$$

得

$$\boldsymbol{u}^*(t)=\begin{cases}\boldsymbol{u}_{\max}, & r(t)<0\\ 0, & r(t)>0\end{cases}$$

$$r(t)=1-\lambda_3k+\frac{\lambda_2}{m}$$

考虑问题的物理含义，应有最大推力大于重力，即 $\boldsymbol{u}_{\max}>(M+F)g$，所以不可能在 $[0,t_f]$ 上恒有 $r(t)<0$；否则，$\boldsymbol{u}^*(t)\equiv 0$，此时飞船不能软着陆，不安全。我们期望最优控制首先是一段自由落体时期 $\boldsymbol{u}^*(t)\equiv 0$，接着在最大推力 $\boldsymbol{u}^*(t)=\boldsymbol{u}_{\max}$ 的作用下安全着陆，而 $r(t)=0$ 的根是切换时间 t_s。

$$\dot{r}(t)=-\frac{1}{m^2}\lambda_2\boldsymbol{u}k+\frac{\lambda_1}{m}+\frac{\lambda_2k\boldsymbol{u}}{m^2}=\frac{\lambda_1}{m(t)}=\frac{c_1}{m(t)}$$

由于质量 $m(t)>0$，所以 $\dot{r}(t)$ 的符号和 c_1 相同，不变号，故函数 $r(t)$ 是严格单调的，$r(t)=0$ 的根只有一个，即切换次数仅一次。

在 $[0,t_s]$ 上，取 $\boldsymbol{u}^*(t)=0$，由状态方程及初始条件可得

$$\begin{cases}h_1(t)=-\dfrac{1}{2}gt^2+v_0t+h_0\\ v_1(t)=-gt+v_0\\ m_1(t)=M+F\end{cases}$$

在 $[t_s,t_f]$ 上，取 $\boldsymbol{u}^*(t)=\boldsymbol{u}_{\max}$，由状态方程可得

$$\begin{cases}h_2(t)=-\dfrac{1}{k^2\boldsymbol{u}_{\max}}[(c_1-k\boldsymbol{u}_{\max}t)\ln(c_1-k\boldsymbol{u}_{\max}t)-(c_1-k\boldsymbol{u}_{\max}t)]-\dfrac{1}{2}gt^2+c_2t+c_3\\ v_2(t)=-\dfrac{1}{k}\ln(c_1-k\boldsymbol{u}_{\max}t)-gt+c_2\\ m_1(t)=-k\boldsymbol{u}_{\max}t+c_1\end{cases}$$

其中应用了积分公式$\int \frac{1}{x}\mathrm{d}t=\ln x+c$，$\int(\ln x)\mathrm{d}t=x\ln x-\int x\,\mathrm{d}(\ln x)=x\ln x-x+c$。

由状态的连续性以及终端状态$h(t_f)=0$，$\boldsymbol{v}(t_f)=0$可得

$$\begin{cases}h_1(t_s)=h_2(t_s)\\ v_1(t_s)=v_2(t_s)\\ m_1(t_s)=m_2(t_s)\\ h_2(t_f)=0\\ v_2(t_f)=0\end{cases}$$

由以上五个方程，可以解出c_1,c_2,c_3,t_s,t_f五个未知数。

例 3-10　基金的最优管理问题。

某基金会得到一笔60万元的基金，现将这笔基金存入银行，年利率为10%。该基金计划用80年，80年后要求只剩0.5万元用作处理该基金会的结束事宜。根据基金会的需要，每年至少支取5万元，至多支取10万元作为某种奖金。现在的问题是制定该基金的最优管理策略，即每年支取多少元才能使基金会在80年中从银行取出的总金额最大。

解　由例1-5分析可知，令$x(t)$表示第t年存入银行的总钱数，$u(t)$表示第t年支取的钱数，则状态方程为

$$\dot{x}(t)=rx(t)-u(t),\quad r=0.1$$

初始条件和终端条件为

$$x(0)=60,\quad x(80)=0.5$$

控制约束条件为

$$5\leqslant u(t)\leqslant 10$$

性能指标为

$$J=\int_0^{80}u(t)\mathrm{d}t$$

取极大值。

为了用极小值原理求解本题，首先把性能指标改为

$$J=-\int_0^{80}u(t)\mathrm{d}t$$

转化为求极小值问题。

哈密尔顿函数为

$$H=L+\lambda^{\mathrm{T}}f=-u+\lambda(rx-u)=r\lambda x-(1+\lambda)u$$

正则方程为

$$\dot{\lambda}=-\frac{\partial H}{\partial x}=-r\lambda\quad\Rightarrow\quad\lambda=c\mathrm{e}^{-rt}=\lambda(0)\mathrm{e}^{-rt}$$

根据极小值原理

$$H[\boldsymbol{x}^*,\boldsymbol{\lambda},\boldsymbol{u}^*,t]=\min_{u\in\Omega}H[\boldsymbol{x}^*,\boldsymbol{\lambda},\boldsymbol{u},t]$$

得

$$u^*(t)=\begin{cases}5, & 1+\lambda<0\\ 10, & 1+\lambda>0\end{cases}$$

如果 $\lambda(0)>0$，则 $\lambda=\lambda(0)\mathrm{e}^{-rt}>0$ 是单调递减函数，$1+\lambda>1$，$u^*(t)\equiv 10$，与实际不符。如果 $\lambda(0)<0$，则 $\lambda=\lambda(0)\mathrm{e}^{-rt}<0$ 是单调递增函数，当 $-1<\lambda(0)<0$ 时，$1+\lambda=1+\lambda(0)\mathrm{e}^{-rt}>0$，$u^*(t)\equiv 10$，与实际也不符。

应取 $\lambda(0)<-1$，则 λ 将由小于 -1 单调上升到大于 -1，设 $\lambda(t_s)=-1$，则最优管理策略为

$$u^*(t)=\begin{cases}5, & 0\leqslant t\leqslant t_s\\10, & t_s<t\leqslant 80\end{cases}$$

由状态方程可得

$$\begin{cases}\dot{x}(t)=0.1x(t)-5, & 0\leqslant t\leqslant t_s\\\dot{x}(t)=0.1x(t)-10, & t_s<t\leqslant 80\end{cases}$$

求得

$$\begin{cases}x=c_1\mathrm{e}^{0.1t}+50, & 0\leqslant t\leqslant t_s\\x=c_2\mathrm{e}^{0.1t}+100, & t_s<t\leqslant 80\end{cases}$$

由 $x(0)=60$ 得

$$c_1=10$$

由 $x(80)=0.5$ 得

$$c_2=-99.5\mathrm{e}^{-8}$$

则有

$$x^*(t)=\begin{cases}10\mathrm{e}^{0.1t}+50, & 0\leqslant t\leqslant t_s\\-99.5\mathrm{e}^{-8+0.1t}+100, & t_s<t\leqslant 80\end{cases}$$

由连续性有

$$10\mathrm{e}^{0.1t_s}+50=-99.5\mathrm{e}^{-8+0.1t_s}+100$$

解得

$$t_s=10\ln\frac{10}{10+99.5\mathrm{e}^{-8}}\approx 16.06$$

故最优管理策略为

$$u^*(t)=\begin{cases}5, & 0\leqslant t\leqslant 16.06\\10, & 16.06<t\leqslant 80\end{cases}$$

即在 16 年以前每年支取 5 万元，16 年以后每年支取 10 万元，共支取 720 万元。

3.3 离散系统的极小值原理

随着数字计算机的日益普及，计算机控制系统日益增多，因此离散系统最优控制问题的研究显得十分重要。其原因是：一方面，许多实际问题本身就是离散的，例如，采样控制系统、数字滤波、经济与资源系统的最优化问题，其控制精度高于连续系统；另一方面，即使实际系统本身是连续的，但为了对连续过程实行计算机控制，需要把时间离散化，从而得到一个离散系统，使连续最优控制中难以求解的两点边界值问题可以化为易于用计算机求解的

离散化两点边值问题。

所谓离散系统，就是系统状态变量和控制变量（或其他变量）被定义在时间轴上的一些离散点的控制系统。在离散系统中，变量的值只是在离散的点上产生变化，而在采样周期内变量的值是假定不变的，或者在两个离散点之间作简单直线或二次曲线的近似。

解决离散系统最优控制问题与连续系统有一定的相似之处：在连续系统中，当容许控制 $\boldsymbol{u}(t)$ 不受任何条件限制时，可以采用经典变分法处理——连续欧拉方程；在离散系统中，当控制序列 $\boldsymbol{u}(k)$ 不受约束时，可以采用离散变分法求解离散系统的最优控制问题，得到离散极值的必要条件——离散欧拉方程。而在连续系统中，当容许控制 $\boldsymbol{u}(t)$ 受到约束时，需采用连续极小值原理处理；同理，在离散系统中，当控制序列 $\boldsymbol{u}(k)$ 受到约束时，需采用离散极小值原理求解。

本节首先介绍离散欧拉方程，再介绍离散极小值原理，并通过应用实例介绍离散系统极小值原理的应用。

3.3.1 离散欧拉方程

当控制序列 $\boldsymbol{u}(k)$ 不受约束时，可以采用离散变分法求解离散系统的最优控制问题，得到离散极值的必要条件——离散欧拉方程。

对连续信号以采样周期为 T 进行等间隔采样得到的离散信号，作为离散系统的状态变量和控制变量。系统的状态变量可以表示为 $\boldsymbol{x}(kT)$，或简记为 $\boldsymbol{x}(k)$；控制变量可以表示为 $\boldsymbol{u}(kT)$，或简记为 $\boldsymbol{u}(k)$。其中，$k=0,1,2,\cdots,M-1$ 表示离散点序号，M 是以步数表示的终端时间。

离散系统的状态方程可以用如下差分方程表示

$$\boldsymbol{x}(k+1)=f[\boldsymbol{x}(k),\boldsymbol{u}(k),k],\quad k=0,1,2,\cdots,M-1 \tag{3-147}$$

式中，$\boldsymbol{x}(k)=[x_1(k),x_2(k),\cdots,x_n(k)]^{\mathrm{T}}$ 表示系统在离散时刻 k 的 n 维状态向量，表示第 k 步的状态；$\boldsymbol{u}(k)=[u_1(k),u_2(k),\cdots,u_m(k)]^{\mathrm{T}}$ 表示系统在离散时刻 k 的 m 维控制向量，表示第 k 步的控制量；$f[\boldsymbol{x}(k),\boldsymbol{u}(k),k]$ 表示 n 维向量函数序列。

性能指标取为如下标量函数的累加：

$$J=\sum_{k=0}^{M-1}L[\boldsymbol{x}(k),\boldsymbol{u}(k),\boldsymbol{x}(k+1),k]=\sum_{k=0}^{M-1}L_k \tag{3-148}$$

式中，$L_k=L[\boldsymbol{x}(k),\boldsymbol{u}(k),\boldsymbol{x}(k+1),k]$ 是第 k 个采样周期内性能指标 J 的增量。

连续系统的最优控制问题是在时间区间 $[t_0,t_f]$ 上寻找最优控制 $\boldsymbol{u}^*(t)$ 和最优轨线 $\boldsymbol{x}^*(t)$，使系统的性能指标取得极小值。与连续系统相对应，离散系统的最优控制问题可以描述为：在采样时刻 $0,T,2T,\cdots,(M-1)T$ 寻找最优控制向量 $\boldsymbol{u}^*(0),\boldsymbol{u}^*(1),\boldsymbol{u}^*(2),\cdots,\boldsymbol{u}^*(M-1)$ 和相应的最优状态向量 $\boldsymbol{x}^*(0),\boldsymbol{x}^*(1),\boldsymbol{x}^*(2),\cdots,\boldsymbol{x}^*(M)$，使离散系统在各种约束条件下经过 M 步控制系统状态由初始状态 $\boldsymbol{x}^*(0)$ 转移到终端状态 $\boldsymbol{x}^*(M)$，并使性能指标

$$J=\sum_{k=0}^{M-1}L[\boldsymbol{x}(k),\boldsymbol{u}(k),\boldsymbol{x}(k+1),k] \tag{3-149}$$

取得极小值。

设式(3-148)和式(3-149)构成的离散最优控制问题存在极值解，记为 $\boldsymbol{x}^*(k)$ 和 $\boldsymbol{u}^*(k)$，

则在极值解附近的容许轨线和容许控制可以表示为

$$\begin{cases}\boldsymbol{x}(k)=\boldsymbol{x}^*(k)+\delta\boldsymbol{x}(k)\\ \boldsymbol{u}(k)=\boldsymbol{u}^*(k)+\delta\boldsymbol{u}(k)\\ \boldsymbol{x}(k+1)=\boldsymbol{x}^*(k+1)+\delta\boldsymbol{x}(k+1)\end{cases} \tag{3-150}$$

式中，$\delta\boldsymbol{x}(k)$，$\delta\boldsymbol{u}(k)$和$\delta\boldsymbol{x}(k+1)$分别是$\boldsymbol{x}(k)$，$\boldsymbol{u}(k)$和$\boldsymbol{x}(k+1)$的变分。将式(3-150)代入式(3-149)得离散性能泛函

$$J=\sum_{k=0}^{M-1}L[\boldsymbol{x}^*(k)+\delta\boldsymbol{x}(k),\boldsymbol{u}^*(k)+\delta\boldsymbol{u}(k),\boldsymbol{x}^*(k+1)+\delta\boldsymbol{x}(k+1),k] \tag{3-151}$$

当不考虑式(3-148)所示的等式约束时，为了求得上述离散拉格朗日问题的极值解，对式(3-151)取离散一次变分

$$\delta J=\sum_{k=0}^{M-1}\left\{\left[\frac{\partial L_k}{\partial\boldsymbol{x}(k)}\right]^{\mathrm{T}}\delta\boldsymbol{x}(k)+\left[\frac{\partial L_k}{\partial\boldsymbol{u}(k)}\right]^{\mathrm{T}}\delta\boldsymbol{u}(k)+\left[\frac{\partial L_k}{\partial\boldsymbol{x}(k+1)}\right]^{\mathrm{T}}\delta\boldsymbol{x}(k+1)\right\} \tag{3-152}$$

对式(3-152)中的末项进行离散分部积分，令$k=m-1$对求和变量进行置换，得

$$\begin{aligned}\sum_{k=0}^{M-1}\left[\frac{\partial L_k}{\partial\boldsymbol{x}(k+1)}\right]^{\mathrm{T}}\delta\boldsymbol{x}(k+1)&=\sum_{m=1}^{M}\left[\frac{\partial L_{m-1}}{\partial\boldsymbol{x}(m)}\right]^{\mathrm{T}}\delta\boldsymbol{x}(m)\\&=\sum_{m=0}^{M-1}\left\{\frac{\partial L[\boldsymbol{x}(m-1),\boldsymbol{u}(m-1),\boldsymbol{x}(m),m-1]}{\partial\boldsymbol{x}(m)}\right\}^{\mathrm{T}}\delta\boldsymbol{x}(m)-\\&\quad\left\{\frac{\partial L[\boldsymbol{x}(m-1),\boldsymbol{u}(m-1),\boldsymbol{x}(m),m-1]}{\partial\boldsymbol{x}(m)}\right\}^{\mathrm{T}}_{m=0}\delta\boldsymbol{x}(0)+\\&\quad\left\{\frac{\partial L[\boldsymbol{x}(m-1),\boldsymbol{u}(m-1),\boldsymbol{x}(m),m-1]}{\partial\boldsymbol{x}(m)}\right\}^{\mathrm{T}}_{m=M}\delta\boldsymbol{x}(M)\end{aligned}$$

再令$m=k$，上式变为

$$\begin{aligned}\sum_{k=0}^{M-1}\left[\frac{\partial L_k}{\partial\boldsymbol{x}(k+1)}\right]^{\mathrm{T}}\delta\boldsymbol{x}(k+1)&=\sum_{m=0}^{M-1}\left\{\frac{\partial L[\boldsymbol{x}(k-1),\boldsymbol{u}(k-1),\boldsymbol{x}(k),k-1]}{\partial\boldsymbol{x}(k)}\right\}^{\mathrm{T}}\delta\boldsymbol{x}(k)-\\&\quad\left\{\frac{\partial L[\boldsymbol{x}(k-1),\boldsymbol{u}(k-1),\boldsymbol{x}(k),k-1]}{\partial\boldsymbol{x}(k)}\right\}^{\mathrm{T}}_{k=0}\delta\boldsymbol{x}(0)+\\&\quad\left\{\frac{\partial L[\boldsymbol{x}(k-1),\boldsymbol{u}(k-1),\boldsymbol{x}(k),k-1]}{\partial\boldsymbol{x}(k)}\right\}^{\mathrm{T}}_{k=M}\delta\boldsymbol{x}(M)\end{aligned} \tag{3-153}$$

令

$$L_{k-1}=L[\boldsymbol{x}(k-1),\boldsymbol{u}(k-1),\boldsymbol{x}(k),k-1]$$

将式(3-153)代入式(3-152)，可得

$$\begin{aligned}\delta J=&\sum_{k=0}^{M-1}\left\{\left[\frac{\partial L_k}{\partial\boldsymbol{x}(k)}+\frac{\partial L_{k-1}}{\partial\boldsymbol{x}(k)}\right]^{\mathrm{T}}\delta\boldsymbol{x}(k)+\left[\frac{\partial L_k}{\partial\boldsymbol{u}(k)}\right]^{\mathrm{T}}\delta\boldsymbol{u}(k)\right\}+\\&\left[\frac{\partial L_{k-1}}{\partial\boldsymbol{x}(k)}\right]^{\mathrm{T}}_{k=M}\delta\boldsymbol{x}(M)-\left[\frac{\partial L_{k-1}}{\partial\boldsymbol{x}(k)}\right]^{\mathrm{T}}_{k=0}\delta\boldsymbol{x}(0)\end{aligned} \tag{3-154}$$

令式(3-154)为零，考虑到$\delta\boldsymbol{x}(k)$和$\delta\boldsymbol{u}(k)$是任意的，可得如下离散泛函极值的必要条件：

$$\begin{cases}\dfrac{\partial L_k}{\partial \boldsymbol{x}(k)}+\dfrac{\partial L_{k-1}}{\partial \boldsymbol{x}(k)}=0\\ \dfrac{\partial L_k}{\partial \boldsymbol{u}(k)}=0\end{cases} \tag{3-155}$$

以及

$$\left[\frac{\partial L_k}{\partial \boldsymbol{x}(k)}\right]_{k=M}^{\mathrm{T}}\delta \boldsymbol{x}(M)-\left[\frac{\partial L_{k-1}}{\partial \boldsymbol{x}(k)}\right]_{k=0}^{\mathrm{T}}\delta \boldsymbol{x}(0)=0 \tag{3-156}$$

式(3-155)为向量差分方程，常称为离散欧拉方程，而式(3-156)则是相应的离散横截条件。

若始端固定，即 $\boldsymbol{x}(0)=\boldsymbol{x}_0$，终端自由，即 $\delta\boldsymbol{x}(M)$任意，则边界条件为

$$\boldsymbol{x}(0)=\boldsymbol{x}_0,\quad \frac{\partial L[\boldsymbol{x}(M-1),\boldsymbol{u}(M-1),\boldsymbol{x}(M),M-1]}{\partial \boldsymbol{x}(M)}=0$$

由以上分析可见，离散拉格朗日问题的极值解 $\boldsymbol{x}^*(k)$与 $\boldsymbol{u}^*(k)$必须满足离散欧拉方程和横截条件。横截条件的应用情况可以参照连续系统中有关横截条件的讨论。

当考虑式(3-147)所示的等式约束时，与连续时间变分法一样，也可以通过拉格朗日乘子函数将等式约束下的极值问题转化为无约束的极值问题。现举例说明如下。

例 3-11 设一阶离散系统及其边界条件为

$$x(k+1)=x(k)+u(k)$$

$$x(0)=1,\quad x(5)=0$$

性能指标为

$$J=\frac{1}{2}\sum_{k=0}^{4}u^2(k)$$

试求使性能指标为极小的最优控制序列 $u^*(k)$和相应的最优状态序列 $x^*(k)$。

解 应用拉格朗日乘子函数 $\lambda(k)$，构造广义离散泛函

$$\bar{J}=\sum_{k=0}^{4}\left\{\frac{1}{2}u^2(k)+\lambda(k+1)[-x(k+1)+x(k)+u(k)]\right\}$$

则原性能指标泛函在状态差分方程等式约束下的条件极小问题转化为广义泛函 $\bar{J}$ 的无条件极小问题。这时

$$L_k=\frac{1}{2}u^2(k)+\lambda(k+1)[-x(k+1)+x(k)+u(k)]$$

$$L_{k-1}=\frac{1}{2}u^2(k-1)+\lambda(k)[-x(k)+x(k-1)+u(k-1)]$$

由于

$$\frac{\partial L_k}{\partial x(k)}=\lambda(k+1),\quad \frac{\partial L_{k-1}}{\partial x(k)}=-\lambda(k)$$

$$\frac{\partial L_k}{\partial u(k)}=u(k)+\lambda(k+1)$$

代入离散欧拉方程

$$\begin{cases}\dfrac{\partial L_k}{\partial x(k)}+\dfrac{\partial L_{k-1}}{\partial x(k)}=0\\ \dfrac{\partial L_k}{\partial u(k)}=0\end{cases}$$

可得

$$\lambda(k+1)=\lambda(k)=c$$

$$u(k)=-\lambda(k+1)=-c$$

将 $u(k)=-c$ 代入状态差分方程，得

$$x(k+1)=x(k)-c$$

用迭代法求解上述差分方程，有

$$x(1)=x(0)-c$$

$$x(2)=x(1)-c=x(0)-2c$$

$$\vdots$$

$$x(k)=x(0)-kc$$

代入已知边界条件

$$x(0)=1,\quad x(5)=0$$

可求得

$$c=0.2$$

因此，该离散系统的最优控制与最优轨线分别为

$$u^*(k)=-0.2$$

$$x^*(k)=1-0.2k\quad(k=0,1,2,3,4)$$

例 3-12 已知离散系统的状态方程为

$$x(k+1)=x(k)+au(k)$$

边界条件为

$$x(0)=1,\quad x(10)=0$$

性能指标为

$$J=\frac{1}{2}\sum_{k=0}^{9}u^2(k)$$

其中，a 为已知常数，试求最优控制 $u^*(k)$ 和最优轨线 $x^*(k)$。

解 应用拉格朗日乘子法，将状态方程约束条件化为等价性能指标，即构成新的性能指标为

$$\bar{J}=\sum_{k=0}^{9}\left[\frac{1}{2}u^2(k)+\lambda(k+1)[x(k)+au(k)-x(k+1)]\right]$$

有

$$L_k=\frac{1}{2}u^2(k)+\lambda(k+1)[x(k)+au(k)-x(k+1)]$$

$$L_{k-1}=\frac{1}{2}u^2(k-1)+\lambda(k)[x(k-1)+au(k-1)-x(k)]$$

则

$$\frac{\partial L_k}{\partial x(k)}=\lambda(k+1)$$

$$\frac{\partial L_{k-1}}{\partial x(k)}=-\lambda(k)$$

$$\frac{\partial L_k}{\partial u(k)}=u(k)+a\lambda(k+1)$$

代入离散欧拉方程

$$\begin{cases}\dfrac{\partial L_k}{\partial x(k)}+\dfrac{\partial L_{k-1}}{\partial x(k)}=0\\ \dfrac{\partial L_k}{\partial u(k)}=0\end{cases}$$

可得

$$\lambda(k+1)-\lambda(k)=0$$
$$u(k)+a\lambda(k+1)=0$$

可解得

$$\lambda(k)=c$$
$$u(k)=-ac$$

代入状态方程可得

$$x(k+1)=x(k)-a^2c$$

直接迭代可解得

$$\begin{aligned}x(1)&=x(0)-a^2c\\ x(2)&=x(1)-a^2c=x(0)-2a^2c\\ &\vdots\\ x(k+1)&=x(k)-a^2c=x(0)-ka^2c\end{aligned}$$

将边界条件 $x(0)=1,x(10)=0$ 代入上式，可解得

$$x(10)=x(0)-10a^2c=0$$

则

$$c=\frac{1}{10a^2}$$

将上式代入 $u(k)=-ac$ 得

$$u^*(k)=-\frac{1}{10a}$$

将 $c=\dfrac{1}{10a^2}$ 代入 $x(k+1)=x(0)-ka^2c$ 可得

$$x^*(k+1)=1-\frac{1}{10}k$$

应当指出，应用离散欧拉方程求解等式约束和不等式约束的离散极值问题比较麻烦，而用离散极小值原理处理这种约束问题却很方便。特别是当控制序列受约束时，离散变分法不再适用，只能用离散极小值原理或离散动态规划来求解离散极小值问题。

3.3.2 离散系统极小值原理

庞特里亚金发表极小值原理时，只讨论了连续系统的情况。为了获取离散系统的极小值原理，有人曾从离散系统与连续系统比较接近这一事实出发，设想把连续极小值原理直接推广到离散系统中去，但如果采样周期不足够小，则得不到有效的结果。

处理容许控制不受约束的最优控制问题时,离散系统与连续系统的研究方法类似,都是采用经典变分法。但是,如果容许控制在有界闭集中取值,变分法就失去了作用,并且离散欧拉方程处理等式约束条件和不等式约束条件远没有离散极小值原理方便。以下直接给出离散系统的极小值原理。

定理 3-2 (离散系统极小值原理)设离散系统的状态方程为

$$\boldsymbol{x}(k+1)=f[\boldsymbol{x}(k),\boldsymbol{u}(k),k] \quad (k=0,1,2,\cdots,M-1) \tag{3-157}$$

式中,$\boldsymbol{x}(k)=[x_1(k),x_2(k),\cdots,x_n(k)]$ 表示 n 维状态向量;$\boldsymbol{u}(k)=[u_1(k),u_2(k),\cdots,u_m(k)]$ 表示 m 维控制向量,且 $m\leqslant n$,$\boldsymbol{u}(k)\in\Omega$;$f[\boldsymbol{x}(k),\boldsymbol{u}(k),k]$ 表示连续可微的向量函数。

始端步数和始端状态固定,即

$$\boldsymbol{x}(0)=\boldsymbol{x}_0 \tag{3-158}$$

终端步数 M 固定,终端状态 $\boldsymbol{x}(M)$ 受以下等式约束限制

$$\Psi[\boldsymbol{x}(M),M]=0 \tag{3-159}$$

性能指标为

$$J=\Phi[\boldsymbol{x}(M),M]+\sum_{k=0}^{M-1}L[\boldsymbol{x}(k),\boldsymbol{u}(k),k] \tag{3-160}$$

式中,$\Phi[\boldsymbol{x}(M),M]$ 和 $L[\boldsymbol{x}(k),\boldsymbol{u}(k),k]$ 均为对 $\boldsymbol{x}(M)$ 连续可微的标量函数。

因此,必存在 r 维非零向量 $\boldsymbol{\gamma}$ 和 n 维向量函数 $\boldsymbol{\lambda}(k)$,使性能指标取得极小值的最优控制 $\boldsymbol{u}^*(k)$、最优轨线 $\boldsymbol{x}^*(k)$ 和协态变量 $\boldsymbol{\lambda}(k)$ 满足如下必要条件。

① 正则方程组为

状态方程

$$\boldsymbol{x}(k+1)=\frac{\partial H[\boldsymbol{x}(k),\boldsymbol{u}(k),\boldsymbol{\lambda}(k+1),k]}{\partial\boldsymbol{\lambda}(k+1)}=f[\boldsymbol{x}(k),\boldsymbol{u}(k),k] \tag{3-161}$$

协态方程

$$\boldsymbol{\lambda}(k)=\frac{\partial H[\boldsymbol{x}(k),\boldsymbol{u}(k),\boldsymbol{\lambda}(k+1),k]}{\partial\boldsymbol{x}(k)} \tag{3-162}$$

式中,哈密尔顿函数 $H[\boldsymbol{x}(k),\boldsymbol{u}(k),\boldsymbol{\lambda}(k+1),k]$定义为

$$H[\boldsymbol{x}(k),\boldsymbol{u}(k),\boldsymbol{\lambda}(k+1),k]=L[\boldsymbol{x}(k),\boldsymbol{u}(k),k]+\boldsymbol{\lambda}^{\mathrm{T}}(k+1)f[\boldsymbol{x}(k),\boldsymbol{u}(k),k] \tag{3-163}$$

② 极值条件为

$$H[\boldsymbol{x}^*(k),\boldsymbol{u}^*(k),\boldsymbol{\lambda}(k+1),k]=\min_{\boldsymbol{u}(k)\in\Omega}H[\boldsymbol{x}^*(k),\boldsymbol{u}(k),\boldsymbol{\lambda}(k+1),k] \tag{3-164}$$

③ 横截条件为

$$\boldsymbol{\lambda}(M)=\frac{\partial\Phi[\boldsymbol{x}(M),M]}{\partial\boldsymbol{x}(M)}+\frac{\partial\Psi^{\mathrm{T}}[\boldsymbol{x}(M),M]}{\partial\boldsymbol{x}(M)}\boldsymbol{\gamma} \tag{3-165}$$

④ 边界条件为

$$\begin{cases}\boldsymbol{x}(0)=\boldsymbol{x}_0\\ \Psi[\boldsymbol{x}(M),M]=0\end{cases} \tag{3-166}$$

如果容许控制 $\boldsymbol{u}(k)$不受任何条件的约束,即 $\boldsymbol{u}(k)$可以在整个控制空间中取值,则极值条件式(3-164)变为

$$\frac{\partial H[\boldsymbol{x}(k),\boldsymbol{u}(k),\boldsymbol{\lambda}(k+1),k]}{\partial \boldsymbol{u}(k)}=0 \tag{3-167}$$

证明 下面仅对控制 $\boldsymbol{u}(k)$ 不受约束时的结论进行推证。利用拉格朗日乘子函数 $\boldsymbol{\lambda}(k+1)$ 和 $\boldsymbol{\gamma}$，将式(3-158)和式(3-159)约束下性能指标式(3-160)的极值问题转化为等价的无约束离散泛函极值问题。

构造广义离散泛函

$$\bar{J}=\Phi[\boldsymbol{x}(M),M]+\boldsymbol{\gamma}^{\mathrm{T}}\Psi[\boldsymbol{x}(M),M]+\sum_{k=0}^{M-1}\{L[\boldsymbol{x}(k),\boldsymbol{u}(k),k]+\boldsymbol{\lambda}^{\mathrm{T}}(k+1)[f[\boldsymbol{x}(k),\boldsymbol{u}(k),k]-\boldsymbol{x}(k+1)]\} \tag{3-168}$$

令离散哈密尔顿函数序列为

$$H(k)=L[\boldsymbol{x}(k),\boldsymbol{u}(k),k]+\boldsymbol{\lambda}^{\mathrm{T}}(k+1)f[\boldsymbol{x}(k),\boldsymbol{u}(k),k] \tag{3-169}$$

将 $H(k)$ 代入广义离散泛函，则可写为

$$\bar{J}=\Phi[\boldsymbol{x}(M),M]+\boldsymbol{\gamma}^{\mathrm{T}}\Psi[\boldsymbol{x}(M),M]+\sum_{k=0}^{M-1}\{H(k)-\boldsymbol{\lambda}^{\mathrm{T}}(k+1)\boldsymbol{x}(k+1)\} \tag{3-170}$$

对式(3-170)中的最后一项进行处理，则式(3-170)可写为

$$\bar{J}=\Phi[\boldsymbol{x}(M),M]+\boldsymbol{\gamma}^{\mathrm{T}}\Psi[\boldsymbol{x}(M),M]+\sum_{k=0}^{M-1}[H(k)-\boldsymbol{\lambda}^{\mathrm{T}}(k)\boldsymbol{x}(k)]+\boldsymbol{\lambda}^{\mathrm{T}}(0)\boldsymbol{x}(0)-\boldsymbol{\lambda}^{\mathrm{T}}(M)\boldsymbol{x}(M) \tag{3-171}$$

取 $\bar{J}$ 的一次变分，并考虑到 $\delta\boldsymbol{x}(0)=0$，可得

$$\delta\bar{J}=\left\{\frac{\partial\Phi[\boldsymbol{x}(M),M]}{\partial\boldsymbol{x}(M)}+\frac{\partial\Psi^{\mathrm{T}}[\boldsymbol{x}(M),M]}{\partial\boldsymbol{x}(M)}\boldsymbol{\gamma}-\boldsymbol{\lambda}(M)\right\}^{\mathrm{T}}\delta\boldsymbol{x}(M)+\sum_{k=0}^{M-1}\left\{\left[\frac{\partial H(k)}{\partial\boldsymbol{x}(k)}-\boldsymbol{\lambda}(k)\right]^{\mathrm{T}}\delta\boldsymbol{x}(k)+\left[\frac{\partial H(k)}{\partial\boldsymbol{u}(k)}\right]^{\mathrm{T}}\delta\boldsymbol{u}(k)\right\} \tag{3-172}$$

令 $\delta\bar{J}=0$，又因为变分 $\delta\boldsymbol{x}(k)$ 和 $\delta\boldsymbol{x}(M)$ 是任意的，所以可导出最优控制序列应满足如下必要条件：

$$\boldsymbol{\lambda}(k)=\frac{\partial H(k)}{\partial\boldsymbol{x}(k)} \tag{3-173}$$

$$\boldsymbol{\lambda}(M)=\frac{\partial\Phi[\boldsymbol{x}(M),M]}{\partial\boldsymbol{x}(M)}+\frac{\partial\Psi^{\mathrm{T}}[\boldsymbol{x}(M),M]}{\partial\boldsymbol{x}(M)}\boldsymbol{\gamma} \tag{3-174}$$

对于以下这一项

$$\sum_{k=0}^{M-1}\left[\frac{\partial H(k)}{\partial\boldsymbol{u}(k)}\right]^{\mathrm{T}}\delta\boldsymbol{u}(k)=0 \tag{3-175}$$

当 $\boldsymbol{u}(k)$ 不受约束时，$\delta\boldsymbol{u}(k)$ 是任意的，故必有

$$\frac{\partial H(k)}{\partial\boldsymbol{u}(k)}=0 \tag{3-176}$$

若离散系统终端状态自由，则离散极小值定理如定理 3-3 所示。

定理 3-3 设离散系统的状态方程为

$$\boldsymbol{x}(k+1)=f[\boldsymbol{x}(k),\boldsymbol{u}(k),k]\quad(k=0,1,2,\cdots,M-1) \tag{3-177}$$

式中，$\boldsymbol{x}(k)=[x_1(k),x_2(k),\cdots,x_n(k)]^{\mathrm{T}}$ 表示 n 维状态向量；$\boldsymbol{u}(k)=[u_1(k),u_2(k),\cdots,u_m(k)]^{\mathrm{T}}$ 表示 m 维控制向量，且 $m\leqslant n$，$\boldsymbol{u}(k)\in\Omega$；$f[\boldsymbol{x}(k),\boldsymbol{u}(k),k]$ 表示连续可微的向量函数。

始端步数和始端状态固定，即

$$\boldsymbol{x}(0)=\boldsymbol{x}_0 \tag{3-178}$$

终端步数 M 固定，终端状态 $\boldsymbol{x}(M)$ 自由。

性能指标为

$$J=\Phi[\boldsymbol{x}(M),M]+\sum_{k=0}^{M-1}L[\boldsymbol{x}(k),\boldsymbol{u}(k),k] \tag{3-179}$$

式中，$\Phi[\boldsymbol{x}(M),M]$ 和 $L[\boldsymbol{x}(k),\boldsymbol{u}(k),k]$ 均为对 $\boldsymbol{x}(M)$ 连续可微的标量函数。

因此必存在 n 维向量函数 $\boldsymbol{\lambda}(k)$，使性能指标取得极小值的最优控制 $\boldsymbol{u}^*(k)$、最优轨线 $\boldsymbol{x}^*(k)$ 和协态变量 $\boldsymbol{\lambda}(k)$ 满足如下必要条件。

① $\boldsymbol{x}(k)$ 和 $\boldsymbol{\lambda}(k)$ 满足下列差分方程

$$\boldsymbol{x}(k+1)=\frac{\partial H(k)}{\partial\boldsymbol{\lambda}(k+1)} \tag{3-180}$$

$$\boldsymbol{\lambda}(k)=\frac{\partial H(k)}{\partial\boldsymbol{x}(k)} \tag{3-181}$$

式中，离散哈密尔顿函数表示为

$$H(k)=L[\boldsymbol{x}(k),\boldsymbol{u}(k),k]+\boldsymbol{\lambda}^{\mathrm{T}}(k+1)f[\boldsymbol{x}(k),\boldsymbol{u}(k),k] \tag{3-182}$$

② $\boldsymbol{x}(k)$ 和 $\boldsymbol{\lambda}(k)$ 满足边界条件

$$\boldsymbol{x}(0)=\boldsymbol{x}_0 \tag{3-183}$$

$$\boldsymbol{\lambda}(M)=\frac{\partial\Phi[\boldsymbol{x}(M),M]}{\partial\boldsymbol{x}(M)} \tag{3-184}$$

③ 离散哈密尔顿函数对最优控制 $\boldsymbol{u}^*(k)$ 取极小值，即

$$H[\boldsymbol{x}^*(k),\boldsymbol{u}^*(k),\boldsymbol{\lambda}(k+1),k]=\min_{\boldsymbol{u}(k)\in\Omega}H[\boldsymbol{x}^*(k),\boldsymbol{u}(k),\boldsymbol{\lambda}(k+1),k] \tag{3-185}$$

若控制变量不受约束，则

$$\frac{\partial H(k)}{\partial\boldsymbol{u}(k)}=0 \tag{3-186}$$

3.3.3 离散系统极小值原理应用举例

例 3-13 已知离散系统及其边界条件为

$$x(k+1)=x(k)+u(k),\qquad x(0)=x_0$$

性能指标为

$$J=\sum_{k=0}^{2}[x^2(k)+u^2(k)]$$

求使性能指标达到极小值的最优控制序列 $u^*(k)$。

解 本题中，$M=3$，终端状态 $x(3)$ 自由，用离散极小值原理求解，令离散哈密尔顿函数为

$$H(k)=x^2(k)+u^2(k)+\lambda(k+1)[x(k)+u(k)]$$

由

$$\lambda(k)=\frac{\partial H(k)}{\partial x(k)}=2x(k)+\lambda(k+1)$$

$$\frac{\partial H(k)}{\partial u(k)}=2u(k)+\lambda(k+1)=0$$

$$\lambda(3)=\frac{\partial \Phi[x(M),M]}{\partial x(M)}=0$$

可得

$$u(k)=-\frac{1}{2}\lambda(k+1)$$

$$\lambda(k+1)=\lambda(k)-2x(k)$$

即

$$\begin{cases}u(0)=-\dfrac{1}{2}\lambda(1)\\ u(1)=-\dfrac{1}{2}\lambda(2)\\ u(2)=-\dfrac{1}{2}\lambda(3)=0\end{cases}$$

$$\begin{cases}\lambda(2)=2x(2)\\ \lambda(1)=2[x(1)+x(2)]\\ \lambda(0)=2[x(0)+x(1)+x(2)]\end{cases}$$

由状态方程

$$x(k+1)=x(k)+u(k)$$

代入

$$\begin{cases}u(0)=-x(1)-x(2)\\ u(1)=-x(2)\\ u(2)=0\end{cases}$$

可求出

$$\begin{cases}x(1)=\dfrac{1}{2}[x(0)-x(2)]\\ x(2)=\dfrac{1}{2}x(1)\\ x(3)=x(2)\end{cases}$$

根据已知的 $x(0)=x_0$，求得最优轨线、最优控制及最优性能指标分别为

$$\begin{cases}x^*(1)=\dfrac{2}{5}x_0\\ x^*(2)=\dfrac{1}{5}x_0\\ x^*(3)=\dfrac{1}{5}x_0\end{cases}$$

$$\begin{cases} u^*(0) = -\dfrac{3}{5}x_0 \\ u^*(1) = -\dfrac{1}{5}x_0 \\ u^*(2) = 0 \end{cases}$$

$$J^* = 1.6x_0^2$$

例 3-14 设离散系统状态方程为

$$\boldsymbol{x}(k+1) = \begin{bmatrix} 1 & 0.1 \\ 0 & 1 \end{bmatrix} \boldsymbol{x}(k) + \begin{bmatrix} 0 \\ 0.1 \end{bmatrix} u(k)$$

已知边界条件

$$\boldsymbol{x}(0) = \begin{bmatrix} 1 \\ 0 \end{bmatrix}, \quad \boldsymbol{x}(2) = \begin{bmatrix} 0 \\ 0 \end{bmatrix}$$

试用离散极小值原理求最优控制序列，使性能指标

$$J = 0.05 \sum_{k=0}^{1} u^2(k)$$

取极小值，并求最优曲线序列。

解 本例为控制无约束，终端状态固定的离散最优控制问题。

构造离散哈密尔顿函数为

$$H(k) = 0.05u^2(k) + \lambda_1(k+1)[x_1(k) + 0.1x_2(k)] + \lambda_2(k+1)[x_2(k) + 0.1u(k)]$$

其中，$\lambda_1(k+1)$ 和 $\lambda_2(k+1)$ 为待定拉格朗日乘子序列。

由伴随方程，有

$$\lambda_1(k) = \frac{\partial H(k)}{\partial x_1(k)} = \lambda_1(k+1)$$

$$\lambda_2(k) = \frac{\partial H(k)}{\partial x_2(k)} = 0.1\lambda_1(k+1) + \lambda_2(k+1)$$

所以

$$\lambda_1(0) = \lambda_1(1), \quad \lambda_2(0) = 0.1\lambda_1(1) + \lambda_2(1)$$

$$\lambda_1(1) = \lambda_1(2), \quad \lambda_2(1) = 0.1\lambda_1(2) + \lambda_2(2)$$

由极值条件

$$\frac{\partial H(k)}{\partial u(k)} = 0.1u(k) + 0.1\lambda_2(k+1) = 0$$

$$\frac{\partial^2 H(k)}{\partial u^2(k)} = 0.1 > 0$$

可得

$$u(k) = -\lambda_2(k+1)$$

可使 $H(k)$ 最小。令 $k=0$ 和 $k=1$，得

$$u(0) = -\lambda_2(1), \quad u(1) = -\lambda_2(2)$$

将 $u(k)$ 表达式代入状态方程，得

$$x_1(k+1) = x_1(k) + 0.1x_2(k)$$

$$x_2(k+1) = x_2(k) - 0.1\lambda_2(k+1)$$

令 k 分别等于 0 和 1，有

$$x_1(1)=x_1(0)+0.1x_2(0),\quad x_2(1)=x_2(0)-0.1\lambda_2(1)$$
$$x_1(2)=x_1(1)+0.1x_2(1),\quad x_2(2)=x_2(1)-0.1\lambda_2(2)$$

由已知边界条件

$$x_1(0)=1,\quad x_2(0)=0$$
$$x_1(2)=0,\quad x_2(2)=0$$

得最优解为

$$u^*(0)=-100,\quad u^*(1)=100$$

$$\boldsymbol{x}^*(0)=\begin{bmatrix}1\\0\end{bmatrix},\quad \boldsymbol{x}^*(1)=\begin{bmatrix}1\\-10\end{bmatrix},\quad \boldsymbol{x}^*(2)=\begin{bmatrix}0\\0\end{bmatrix}$$

$$\boldsymbol{\lambda}(0)=\begin{bmatrix}2\,000\\300\end{bmatrix},\quad \boldsymbol{\lambda}(1)=\begin{bmatrix}2\,000\\100\end{bmatrix},\quad \boldsymbol{\lambda}(2)=\begin{bmatrix}2\,000\\-100\end{bmatrix}$$

例 3-15 已知离散系统的状态方程为

$$x(k+1)=x(k)+au(k)$$

边界条件为

$$x(0)=1,\quad x(10)=0$$

性能指标为

$$J=\frac{1}{2}\sum_{k=0}^{9}u^2(k)$$

其中，a 为已知常数，试求最优控制 $u^*(k)$ 和最优轨线 $x^*(k)$。

解 第一种解法见本章例 3-12。本题为 $u(k)$ 无约束，$M=0$，终端固定的离散最优解问题，在本例中用离散极小值原理求解，构造哈密尔顿函数为

$$H(k)=\frac{1}{2}u^2(k)+\lambda(k+1)[x(k)+au(k)]$$

由协态方程和极值条件有

$$\lambda(k)=\frac{\partial H(k)}{\partial x(k)}=\lambda(k+1)$$
$$\lambda(k+1)=\lambda(k)=c$$
$$\frac{\partial H(k)}{\partial u(k)}=u(k)+a\lambda(k+1)=0$$
$$u^*(k)=-ac$$

将 $u^*(k)$ 代入状态差分方程 $x(k+1)=x(k)-a^2c$ 有

$$x(1)=x(0)-a^2c$$
$$x(2)=x(1)-a^2c=x(0)-2a^2c$$
$$\vdots$$
$$x(k)=x(0)-ka^2c$$

代入已知条件 $x(0)=1, x(10)=0$，解得

$$c=0.1a^{-2}$$

故最优解为

$$u^*(k)=-0.1a^{-1}$$

$$x^*(k)=1-0.1k \quad (k=0,1,\cdots,10)$$

例 3-16 设有若干台同样的机器，每台机器可以做两种工作，如果用于做第一种工作，每年每台可获利润 3 万元，机器的损坏率为 2/3；如果用于做第二种工作，每年每台可获利润 2.5 万元，机器的损坏率为 1/3。现考虑 3 年的生产周期，试确定如何安排生产计划可获得最大利润。

解 设第 k 年可用机器的台数为 $x(k)$，第 k 年分配做第一种工作的机器为 $u(k)$ 台，显然 $u(k)$ 满足不等式 $0\leqslant u(k)\leqslant x(k)$，这是约束条件。描述这个系统的状态方程为

$$x(k+1)=\frac{1}{3}u(k)+\frac{2}{3}[x(k)-u(k)]$$

整理得

$$x(k+1)=\frac{2}{3}x(k)-\frac{1}{3}u(k)$$

性能指标为

$$J=\sum_{k=0}^{2}\{3u(k)+2.5[x(k)-u(k)]\}=\sum_{k=0}^{2}[2.5x(k)+0.5u(k)]$$

问题是求 $u^*(0),u^*(1),u^*(2)$ 使其满足约束条件 $0\leqslant u(k)\leqslant x(k)$，并使 J 最大。

构造哈密尔顿函数为

$$\begin{aligned}H(k)&=2.5x(k)+0.5u(k)+\lambda(k+1)\left[\frac{2}{3}x(k)-\frac{1}{3}u(k)\right]\\&=2.5x(k)+\frac{2}{3}\lambda(k+1)x(k)+\left[0.5-\frac{1}{3}\lambda(k+1)\right]u(k)\end{aligned}$$

由定理 3-2 的必要条件

$$u^*(k)=\begin{cases}x(k), & 0.5-\dfrac{1}{3}\lambda(k+1)>0\\ 0, & 0.5-\dfrac{1}{3}\lambda(k+1)<0\end{cases}$$

伴随方程和边界条件为

$$\lambda(k)=2.5+\frac{2}{3}\lambda(k+1),\quad \lambda(3)=0$$

由此可解出

$$\lambda(2)=2.5,\quad \lambda(1)=\frac{12.5}{3}$$

因此有

$$\begin{cases}u^*(0)=0, & 0.5-\dfrac{1}{3}\lambda(1)<0\\ u^*(1)=0, & 0.5-\dfrac{1}{3}\lambda(2)<0\\ u^*(2)=x(2), & 0.5-\dfrac{1}{3}\lambda(3)>0\end{cases}$$

由此得到最优生产计划为：前两年用全部机器做第二种工作，第三年将全部剩下的机器做第一种工作，这样获得总利润最多。

3.4 连续极小值原理与离散极小值原理比较

离散系统最优控制序列的求取是一个多步决策过程，在 M 个采样周期中，系统的状态从 $\boldsymbol{x}(k)$ 到 $\boldsymbol{x}(k+1)$ 一步步地转移，每一步都有一个控制向量作用，在最优控制序列 $\boldsymbol{u}^*(k)$ 作用下，系统状态转移轨线是最优的。离散系统与连续系统的最优轨线比较如图 3-2 所示。

应用连续极小值原理和离散极小值原理求解同一最优控制问题，如果采样周期选择适当，则可以得到十分相近甚至相同的结果，也就是说，连续和离散极小值原理存在着某种联系，同时也存在差别。下面以变分学中的拉格朗日问题为例，对这两种方法进行分析和比较。

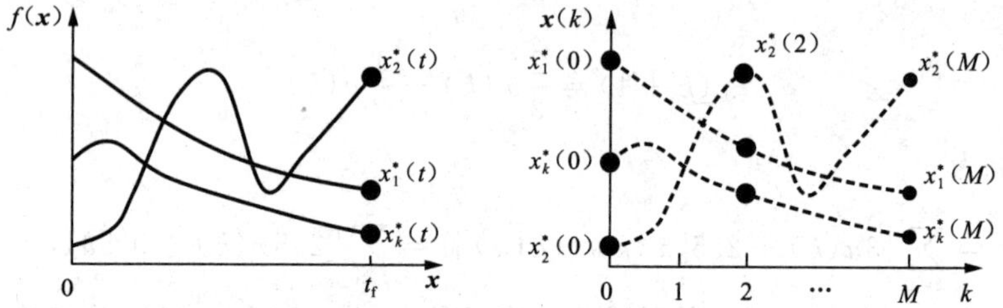

图 3-2　最优轨线

设系统的状态方程为

$$\dot{\boldsymbol{x}}=f[\boldsymbol{x}(t),\boldsymbol{u}(t),t] \tag{3-187}$$

选定积分型（即拉格朗日型）性能指标

$$J=\int_{t_0}^{t_f}L[\boldsymbol{x}(t),\boldsymbol{u}(t),t]\mathrm{d}t \tag{3-188}$$

并假定初始时间、初始状态和终端时刻都固定。

3.4.1 连续极小值原理求解方法

根据连续系统的极小值原理，哈密尔顿函数为

$$H=L[\boldsymbol{x}(t),\boldsymbol{u}(t),t]+\boldsymbol{\lambda}^{\mathrm{T}}(t)f[\boldsymbol{x}(t),\boldsymbol{u}(t),t] \tag{3-189}$$

正则方程为

$$\dot{\boldsymbol{\lambda}}=-\frac{\partial H}{\partial x}=-\frac{\partial L[\boldsymbol{x}(t),\boldsymbol{u}(t),t]}{\partial \boldsymbol{x}}-\frac{\partial f^{\mathrm{T}}[\boldsymbol{x}(t),\boldsymbol{u}(t),t]}{\partial \boldsymbol{x}}\boldsymbol{\lambda}(t) \tag{3-190}$$

$$\dot{\boldsymbol{x}}=\frac{\partial H}{\partial \boldsymbol{\lambda}}=f[\boldsymbol{x},\boldsymbol{u},t] \tag{3-191}$$

极值条件为

$$\frac{\partial H}{\partial \boldsymbol{u}}=\frac{\partial L[\boldsymbol{x}(t),\boldsymbol{u}(t),t]}{\partial \boldsymbol{u}}+\frac{\partial f^{\mathrm{T}}[\boldsymbol{x}(t),\boldsymbol{u}(t),t]}{\partial \boldsymbol{u}}\boldsymbol{\lambda}(t)=0 \tag{3-192}$$

边界条件为

$$\boldsymbol{\lambda}(t_f)=0 \tag{3-193}$$

$$\boldsymbol{x}(t_0)=\boldsymbol{x}_0 \tag{3-194}$$

显然，式(3-189)～式(3-194)构成了连续系统的两点边值问题。如果用计算机求解，则

可以用一阶差分来进行近似一阶微分 $\dot{x}$ 和 $\dot{\lambda}$，采样周期用 T 表示，可以得到如下两式：

$$\dot{\boldsymbol{x}}(t)\big|_{t=kT}=\frac{\boldsymbol{x}(k+1)-\boldsymbol{x}(k)}{T}=\frac{\boldsymbol{x}[(k+1)T]-\boldsymbol{x}(kT)}{T} \tag{3-195}$$

$$\dot{\boldsymbol{\lambda}}(t)\big|_{t=kT}=\frac{\boldsymbol{\lambda}(k+1)-\boldsymbol{\lambda}(k)}{T}=\frac{\boldsymbol{\lambda}[(k+1)T]-\boldsymbol{\lambda}(kT)}{T} \tag{3-196}$$

将式(3-195)和式(3-196)代入式(3-190)和式(3-191)，得到式(3-197)～式(3-201)表示的离散化两点边值问题。

$$\boldsymbol{x}(k+1)=\boldsymbol{x}(k)+Tf[\boldsymbol{x}(k),\boldsymbol{u}(k),k] \tag{3-197}$$

协态方程为

$$\boldsymbol{\lambda}(k+1)=\boldsymbol{\lambda}(k)-T\frac{\partial L[\boldsymbol{x}(k),\boldsymbol{u}(k),k]}{\partial \boldsymbol{x}(k)}-T\frac{\partial f^{\mathrm{T}}[\boldsymbol{x}(k),\boldsymbol{u}(k),k]}{\partial \boldsymbol{x}(k)}\boldsymbol{\lambda}(k) \tag{3-198}$$

极值条件为

$$\frac{\partial H(k)}{\partial \boldsymbol{u}(k)}=\frac{\partial L[\boldsymbol{x}(k),\boldsymbol{u}(k),k]}{\partial \boldsymbol{u}(k)}+\frac{\partial f^{\mathrm{T}}[\boldsymbol{x}(k),\boldsymbol{u}(k),k]}{\partial \boldsymbol{u}(k)}\boldsymbol{\lambda}(k)=0 \tag{3-199}$$

边界条件为

$$\boldsymbol{\lambda}(M)=0 \tag{3-200}$$

$$\boldsymbol{x}(t_0)=\boldsymbol{x}_0 \tag{3-201}$$

3.4.2 离散极小值原理求解方法

离散的系统状态方程及其初始条件可用一阶差分近似为下式

$$\boldsymbol{x}(k+1)=\boldsymbol{x}(k)+Tf[\boldsymbol{x}(k),\boldsymbol{u}(k),k] \tag{3-202}$$

拉格朗日型性能指标离散化表达式为

$$J=T\sum_{k=0}^{M-1}L[\boldsymbol{x}(k),\boldsymbol{u}(k),k] \tag{3-203}$$

根据离散系统极小值原理，哈密尔顿函数为

$$H(k)=TL[\boldsymbol{x}(k),\boldsymbol{u}(k),k]+\boldsymbol{\lambda}^{\mathrm{T}}(k+1)\{\boldsymbol{x}(k)+Tf[\boldsymbol{x}(k),\boldsymbol{u}(k),k]\} \tag{3-204}$$

协态方程为

$$\boldsymbol{\lambda}(k)=\frac{\partial H(k)}{\partial \boldsymbol{x}(k)}=T\frac{\partial L[\boldsymbol{x}(k),\boldsymbol{u}(k),k]}{\partial \boldsymbol{x}(k)}+\left\{\boldsymbol{I}+T\frac{\partial f^{\mathrm{T}}[\boldsymbol{x}(k),\boldsymbol{u}(k),k]}{\partial \boldsymbol{x}(k)}\boldsymbol{\lambda}(k+1)\right\} \tag{3-205}$$

极值条件为

$$\frac{\partial H(k)}{\partial \boldsymbol{u}(k)}=T\frac{\partial L[\boldsymbol{x}(k),\boldsymbol{u}(k),k]}{\partial \boldsymbol{u}(k)}+T\frac{\partial f^{\mathrm{T}}[\boldsymbol{x}(k),\boldsymbol{u}(k),k]}{\partial \boldsymbol{u}(k)}\boldsymbol{\lambda}(k+1)=0 \tag{3-206}$$

边界条件为

$$\boldsymbol{\lambda}(M)=0 \tag{3-207}$$

$$\boldsymbol{x}(0)=\boldsymbol{x}_0 \tag{3-208}$$

以上式(3-207)～式(3-208)即为离散系统的两点边值问题。

3.4.3 两种方法比较

1）相同点

(1) 状态方程和初始条件相同，即式(3-197)与式(3-202)完全相同。

(2) 横截条件相同，即式(3-200)与式(3-207)完全相同。

2）不同点

(1) 协态方程不同。

观察式(3-198)与式(3-205)可知两式不同。将式(3-205)对 $\boldsymbol{\lambda}(k+1)$ 求解则有

$$\boldsymbol{\lambda}(k+1)=\left\{\boldsymbol{I}+T\frac{\partial f^{\mathrm{T}}[\boldsymbol{x}(k),\boldsymbol{u}(k),k]}{\partial\boldsymbol{x}(k)}\right\}^{-1}\cdot\left\{\boldsymbol{\lambda}(k)-T\frac{\partial L[\boldsymbol{x}(k),\boldsymbol{u}(k),k]}{\partial\boldsymbol{x}(k)}\right\}\tag{3-209}$$

将式(3-209)中的逆矩阵对采样周期 T 在零值附近展开成泰勒级数，近似取前两项，当采样周期足够小时可以忽略乘积中 T 的高次项，则有

$$\boldsymbol{\lambda}(k+1)=\boldsymbol{\lambda}(k)-T\frac{\partial L[\boldsymbol{x}(k),\boldsymbol{u}(k),k]}{\partial\boldsymbol{x}(k)}-T\frac{\partial f^{\mathrm{T}}[\boldsymbol{x}(k),\boldsymbol{u}(k),k]}{\partial\boldsymbol{x}(k)}\boldsymbol{\lambda}(k)\tag{3-210}$$

显然此时式(3-210)与式(3-198)相同。

(2) 极值条件不同。

观察式(3-199)与式(3-206)可知，两式在形式上类似，但并不完全相同。如果将式(3-206)中的 $\boldsymbol{\lambda}(k+1)$ 用 $\boldsymbol{\lambda}(k)$ 来代替，则与式(3-199)一致。当采样周期 T 足够小时，$\boldsymbol{\lambda}(k)$ 在步与步之间变化很小，此时是有意义的。

通过以上的分析比较可以得到以下结论：

(1) 当采样周期 T 足够小时，两点边值问题的数值解本质上是一样的。

(2) 连续极小值原理产生一非线性微分方程的两点边值问题，它的解是使相应连续系统最优的准确答案。

(3) 离散极小值原理产生一非线性差分方程的两点边值问题，它的解是使相应离散系统最优的准确答案。

(4) 由连续两点边值问题离散化所得到的控制及轨线，既不能使连续问题严格最优，也不能使离散模型严格最优，只是一个粗略解。

连续极小值原理与离散极小值原理的比较如表 3-3 所示。

表 3-3 连续与离散极小值原理比较表

项目	连续极小值原理	离散极小值原理
系统	$\dot{\boldsymbol{x}}(t)=f[\boldsymbol{x}(t),\boldsymbol{u}(t),t]$	$\boldsymbol{x}(k+1)=f[\boldsymbol{x}(k),\boldsymbol{u}(k),k],k=0,1,\cdots,M-1$
初始条件	$\boldsymbol{x}(t_0)=\boldsymbol{x}_0$	$\boldsymbol{x}(0)=\boldsymbol{x}_0$
性能指标	$J=\Phi[\boldsymbol{x}(t_f),t_f]+\int_{t_0}^{t_f}L[\boldsymbol{x}(t),\boldsymbol{u}(t),t]\mathrm{d}t$	$J=\Phi[\boldsymbol{x}(M),M]+\sum_{k=0}^{M-1}L[\boldsymbol{x}(k),\boldsymbol{u}(k),k]$
极值问题	求 $\boldsymbol{u}^*(t)$，使 J 取极小值	求 $\boldsymbol{u}^*(k)$，使 J 取极小值，$k=0,1,\cdots,M-1$
方法特点	引入协态向量 $\boldsymbol{\lambda}(t)$	引入协态向量序列 $\boldsymbol{\lambda}(k),k=1,2,\cdots,M$
哈密尔顿函数	$H[\boldsymbol{x},\boldsymbol{\lambda},\boldsymbol{u},t]=L[\boldsymbol{x},\boldsymbol{u},t]+\boldsymbol{\lambda}^{\mathrm{T}}f[\boldsymbol{x},\boldsymbol{u},t]$	$H(k)=L[\boldsymbol{x}(k),\boldsymbol{u}(k),k]+$ $\boldsymbol{\lambda}^{\mathrm{T}}(k+1)f[\boldsymbol{x}(k),\boldsymbol{u}(k),k],k=0,1,\cdots,M-1$

续表

项　目	连续极小值原理	离散极小值原理
正则方程	$\dot{\boldsymbol{x}}(t)=\dfrac{\partial H}{\partial \boldsymbol{\lambda}},\dot{\boldsymbol{\lambda}}(t)=-\dfrac{\partial H}{\partial \boldsymbol{x}}$	$\boldsymbol{x}(k+1)=\dfrac{\partial H(k)}{\partial \boldsymbol{\lambda}(k+1)},\boldsymbol{\lambda}(k)=\dfrac{\partial H(k)}{\partial \boldsymbol{x}(k)}$
横截条件（终端自由）	$\boldsymbol{\lambda}(t_f)=\dfrac{\partial \Phi[\boldsymbol{x}(t_f),t_f]}{\partial \boldsymbol{x}(t_f)}$ $\Phi[\boldsymbol{x}(t_f),t_f]=0$ 时，$\boldsymbol{\lambda}(t_f)=0$	$\boldsymbol{\lambda}(M)=\dfrac{\partial \Phi[\boldsymbol{x}(M),M]}{\partial \boldsymbol{x}(M)}$ $\Phi[\boldsymbol{x}(M),M]=0$ 时，$\boldsymbol{\lambda}(M)=0$
极值条件（控制无约束）	$\dfrac{\partial H}{\partial \boldsymbol{u}}=0$	$\dfrac{\partial H(k)}{\partial \boldsymbol{u}(k)}=0,k=0,1,\cdots,M-1$
极小值条件（控制有约束）	$H[\boldsymbol{x}^*,\boldsymbol{\lambda},\boldsymbol{u}^*,t]=\min\limits_{\boldsymbol{u}\in\Omega}H[\boldsymbol{x}^*,\boldsymbol{\lambda},\boldsymbol{u},t]$	$H[\boldsymbol{x}^*(k),\boldsymbol{\lambda}(k+1),\boldsymbol{u}^*(k),k]$ $=\min\limits_{\boldsymbol{u}(k)\in\Omega}H[\boldsymbol{x}^*(k),\boldsymbol{\lambda}(k+1),\boldsymbol{u}(k),k]$

3.5 连续系统的离散化处理

随着数字计算机的发展和普及，计算机在控制工程中的应用越来越广泛。数字计算机处理的是数字信号，如果采用数字计算机对连续系统进行求解，则必须先将连续系统进行离散化处理。

连续系统离散化处理的方法有两种：一种是根据连续系统的数学模型按照连续系统的求解方法确定出最优控制的定解条件，然后将这些条件离散化作为求最优解的依据；另一种是将连续系统的数学模型离散化以得到相应的离散系统的数学模型，然后按照离散系统的求解方法得到离散最优控制的定解条件，将这些定解条件作为求最优解的依据并求出最优解。

设系统的状态方程为

$$\dot{\boldsymbol{x}}=f[\boldsymbol{x}(t),\boldsymbol{u}(t),t],\quad \boldsymbol{x}(t_0)=\boldsymbol{x}_0 \tag{3-211}$$

终端时间固定为 t_f，终端状态 $\boldsymbol{x}(t_f)$ 未知，求最优控制 $\boldsymbol{u}^*(t)$，使系统由初态转移到终态，并使性能指标

$$J=\Phi[\boldsymbol{x}(t_f),t_f]+\int_{t_0}^{t_f}L[\boldsymbol{x}(t),\boldsymbol{u}(t),t]\mathrm{d}t \tag{3-212}$$

为极小值。

显然这是连续系统，如果要用数字计算机来求解，必须要对其进行离散化处理。下面介绍两种不同的离散化处理方法。

3.5.1 离散化处理方法一

根据连续系统的极小值原理，有

(1) 哈密尔顿函数为

$$H=L[\boldsymbol{x}(t),\boldsymbol{u}(t),t]+\boldsymbol{\lambda}^{\mathrm{T}}(t)f[\boldsymbol{x}(t),\boldsymbol{u}(t),t] \tag{3-213}$$

(2) 协态方程为

$$\dot{\boldsymbol{\lambda}}=-\frac{\partial L[\boldsymbol{x}(t),\boldsymbol{u}(t),t]}{\partial \boldsymbol{x}}-\frac{\partial f^{\mathrm{T}}[\boldsymbol{x}(t),\boldsymbol{u}(t),t]}{\partial \boldsymbol{x}}\boldsymbol{\lambda}(t) \tag{3-214}$$

(3) 极值条件为

$$\frac{\partial H}{\partial \boldsymbol{u}}=\frac{\partial L[\boldsymbol{x}(t),\boldsymbol{u}(t),t]}{\partial \boldsymbol{u}}+\frac{\partial f^{\mathrm{T}}[\boldsymbol{x}(t),\boldsymbol{u}(t),t]}{\partial \boldsymbol{u}}\boldsymbol{\lambda}(t)=0 \tag{3-215}$$

当控制输入受条件约束时则为

$$H[\boldsymbol{x}^*(k),\boldsymbol{u}^*(k),\boldsymbol{\lambda}(k+1),k]=\min_{\boldsymbol{u}(k)\in\Omega} H[\boldsymbol{x}^*(k),\boldsymbol{u}(k),\boldsymbol{\lambda}(k+1),k] \tag{3-216}$$

(4) 横截条件为

$$\boldsymbol{\lambda}(t_{\mathrm{f}})=\frac{\partial \Phi[\boldsymbol{x}(t_{\mathrm{f}}),t_{\mathrm{f}}]}{\partial \boldsymbol{x}(t_{\mathrm{f}})} \tag{3-217}$$

用一阶差商来逼近一阶微分,即

$$\dot{\boldsymbol{x}}\big|_{t=kT}=\frac{\boldsymbol{x}[(k+1)T]-\boldsymbol{x}[kT]}{T} \tag{3-218}$$

$$\dot{\boldsymbol{\lambda}}\big|_{t=kT}=\frac{\boldsymbol{\lambda}[(k+1)T]-\boldsymbol{\lambda}[kT]}{T} \tag{3-219}$$

其中,T 为采样步长或采样周期。

则离散最优控制 $\boldsymbol{u}^*(k)$应该满足的条件如下。

(1) 正则方程组为

状态方程

$$\boldsymbol{x}(k+1)=\boldsymbol{x}(k)+Tf[\boldsymbol{x}(k),\boldsymbol{u}(k),k] \tag{3-220}$$

协态方程

$$\boldsymbol{\lambda}(k+1)=\boldsymbol{\lambda}(k)-T\frac{\partial L[\boldsymbol{x}(k),\boldsymbol{u}(k),k]}{\partial \boldsymbol{x}(k)}-T\frac{\partial f^{\mathrm{T}}[\boldsymbol{x}(k),\boldsymbol{u}(k),k]}{\partial \boldsymbol{x}(k)}\boldsymbol{\lambda}(k) \tag{3-221}$$

其中,$k=0,1,2,\cdots,M-1$,M 为以步长数计算的终端时间。

(2) 极值条件为

$$\frac{\partial L[\boldsymbol{x}(k),\boldsymbol{u}(k),k]}{\partial \boldsymbol{u}(k)}+\frac{\partial f^{\mathrm{T}}[\boldsymbol{x}(k),\boldsymbol{u}(k),k]}{\partial \boldsymbol{u}(k)}\boldsymbol{\lambda}(k)=0 \tag{3-222}$$

当控制输入受条件约束时则为

$$H[\boldsymbol{x}(k),\boldsymbol{u}(k),\boldsymbol{\lambda}(k),k]=L[\boldsymbol{x}(k),\boldsymbol{u}(k),k]+\boldsymbol{\lambda}^{\mathrm{T}}(k)f[\boldsymbol{x}(k),\boldsymbol{u}(k),k] \tag{3-223}$$

$$H[\boldsymbol{x}^*(k),\boldsymbol{u}^*(k),\boldsymbol{\lambda}(k+1),k]=\min_{\boldsymbol{u}(k)\in\Omega} H[\boldsymbol{x}^*(k),\boldsymbol{u}(k),\boldsymbol{\lambda}(k+1),k] \tag{3-224}$$

(3) 初始条件为

$$\boldsymbol{x}(t_0)=\boldsymbol{x}_0 \tag{3-225}$$

(4) 横截条件为

$$\boldsymbol{\lambda}(M)=\frac{\partial \Phi[\boldsymbol{x}(M),M]}{\partial \boldsymbol{x}(M)} \tag{3-226}$$

3.5.2 离散化处理方法二

连续系统的数学模型离散化有

$$\boldsymbol{x}(k+1)=\boldsymbol{x}(k)+Tf[\boldsymbol{x}(k),\boldsymbol{u}(k),k],\quad \boldsymbol{x}(0)=\boldsymbol{x}_0 \tag{3-227}$$

$$J=\Phi[\boldsymbol{x}(M),M]+T\sum_{k=0}^{M-1}L[\boldsymbol{x}(k),\boldsymbol{x}(k+1),k] \tag{3-228}$$

其中,$k=0,1,2,\cdots,M-1$,M 为以步长数计算的终端时间。

定义哈密尔顿函数为

$$H(k)=TL[\boldsymbol{x}(k),\boldsymbol{u}(k),k]+\boldsymbol{\lambda}^{\mathrm{T}}(k+1)\{\boldsymbol{x}(k)+Tf[\boldsymbol{x}(k),\boldsymbol{u}(k),k]\} \tag{3-229}$$

根据离散系统极小值原理，离散最优控制 $\boldsymbol{u}^*(k)$ 应该满足的条件如下。

(1) 正则方程组为

状态方程

$$\boldsymbol{x}(k+1)=\boldsymbol{x}(k)+Tf[\boldsymbol{x}(k),\boldsymbol{u}(k),k] \tag{3-230}$$

协态方程

$$\boldsymbol{\lambda}(k)=T\frac{\partial L[\boldsymbol{x}(k),\boldsymbol{u}(k),k]}{\partial \boldsymbol{x}(k)}+\left\{\boldsymbol{I}+T\frac{\partial f^{\mathrm{T}}[\boldsymbol{x}(k),\boldsymbol{u}(k),k]}{\partial \boldsymbol{x}(k)}\boldsymbol{\lambda}(k+1)\right\} \tag{3-231}$$

也即

$$\boldsymbol{\lambda}(k+1)=\left\{\boldsymbol{I}+T\frac{\partial f^{\mathrm{T}}[\boldsymbol{x}(k),\boldsymbol{u}(k),k]}{\partial \boldsymbol{x}(k)}\boldsymbol{\lambda}(k+1)\right\}^{-1}\times\left\{\boldsymbol{\lambda}(k)-T\frac{\partial L[\boldsymbol{x}(k),\boldsymbol{u}(k),k]}{\partial \boldsymbol{x}(k)}\right\} \tag{3-232}$$

其中，$k=0,1,2,\cdots,M-1$，M 为以步长数计算的终端时间，$\boldsymbol{I}$ 为单位矩阵。

(2) 极值条件为

$$\frac{\partial L[\boldsymbol{x}(k),\boldsymbol{u}(k),k]}{\partial \boldsymbol{u}(k)}+\frac{\partial f^{\mathrm{T}}[\boldsymbol{x}(k),\boldsymbol{u}(k),k]}{\partial \boldsymbol{u}(k)}\boldsymbol{\lambda}(k)=0 \tag{3-233}$$

当控制输入受条件约束时则为

$$H[\boldsymbol{x}(k),\boldsymbol{\lambda}(k),\boldsymbol{u}(k),k]=L[\boldsymbol{x}(k),\boldsymbol{u}(k),k]+\boldsymbol{\lambda}^{\mathrm{T}}(k)f[\boldsymbol{x}(k),\boldsymbol{u}(k),k] \tag{3-234}$$

$$H[\boldsymbol{x}^*(k),\boldsymbol{u}^*(k),\boldsymbol{\lambda}(k+1),k]=\min_{\boldsymbol{u}(k)\in\Omega}H[\boldsymbol{x}^*(k),\boldsymbol{u}(k),\boldsymbol{\lambda}(k+1),k] \tag{3-235}$$

(3) 初始条件为

$$\boldsymbol{x}(0)=\boldsymbol{x}_0 \tag{3-236}$$

(4) 横截条件为

$$\boldsymbol{\lambda}(M)=\frac{\partial \Phi[\boldsymbol{x}(M),M]}{\partial \boldsymbol{x}(M)} \tag{3-237}$$

比较式(3-220)～式(3-226)和式(3-230)～式(3-237)可以发现，两种方法所得的结果只有协态方程有所不同。可以证明，当采样周期 T 足够小时，两种方法计算的结果基本相同。

3.6 小 结

当控制作用不受任何条件约束时，最优控制的解可以用第 2 章介绍的经典变分法得到，并且最优控制满足方程$\frac{\partial H}{\partial \boldsymbol{u}}=0$。但当控制向量受条件约束并在一个有界闭集中取值时，经典变分法不再适用，必须用极小值原理来得到泛函取极值的必要条件。由于极小值原理不要求哈密尔顿函数对控制向量连续可微，是经典变分法求泛函极值的扩充，所以这种方法又称为现代变分法。

1）连续系统的极小值原理

（1）连续极小值原理。

设 n 维系统的状态方程 $\dot{\boldsymbol{x}}(t)=f[\boldsymbol{x}(t),\boldsymbol{u}(t),t]$，控制向量 $\boldsymbol{u}(t)$ 是分段连续函数，属于 r 维空间中的有界闭集，应满足 $g[\boldsymbol{x}(t),\boldsymbol{u}(t),t]\geqslant 0$。将状态 $\boldsymbol{x}(t)$ 的初始状态 $\boldsymbol{x}(t_0)=\boldsymbol{x}_0$ 转移到终端状态，并满足终端边界条件 $\boldsymbol{\Psi}[\boldsymbol{x}(t_f),t_f]=0$（其中 t_f 可变或固定），使性能指标 $J=\Phi[\boldsymbol{x}(t_f),t_f]+\int_{t_0}^{t_f}L[\boldsymbol{x}(t),\boldsymbol{u}(t),t]\mathrm{d}t$ 达到极小值。

取哈密尔顿函数为

$$H=L[\boldsymbol{x},\boldsymbol{u},t]+\boldsymbol{\lambda}^{\mathrm{T}}f[\boldsymbol{x},\boldsymbol{u},t]$$

则实现最优控制的必要条件是，最优控制 $\boldsymbol{u}^*$、最优轨线 $\boldsymbol{x}^*$ 和最优协态矢量 $\boldsymbol{\Gamma}^*$ 满足下列关系式。

① 沿最优轨线满足正则方程

$$\dot{\boldsymbol{x}}=\frac{\partial H}{\partial \boldsymbol{\lambda}}$$

$$\dot{\boldsymbol{\lambda}}=-\frac{\partial H}{\partial \boldsymbol{x}}-\frac{\partial g^{\mathrm{T}}}{\partial \boldsymbol{x}}\boldsymbol{\Gamma}$$

$$\left(\text{当 } g \text{ 不含 } \boldsymbol{x} \text{ 时，} \dot{\boldsymbol{\lambda}}=-\frac{\partial H}{\partial \boldsymbol{x}}\right)$$

② 在最优轨线上，与最优控制 $\boldsymbol{u}^*$ 相对应的 H 函数取绝对极小值，即

$$H[\boldsymbol{x}^*,\boldsymbol{\lambda},\boldsymbol{u}^*,t]=\min_{\boldsymbol{u}\in\Omega}H[\boldsymbol{x}^*,\boldsymbol{\lambda},\boldsymbol{u},t]$$

或

$$H[\boldsymbol{x}^*,\boldsymbol{\lambda},\boldsymbol{u},t]\geqslant H[\boldsymbol{x}^*,\boldsymbol{\lambda},\boldsymbol{u}^*,t]$$

沿最优轨线有

$$\frac{\partial H}{\partial \boldsymbol{u}}=-\frac{\partial g^{\mathrm{T}}}{\partial \boldsymbol{u}}\boldsymbol{\Gamma}$$

③ H 函数在最优轨线终点满足

$$H(t_f)=-\frac{\partial \Phi}{\partial t_f}-\frac{\partial \boldsymbol{\Psi}^{\mathrm{T}}}{\partial t_f}\boldsymbol{\gamma}$$

④ 协态终值满足横截条件

$$\boldsymbol{\lambda}(t_f)=\frac{\partial \Phi}{\partial \boldsymbol{x}(t_f)}+\frac{\partial \boldsymbol{\Psi}^{\mathrm{T}}}{\partial \boldsymbol{x}(t_f)}\boldsymbol{\gamma}$$

⑤ 满足边界条件

$$\boldsymbol{x}(t_0)=\boldsymbol{x}_0$$
$$\boldsymbol{\Psi}[\boldsymbol{x}(t_f),t_f]=0$$

值得注意的是，极小值原理所得最优控制的必要条件与变分法所得条件的差别仅在于用

$$H[\boldsymbol{x}^*,\boldsymbol{\lambda},\boldsymbol{u}^*,t]=\min_{\boldsymbol{u}\in\Omega}H[\boldsymbol{x}^*,\boldsymbol{\lambda},\boldsymbol{u},t]$$

代替 $\dfrac{\partial H}{\partial \boldsymbol{u}}=0$，而后者可作为前者的特殊情况。

（2）用连续极小值原理求解的最优控制问题的分类。

系统按端点来分可分为固定端点和自由端点两种情况；按约束条件来分可分为无约束

条件和有约束条件，有约束条件又可分为等式约束和不等式约束；按性能指标的类型来分可分为积分型、终端型和综合型。上述这几种情况可以相互交叉结合，形成多种不同的情况。因此，在举例说明极小值原理的应用之前，本章分别讨论了其中几种典型的情况，注意对比不同情况下泛函取极值的必要条件中各方程的不同。

(3) 应用极小值原理解决实际控制工程问题的一般步骤。

① 建立系统模型；

② 确定性能指标；

③ 确定约束条件；

④ 构造哈密尔顿函数；

⑤ 根据泛函取得极值的必要条件，列写各方程；

⑥ 联立方程求解；

⑦ 根据边值条件确定各积分常数；

⑧ 求出最优控制、最优轨线和最优性能指标。

2) 离散系统的极小值原理

(1) 离散欧拉方程。

当控制序列 $\boldsymbol{u}(k)$ 不受约束时，可以采用离散变分法求解离散系统的最优控制问题，得到离散极值的必要条件——离散欧拉方程。

$$\begin{cases} \dfrac{\partial L_k}{\partial \boldsymbol{x}(k)} + \dfrac{\partial L_{k-1}}{\partial \boldsymbol{x}(k)} = 0 \\ \dfrac{\partial L_k}{\partial \boldsymbol{u}(k)} = 0 \end{cases}$$

(2) 离散极小值原理。

当控制序列 $\boldsymbol{u}(k)$ 受约束时，无法用离散欧拉方程求解最优控制问题，只能采用以下离散极小值原理。

设离散系统的状态方程为 $\boldsymbol{x}(k+1)=f[\boldsymbol{x}(k),\boldsymbol{u}(k),k]$ $(k=0,1,2,\cdots,M-1)$，控制向量 $\boldsymbol{u}(k)$ 有不等式约束 $\boldsymbol{u}(k)\in \mathbf{R}^m$，$\mathbf{R}^m$ 为容许控制域，则为把状态 $\boldsymbol{x}(k)$ 从始端状态 $\boldsymbol{x}(0)=\boldsymbol{x}_0$ 转移到满足终端边界条件 $\Psi[\boldsymbol{x}(M),M]=0$ 的终端状态，并使性能指标

$$J=\Phi[\boldsymbol{x}(M),M]+\sum_{k=0}^{M-1} L[\boldsymbol{x}(k),\boldsymbol{u}(k),k]$$

取极小值，以实现最优控制的必要条件如下。

① 正则方程组为

状态方程

$$\boldsymbol{x}(k+1)=\frac{\partial H[\boldsymbol{x}(k),\boldsymbol{u}(k),\boldsymbol{\lambda}(k+1),k]}{\partial \boldsymbol{\lambda}(k+1)}=f[\boldsymbol{x}(k),\boldsymbol{u}(k),k]$$

协态方程

$$\boldsymbol{\lambda}(k)=\frac{\partial H[\boldsymbol{x}(k),\boldsymbol{u}(k),\boldsymbol{\lambda}(k+1),k]}{\partial \boldsymbol{x}(k)}$$

式中，哈密尔顿函数 $\partial H[\boldsymbol{x}(k),\boldsymbol{u}(k),\boldsymbol{\lambda}(k+1),k]$ 定义为

$$H[\boldsymbol{x}(k),\boldsymbol{u}(k),\boldsymbol{\lambda}(k+1),k]=L[\boldsymbol{x}(k),\boldsymbol{u}(k),k]+\boldsymbol{\lambda}^{\mathrm{T}}(k+1)f[\boldsymbol{x}(k),\boldsymbol{u}(k),k]$$

② 极值条件为

$$H[\boldsymbol{x}^*(k),\boldsymbol{u}^*(k),\boldsymbol{\lambda}(k+1),k]=\min_{\boldsymbol{u}(k)\in\Omega}H[\boldsymbol{x}^*(k),\boldsymbol{u}(k),\boldsymbol{\lambda}(k+1),k]$$

③ 横截条件为

$$\boldsymbol{\lambda}(M)=\frac{\partial\Phi[\boldsymbol{x}(M),M]}{\partial\boldsymbol{x}(M)}+\frac{\partial\boldsymbol{\Psi}^{\mathrm{T}}[\boldsymbol{x}(M),M]}{\partial\boldsymbol{x}(M)}\boldsymbol{\gamma}$$

④ 边界条件为

$$\boldsymbol{x}(0)=\boldsymbol{x}_0$$
$$\boldsymbol{\Psi}[\boldsymbol{x}(M),M]=0$$

3）连续极小值原理和离散极小值原理的区别和联系

连续极小值原理产生一个非线性微分方程的两点边值问题，它的解是使相应连续系统最优的精确解。离散极小值原理产生一个非线性差分方程的两点边值问题，它的解是使相应离散系统最优的精确解。当采样周期 T 足够小时，微分方程和差分方程的数值解本质相同。

4）连续系统的离散化处理

连续系统进行离散化处理的两种方法所得的结果只有协态方程有所不同。当采样周期 T 足够小时，两种方法计算的结果基本相同。

第3章 习 题

3-1 考虑二阶系统

$$\begin{cases}\dot{x}_1=x_2+\dfrac{1}{4}\\ \dot{x}_2=u\end{cases},\quad\begin{cases}x_1(0)=-\dfrac{1}{4}\\ x_2(0)=-\dfrac{1}{4}\end{cases}$$

控制约束为 $|u(t)|\leqslant 1/2$，试确定将系统在 t_f 时刻转移到零状态，且使性能指标 $J=\int_0^{t_f}u^2\mathrm{d}t$ 最小的最优控制，其中 t_f 未定。

3-2 设有一阶系统 $\dot{x}=-x+u$，$x(0)=2$，其中控制函数 $u(t)$ 所受的约束是 $|u|\leqslant 1$，试确定使泛函

$$J=\int_0^1(2x-u)\mathrm{d}t$$

取极小值的最优控制 $u^*(t)$。

3-3 设有一阶系统 $\dot{x}=-2x+u$，$x(0)=1$，试确定控制函数 $u(x,t)$，使性能指标

$$J=\frac{1}{2}x^2(t_f)+\frac{1}{2}\int_0^{t_f}u^2\mathrm{d}t$$

取极小值，其中 t_f 固定。

3-4 给定二阶系统

$$\dot{x}_1=x_2,\quad x_1(0)=2$$

$$\dot{x}_2=u,\quad x_2(0)=1$$

试求将系统在 $t=T$ 时转移到终态，并使性能指标

$$J=\frac{1}{2}\int_0^T u^2\,\mathrm{d}t$$

取极小值的控制函数 $u(t)$。

3-5　在上题中，若将 T 改为可变的，是否有解？

3-6　设控制系统

$$\dot{x}_1=u_1,\quad x_1(0)=0,\quad x_1(1)=1$$

$$\dot{x}_2=x_1+u_2,\quad x_2(0)=0,\quad x_2(1)=1$$

其中，u_1 无约束，$u_2\leqslant\frac{1}{4}$，求 u_1^*，u_2^*，$x_1^*(t)$，$x_2^*(t)$，使系统从 $t=0$ 的初始状态转移到 $t=1$ 的终态，并使性能指标

$$J=\int_0^1(x_1+u_1^2+u_2^2)\,\mathrm{d}t$$

为极小值。

3-7　设系统状态方程、边值条件和性能指标分别为

$$\dot{x}=-x+u,\quad x(0)=10,\quad x(1)\ 自由$$

$$J=\frac{1}{2}\int_0^1(x^2+u^2)\,\mathrm{d}t$$

试分别就如下两种情况求使性能指标 J 取最小值的最优控制：

(1) 关于 u 没有约束；

(2) $|u(t)|\leqslant 0.3$。

第 4 章

时间最优控制系统

本章要点

- 用极小值原理求解非线性系统的时间最优控制、平凡时间最优控制和非平凡时间最优控制。
- 线性定常系统的时间最优控制、双积分模型的时间最优控制，以及砰-砰控制。
- 简谐振荡器的时间最优控制。

时间最优控制问题又称为最短时间控制或最速控制问题，是可以运用极小值原理求解的一个常见的工程实际问题。如果性能指标是系统由初始状态转移到目标集的运动时间，则使转移时间最短的控制称为时间最优控制，或称最速控制。最短时间控制系统由于性能指标特别简单，因而研究得最早，所得结论也最为成熟。

4.1 非线性系统的最短时间控制问题

4.1.1 问题的提法

为了限定讨论问题的范围，现将问题的提法叙述如下。

已知系统的状态方程为

$$\dot{\boldsymbol{x}}(t)=f[\boldsymbol{x}(t),t]+B[\boldsymbol{x}(t),t]\boldsymbol{u}(t) \tag{4-1}$$

其中，$\boldsymbol{x}(t)$为 n 维状态变量；$\boldsymbol{u}(t)$为 m 维控制变量，在有界闭集 U 中取值，并且满足不等式约束条件 $|\boldsymbol{u}_j(t)|\leqslant 1, j=1,2,\cdots,m$；$f$ 和 B 是对状态变量 $\boldsymbol{x}(t)$ 和时间 t 连续可微的矢量函数。

系统的初始状态为

$$\boldsymbol{x}(t_0)=\boldsymbol{x}_0 \tag{4-2}$$

终端状态满足等式约束

$$\boldsymbol{\Psi}[\boldsymbol{x}(t_f),t_f]=0 \tag{4-3}$$

其中，t_f 为终端时间且未知，$\boldsymbol{x}(t_f)$是终端状态。

要求使性能指标

$$J=\int_{t_0}^{t_f}\mathrm{d}t=t_f-t_0 \tag{4-4}$$

为最小值的最优控制 $\boldsymbol{u}^*(t)$。

这类问题的特点：状态方程的右侧控制作用 $\boldsymbol{u}(t)$是一次性的；性能泛函是简单的积分型，仅与终端时间 t_f 和开始时间 t_0 有关；属于控制受约束，终端时间未知，终端状态受等式约束的最优控制问题。

4.1.2 时间最优问题的解

显然，上述最优控制问题不能用古典变分法来求解，只能用极小值原理来求解。根据极小值原理，令哈密尔顿函数

$$H=1+\boldsymbol{\lambda}^{\mathrm{T}}(t)\{f[\boldsymbol{x}(t),t]+B[\boldsymbol{x}(t),t]\boldsymbol{u}(t)\} \tag{4-5}$$

正则方程为

$$\dot{\boldsymbol{x}}(t)=\frac{\partial H}{\partial \boldsymbol{\lambda}}=f[\boldsymbol{x}(t),t]+B[\boldsymbol{x}(t),t]\boldsymbol{u}(t) \tag{4-6}$$

$$\dot{\boldsymbol{\lambda}}(t)=-\frac{\partial H}{\partial \boldsymbol{x}}=-\frac{\partial f^{\mathrm{T}}}{\partial \boldsymbol{x}}\boldsymbol{\lambda}(t)-\frac{\partial\{B[\boldsymbol{x}(t),t]\boldsymbol{u}(t)\}^{\mathrm{T}}}{\partial \boldsymbol{x}(t)}\boldsymbol{\lambda}(t) \tag{4-7}$$

边界条件及横截条件为

$$\boldsymbol{x}(t_0)=\boldsymbol{x}_0 \tag{4-8}$$

$$\boldsymbol{\Psi}[\boldsymbol{x}(t_f),t_f]=0 \tag{4-9}$$

$$\boldsymbol{\lambda}(t_f)=\frac{\partial \boldsymbol{\Psi}^{\mathrm{T}}}{\partial \boldsymbol{x}(t_f)}\boldsymbol{\gamma} \tag{4-10}$$

极小值条件为

$$\begin{aligned}&1+\boldsymbol{\lambda}^{\mathrm{T}}(t)f[\boldsymbol{x}^*(t),t]+\boldsymbol{\lambda}^{\mathrm{T}}(t)B[\boldsymbol{x}^*(t),t]\boldsymbol{u}^*(t)\\&=\min_{|u_j|\leqslant 1}\{1+\boldsymbol{\lambda}^{\mathrm{T}}(t)f[\boldsymbol{x}^*(t),t]+\boldsymbol{\lambda}^{\mathrm{T}}(t)B[\boldsymbol{x}^*(t),t]\boldsymbol{u}(t)\}\end{aligned}$$

或

$$\boldsymbol{\lambda}^{\mathrm{T}}(t)B[\boldsymbol{x}^*(t),t]\boldsymbol{u}^*(t)=\min_{|u_j|\leqslant 1}\boldsymbol{\lambda}^{\mathrm{T}}(t)B[\boldsymbol{x}^*(t),t]\boldsymbol{u}(t) \tag{4-11}$$

当$\boldsymbol{\lambda}^{\mathrm{T}}(t)B[\boldsymbol{x}^*(t),t]>0$时，$\boldsymbol{u}(t)$越小，则$\boldsymbol{\lambda}^{\mathrm{T}}(t)B[\boldsymbol{x}^*(t),t]\boldsymbol{u}(t)$越小，因此应取$\boldsymbol{u}(t)$的下限值作为 $\boldsymbol{u}^*(t)$，所以最优控制 $\boldsymbol{u}^*(t)=-1$；

当$\boldsymbol{\lambda}^{\mathrm{T}}(t)B[\boldsymbol{x}^*(t),t]<0$时，$\boldsymbol{u}(t)$越大，则$\boldsymbol{\lambda}^{\mathrm{T}}(t)B[\boldsymbol{x}^*(t),t]\boldsymbol{u}(t)$越小，因此应取$\boldsymbol{u}(t)$的上限值作为 $\boldsymbol{u}^*(t)$，所以最优控制 $\boldsymbol{u}^*(t)=+1$；

当 $\boldsymbol{\lambda}^{\mathrm{T}}(t)B[\boldsymbol{x}^*(t),t]=0$ 时，因 $\boldsymbol{u}(t)$ 不定，无法应用极小值原理确定 $\boldsymbol{u}^*(t)$，只能取满足约束条件$|u_j(t)|\leqslant 1$ 的任意值。这种情况称为奇异情况。

因而得

$$\boldsymbol{u}^*(t)=-\mathrm{sgn}\,\{B^{\mathrm{T}}[\boldsymbol{x}^*(t),t]\boldsymbol{\lambda}(t)\} \tag{4-12}$$

式中，sgn 为符号函数。若令

$$B(\boldsymbol{x},t)=[b_1(\boldsymbol{x},t),b_2(\boldsymbol{x},t),\cdots,b_m(\boldsymbol{x},t)],\quad b_j(\boldsymbol{x},t)\in\mathbf{R}^n,\quad j=1,2,\cdots,m$$

$$g_jt=b_j^{\mathrm{T}}(\boldsymbol{x},t)\boldsymbol{\lambda}(t),\quad j=1,2,\cdots,m$$

则最优控制分量应取

$$u_j^*(t)=-\operatorname{sgn}[g_j(t)]=\begin{cases}+1, & g_j(t)<0\\ -1, & g_j(t)>0\end{cases} \tag{4-13}$$

在最优轨线终端，哈密尔顿函数应满足

$$H(t_f^*)=-\boldsymbol{\gamma}^{\mathrm{T}}\frac{\partial\boldsymbol{\Psi}}{\partial t_f} \tag{4-14}$$

4.1.3 平凡时间最优控制和非平凡时间最优控制

根据最优解的必要条件知，若 $g_j(t)\neq 0$，则可以运用极小值原理确定 $u_j^*(t)$，此时称为正常（或平凡）情况；若 $g_j(t)=0$，$u_j^*(t)$ 不定，可取满足约束条件 $|u_j(t)|\leqslant 1$ 的任意值，此时称为奇异（或非平凡）情况。下面给出区分两种情况的严格定义。

定义 4-1 设在区间 $[t_0,t_f]$ 内存在时间可数集合

$$t_{\beta j}=\{t_{1j},t_{2j},\cdots\}\in[t_0,t_f],\quad j=1,2,\cdots,m$$

时有

$$g_j(t)=\boldsymbol{b}_j^{\mathrm{T}}(\boldsymbol{x}^*,t)\boldsymbol{\lambda}(t)=\begin{cases}0, & t=t_{\beta j}\\ \text{非零}, & t\neq t_{\beta j}\end{cases},\quad \forall j=1,2,\cdots,m$$

则时间最优控制是正常的，或者称为平凡时间最优控制。

正常的时间最优控制问题，其 $u_j^*(t)$ 与 $g_j(t)$ 的关系如图 4-1 所示。函数 $g_j(t)$ 仅在有限个孤立的时间瞬间取零值，相应的最优控制分量 $u_j^*(t)$ 为分段常值函数，且在函数 $g_j(t)$ 过零的时刻发生跳变。

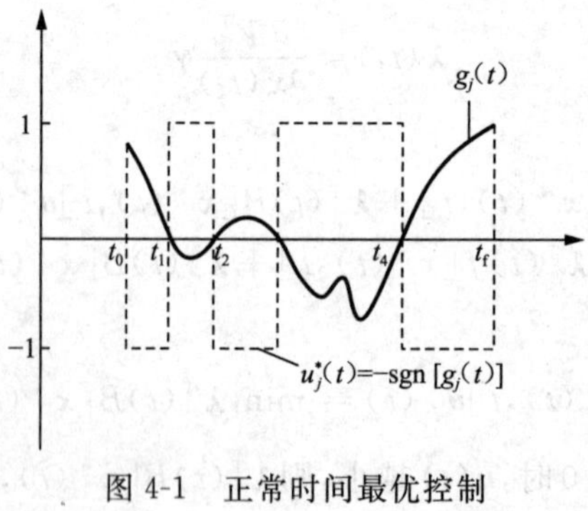

图 4-1 正常时间最优控制

定义 4-2 设在区间 $[t_0,t_f]$ 内，至少存在一个子区间 $[t_1,t_2]\in[t_0,t_f]$，使得对所有 $t\in[t_1,t_2]$，至少有一个函数

$$g_j(t)=\boldsymbol{b}_j^{\mathrm{T}}(\boldsymbol{x}^*,t)\boldsymbol{\lambda}(t)=0$$

则时间最优控制是奇异的，区间 $[t_1,t_2]$ 称为奇异区间，或者称为非平凡区间，时间最优控制称为非平凡时间最优控制。

奇异的时间最优控制问题，其 $u_j^*(t)$ 与 $g_j(t)$ 的关系如图 4-2 所示。函数 $g_j(t)$ 在整个子区间 $[t_1,t_2]$ 上取零值。这时，由 $u_j^*(t)=-\operatorname{sgn}[g_j(t)]$ 无法确定最优控制 $\boldsymbol{u}^*(t)$。但

是，奇异情况并不表示时间最优控制不存在，只表明用极小值原理无法确定最优解，需要采用奇异最优控制方法求解。

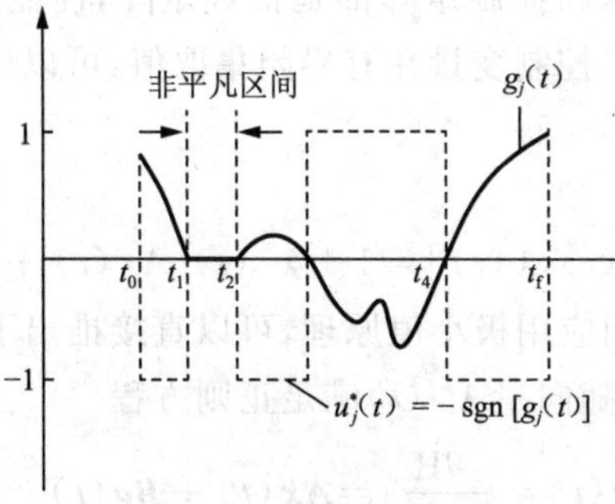

图 4-2　奇异时间最优控制

对于正常时间最优控制问题，可以归纳为如下定理。

定理 4-1　砰-砰控制原理。

设 $\boldsymbol{u}^*(t)$是正常时间最优控制问题的最优解，$\boldsymbol{x}^*(t)$和 $\boldsymbol{\lambda}(t)$是相应的状态向量和协态向量，则最优控制为

$$\boldsymbol{u}^*(t)=-\operatorname{sgn}\{B^{\mathrm{T}}[\boldsymbol{x}^*(t),t]\boldsymbol{\lambda}(t)\}$$

定理表明，每个控制分量 $u_j^*(t)$恰好在自己的两个边界值之间来回切换，满足 $g_j(t)=0$ 的各个 $t_{\beta j}$ 点正好是切换点。这是一种继电型控制，故有砰-砰控制之称。

4.2　线性定常系统的最短时间控制问题

目标集为状态空间原点的线性时不变时间最优控制问题，称为线性时间最优调节器问题或线性时不变快速调节器问题。下面针对这类问题应用极小值原理进行讨论。

4.2.1　问题的提法

设系统的状态方程为

$$\dot{\boldsymbol{x}}(t)=\boldsymbol{A}\boldsymbol{x}(t)+\boldsymbol{B}\boldsymbol{u}(t) \tag{4-15}$$

式中，$\boldsymbol{x}(t)\in\mathbf{R}^n$ 为系统的状态变量，$\boldsymbol{u}(t)\in\mathbf{R}^m(m\leqslant n)$是系统的控制变量，$\boldsymbol{A}$ 和 $\boldsymbol{B}$ 为适当维数的定常矩阵。同时设系统是完全能控制的，控制变量 $\boldsymbol{u}(t)$在各个分量的幅值满足不等式约束条件

$$|u_j(t)|\leqslant 1\quad(j=1,2,\cdots,m) \tag{4-16}$$

试确定最优控制变量 $\boldsymbol{u}^*(t)$，使系统以最短时间从初始状态

$$\boldsymbol{x}(t_0)=\boldsymbol{x}_0,\quad t_0=0 \tag{4-17}$$

转移到终端状态

$$\boldsymbol{x}(t_f)=0,\quad t_f\text{ 可变} \tag{4-18}$$

因为性能要求仅为时间最短，如果将它看作是积分性能指标的情况，即 $L=1$，则

$$J=\int_{t_0}^{t_f}L\,\mathrm{d}t=\int_{t_0}^{t_f}\mathrm{d}t=t_f \tag{4-19}$$

4.2.2 实现最优控制的必要条件

这类问题的特点：系统矩阵和控制矩阵都是常数矩阵，性能指标为简单的积分型，并且仅与终端时间和始端时间有关，控制变量在有界闭集取值，可以应用极小值原理推导出实现最优控制的必要条件。

首先构造哈密尔顿函数

$$H[\boldsymbol{x}(t),\boldsymbol{u}(t),\boldsymbol{\lambda}(t)]=1+\boldsymbol{\lambda}^{\mathrm{T}}(t)[\boldsymbol{A}\boldsymbol{x}(t)+\boldsymbol{B}\boldsymbol{u}(t)]$$

设最优控制 $\boldsymbol{u}^*(t)$存在，则应用极小值原理，可以直接推出下列结果。

最优曲线 $\boldsymbol{x}^*(t)$和最优伴随向量 $\boldsymbol{\lambda}^*(t)$满足正则方程

$$\dot{\boldsymbol{x}}(t)=\frac{\partial \mathrm{H}}{\partial \boldsymbol{\lambda}(t)}=\boldsymbol{A}\boldsymbol{x}(t)+\boldsymbol{B}\boldsymbol{u}(t)$$

$$\dot{\boldsymbol{\lambda}}(t)=-\frac{\partial H}{\partial \boldsymbol{x}(t)}=-\boldsymbol{A}^{\mathrm{T}}\boldsymbol{\lambda}(t) \tag{4-20}$$

边界条件

$$\boldsymbol{x}(0)=\boldsymbol{x}_0$$

$$\boldsymbol{x}(t_f)=0$$

在 $t\in[0,t_f]$ 上，对所有容许控制 $\boldsymbol{u}(t)$，下列关系式成立

$$\begin{aligned}&1+[\boldsymbol{x}^*(t)]^{\mathrm{T}}\boldsymbol{A}^{\mathrm{T}}\boldsymbol{\lambda}^*(t)+[\boldsymbol{u}^*(t)]^{\mathrm{T}}\boldsymbol{B}^{\mathrm{T}}\boldsymbol{\lambda}^*(t)\\ \leqslant\ &1+[\boldsymbol{x}^*(t)]^{\mathrm{T}}\boldsymbol{A}^{\mathrm{T}}\boldsymbol{\lambda}^*(t)+\boldsymbol{u}^{\mathrm{T}}(t)\boldsymbol{B}^{\mathrm{T}}\boldsymbol{\lambda}^*(t)\end{aligned}$$

即

$$[\boldsymbol{u}^*(t)]^{\mathrm{T}}\boldsymbol{B}^{\mathrm{T}}\boldsymbol{\lambda}^*(t)\leqslant \boldsymbol{u}^{\mathrm{T}}(t)\boldsymbol{B}^{\mathrm{T}}\boldsymbol{\lambda}^*(t)$$

由于 $\boldsymbol{u}(t)$ 的不等式约束 $|u_j(t)|\leqslant 1$，所以取

$$\boldsymbol{u}^*(t)=-\mathrm{sgn}\,(\boldsymbol{B}^{\mathrm{T}}\boldsymbol{\lambda}^*) \tag{4-21}$$

式中，sgn 为符号函数。

在最优曲线上，哈密尔顿函数恒为零，即

$$H[\boldsymbol{x}^*(t),\boldsymbol{\lambda}^*(t),\boldsymbol{u}^*(t)]=0$$

因为

$$\frac{\partial H[\boldsymbol{x}^*(t),\boldsymbol{\lambda}^*(t),\boldsymbol{u}^*(t)]}{\partial t}=0$$

即

$$H[\boldsymbol{x}^*(t),\boldsymbol{\lambda}^*(t),\boldsymbol{u}^*(t)]=C$$

由于在最优曲线的终端处有

$$H[\boldsymbol{x}^*(t),\boldsymbol{\lambda}^*(t),\boldsymbol{u}^*(t)]=0$$

因而在最优曲线上哈密尔顿函数恒为零成立。

由于伴随方程式(4-20)是一个时不变的齐次微分方程，与 $\boldsymbol{x}(t)$和 $\boldsymbol{u}(t)$无关，伴随向量 $\boldsymbol{\lambda}(t)$是一非零向量，故伴随方程的解为

$$\boldsymbol{\lambda}^*(t)=\mathrm{e}^{-\boldsymbol{A}^{\mathrm{T}}t}\boldsymbol{\lambda}^*(t_0)=\mathrm{e}^{-\boldsymbol{A}^{\mathrm{T}}t}\boldsymbol{\lambda}(0)$$

所以最优控制为

$$\boldsymbol{u}^*(t)=-\mathrm{sgn}\,(\boldsymbol{B}^{\mathrm{T}}\boldsymbol{\lambda}^*)=-\mathrm{sgn}\,[\boldsymbol{B}^{\mathrm{T}}\mathrm{e}^{-\boldsymbol{A}^{\mathrm{T}}t}\boldsymbol{\lambda}(0)]=-\mathrm{sgn}\,\{[\mathrm{e}^{-\boldsymbol{A}^{\mathrm{T}}t}\boldsymbol{B}]^{\mathrm{T}}\boldsymbol{\lambda}(0)\}$$

由式(4-21)的关系能否完全确定 $\boldsymbol{u}^*(t)$ 取决于 $\boldsymbol{B}^{\mathrm{T}}\boldsymbol{\lambda}^*(t)$ 函数的性质。根据定义 4-1 及定义 4-2 可知,时间最优控制问题分为正常与奇异两种情况:若最优控制是正常的,则 $\boldsymbol{u}^*(t)$ 可以确定;若最优控制是奇异的,这时由 $\boldsymbol{u}^*(t)=-\mathrm{sgn}\,(\boldsymbol{B}^{\mathrm{T}}\boldsymbol{\lambda}^*)$ 无法确定最优控制 $\boldsymbol{u}^*(t)$。但应指出,第二种情况既不意味着时间最优控制不存在,也不意味着时间最优控制无法定义,只说明由极值条件还不能确定奇异区间内 $\boldsymbol{u}^*(t)$ 与 $\boldsymbol{x}^*(t)$,$\boldsymbol{\lambda}^*(t)$ 的关系。这里只讨论正常情况的时间最优控制问题。

4.3 最短时间控制的应用

本节要讨论的双积分模型的时间最优控制系统是动态系统中经常遇到的一类最优控制系统。例如,惯性负荷在无阻力环境中的运动便是双积分装置的一个具体例子。

4.3.1 双积分模型的最短时间控制问题

例 4-1 设系统状态方程为

$$\dot{x}_1(t)=x_2(t),\quad \dot{x}_2(t)=u(t)$$

边界条件为

$$x_1(0)=x_{10},\quad x_2(0)=x_{20},\quad x_1(t_f)=x_2(t_f)=0$$

控制变量的约束不等式为 $|u(t)|\leqslant 1$,性能指标为

$$J=\int_0^{t_f}\mathrm{d}t=t_f$$

求最优控制 $u^*(t)$,使 J 最小。

解 根据系统状态方程不难验证,系统可控,因而正常,故时间最优控制必为砰-砰控制,可用极小值原理求解。

构造哈密尔顿函数为

$$H=1+\lambda_1(t)x_2(t)+\lambda_2(t)u(t)$$

可知最优控制

$$u^*(t)=-\mathrm{sgn}\,[\lambda_2(t)]=\begin{cases}+1, & \lambda_2(t)<0\\ -1, & \lambda_2(t)>0\end{cases}$$

由伴随公式

$$\dot{\lambda}_1=-\frac{\partial H}{\partial x_1}=0,\quad \lambda_1(t)=C_1$$

$$\dot{\lambda}_2=-\frac{\partial H}{\partial x_2}=-\lambda_1(t),\quad \lambda_2(t)=-C_1t+C_2$$

其中,C_1 和 C_2 为待定常数,$\lambda_2(t)$ 为一条直线。由极小值原理可知,要使哈密尔顿函数 H 达到极小,$\lambda_2(t)$ 的可能形式如图 4-3 所示。

图 4-3 表示了 u 的取值条件及规律。在整个控制过程中,u 在 $-1\sim+1$ 之间最多只有一次转换,因此最优控制规律具有以下四种可能形式

$$\{+1\},\{-1\},\{+1,-1\},\{-1,+1\}$$

为确定选哪一种控制方式，先研究一下 u 取 $+1$ 或 -1 时 $x_1(t)$ 和 $x_2(t)$ 解的情况。

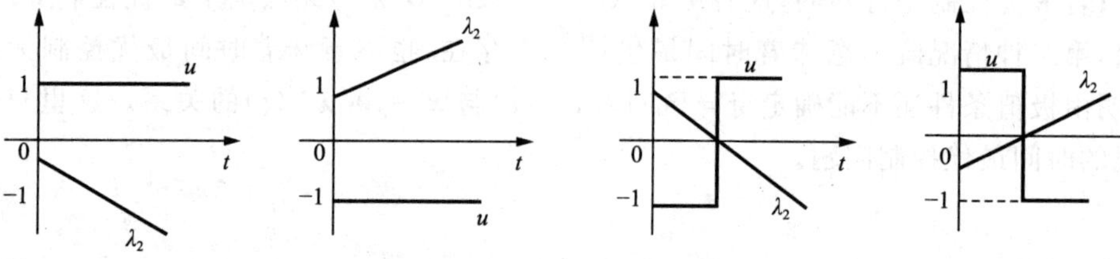

图 4-3 u 的变化规律

若令 $u^*=1$，则状态方程的解为

$$\dot{x}_2(t)=1,\quad x_2(t)=t+x_{20}$$

$$\dot{x}_1(t)=t+x_{20},\quad x_1(t)=\frac{1}{2}t^2+x_{20}t+x_{10}$$

在解 $\{x_1(t),x_2(t)\}$ 中消去 t，求得相应的最优曲线方程为

$$x_1=\frac{1}{2}x_2^2+\left(x_{10}-\frac{1}{2}x_{20}^2\right) \tag{4-22}$$

由于 (x_{10},x_{20}) 可取不同的任意实数，所以式(4-22)表示一簇开口向右的抛物线，其顶点为 $x_{10}-\frac{1}{2}x_{20}^2$，如图 4-4 中实线所示。图中曲线上的箭头表示时间 t 的增加方向，因为 $x_2(t)=t+x_{20}$，故 $x_2(t)$ 随 t 的增加而增大。显然，满足终端状态要求的最优曲线为弧 AO，表示为

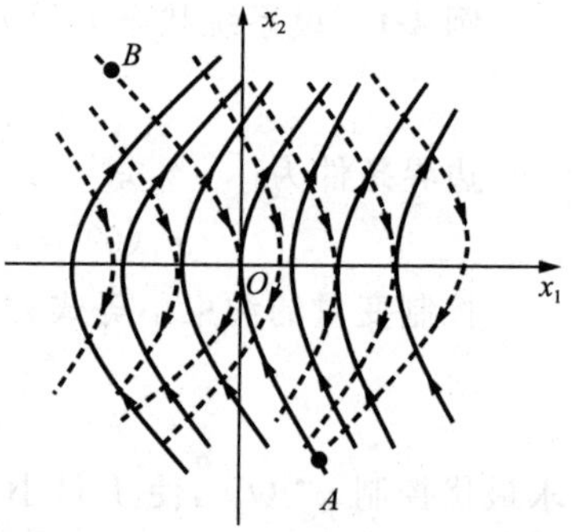

图 4-4 时间最优控制的最优曲线

$$\gamma_+=\left\{(x_1,x_2)\mid x_1=\frac{1}{2}x_2^2,\quad x_2\leqslant 0\right\}$$

若令 $u^*=-1$，则状态方程的解为

$$\dot{x}_2(t)=-1,\quad x_2(t)=-t+x_{20}$$

$$\dot{x}_1(t)=-t+x_{20},\quad x_1(t)=-\frac{1}{2}t^2+x_{20}t+x_{10}$$

相应的最优方程为

$$x_1=-\frac{1}{2}x_2^2+\left(x_{10}+\frac{1}{2}x_{20}^2\right) \tag{4-23}$$

式(4-23)描绘了一簇开口向左的抛物线，如图 4-4 中虚线所示。图中曲线上的箭头表示时间 t 的增加方向，这是因为 $x_2(t)=-t+x_{20}$，故 $x_2(t)$ 随着时间 t 增加而减小。显然，满足终端状态要求的最优曲线为弧 BO，可以表示为

$$\gamma_-=\left\{(x_1,x_2)\mid x_1=-\frac{1}{2}x_2^2,\quad x_2\geqslant 0\right\}$$

曲线 γ_+ 和 γ_- 在相平面上组合成曲线 γ，称为开关曲线，如图 4-5 中的 BOA 所示。其表达式可表示为 γ_+ 和 γ_- 的并集

$$\gamma=\gamma_+\cup\gamma_-=\left\{(x_1,x_2)\mid x_1=-\frac{1}{2}x_2|x_2|\right\} \tag{4-24}$$

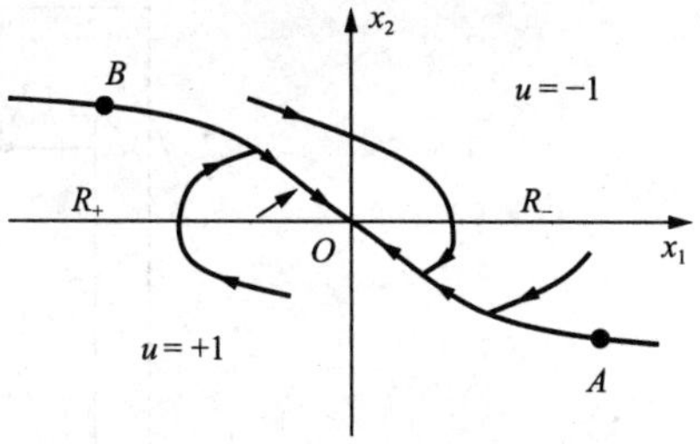

图 4-5 相平面上的开关曲线

由图 4-5 可见，曲线 γ 将相平面分割为 R_+ 和 R_- 两个区域，作为状态的集合，可以表示为

$$R_+=\left\{(x_1,x_2)\mid x_1<-\frac{1}{2}x_2|x_2|\right\}$$

$$R_-=\left\{(x_1,x_2)\mid x_1>-\frac{1}{2}x_2|x_2|\right\}$$

当初始状态 (x_{10},x_{20}) 为不同的情况时，系统的最优控制和运动曲线可以讨论如下：

(1) 若 (x_{10},x_{20}) 位于 γ_- 上，不经切换，可直接沿 $\widehat{BO}$ 运动至要求的原点，此时最优控制为 $u^*(t)=-1, t\in[0,t_f]$。

(2) 若 (x_{10},x_{20}) 位于 γ_+ 上，不经切换，可直接沿 $\widehat{AO}$ 运动至要求的原点，此时最优控制为 $u^*(t)=+1, t\in[0,t_f]$。

(3) 若 (x_{10},x_{20}) 位于 R_+ 区域，则在 $u(t)=+1$ 作用下，沿 $u(t)=+1$ 的某一条抛物线转移至 $\widehat{BO}$ 上的某点，然后在交点处控制改变为 $u(t)=-1$，沿 γ_- 转移至原点。此时，最优控制 $u^*(t)=\{+1,-1\}$。

(4) 若 (x_{10},x_{20}) 位于 R_- 区域，则在 $u(t)=-1$ 作用下，沿 $u(t)=-1$ 的某一条抛物线转移至 γ_+ 曲线上的某一点，然后在交点处控制改变为 $u(t)=+1$，沿 γ_+ 转移至原点。此时，最优控制 $u^*(t)=\{-1,+1\}$。

由上述讨论可见，不论初始状态位于 R_+ 区域还是 R_- 区域，将状态由已知初始状态向要求终端状态 $x(t_f)=0$ 转移时，都必须在 γ 曲线上改变控制的符号，产生控制切换，故式(4-24)表示的 γ 曲线称为开关曲线。另外，系统当前状态 (x_{10},x_{20}) 唯一地决定了当前应采用的最优控制 $u^*(t)$，这样即可把本来是时间函数的最优控制 $u^*(t)$ 转换为状态的函数 $u^*(x_{10},x_{20})$，于是时间最优控制为

$$u^*(t)=\begin{cases}+1, & \forall(x_1,x_2)\in\gamma_+\cup R_+\\ -1, & \forall(x_1,x_2)\in\gamma_-\cup R_-\\ 0, & (x_1,x_2)=0\end{cases}$$

若将开关方程写为

$$h(x_1,x_2)=x_1(t)+\frac{1}{2}x_2(t)|x_2(t)|$$

则最优控制可表示为

$$u^*(t)=\begin{cases}-1, & h(x_1,x_2)>0\\ -\operatorname{sgn}[x_2(t)], & h(x_1,x_2)=0\\ +1, & h(x_1,x_2)<0\end{cases}$$

为了实现上述控制规律，需要设计一个非线性元件来模拟开关曲线，然后经过一个继电器把最优控制作用于被控对象。图 4-6 所示为双积分装置的时间最优控制框图，可以实现以上的时间最优控制。

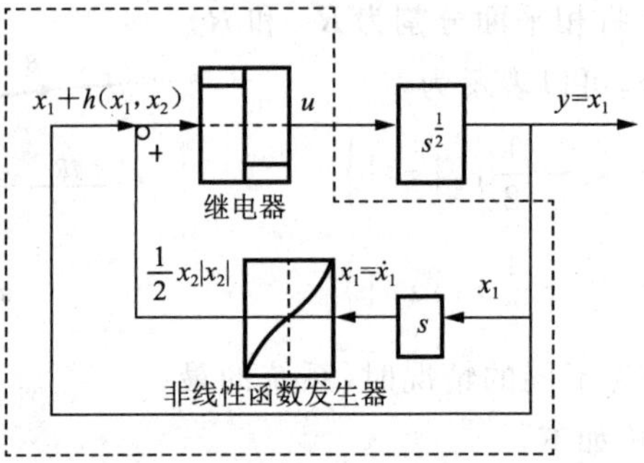

图 4-6 双积分装置的时间最优控制框图

由图 4-6 可见，最优控制系统在每一瞬间对状态 x_1 和 x_2 进行测量，其中 x_2 通过非线性函数发生器后得到$\frac{1}{2}x_2|x_2|$，将其与 x_1 相加并取反后推动继电器，实现砰-砰控制。注意到当 x_1 和 x_2 位于开关曲线上时，继电器的输入为零，从而继电器的输出是不确定的，它将在干扰信号的作用下无规则地反复切换。但是实际上由于惯性的作用下，继电器的动作不会精确地发生在 γ 曲线上，而是发生在超越曲线某些距离的地方，从而相应的继电器输入信号也就不会精确地等于零。这时状态(x_1,x_2)将沿着与 γ 接近的曲线转移到坐标原点附近。所以，从实际的观点来看，这一控制方案还是可行的。

在时间最优控制的作用下，最短时间 t_f^* 的计算是将状态轨迹按控制序列分成若干段，依次算出每段所需的时间，再求和。在目前情况下，可以分别计算从初始状态(x_{10},x_{20})到轨线与开关曲线相交时的时间，以及从交点沿开关曲线到原点的时间，两者求和即得 t_f^*。具体计算过程如下：

(1) 当$(x_{10},x_{20})\in\gamma_+$时，$u^*=+1$，利用 $x_2(t)=t+x_{20}$得

$$0=t_f^*+x_{20},\quad t_f^*=-x_{20}$$

当$(x_{10},x_{20})\in\gamma_-$时，$u^*=-1$，利用 $x_2(t)=-t+x_{20}$得

$$0=-t_f^*+x_{20},\quad t_f^*=x_{20}$$

所以当$(x_{10},x_{20})\in\gamma$ 时

$$t_f^*=|x_{20}|$$

(2) 当$(x_{10},x_{20})\in R_+$，即 $x_{10}<-\frac{1}{2}x_{20}|x_{20}|$时，其快速控制序列为$\{+1,-1\}$。设初始点$(x_{10},x_{20})$到曲线 γ_- 上的点$[x_1(t_1),x_2(t_1)]$所用的时间为 t_1，得

$$x_1(t_1)=\frac{1}{2}t_1^2+x_{20}t_1+x_{10},\quad x_2(t_1)=t_1+x_{20}$$

由于$[x_1(t),x_2(t)]\in\gamma_-$，因此有

$$x_1(t_1)=-\frac{1}{2}x_2^2(t_1)$$

即

$$x_1(t_1)+\frac{1}{2}x_2^2(t_1)=0$$

因此

$$\frac{1}{2}t_1^2+x_{20}t_1+x_{10}+\frac{1}{2}(t_1+x_{20})^2=t_1^2+2x_{20}t_1+x_{10}+\frac{1}{2}x_{20}^2=0$$

解上述 t_1 的二次方程得

$$t_1=\frac{-2x_{20}\pm\sqrt{4x_{20}^2-4x_{10}-2x_{20}^2}}{2}=-x_{20}\pm\sqrt{\frac{1}{2}x_{20}^2-x_{10}}$$

由于 $(x_{10},x_{20})\in\gamma_-$，则

$$x_2(t_1)=t_1+x_{20}>0$$

因此

$$t_1=-x_{20}+\sqrt{\frac{1}{2}x_{20}^2-x_{10}}$$

设由 $[x_1(t_1),x_2(t_1)]$ 到达原点所需的时间为 t_2，则

$$t_2=x_2(t_1)=t_1+x_{20}=-x_{20}+\sqrt{\frac{1}{2}x_{20}^2-x_{10}}+x_{20}=\sqrt{\frac{1}{2}x_{20}^2-x_{10}}$$

所以

$$t_f^*=t_1+t_2=-x_{20}+\sqrt{\frac{1}{2}x_{20}^2-x_{10}}+\sqrt{\frac{1}{2}x_{20}^2-x_{10}}=-x_{20}+\sqrt{2x_{20}^2-4x_{10}}$$

(3) 当 $(x_{10},x_{20})\in R_-$，即 $x_{10}>-\frac{1}{2}x_{20}\mid x_{20}\mid$ 时，其快速控制序列为 $\{-1,+1\}$。按以上计算方法有

$$t_f^*=x_{20}+\sqrt{2x_{20}^2+4x_{10}}$$

综合以上计算过程，从相平面上任意一点 (x_{10},x_{20}) 转移到坐标原点所需要的最短时间 t_f^* 可以用下面的式子计算，即

$$t_f^*=\begin{cases}|x_{20}|, & (x_{10},x_{20})\in\gamma\\ x_{20}+\sqrt{2x_{20}^2+4x_{10}}, & (x_{10},x_{20})\in R_-\\ -x_{20}+\sqrt{2x_{20}^2-4x_{10}}, & (x_{10},x_{20})\in R_+\end{cases}$$

例 4-2 已知系统状态方程和控制约束分别为

$$\dot{x}_1=10x_2,\quad \dot{x}_2=5u,\quad |u(t)|\leqslant 2,\quad t\in[0,t_f]$$

求系统由初态 $x_1(0)=3,x_2(0)=\sqrt{2}$ 转移到 $x_1(t_f)=x_2(t_f)=0$ 所需的最短时间。

解 构造哈密尔顿函数为

$$H=1+10\lambda_1x_2+5\lambda_2u$$

由必要条件有

$$\dot{\lambda}_1=-\frac{\partial H}{\partial x_1}=0,\quad \dot{\lambda}_2=-\frac{\partial H}{\partial x_2}=-10\lambda_1$$

解得

$$\lambda_1(t)=C_1,\quad \lambda_2(t)=-10C_1t+C_2$$

其中，C_1,C_2 是由初始条件决定的常数。最优控制为

$$u^*(t)=\begin{cases}2, & \lambda_2(t)<0\\ -2, & \lambda_2(t)>0\end{cases}$$

由于初始状态起于第一象限，所以当 $0<t<t_a$ 时，取 $u=-2$，由状态方程和初始条件解得

$$x_2(t)=-10t+\sqrt{2}$$
$$x_1(t)=-50t^2+10\sqrt{2t}+3$$

消去 t 得

$$x_1=-\frac{1}{2}x_2^2+4$$

当 $t_a<t<t_f$ 时，取 $u=2$，解得

$$x_2(t)=10(t-t_a)-10t_a+\sqrt{2}$$
$$x_1(t)=50t^2-200tt_a+10\sqrt{2t}+100t_a^2+3$$

当 $t=t_f$ 时有 $x_1(t_f)=x_2(t_f)=0$，从而有

$$10(t_f-t_a)-10t_a+\sqrt{2}=0$$
$$50t_f^2-200t_ft_a+10\sqrt{2t}_f+100t_a^2+3=0$$

由此解得

$$t_a=\frac{1}{10}(\sqrt{2}+2),\quad t_f=\frac{1}{10}(\sqrt{2}+4)$$

将 $t_a=\frac{1}{10}(\sqrt{2}+2)$ 代入

$$x_2(t)=10(t-t_a)-10t_a+\sqrt{2}$$
$$x_1(t)=50t^2-200tt_a+10\sqrt{2t}+100t_a^2+3$$

解得

$$x_1=\frac{1}{2}x_2^2$$

相平面如图 4-7 所示。

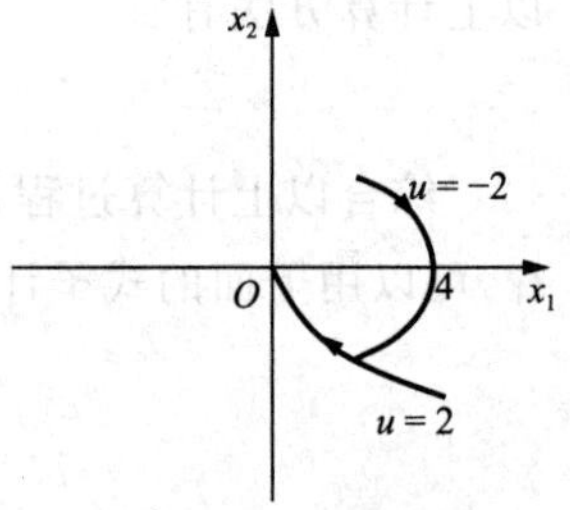

图 4-7　最优控制

在双积分装置的时间最优控制这类问题中，系统所有的特征值都是实数。下例将研究简谐振荡器的时间最短控制问题，该类系统的特点是其所有的特征值都是虚数。

4.3.2 简谐振荡器的时间最短控制问题

例 4-3　设有一质量 m 的物体连接在弹性系数为 k 的线性弹簧上，如图 4-8 所示。令 $f(t)$ 表示一有限的作用力，且 $|f(t)|\leqslant F$，求质量块位移 $y(t)$ 与所施加的力 $f(t)$ 之间的关系。

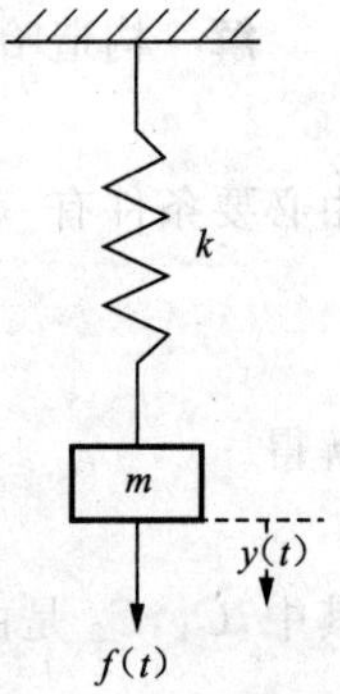

图 4-8　系统结构图

解　质量块位移 $y(t)$ 的微分方程是

$$m\frac{d^2y(t)}{dt^2}+ky(t)=f(t)$$

即

$$\frac{d^2y(t)}{dt^2}+\frac{k}{m}y(t)=\frac{1}{m}f(t)$$

如果令

$$\omega^2=\frac{k}{m},\quad K=\frac{F}{m},\quad u(t)=\frac{f(t)}{F}$$

可得

$$\frac{\mathrm{d}^2 y(t)}{\mathrm{d}t^2}+\omega^2 y(t)=Ku(t)$$

定义状态变量 $x_1(t)$和 $x_2(t)$

$$x_1(t)=\frac{\omega}{K}y(t),\quad x_2(t)=\frac{1}{K}\dot{y}(t)$$

则对象的状态方程为

$$\begin{bmatrix}\dot{x}_1(t)\\ \dot{x}_2(t)\end{bmatrix}=\begin{bmatrix}0 & \omega\\ -\omega & 0\end{bmatrix}\begin{bmatrix}x_1(t)\\ x_2(t)\end{bmatrix}+\begin{bmatrix}0\\ 1\end{bmatrix}u(t) \tag{4-25}$$

容易验证,该微分方程具有虚特征值,即

$$s_1=\mathrm{j}\omega,\quad s_2=-\mathrm{j}\omega$$

因此简谐振荡器最小时间控制问题可叙述如下。

已知式(4-25)表示的系统,并假设控制 $u(t)$满足不等式约束$|u(t)|\leqslant 1$,求最优控制规律,将系统式(4-25)由任意初始状态 $x_1(0)=\varepsilon_1, x_2(0)=\varepsilon_2$ 转移到原点,并使性能指标

$$J=\int_0^{t_\mathrm{f}}(+1)\mathrm{d}t=t_\mathrm{f}$$

取极小值。

解 为解这一最优控制问题,构造哈密尔顿函数为

$$H=1+\omega x_2(t)\lambda_1(t)-\omega x_1(t)\lambda_2(t)+u(t)\lambda_2(t)$$

由极小值原理知,为使 H 函数达到极小值,最优控制应为

$$u^*(t)=-\mathrm{sgn}\,[\lambda_2(t)]=-\mathrm{sgn}\,[A\sin(\omega t+\alpha_0)]$$

伴随方程为

$$\dot{\lambda}_1(t)=-\frac{\partial H}{\partial x_1}=\omega\lambda_2(t),\quad \dot{\lambda}_2(t)=-\frac{\partial H}{\partial x_2}=-\omega\lambda_1(t)$$

其通解为

$$\lambda_1(t)=-A\cos(\omega t+\alpha_0),\quad \lambda_2(t)=A\sin(\omega t+\alpha_0)$$

其中,A 和 α_0 是由边界条件决定的常数。

图 4-9 所示为$\lambda_2(t)$和 $u^*(t)$之间的关系。由图可得下面几点结论:

(1) 时间最优控制是分段函数,且在$u^*(t)=+1$ 和 $u^*(t)=-1$ 之间切换;

(2) 最优控制的开关次数没有限制;

(3) 由时间最优控制保持恒值的最长时间不会超过$\frac{\pi}{\omega}$ s。

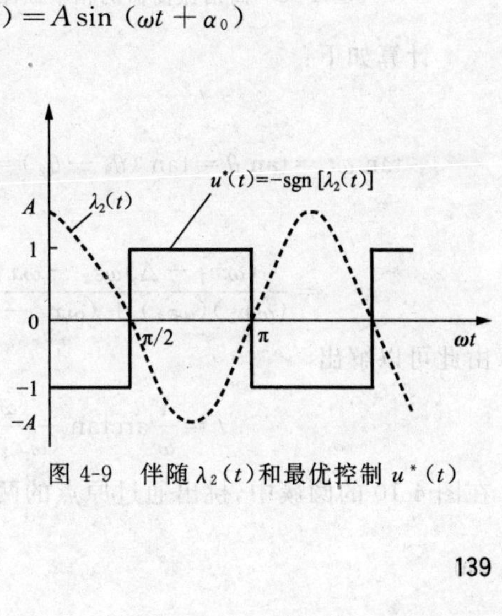

图 4-9 伴随 $\lambda_2(t)$和最优控制 $u^*(t)$

以上几点结论是时间最优控制所必须具备的

性质，我们将依据这些在 ωx_2-ωx_1 相平面上确定时间最优控制。

首先利用时间最优控制是分段常数的性质即 $u=\Delta=\pm1$ 来求解系统状态方程式(4-25)，可得

$$x_1(t)=\left(\varepsilon_1-\frac{\Delta}{\omega}\right)\cos\omega t+\varepsilon_2\sin\omega t+\frac{\Delta}{\omega}$$

$$x_2(t)=\left(\varepsilon_1-\frac{\Delta}{\omega}\right)\sin\omega t+\varepsilon_2\cos\omega t$$

或

$$\omega x_1(t)=(\omega\varepsilon_1-\Delta)\cos\omega t+\omega\varepsilon_2\sin\omega t+\Delta$$

$$\omega x_2(t)=-(\omega\varepsilon_1-\Delta)\sin\omega t+\omega\varepsilon_2\cos\omega t$$

取以上两式两边的平方并相加，进行代数化简后可得

$$[\omega x_1(t)-\Delta]^2+[\omega x_2(t)]^2=(\omega\varepsilon_1-\Delta)^2+(\omega\varepsilon_2)^2 \tag{4-26}$$

式中不显含时间 t，因而是 ωx_2-ωx_1 相平面中的状态轨迹方程。它在相平面上是圆心位于 $(\Delta,0)$ 点的圆簇。因此，若 $u=+1$，则相轨迹是圆心在 $(1,0)$ 点的一簇圆；若 $u=-1$，则相轨迹是圆心在 $(-1,0)$ 点的一簇圆，如图 4-10 所示，其中箭头表示状态运动的方向。

当控制为 $u=\Delta=\pm1$ 时，从相平面上 $(\omega\varepsilon_1,\omega\varepsilon_2)$ 到 $(\omega x_1,\omega x_2)$ 所需的时间可以参照图 4-11。

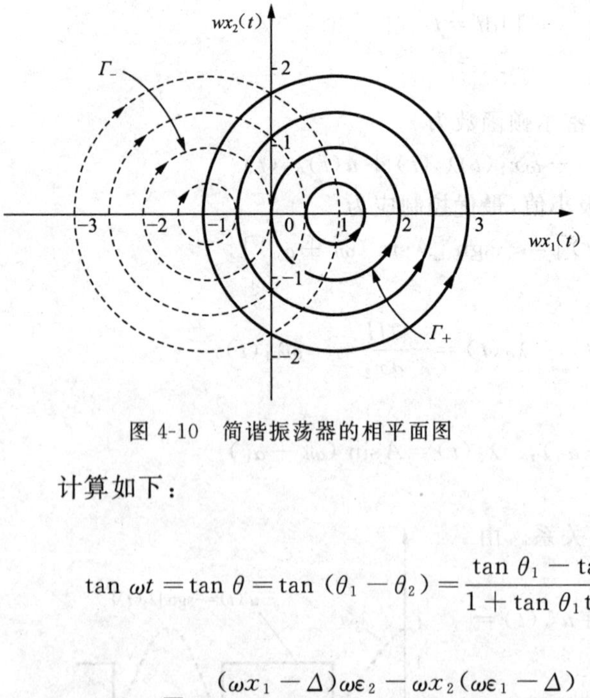

图 4-10　简谐振荡器的相平面图

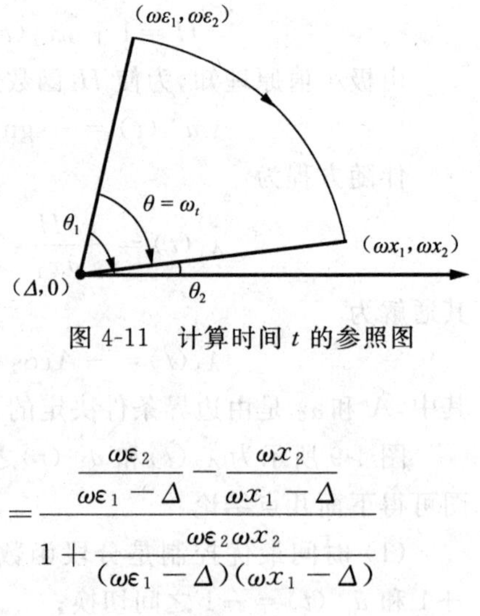

图 4-11　计算时间 t 的参照图

计算如下：

$$\tan\omega t=\tan\theta=\tan(\theta_1-\theta_2)=\frac{\tan\theta_1-\tan\theta_2}{1+\tan\theta_1\tan\theta_2}=\frac{\dfrac{\omega\varepsilon_2}{\omega\varepsilon_1-\Delta}-\dfrac{\omega x_2}{\omega x_1-\Delta}}{1+\dfrac{\omega\varepsilon_2\omega x_2}{(\omega\varepsilon_1-\Delta)(\omega x_1-\Delta)}}$$

$$=\frac{(\omega x_1-\Delta)\omega\varepsilon_2-\omega x_2(\omega\varepsilon_1-\Delta)}{(\omega x_2)(\omega\varepsilon_2)+(\omega x_1-\Delta)(\omega\varepsilon_1-\Delta)}$$

由此可以解出

$$t=\frac{1}{\omega}\arctan\frac{(\omega x_1-\Delta)\omega\varepsilon_2-\omega x_2(\omega\varepsilon_1-\Delta)}{(\omega x_2)(\omega\varepsilon_2)+(\omega x_1-\Delta)(\omega\varepsilon_1-\Delta)}$$

在图 4-10 的圆簇中，挑出通过原点的两个圆 Γ_+ 和 Γ_-，如图 4-12 所示。

$$\Gamma_{+}=[(\omega x_1,\omega x_2):(\omega x_1-1)^2+(\omega x_2)^2=1]$$
$$\Gamma_{-}=[(\omega x_1,\omega x_2):(\omega x_1+1)^2+(\omega x_2)^2=1]$$

可以断定，相点沿圆周做等速运动，转一周的时间为 $2\frac{\pi}{\omega}$ s。显然，Γ_{+} 上的任一状态均能借助于控制 $u=+1$ 转移到原点。特别地，点(2,0)能准确地经 $2\frac{\pi}{\omega}$ s 到达原点，因为所经历的圆弧长度恰好是半圆。由图 4-12 可见，借助于控制 $u=+1$，能把 Γ_{+} 上的 A 点转移到原点，但为了把 Γ_{+} 上的 B 点转移到原点，就需大于 $\frac{\pi}{\omega}$ s 的时间。在后一情况下，控制并没有因为超过 $\frac{\pi}{\omega}$ s 而切换，因而直接违背了时间最优控制不能在大于 $\frac{\pi}{\omega}$ s 保持不变的要求，这意味着 Γ_{+} 中位于 ωx_1 轴上面的部分不属于最优轨迹。也就是说，只有 Γ_{+} 圆的下半圆，即位于 ωx_1 轴下面的部分能通过 $u=+1$ 以小于 $\frac{\pi}{\omega}$ s 的时间转移到原点，从而是最优轨迹的一部分。类似地，只有 Γ_{-} 的上半圆是最优轨迹的一部分。因此，定义

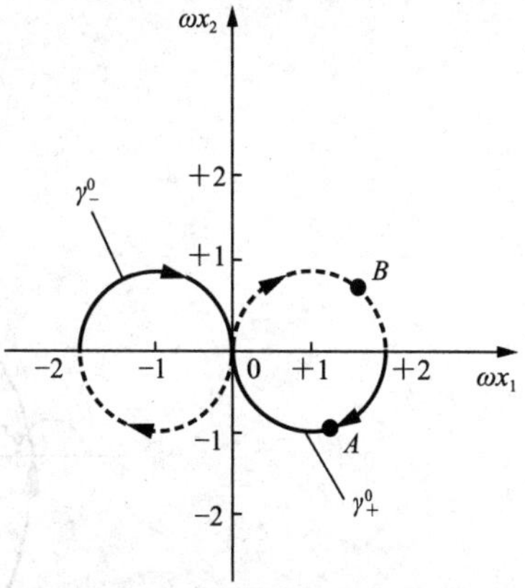

图 4-12 状态转移示意图

$$\gamma_{+}^{0}=[(\omega x_1,\omega x_2):(\omega x_1-1)^2+(\omega x_2)^2=1,\quad \omega x_2<0]$$
$$\gamma_{-}^{0}=[(\omega x_1,\omega x_2):(\omega x_1+1)^2+(\omega x_2)^2=1,\quad \omega x_2>0]$$

显然，γ_{+}^{0}，γ_{-}^{0} 是开关曲线的最后一段。

如果初始状态(如 A 点)距离目标点较远，如图 4-13 所示，则经过 A 点的相轨迹不会与 γ_{+}^{0} 或 γ_{-}^{0} 相交，这就意味着控制函数不能一次切换就驱使系统转移至目标原点。因此，在相平面上必然还存在开关曲线的其他线段。假设控制函数的最后一次切换发生在 γ_{+}^{0} 的 F 点上，由于在 γ_{+}^{0} 上的相轨迹 FO 对应于 $u=+1$，因此在切换前必有 $u=-1$。由于二次切换的时间间隔为 $\frac{\pi}{\omega}$ s，令 γ_{-}^{1} 表示借助于控制 $u=-1$ 能准确地经 $\frac{\pi}{\omega}$ s 到达 γ_{+}^{0} 曲线的状态的集合，则 γ_{-}^{1} 也必是开关曲线的一部分，并且 γ_{-}^{1} 是在 ωx_1 轴之上，半径为 1，圆心位于(−3,0)点的半圆。类似推导可知，位于 ωx_1 轴之下，且半径为 1，圆心位于(3,0)点的半圆 γ_{+}^{1} 也是开关曲线的一部分。依次类推，令 γ_{+}^{j}，$j=0,1,2,\cdots$ 表示圆心在 $(2j+1,0)$，半径为 1 的位于 ωx_1 轴之下的半圆，即

$$\gamma_{+}^{j}=\{(\omega x_1,\omega x_2):[\omega x_1-(2j+1)]^2+(\omega x_2)^2=1,\quad \omega x_2<0\}$$

令 γ_{-}^{j}，$j=0,1,2,\cdots$ 表示圆心在 $(-2j-1,0)$，半径为 1 的位于 ωx_1 轴之上的半圆，即

$$\gamma_{-}^{j}=\{(\omega x_1,\omega x_2):[\omega x_1-(2j+1)]^2+(\omega x_2)^2=1,\quad \omega x_2>0\}$$

显然，γ_{-}^{j} 曲线是借助于控制 $u=-1$ 能准确地经 $\frac{\pi}{\omega}$ s 到达 γ_{+}^{j-1} 曲线的所有状态的集合；γ_{+}^{j} 曲线是借助于控制 $u=+1$ 能准确地经 $\frac{\pi}{\omega}$ s 秒到达 γ_{-}^{j-1} 曲线的所有状态的集合。它们的并集即构成了开关曲线

$$\gamma = \left[\bigcup_{j=0}^{\infty} \gamma_{+}^{j}\right] \cup \left[\bigcup_{j=0}^{\infty} \gamma_{-}^{j}\right]$$

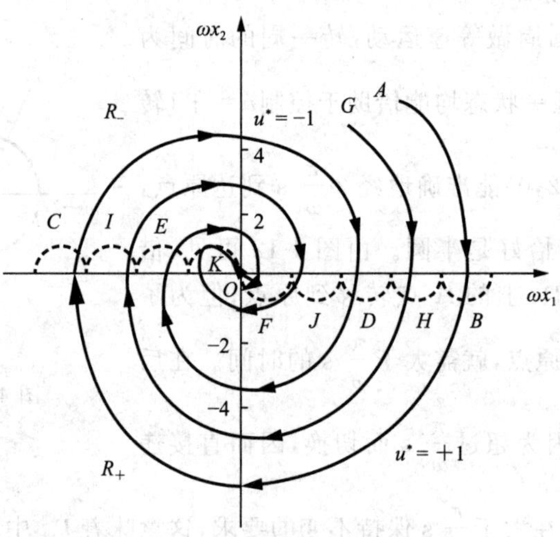

图 4-13　简谐振荡器时间最优控制

如图 4-13 中的虚线所示。开关曲线 γ 将相平面 ωx_2-ωx_1 分成两部分。令 R_- 是开关曲线 γ 上方所有点的集合，而 R_+ 是开关曲线 γ 下方的所有点的集合，则最优控制规律为

$$u^* = \begin{cases} +1, & (\omega x_1, \omega x_2) \in R_+ \cup \gamma_+ \\ -1, & (\omega x_1, \omega x_2) \in R_- \cup \gamma_- \end{cases}$$

图 4-13 中画出了两条最优轨迹 $ABCDEFO$ 和 $GHIJKO$。在开关曲线上方的区域 R_-，有 $u^* = -1$；在开关曲线下方的区域 R_+，有 $u^* = +1$。凡是在最优轨迹与开关曲线相交的地方，最优控制进行切换，直到把状态引向原点。切换次数的多少取决于初始状态距离原点的远近，初始状态离原点越远，切换次数越多。但是对于给定的问题，切换的次数是有限的。

4.4　小　结

时间最优控制或最速控制问题要求在容许控制范围内寻求最优控制，使系统以最短的时间从任意初始状态转移到要求的目标集。其性能指标可表示为

$$J = \int_{t_0}^{t_f} L\,\mathrm{d}t = \int_{0}^{t_f} \mathrm{d}t = t_f$$

最短时间控制的控制信号取最大值或最小值，从而在结构上包含了开关元件，且开关元件是两位式的，即只有 +1 和 −1 两种状态，构成一种最强的控制作用，即砰-砰控制，它形象地说明了控制作用从一个极端到另一个极端的控制情况。只有这样，才能使系统输出上升或者下降最快，也就是使运行时间最短。

(1) 非线性系统的时间最优控制。

最优控制分量为

$$u_j^*(t) = -\operatorname{sgn}[g_j(t)] = \begin{cases} +1, & g_j(t) < 0 \\ -1, & g_j(t) > 0 \end{cases}$$

(2) 线性定常系统的时间最优控制。

最优控制分量为

$$u^*(t) = -\operatorname{sgn}(\boldsymbol{B}^{\mathrm{T}}\boldsymbol{\lambda}^*) = -\operatorname{sgn}[\boldsymbol{B}^{\mathrm{T}}\mathrm{e}^{-\boldsymbol{A}^{\mathrm{T}}t}\boldsymbol{\lambda}(0)] = -\operatorname{sgn}\{[\mathrm{e}^{-\boldsymbol{A}^{\mathrm{T}}t}\boldsymbol{B}]^{\mathrm{T}}\boldsymbol{\lambda}(0)\}$$

第4章 习 题

4-1 已知系统的状态方程为

$$\begin{cases}\dot{x}_1(t) = x_2(t)\\ \dot{x}_2(t) = u(t)\end{cases}$$

控制变量的不等式约束为 $|u(t)| \leqslant 1$，试证明系统从任意初始状态(x_{10}, x_{20})到达坐标原点的最短时间为

$$t_{\mathrm{f}}(x_1, x_2) = \begin{cases} x_{20} + \sqrt{4x_{10} + 2x_{20}^2}, & x_1 > -\dfrac{1}{2}x_2|x_2| \\ -x_{20} + \sqrt{-4x_{10} + 2x_{20}^2}, & x_1 < -\dfrac{1}{2}x_2|x_2| \\ |x_{20}|, & x_1 = -\dfrac{1}{2}x_2|x_2| \end{cases}$$

4-2 已知受控系统状态方程为

$$\begin{cases}\dot{x}_1(t) = x_2(t)\\ \dot{x}_2(t) = -x_1(t) + u(t)\end{cases}$$

不等式控制约束为$|u(t)| \leqslant 1$，试确定系统从任意状态 $x(0) = x_0$ 以最短时间转移到坐标原点的最优控制 $u^*(t)$。

4-3 已知受控系统

$$\begin{cases}\dot{x}_1(t) = -x_1(t) - u(t)\\ \dot{x}_2(t) = -2x_2(t) - 2u(t)\end{cases}$$

试求满足约束条件$|u(t)| \leqslant 1$，将系统由任意初始状态(ξ_1, ξ_2) 转移到坐标原点的时间最优控制规律 $u^*(t)$。

4-4 设受控系统状态方程为

$$\begin{bmatrix}\dot{x}_1\\ \dot{x}_2\end{bmatrix} = \begin{bmatrix}0 & \omega\\ -\omega & 0\end{bmatrix}\begin{bmatrix}x_1\\ x_2\end{bmatrix} + \begin{bmatrix}0\\ 1\end{bmatrix}u, \quad |u(t)| \leqslant 1$$

求把系统状态 $\begin{bmatrix}\omega x_1\\ \omega x_2\end{bmatrix} = \begin{bmatrix}1\\ 1\end{bmatrix}$ 转移到原点，且采用恒值控制 $u(t) = 1$，所需要的时间。

4-5 在质量为 10 kg 的静止物体上加一个垂直方向的力 $F(t)$，物体允许的最大加、减速度均为5 m/s^2，欲使物体以最短时间升高 100 m，并停留在这一位置，求 $F(t)$的变化规律，并求出最短时间。

第 5 章

燃料最优控制系统

本章要点

- 用极小值原理求解非线性系统的最少燃料控制问题、平凡燃料最优问题、非平凡燃料最优问题。
- 线性定常系统的最少燃料控制、双积分模型的最少燃料控制问题。
- 时间-燃料综合最优控制问题。

在当今工业高度发达的社会生产活动中，无时无刻不在使用着各种各样的燃料，如何减少能量的消耗，降低产品的成本，具有极大的经济意义。尤其是在探索太空各种各样的宇宙航行中，由于要消耗大量昂贵的燃料，所以无论是简单的高度控制，还是复杂的交会控制，都对节省燃料的消耗提出了共同的要求，这样不但可以降低起飞重量，节省成本，而且能确保安全航行。所有这些，构成了最少燃料控制问题。

若以非负量 $\varphi(t)$ 表示燃料的瞬时消耗率，则控制过程中所消耗的燃料总量为

$$F=\int_0^{t_f}\varphi(t)\mathrm{d}t \tag{5-1}$$

通常燃料消耗率 $\varphi(t)$ 与控制向量 $\boldsymbol{u}(t)$ 的确定关系可由实验确定。这里可考虑如下形式的关系

$$\varphi(t)=\sum_{j=1}^{m}c_j\left|u_j(t)\right|,\quad c_j>0 \tag{5-2}$$

式中，$u_j(t)$ 是 m 维控制向量 $\boldsymbol{u}(t)$ 的第 j 个分量；c_j 为比例系数，称为比耗。

若运动过程中燃料消耗量相对系统的总质量可以略去不计，则系统质量可视为常数。为了保证控制过程中最省燃料，选择燃料消耗总量作为性能指标

$$J=\int_0^{t_f}\Big[\sum_{j=1}^{m}c_j\mid u_j(t)\mid\Big]\mathrm{d}t \tag{5-3}$$

5.1 非线性系统的最少燃料控制问题

5.1.1 问题的提法

已知系统的状态方程为

$$\dot{\boldsymbol{x}}(t)=f[\boldsymbol{x}(t),t]+B[\boldsymbol{x}(t),t]\boldsymbol{u}(t) \tag{5-4}$$

式中，$\boldsymbol{x}(t)\in\mathbf{R}^n$，为系统的状态变量；$\boldsymbol{u}(t)\in\mathbf{R}^m(m\leqslant n)$，为系统的控制变量；$f[\boldsymbol{x}(t),t]$，$\boldsymbol{B}[\boldsymbol{x}(t),t]$为适当维数的矩阵，且都是对状态变量$\boldsymbol{x}(t)$和时间$t$的连续可微的矢量函数。

$\boldsymbol{u}(t)$在有界闭集Ω中取值，并满足不等式约束条件

$$|u_j(t)|\leqslant 1\quad(j=1,2,\cdots,m) \tag{5-5}$$

系统的初始状态为

$$\boldsymbol{x}(t_0)=\boldsymbol{x}_0 \tag{5-6}$$

终端状态满足等式约束条件

$$\Psi[\boldsymbol{x}(t_f),t_f]=0 \tag{5-7}$$

其中，t_f为终端时间且未知，$\boldsymbol{x}(t_f)$是终端状态，$\Psi[\boldsymbol{x}(t_f),t_f]$为$r(r\leqslant n)$维的矢量函数。要求使性能泛函(5-3)为最小值的最优控制$\boldsymbol{u}^*(t)$。

这类问题的特点是：性能泛函为积分型，被积函数仅与控制变量$\boldsymbol{u}(t)$有关，属于控制作用受约束、终端时间未知和终端状态自由并受等式约束的最优控制问题。

5.1.2 最少燃料问题的求解

根据极小值原理来求解，构造系统的哈密尔顿函数

$$\begin{aligned}H&=\sum_{j=1}^{m}c_j|u_j(t)|+\boldsymbol{\lambda}^{\mathrm{T}}(t)\{f[\boldsymbol{x}(t),t]+\boldsymbol{B}[\boldsymbol{x}(t),t]\boldsymbol{u}(t)\}\\&=\sum_{j=1}^{m}c_j|u_j(t)|+f^{\mathrm{T}}[\boldsymbol{x}(t),t]\boldsymbol{\lambda}(t)+\boldsymbol{u}^{\mathrm{T}}(t)\boldsymbol{B}^{\mathrm{T}}[\boldsymbol{x}(t),t]\boldsymbol{\lambda}(t)\end{aligned} \tag{5-8}$$

值得指出的是，最少燃料问题的哈密尔顿函数是$u_j(t)$和$|u_j(t)|$的线性函数，而在最短时间控制问题中哈密尔顿函数仅仅是$u_j(t)$的函数。

正则方程为

$$\dot{\boldsymbol{x}}_k=\frac{\partial H}{\partial\boldsymbol{\lambda}_k}=f_k[\boldsymbol{x}(t),t]+\sum_{j=1}^{m}b_{kj}[\boldsymbol{x}(t),t]u_j(t) \tag{5-9}$$

$$\dot{\boldsymbol{\lambda}}_k=-\frac{\partial H}{\partial\boldsymbol{x}_k}=-\sum_{i=1}^{n}\left(\frac{\partial f_i}{\partial\boldsymbol{x}_k}\right)\lambda_i-\sum_{j=1}^{m}u_j(t)\left[\frac{\partial b_{ij}}{\partial\boldsymbol{x}_k}\lambda_i(t)\right] \tag{5-10}$$

可以发现，最少燃料控制问题与最短时间控制问题的正则方程完全相同，其原因是两者的哈密尔顿函数只差一纯含$\boldsymbol{u}(t)$的函数。

由极值条件$\min\limits_{\boldsymbol{u}\in\Omega}H[\boldsymbol{x}^*,\boldsymbol{\lambda}^*,\boldsymbol{u},t]=H[\boldsymbol{x}^*,\boldsymbol{\lambda}^*,\boldsymbol{u}^*,t]$可得

$$\sum_{j=1}^{m} c_j |u_j^*(t)| + \sum_{i=1}^{n} f_i[\boldsymbol{x}^*(t),t]\lambda_i^*(t) + \sum_{j=1}^{m} u_j^*(t)\left\{\sum_{i=1}^{n} b_{ij}[\boldsymbol{x}^*(t),t]\lambda_i^*(t)\right\}$$
$$\leqslant \sum_{j=1}^{m} c_j |u_j^*(t)| + \sum_{i=1}^{n} f_i[\boldsymbol{x}^*(t),t]\lambda_i^*(t) + \sum_{j=1}^{m} u_j(t)\left\{\sum_{i=1}^{n} b_{ij}[\boldsymbol{x}^*(t),t]\lambda_i^*(t)\right\} \tag{5-11}$$

即

$$\begin{aligned}&\sum_{j=1}^{m} c_j |u_j^*(t)| + \sum_{j=1}^{m} u_j^*(t)\left\{\sum_{i=1}^{n} b_{ij}[\boldsymbol{x}^*(t),t]\lambda_i^*(t)\right\}\\ &\leqslant \sum_{j=1}^{m} c_j |u_j(t)| + \sum_{j=1}^{m} u_j(t)\left\{\sum_{i=1}^{n} b_{ij}[\boldsymbol{x}^*(t),t]\lambda_i^*(t)\right\}\end{aligned} \tag{5-12}$$

哈密尔顿函数在最优轨线终点处满足

$$\left[H + \frac{\partial \boldsymbol{\Psi}^{\mathrm{T}}}{\partial t_{\mathrm{f}}}\boldsymbol{\mu}\right]_{t=t_{\mathrm{f}}} = 0 \tag{5-13}$$

协态终值横截条件为

$$\boldsymbol{\lambda}(t_{\mathrm{f}}) = \left[\frac{\partial \boldsymbol{\Psi}^{\mathrm{T}}}{\partial \boldsymbol{x}(t_{\mathrm{f}})}\boldsymbol{\mu}\right]_{t=t_{\mathrm{f}}} \tag{5-14}$$

方程式(5-9),(5-10),(5-11),(5-12),(5-14)是最少燃料控制问题取得最优解的必要条件。下面进一步讨论最少燃料控制问题取得最优解的情况。为讨论方便,定义函数

$$q_j(t) = \sum_{i=1}^{n} b_{ij}[\boldsymbol{x}^*(t),t]\lambda_i^*(t) \quad (j=1,2,\cdots,m) \tag{5-15}$$

或写成其等价的向量形式

$$\boldsymbol{Q}(t) = \boldsymbol{B}^{\mathrm{T}}[\boldsymbol{x}^*(t),t]\boldsymbol{\lambda}^*(t) \tag{5-16}$$

则式(5-12)可以改写成

$$\sum_{j=1}^{m} c_j |u_j^*(t)| + \sum_{j=1}^{m} u_j^*(t) q_j(t) \leqslant \sum_{j=1}^{m} c_j |u_j(t)| + \sum_{j=1}^{m} u_j(t) q_j(t) \tag{5-17}$$

$$\sum_{j=1}^{m} c_j \left[|u_j^*(t)| + u_j^*(t)\frac{q_j(t)}{c_j}\right] \leqslant \sum_{j=1}^{m} c_j \left[|u_j(t)| + u_j(t)\frac{q_j(t)}{c_j}\right] \tag{5-18}$$

记

$$N[\boldsymbol{u}(t)] = \sum_{j=1}^{m} c_j \left[|u_j(t)| + u_j(t)\frac{q_j(t)}{c_j}\right] \tag{5-19}$$

式(5-18)意味着当 $u_j(t)=u_j^*(t)$ 时 $N[\boldsymbol{u}(t)]$ 取得整体最小,也即

$$\begin{aligned}\min_{u\in\Omega} N[\boldsymbol{u}(t)] &= \min_{u\in\Omega} \sum_{j=1}^{m} c_j \left[|u_j(t)| + u_j(t)\frac{q_j(t)}{c_j}\right]\\ &= \sum_{j=1}^{m} c_j \min_{|u_j(t)|\leqslant 1} \left[|u_j(t)| + u_j(t)\frac{q_j(t)}{c_j}\right]\\ &= \sum_{j=1}^{m} c_j \left[|u_j^*(t)| + u_j^*(t)\frac{q_j(t)}{c_j}\right]\end{aligned} \tag{5-20}$$

式中,Ω 为容许控制集,控制变量的约束条件为 $|u_j(t)| \leqslant 1 (j=1,2,\cdots,m)$ 且各控制分量是

相互独立的。容易看出，为了使式(5-20)取得极小值，第二项必须为非正，即

$$u_j(t)\frac{q_j(t)}{c_j}\leqslant 0 \tag{5-21}$$

也即 $u_j(t)$ 与 $\frac{q_j(t)}{c_j}$ 的符号必须相反。利用这个结论，式(5-20)可改写成为

$$\min_{u\in\Omega}N[\boldsymbol{u}(t)]=\sum_{j=1}^{m}c_j\min_{|u_j(t)|\leqslant 1}|u_j(t)|\left[1-\left|\frac{q_j(t)}{c_j}\right|\right] \tag{5-22}$$

根据式(5-22)可推得如下结果

$$\begin{cases}|u_j(t)|=0, & \left|\frac{q_j(t)}{c_j}\right|<1\\ |u_j(t)|=1, & \left|\frac{q_j(t)}{c_j}\right|>1\\ 0\leqslant|u_j(t)|\leqslant 1, & \left|\frac{q_j(t)}{c_j}\right|=0\end{cases} \tag{5-23}$$

结合确定的 $u_j{}^*(t)$ 大小和极性规则，可得最优控制必须满足下列关系

$$\begin{cases}u_j{}^*(t)=0, & -1<\frac{q_j(t)}{c_j}<1\\ u_j{}^*(t)=+1, & \frac{q_j(t)}{c_j}<-1\\ u_j{}^*(t)=-1, & \frac{q_j(t)}{c_j}>+1\\ 0\leqslant u_j{}^*(t)\leqslant 1, & \frac{q_j(t)}{c_j}=-1\\ -1\leqslant u_j{}^*(t)\leqslant 0, & \frac{q_j(t)}{c_j}=+1\end{cases} \tag{5-24}$$

为了简化式(5-24)，定义一个死区函数(如图 5-1 所示)

$$a=\mathrm{dez}\,b=\begin{cases}0, & |b|<1\\ \mathrm{sgn}\,b\;, & |b|>1\\ 0\leqslant a\leqslant 1, & |b|=+1\\ -1\leqslant a\leqslant 0, & |b|=-1\end{cases} \tag{5-25}$$

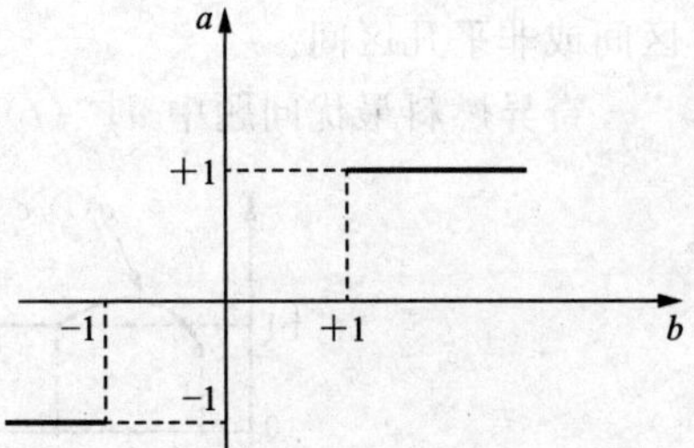

图 5-1 死区函数示意图

于是，式(5-24)可改写成

$$\begin{aligned}u_j{}^*(t)&=-\mathrm{dez}\left[\frac{q_j(t)}{c_j}\right]\\ &=-\mathrm{dez}\left[\frac{1}{c_j}\sum_{i=1}^{n}b_{ij}[\boldsymbol{x}^*(t),t]\lambda_i{}^*(t)\right]\end{aligned} \tag{5-26}$$

由方程式(5-24)或式(5-26)可知，当 $\left|\frac{q_j(t)}{c_j}\right|\neq 1$ 时，燃料最优控制的幅值和极性将由最优轨线 $\boldsymbol{x}^*(t)$ 和最优协态变量 $\lambda^*(t)$ 唯一确定；当 $\left|\frac{q_j(t)}{c_j}\right|=1$ 时，能确定的只是燃料最优

控制的极性，而不是其幅值。根据以上分析，可以定义正常的燃料最优问题和奇异的燃料最优问题。

5.1.3 平凡燃料最优问题和非平凡燃料最优问题

定义 5-1 设在时间区域$[t_0,t_f]$内存在一个时间的可数集

$$t_{1j},t_{2j},t_{3j},\cdots,t_{rj} \quad (r=1,2,3,\cdots; \quad j=1,2,3,\cdots,m)$$

使得对所有的$j=1,2,3,\cdots,m$，当且仅当$t=t_{rj}$时有

$$\left|\frac{q_j(t)}{c_j}\right|=\left|\frac{1}{c_j}\sum_{i=1}^{n}b_{ij}[\boldsymbol{x}^*(t),t]\lambda_i^*(t)\right|=1$$

则把这类燃料最优问题称为正常的燃料最优问题或者平凡燃料最优问题，并把时刻t_{rj}称为开关时间。

图 5-2 所示的是燃料最优问题中由方程式(5-26)确定的$u_j^*(t)$与$q_j(t)/c_j$的关系。从图中可以看到，函数$q_j(t)/c_j$只是在有限的各个孤立的时刻等于$+1$或-1，且$u_j^*(t)$也仅在这些点上发生跳变。由此可见，$u_j^*(t)$是时间的恒值函数，它在$-1,0,+1$三个值之间切换，因而常常把这种类型的恒值控制函数$u_j^*(t)$称为三位控制或离合控制。

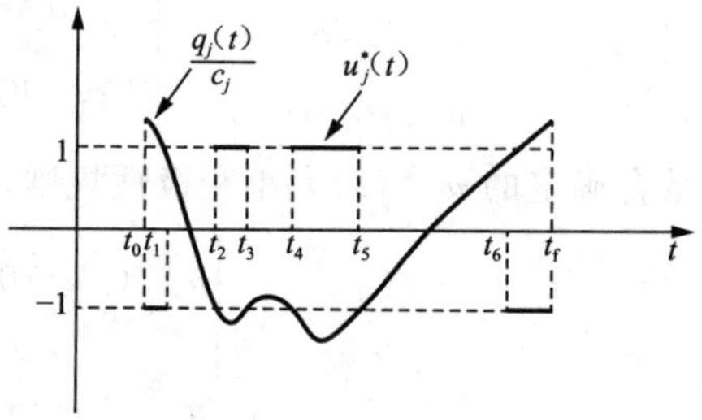

图 5-2 平凡燃料最优化问题$\frac{q_j(t)}{c_j}$与$u_j^*(t)$的关系图

定义 5-2 设在时间区域$[t_0,t_f]$内至少对一个分量存在一个(或多个)子区间$[t_1,t_2]_j$，$[t_1,t_2]_j\in[t_0,t_f]$，使得对所有$t\in[t_1,t_2]_j$有

$$\left|\frac{q_j(t)}{c_j}\right|=\left|\frac{1}{c_j}\sum_{i=1}^{n}b_{ij}[\boldsymbol{x}^*(t),t]\lambda_i^*(t)\right|=1$$

则称这类燃料最优问题为奇异的燃料最优问题或非平凡燃料最优问题，$[t_1,t_2]_j$称为奇异区间或非平凡区间。

奇异燃料最优问题中$u_j^*(t)$与$q_j(t)/c_j$的关系如图 5-3 所示。

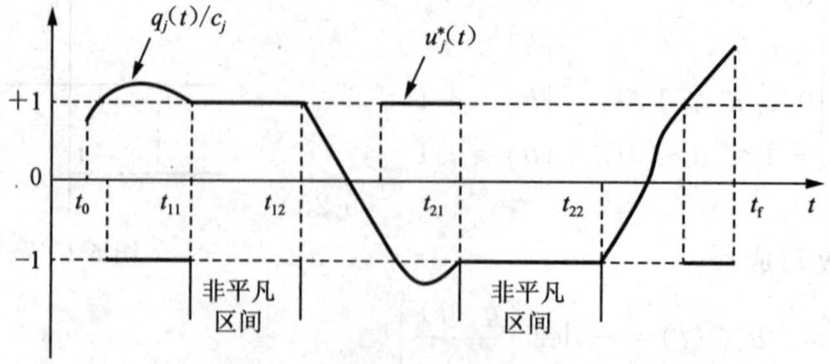

图 5-3 非平凡燃料最优化问题$\frac{q_j(t)}{c_j}$与$u_j^*(t)$的关系图

图 5-3 中有两个非平凡区间$[t_{11},t_{12}]$和$[t_{21},t_{22}]$。对于$t\in[t_{11},t_{12}]$，$u_j^*(t)$为非正；对于$t\in[t_{21},t_{22}]$，$u_j^*(t)$为非负。至于在这两个区间上$u_j^*(t)$的大小，暂时不能确定。但是这并不意味着最优控制无法定义，它仅仅表明从极值条件

$$\min_{\boldsymbol{u}\in\Omega}H[\boldsymbol{x}^*,\boldsymbol{\lambda}^*,\boldsymbol{u},t]=H[\boldsymbol{x}^*,\boldsymbol{\lambda}^*,\boldsymbol{u}^*,t]$$

不能推出燃料最优控制 $\boldsymbol{u}^*(t)$ 及其相应的状态 $\boldsymbol{x}^*(t)$ 和协态 $\boldsymbol{\lambda}^*(t)$ 之间唯一确定的关系。

5.2 线性定常系统的最少燃料控制问题

线性定常系统的最少燃料控制问题相对来说比较简单，对它进行深入的研究可以得到一些非常有价值的结论。

5.2.1 问题的描述

设已知系统的状态方程为

$$\dot{\boldsymbol{x}}(t)=\boldsymbol{A}\boldsymbol{x}(t)+\boldsymbol{B}\boldsymbol{u}(t) \tag{5-27}$$

容许控制受以下不等式约束，即

$$|\boldsymbol{u}(t)|\leqslant 1$$

寻求最优控制 $\boldsymbol{u}^*(t)$，使系统从已知初始状态 $\boldsymbol{x}(0)=\xi$ 以规定时间 t_f 到达预定状态 $\boldsymbol{x}(t_f)=\eta$（其中 η 不一定是零），并使性能指标泛函

$$\min J=\int_0^{t_f}|\boldsymbol{u}(t)|\,\mathrm{d}t$$

取极小值。

5.2.2 实现最优控制的必要条件

这类问题的特点：系统矩阵和控制矩阵都是定常矩阵，性能泛函为积分型，仅仅与控制变量 $\boldsymbol{u}(t)$ 有关，且控制变量受不等式约束的最优控制问题。

为了求解以上问题，构造其哈密尔顿函数为

$$H[\boldsymbol{x}(t),\boldsymbol{u}(t),\boldsymbol{\lambda}(t)]=|\boldsymbol{u}(t)|+\boldsymbol{\lambda}^{\mathrm{T}}(t)[\boldsymbol{A}\boldsymbol{x}(t)+\boldsymbol{B}\boldsymbol{u}(t)]$$

设最优控制 $\boldsymbol{u}^*(t)$ 存在，则应用极小值原理可以直接推出下列结果。

(1) 最优曲线 $\dot{\boldsymbol{x}}(t)$ 和最优伴随变量 $\dot{\boldsymbol{\lambda}}(t)$ 满足正则方程

$$\dot{\boldsymbol{x}}(t)=\frac{\partial \mathrm{H}}{\partial \boldsymbol{\lambda}(t)}=\boldsymbol{A}\boldsymbol{x}(t)+\boldsymbol{B}\boldsymbol{u}(t)$$

$$\dot{\boldsymbol{\lambda}}(t)=\frac{\partial H}{\partial \boldsymbol{x}(t)}=-\boldsymbol{A}^{\mathrm{T}}\boldsymbol{\lambda}(t)$$

(2) 边界条件

$$\boldsymbol{x}(0)=\boldsymbol{\xi}$$

$$\boldsymbol{x}(t_f)=\boldsymbol{\eta}$$

(3) 对所有容许控制 $\boldsymbol{u}(t)$，下列关系成立

$$|\boldsymbol{u}^*(t)|+[\boldsymbol{\lambda}^*(t)]^{\mathrm{T}}[\boldsymbol{A}\boldsymbol{x}^*(t)+\boldsymbol{B}\boldsymbol{u}^*(t)]\leqslant|\boldsymbol{u}(t)|+[\boldsymbol{\lambda}^*(t)]^{\mathrm{T}}[\boldsymbol{A}\boldsymbol{u}^*(t)+\boldsymbol{B}\boldsymbol{u}(t)]$$

即

$$|\boldsymbol{u}^*(t)|+[\boldsymbol{\lambda}^*(t)]^{\mathrm{T}}\boldsymbol{B}\boldsymbol{u}^*(t)\leqslant|\boldsymbol{u}(t)|+[\boldsymbol{\lambda}^*(t)]^{\mathrm{T}}\boldsymbol{B}\boldsymbol{u}(t)$$

由此可见，根据最优控制 $\boldsymbol{u}^*(t)$，使哈密尔顿函数 H 取极小值或使如下函数

$$R(\boldsymbol{u})=|\boldsymbol{u}(t)|+[\boldsymbol{\lambda}^*]^{\mathrm{T}}\boldsymbol{B}\boldsymbol{u}(t)$$

取极小值，最优控制应满足

$$\begin{cases} \boldsymbol{u}^*(t)=0, & |[\boldsymbol{\lambda}^*(t)]^{\mathrm{T}}\boldsymbol{B}|<1 \\ \boldsymbol{u}^*(t)=-\operatorname{sgn}\{[\boldsymbol{\lambda}^*(t)]^{\mathrm{T}}\boldsymbol{B}\}, & |[\boldsymbol{\lambda}^*(t)]^{\mathrm{T}}\boldsymbol{B}|>1 \\ 0\leqslant \boldsymbol{u}^*(t)\leqslant 1, & [\boldsymbol{\lambda}^*(t)]^{\mathrm{T}}\boldsymbol{B}=-1 \\ -1\leqslant \boldsymbol{u}^*(t)\leqslant 0, & [\boldsymbol{\lambda}^*(t)]^{\mathrm{T}}\boldsymbol{B}=+1 \end{cases} \tag{5-28}$$

根据死区函数的定义

$$\boldsymbol{u}^*(t)=-\operatorname{dez}\{[\boldsymbol{\lambda}^*(t)]^{\mathrm{T}}\boldsymbol{B}\}$$

由以上分析可见，在给定时间内使燃料消耗最少的能量最优控制，各个控制分量应取三个位置的值，即砰-零-砰。因为要节省燃料，所以必然有“零”的位置才能让系统利用本身的惯性运行。从物理意义上看，这种控制就是先加速，然后保持恒速，最后才减速。

由式(5-28)关系能否定确定 $\boldsymbol{u}^*(t)$ 取决于 $[\boldsymbol{\lambda}^*(t)]^{\mathrm{T}}\boldsymbol{B}$ 函数的性质，与时间最优控制问题类似，根据 $[\boldsymbol{\lambda}^*(t)]^{\mathrm{T}}\boldsymbol{B}$ 情况的不同，若最优控制问题是正常的，则最优控制 $\boldsymbol{u}^*(t)$ 可以取 $+1,-1,0$ 这 3 个值；若是奇异的，则在奇异时间区间，$\boldsymbol{u}^*(t)$ 的值不能由极小值原理求出。

5.3 双积分模型的燃料最优控制问题

本节将要讨论的是双积分模型装置的最少燃料控制系统。通过对这一系统的分析，将会发现燃料最优解的属性在很大程度上取决于初始状态的位置，也就是说，燃料最优解是否存在、是否唯一是与初始状态紧密相关的。

5.3.1 双积分模型的最少燃料控制问题描述

已知系统的状态方程为

$$\dot{x}_1(t)=x_2(t),\quad \dot{x}_2(t)=u(t)$$

控制变量的约束不等式为 $|u(t)|\leqslant 1$，寻求最优控制 $u^*(t)$，使系统从任意状态 (ξ_1,ξ_2) 转移到状态空间原点(0,0) 时目标泛函

$$J=\int_0^{t_f}|u(t)|\,\mathrm{d}t$$

取最小值，其中 t_f 是自由的。

5.3.2 双积分模型的最少燃料控制问题最优解

构造哈密尔顿函数

$$H=|u(t)|+\lambda_1(t)x_2(t)+\lambda_2(t)u(t)$$

其最优控制可写成

$$\begin{cases} u^*(t)=0, & |\lambda_2(t)|<1 \\ u^*(t)=-\operatorname{sgn}[\lambda_2(t)], & |\lambda_2(t)|>1 \\ 0\leqslant u^*(t)\leqslant 1, & \lambda_2(t)=-1 \\ -1\leqslant u^*(t)\leqslant 0, & \lambda_2(t)=1 \end{cases}$$

系统的伴随方程为

$$\dot{\lambda}_1(t)=-\frac{\partial H}{\partial x_1}=0,\quad \dot{\lambda}_2(t)=-\frac{\partial H}{\partial x_2}=-\lambda_1(t)$$

求解状态方程，得

$$\lambda_1(t)=\pi_1,\quad \lambda_2(t)=-\pi_1 t+\pi_2$$

其中，$\pi_1=\lambda_1(0)$，$\pi_2=\lambda_2(0)$。

由于哈密尔顿函数不是时间的显函数，且终端时间 t_f 自由，所以沿最优轨迹哈密尔顿函数等于 0，即 $H=0$。现分两种情况进行分析。

(1) 当 $\pi_1=0$ 时，有 $\lambda_1(t)=0$，$\lambda_2(t)=\pi_2$。

为满足哈密尔顿函数 $H=0$，应有

$$\lambda_2(t)=\pi_2=\pm 1$$

这是一种奇异情况，这时只能确定 $u^*(t)$ 的符号及取值范围，而无法确定 $u^*(t)$ 的大小。

设 $v(t)$ 是任意不恒等于零的非负分段连续函数，即

$$0\leqslant v(t)\leqslant 1,\quad t\in[0,t_f]$$

则最优控制应满足如下条件

$$u^*(t)=-\operatorname{sgn}(\pi_2)v(t)$$

(2) 当 $\pi_1\neq 0$ 时，有 $\lambda_2(t)=-\pi_1 t+\pi_2$。

它是时间的线性函数，且最多有两个点满足 $|\lambda_2(t)|=1$，因而属于正常情况。最优控制 $u^*(t)$ 必是三位控制，并且最多有两次转换。下列 9 种控制序列是燃料最优控制的候选者，即

$\{0\},\{+1\},\{-1\},\{+1,0\},\{-1,0\},\{0,+1\},\{0,-1\},\{+1,0,-1\},\{-1,0,+1\}$

但是，以 $u=0$ 结尾的三种序列 $\{0\},\{+1,0\},\{-1,0\}$ 不可能是最优控制。因为若最后控制 $u=0$ 时系统状态方程为

$$x_1(t)=\xi_1+\xi_2 t,\quad x_2(t)=\xi_2$$

其轨迹是一簇不通过坐标原点的平行直线，或是 x_1 轴上的孤立的点。因为显然不可能把非 (0,0) 状态转换为 (0,0) 状态。这样，最优控制序列只有下列 6 种可能的选择，即 $\{+1\}$，$\{-1\},\{0,+1\},\{0,-1\},\{+1,0,-1\},\{-1,0,+1\}$，它与 $\lambda_2(t)$ 的关系如图 5-4 所示。

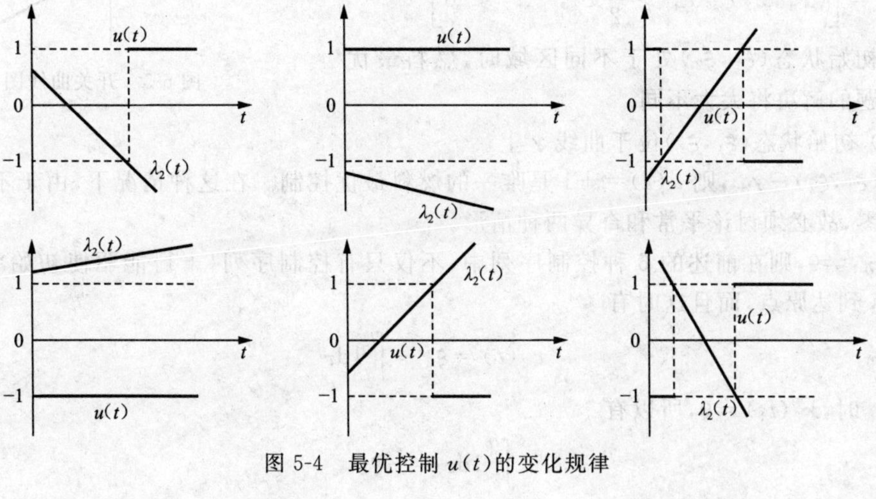

图 5-4 最优控制 $u(t)$ 的变化规律

下面确定燃料消耗量的下限。

对状态方程 $\dot{x}_2(t)=u(t)$ 进行积分，并考虑初始条件和终端条件分别为 (ξ_1,ξ_2) 和 $(0,0)$，则得

$$\xi_2=-\int_0^{t_f}u(t)\mathrm{d}t$$

于是

$$|\xi_2|=\left|\int_0^{t_f}u(t)\mathrm{d}t\right|\leqslant\int_0^{t_f}|u(t)|\mathrm{d}t=J[u]$$

由此得出结论：对给定问题而言，燃料消耗的下限为 $|\xi_2|$。因此，如果能找到一个控制，若它能使系统由 (ξ_1,ξ_2) 转移到 $(0,0)$，并且所消耗的燃料是 $|\xi_2|$，则该控制必然是最优控制。

为了详细分析燃料最优控制的属性对状态初值的依从关系，下面将在状态平面上进行讨论。对于本例的系统，$u(t)=\pm1$ 时的相轨迹已在第 4 章例 4-1 中做过详细讨论，得到了能够到达坐标原点的两条轨迹，如图 5-5 所示，其中

$$\gamma_+=\left[(x_1,x_2)\mid x_1=\frac{1}{2}x_2^2,\quad x_2\leqslant0\right]$$

$$\gamma_-=\left[(x_1,x_2)\mid x_1=-\frac{1}{2}x_2^2,\quad x_2\geqslant0\right]$$

而

$$\gamma=\gamma_+\cup\gamma_-=\left[(x_1,x_2)\mid x_1=-\frac{1}{2}x_2|x_2|\right]$$

曲线 γ 及 x_1 轴把状态平面划分成 4 个区域(见图 5-5)，即

$$R_1=\left[(x_1,x_2)\mid x_1>-\frac{1}{2}x_2^2,\quad x_2\geqslant0\right]$$

$$R_2=\left[(x_1,x_2)\mid x_1<-\frac{1}{2}x_2^2,\quad x_2>0\right]$$

$$R_3=\left[(x_1,x_2)\mid x_1<\frac{1}{2}x_2^2,\quad x_2\leqslant0\right]$$

$$R_4=\left[(x_1,x_2)\mid x_1>\frac{1}{2}x_2^2,\quad x_2<0\right]$$

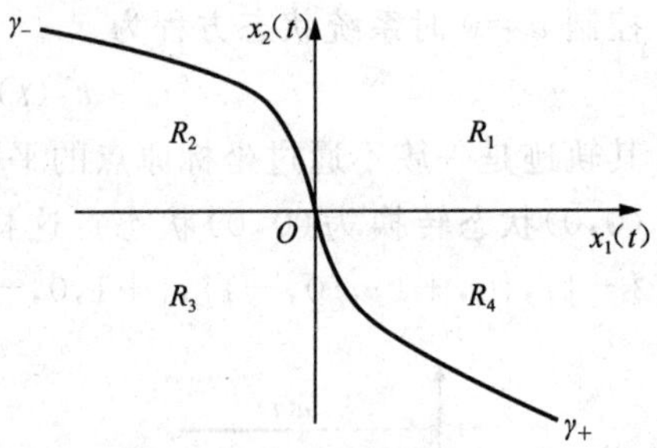

图 5-5　开关曲线图

当初始状态 (ξ_1,ξ_2) 处于不同区域时，燃料最优控制问题的解决将大大不同。

(1) 初始状态 (ξ_1,ξ_2) 位于曲线 γ 上。

设 $(\xi_1,\xi_2)\in\gamma_+$，则 $u(t)=+1$ 是唯一的燃料最优控制。在这种情况下，由于不知道 π_1 是否为零，故必须讨论平常和奇异两种情形。

若 $\pi_1\neq0$，则在前述的 6 种控制序列中，不仅只有控制序列 $\{+1\}$ 能驱使初始状态 $(\xi_1,\xi_2)\in\gamma_+$ 到达原点，而且这时有

$$x_2(t)=\xi_2+\int_0^t1\mathrm{d}\tau$$

当 $t=t_f$ 时，$x_2(t_f)=0$，所以有

$$\int_0^{t_f}1\mathrm{d}\tau=-\xi_2$$

从而有

$$J=\int_0^{t_f}|u(t)|\mathrm{d}t=\int_0^{t_f}1\mathrm{d}\tau=-\xi_2$$

在 γ_+ 上，$x_2(0)=\xi_2<0$，得 $J=|\xi_2|$，这就是燃料消耗的下限。

若 $\pi_1=0$，$|\pi_2|=1$，则由前述可知此时最优控制为 $u^*(t)=-\mathrm{sgn}\ (\pi_2)v(t)$。令 $x_1'(t)$ 和 $x_2'(t)$ 是系统方程当初始状态 $(\xi_1,\xi_2)\in\gamma_+$，$u(t)=-\mathrm{sgn}\ (\pi_2)v(t)$ 时的解，则

$$x_2'(t)=\xi_2+\int_0^t[-\mathrm{sgn}\ (\pi_2)v(\tau)]\mathrm{d}\tau$$

$$x_1'(t)=\xi_1+\xi_2t+\int_0^t\mathrm{d}\tau\int_0^\tau[-\mathrm{sgn}\ (\pi_2)v(\sigma)]\mathrm{d}\sigma$$

令 $x_1(t)$ 和 $x_2(t)$ 是系统方程当初始状态 $(\xi_1,\xi_2)\in\gamma_+$，$u(t)=+1$ 时的解，即

$$x_2(t)=\xi_2+\int_0^t1\mathrm{d}\tau$$

$$x_1(t)=\xi_1+\xi_2t+\int_0^t\mathrm{d}\tau\int_0^\tau1\mathrm{d}\sigma$$

很明显有

$$x_1(t)-x_1'(t)=\int_0^t\mathrm{d}\tau\int_0^\tau[1+\mathrm{sgn}\ (\pi_2)v(\sigma)]\mathrm{d}\sigma\geqslant0 \tag{5-29}$$

由此可知，只有在 $u(t)=-\mathrm{sgn}\ (\pi_2)v(t)=+1$ 时式(5-28)才会等于零，否则大于零。这说明，若 $u(t)=-\mathrm{sgn}\ (\pi_2)v(t)\neq+1$，则它所对应的相轨迹总是位于 γ_+ 曲线的左侧，因而不可能使状态转移到给定终点(0,0)。

由以上分析可知，只有 $u^*(t)=+1$ 是唯一的最优解。同理，当 $(\xi_1,\xi_2)\in\gamma_-$ 时，只有 $u^*(t)=-1$ 是唯一的最优解。

(2) 初始状态 (ξ_1,ξ_2) 位于 R_2, R_4 内。

设 $(\xi_1,\xi_2)\in R_4$，则存在许多能使状态到达原点的燃料最优控制。

当 $\pi_1\neq0$ 时，在上述 6 种可能的控制中，只有{0, +1}及{−1,0,+1}能使状态转移到原点。

图 5-6 中相轨迹 ABO 与 $u(t)=\{0,+1\}$ 相对应，而 $ACDBO$ 与 $u(t)=\{-1,0,+1\}$ 相对应。

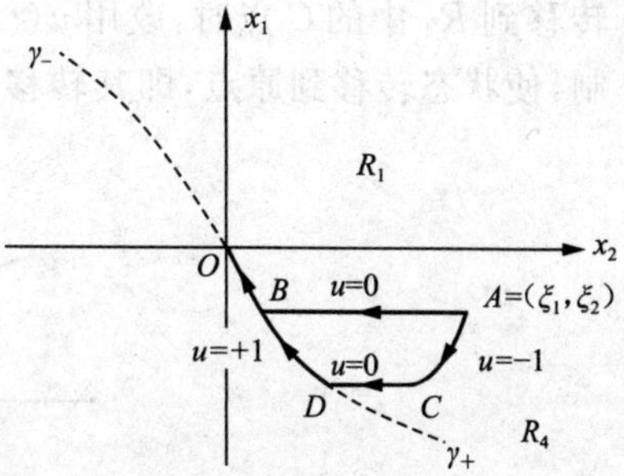

图 5-6 相轨迹图

当采用{0,+1}控制时，有

$$J\{0,+1\}=J_{AB}+J_{BO}=\int_0^{t_B}0\mathrm{d}t+\int_{t_B}^{t_f}1\mathrm{d}t$$

$$\int_{t_B}^{t_f}1\mathrm{d}t=-\xi_2=|\xi_2|$$

这是燃料消耗的下限，所以 $u^*(t)=\{0,+1\}$ 是最优控制。

当采用{−1,0,+1}控制时，有

$$J\{-1,0,+1\}=J_{AC}+J_{CD}+J_{DO}=\int_0^{t_C}|-1|\mathrm{d}t+\int_{t_C}^{t_D}0\mathrm{d}t+\int_{t_D}^{t_f}1\mathrm{d}t=$$

$$\int_0^{t_C}\mathrm{d}t+\int_{t_D}^{t_f}\mathrm{d}t=|x_{2C}-\xi_2|+|x_{2D}|>|\xi_2|$$

所以 $u(t)=\{-1,0,+1\}$ 不是最优控制。

再来研究 $\pi_1=0,|\pi_2|=1$ 的情形。这时 $u(t)=\text{sgn}(\pi_2)v(t)$ 中的所有控制都可能是最优控制。事实上，由于 t_f 是自由的，$v(t)$ 有无穷多个取值方法，可以满足

$$\int_0^{t_f} v(t)\mathrm{d}t=-\xi_2=|\xi_2|$$

$$\int_0^{t_f}\mathrm{d}t\int_0^t v(\tau)\mathrm{d}\tau=-\xi_1-\xi_2 t_f$$

这说明有无穷多个非负分段连续函数 $v(t)$ 可以充当最优控制。它们既能把状态转移到原点，又能使燃料消耗达到下限。

应当指出，虽然有无穷多个解均可实现最少燃料控制，但每种控制所需的时间是不同的，其中以 $u^*(t)=\{0,+1\}$ 所需的时间最短。这是因为

$$t_f^*=\int_0^{t_f}\mathrm{d}t=\int_0^{t_f}\frac{\mathrm{d}x_1}{\mathrm{d}x_2}\mathrm{d}t=\int_{\xi_1}^0\frac{\mathrm{d}x_1}{x_2}=\int_0^{\xi_1}\frac{\mathrm{d}x_1}{|x_2|} \tag{5-30}$$

对于同一个 x_1，$|x_2|$ 大的最优轨迹转移时间 t_f 最小。因此，$u^*(t)=\{0,+1\}$ 所需的时间为最短。对式(5-30)采用分段计算的方法得

$$t_f^*=\int_0^{t_f}\mathrm{d}t=\int_0^{t_f}\frac{\mathrm{d}x_1}{\mathrm{d}x_1}\mathrm{d}t=\int_{\xi_1}^0\frac{\mathrm{d}x_1}{x_2}=\int_{\xi_1}^{\frac{1}{2}\xi_2^2}\frac{\mathrm{d}x_1}{\xi_2}+\int_{\xi_2}^0\frac{x_2\mathrm{d}x_2}{x_2}$$

$$=\frac{1}{\xi_2}\left(\frac{1}{2}\xi_2^2-\xi_1\right)-\xi_2=-\left(\frac{1}{2}\xi_2+\frac{\xi_1}{\xi_2}\right)$$

同理，当 $(\xi_1,\xi_2)\in R_2$ 时，有无穷多个非负分段连续函数可以充当最优控制，而其中以 $u^*(t)=\{0,-1\}$ 所需的时间最短。

(3) 初始状态 (ξ_1,ξ_2) 位于 R_1,R_3 内。

设 $(\xi_1,\xi_2)\in R_1$，则燃料最优问题无解。这时在上述 6 种可能的控制中只有 $u(t)=\{-1,0,+1\}$ 能将状态转移到原点，如图 5-7 所示。首先用 $u(t)=-1$ 控制，当状态由 A 点转移到 R_4 中的 C 点时，改用 $u(t)=0$ 相轨迹水平左移，在 γ_+ 的交点 D 处改用 $u(t)=+1$ 控制，使状态转移到原点，即其转移路线为 $ABCDO$。

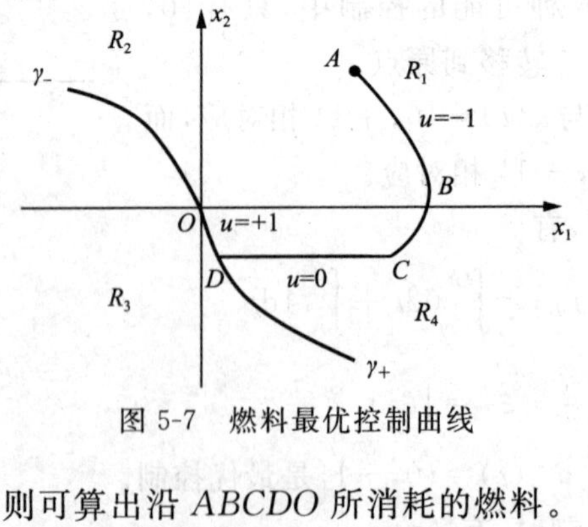

图 5-7 燃料最优控制曲线

设 C 点的纵坐标为 ε，则可算出沿 $ABCDO$ 所消耗的燃料。

$$J=J_{AB}+J_{BC}+J_{DO}=\xi_2+\varepsilon+\varepsilon$$

由此可知，随着 ε 的减小，所消耗的燃料亦减少，且 $\lim J=\xi_2=|\xi_2|$。

但在 x_1 轴上不可能用 $u(t)=0$ 把 x_1 由非零转移为零，因此 $u(t)=\{-1,0,+1\}$ 控制序列所消耗的燃料总是大于 $|\xi_2|$，它不是能量最优控制。由此可以断定，$(\xi_1,\xi_2)\in R_1$ 时，燃料最优问题无解。

当然，当 ε 足够小时，J 可近似为 $|\xi_2|$。这种情况有时称为 ε-能量最优问题。ε-能量最优问题的最优解虽然存在，但由 C 点到 D 点所需的转移时间却很长。

当初始状态 $(\xi_1,\xi_2)\in R_3$ 时，亦可得到类似的结论。

综上所述，可得燃料最优控制规律如下：

$$\begin{cases} u^*(x_1,x_2)=+1, & (x_1,x_2)\in\gamma_+ \\ u^*(x_1,x_2)=-1, & (x_1,x_2)\in\gamma_- \\ u^*(x_1,x_2)=0, & (x_1,x_2)\in R_2\cup R_4 \\ u^*(x_1,x_2)=\text{无解}, & (x_1,x_2)\in R_1\cup R_3 \end{cases}$$

例 5-1 设二阶系统的状态方程、状态边界条件、控制约束和性能指标分别为

$$\boldsymbol{x}=\begin{bmatrix}0&0\\1&0\end{bmatrix}\boldsymbol{x}+\begin{bmatrix}1\\0\end{bmatrix}u,\quad \boldsymbol{x}(0)=\begin{bmatrix}2\\2\end{bmatrix},\quad \boldsymbol{x}(8)=\begin{bmatrix}0\\0\end{bmatrix}$$

$$|u(t)|<1,\quad J[u(t)]=\int_0^8|u(t)|\mathrm{d}t$$

试求最优控制 $u^*(t)$。

解 哈密尔顿函数为

$$H=|u(t)|+\lambda_1 u+\lambda_2 x_1$$

由

$$\dot{\lambda}_1=-\lambda_2,\quad \dot{\lambda}_2=0$$

得

$$\lambda_2=c_2,\quad \lambda_1=-c_2 t+c_1$$

其中，c_1,c_2 为待定常数，且 $c_2\neq 0$ 时有正常解。

$$u^*(t)=\begin{cases}0, & -1<\lambda_1<1\\ -1, & \lambda_1>1\\ 1, & \lambda_1<-1\end{cases}$$

设 $c_1>1, c_2>0$，则 $\lambda_1(t)$ 与 u 的关系如图 5-8 所示。

当$0<t<t_a$ 时，有 $u=-1$，由状态方程和初始条件解得

$$x_1=-t+2$$

$$x_2=-\frac{1}{2}t^2+2t+2$$

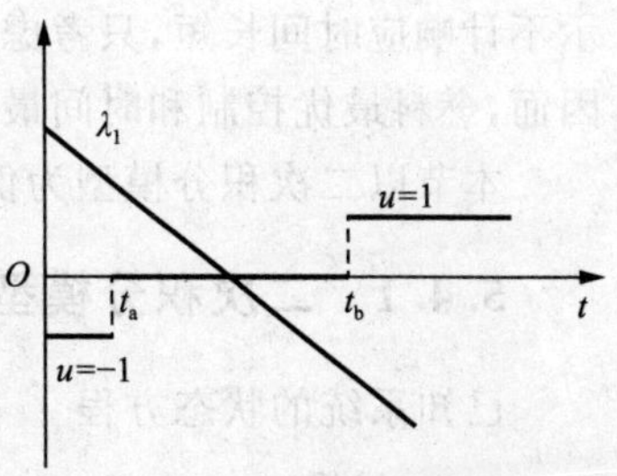

图 5-8 $\lambda_1(t)$与 u 的关系

消去 t 得

$$x_2=-\frac{1}{2}x_1^2+4$$

当 $t_a<t<t_b$ 时，$u=0$，此时

$$x_1=-t_a+2$$

$$x_2=(-t_a+2)(t-t_a)+\left(-\frac{1}{2}t_a^2+2t_a+2\right)$$

当 $t_b<t<8$ 时，$u=1$，此时

$$x_1=t-t_b-t_a+2$$

$$x_2=\frac{1}{2}(t-t_b)^2+(2-t_a)t+\frac{1}{2}t_a^2+2$$

消去 t 得

$$x_2=\frac{1}{2}x_1^2+2t_b+2t_a-t_at_b$$

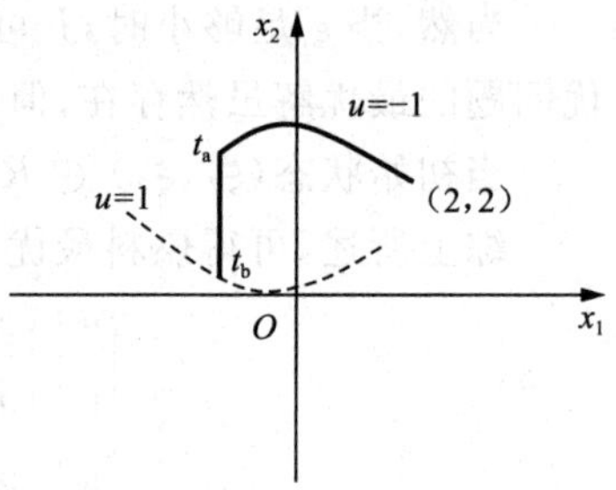

图 5-9　状态轨迹在相平面的变化趋势

状态轨迹在相平面的变化趋势见图 5-9。要将状态转移到原点，应有

$$2t_b+2t_a-t_at_b=0$$

将 $t_f=8, x_1(8)=0$ 代入并联立上式，可得

$$t_a=5-\sqrt{5},\quad t_b=5+\sqrt{5}$$

从而得最优控制为

$$u^*(t)=\begin{cases}-1, & 0<t<5-\sqrt{5}\\ 0, & 5-\sqrt{5}<t<5+\sqrt{5}\\ 1, & 5+\sqrt{5}<t<8\end{cases}$$

5.4　时间-燃料综合最优控制问题

单纯以节省燃料为目标的燃料最优控制问题往往会使系统的响应太慢，很难在实际生产中应用。若将缩短时间与节省燃料综合考虑，则所设计的控制系统既能节约燃料又不至于响应缓慢，由此产生了时间-燃料最优控制问题。一种较好的处理方法是在燃料最优控制性能指标中增加时间的加权项，得到

$$J=\rho t_f+\int_0^{t_f}\sum_{j=1}^{m}|\boldsymbol{u}(t)|\,\mathrm{d}t=\int_0^{t_f}(\rho+\sum_{j=1}^{m}|\boldsymbol{u}(t)|)\mathrm{d}t \tag{5-31}$$

式中，ρ 为时间加权系数，$\rho>0$，ρ 越大，表示对响应时间的重视程度越高。若取 $\rho=0$，则表示不计响应时间长短，只考虑节省燃料；若取 $\rho=\infty$，则表示不计燃料消耗，只要求时间最短。因而，燃料最优控制和时间最优控制都是时间-燃料最优控制的特例。

本节以二次积分模型为例来讨论时间-燃料最优控制问题。

5.4.1　二次积分模型的时间-燃料最优控制问题

已知系统的状态方程

$$\dot{x}_1(t)=x_2(t),\quad \dot{x}_2(t)=u(t) \tag{5-32}$$

求满足下列约束条件

$$|u(t)|\leqslant 1,\quad \forall t\in[0,t_f] \tag{5-33}$$

的最优控制 $u^*(t)$，使系统(5-32)由任意初态(ξ_1,ξ_2)转移到状态空间原点$(0,0)$，且使性能指标

$$J=\int_0^{t_f}(\rho+|u(t)|)\mathrm{d}t \tag{5-34}$$

为最小。设终端时刻 t_f 自由。

5.4.2 二次积分模型的时间-燃料最优控制问题求解方法

此问题属于定常系统，积分型性能指标，终端时间 t_f 自由，终端状态固定的最优控制问题。具体求解之前应先进行奇异性判断，以确定可否由极小值原理确定其最优控制规律。

构造系统的哈密尔顿函数为

$$H=\rho+|u(t)|+\lambda_1(t)x_2(t)+\lambda_2(t)u(t)$$

由极小值原理可知，使哈密尔顿函数 H 达到最小值的最优控制为

$$\begin{cases} u^*(t)=0, & |\lambda_2(t)|<1 \\ u^*(t)=-\mathrm{sgn}\,[\lambda_2(t)], & |\lambda_2(t)|>1 \\ 0\leqslant u^*(t)\leqslant 1, & \lambda_2(t)=-1 \\ -1\leqslant u^*(t)\leqslant 0, & \lambda_2(t)=+1 \end{cases}$$

系统的伴随方程为

$$\dot{\lambda}_1(t)=-\frac{\partial H}{\partial x_1}=0,\quad \dot{\lambda}_2(t)=-\frac{\partial H}{\partial x_2}=-\lambda_1(t)$$

求解状态方程得

$$\lambda_1(t)=\pi_1,\quad \lambda_2(t)=-\pi_1 t+\pi_2$$

式中，$\pi_1=\lambda_1(0)$，$\pi_2=\lambda_2(0)$。

由于哈密尔顿函数不是时间显函数，且终端时间 t_f 自由，所以沿最优轨迹哈密尔顿函数等于零，即 $H=0$。

首先证明该系统不可能出现奇异情况。因为若出现奇异情况，则必有

$$\lambda_1(t)=\pi_1=0,\quad \lambda_2(t)=\pi_2=\pm 1$$

由 5.3.2 节可知，其最优控制为

$$u^*(t)=-\mathrm{sgn}\,(\pi_2)v(t),\quad 0\leqslant v(t)\leqslant 1$$

将 $\lambda_1(t)$，$\lambda_2(t)$ 和 $u^*(t)$ 代入哈密尔顿函数，得

$$H=\rho+|u^*(t)|-|u^*(t)|=\rho>0$$

这与 $H=0$ 相矛盾，排除了 $|\lambda_2(t)|=1$ 的可能性，因此该问题必然是正常情况的，其极值控制是唯一的。

由 5.3.2 节可知，如下的 6 种控制序列是可能的最优控制，即

$$\{+1\},\{-1\},\{0,+1\},\{0,-1\},\{+1,0,-1\},\{-1,0,+1\}$$

下面讨论如何在状态平面 x_2-x_1 上确定控制序列 $\{-1,0,+1\}$ 的切换曲线问题。当控制序列为 $\{-1,0,+1\}$ 时，最优控制 $u^*(t)$ 与 $\lambda_2(t)$ 的关系如图 5-10 所示，其状态轨迹如图 5-11 所示。

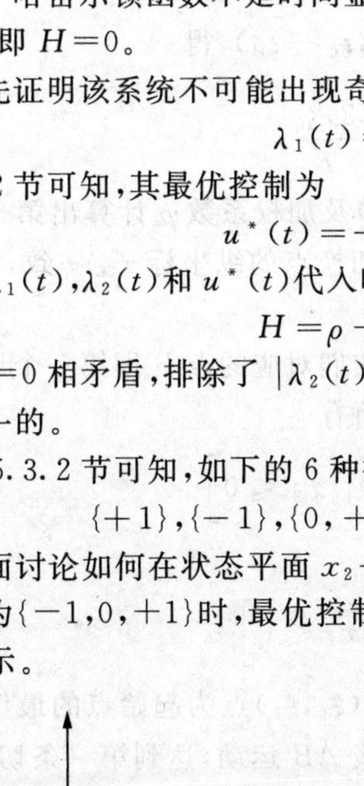

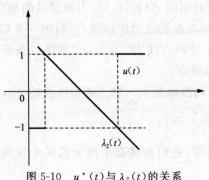

图 5-10 $u^*(t)$ 与 $\lambda_2(t)$ 的关系

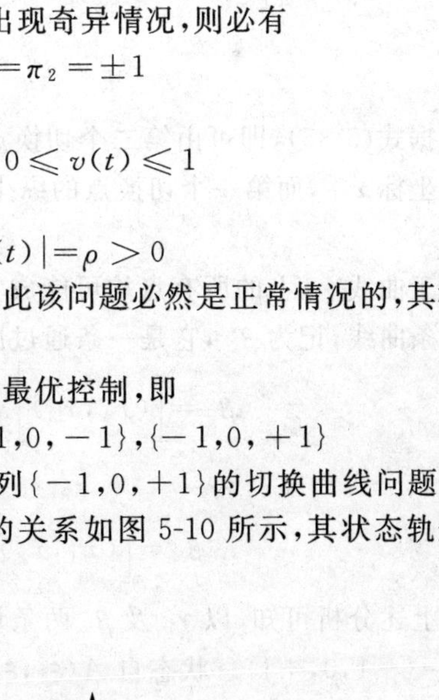

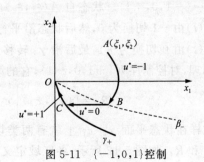

图 5-11 $\{-1,0,1\}$ 控制

由图 5-11 可以看出，从 $u(t)=0$ 向 $u(t)=+1$ 的切换是在 γ_+ 上进行的，这说明 γ_+ 是第二次切换曲线。剩下的问题是如何确定 $u(t)=-1$ 到 $u(t)=0$ 的切换条件，即 B 点的位置，它与 ρ 的数值有关。若设图 5-11 中 B 和 C 两点的坐标分别为 (x_{1B},x_{2B}) 及 (x_{1C},x_{2C})，而相应的切换时间分别为 t_B 及 t_C，显然有 $x_{2B}=x_{2C}$。

由于在 BC 段 $u(t)=0$，由状态方程解得

$$x_{1C}-x_{1B}=x_{2C}(t_C-t_B)$$

此外，在开关时间 t_B 和 t_C 分别有

$$\lambda_2(t_B)=-\pi_1 t_B+\pi_2=+1$$
$$\lambda_2(t_C)=-\pi_1 t_C+\pi_2=-1$$

由此得

$$t_C=t_B+\frac{2}{\pi_1}$$

当 $u(t)=0$ 时，哈密尔顿函数为

$$H=\rho+\lambda_1 x_{2C}=0$$

即

$$\pi_1=\lambda_1=-\frac{\rho}{x_{2C}}$$

将 $t_C=t_B+\frac{2}{\pi_1}$ 及 $\lambda_1=-\frac{\rho}{x_{2C}}$ 代入 $x_{1C}-x_{1B}=x_{2C}(t_C-t_B)$，得

$$x_{1B}=x_{1C}+\frac{2x_{2C}^2}{\rho}=\frac{1}{2}x_{2C}^2+\frac{2x_{2C}^2}{\rho} \tag{5-35}$$

根据式(5-35)，即可由第二个切换点的坐标 (x_{1C},x_{2C}) 及加权系数 ρ 计算出第一个切换点的横坐标 x_{1B}，而第一个切换点的纵坐标 x_{2B} 与第二个切换点的纵坐标 x_{2C} 一致，即 $x_{2B}=x_{2C}$。

由于曲线 γ_+ 上的所有点均可能成为第二个切换点，它们对应的点 B 即第一个切换点也形成一条曲线，记为 β_-，它是一条通过原点的抛物线，从而有

$$\beta_-=\left[(x_1,x_2)\,\middle|\,x_1=\frac{1}{2}x_2^2+\frac{2}{\rho}x_2^2,\quad x_2\leqslant 0\right]$$

或

$$\beta_-=\left[(x_1,x_2)\,\middle|\,x_1=\frac{\rho+4}{2\rho}x_2^2,\quad x_2\leqslant 0\right]$$

由上述分析可知，以 γ_+ 及 β_- 两条切换曲线右侧的 $A(\xi_1,\xi_2)$ 点为起始点的最优控制为 $u^*(t)=\{-1,0,+1\}$。状态自 $A(\xi_1,\xi_2)$ 出发，沿着抛物线 AB 运动，达到第一条切换线 β_- 时，$u^*(t)$ 由 -1 切换为 0，然后状态沿平行于 x_1 轴的直线 BC 运动，达到第二条切换线 γ_+ 时，$u^*(t)$ 由 0 切换为 $+1$，最后沿 γ_+ 转移到坐标原点。

同理，对控制序列 $\{+1,0,-1\}$，它的第一条切换线是 γ_-，第二条切换线是 β_+，且

$$\beta_+=\left[(x_1,x_2)\,\middle|\,x_1=-\frac{\rho+4}{2\rho}x_2^2,\quad x_2>0\right]$$

这样在状态平面 x_2-x_1 上就有两类切换曲线，它们将状态平面分成 4 个区域，即 R_1，R_2，R_3 和 R_4，如图 5-12 所示，各区域定义如下

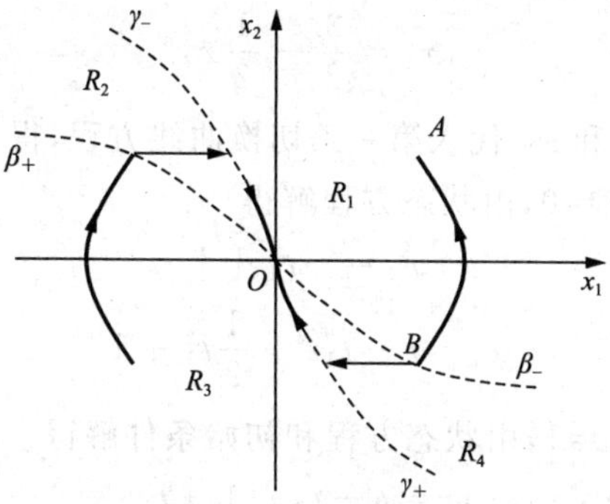

图 5-12 相轨迹图

$$R_1=\left[(x_1,x_2)\left|x_1\geqslant-\frac{1}{2}x_2|x_2|,\quad x_1>-\frac{\rho+4}{2\rho}x_2|x_2|\right.\right]$$

$$R_2=\left[(x_1,x_2)\left|x_1<-\frac{1}{2}x_2|x_2|,\quad x_1\geqslant-\frac{\rho+4}{2\rho}x_2|x_2|\right.\right]$$

$$R_3=\left[(x_1,x_2)\left|x_1\leqslant-\frac{1}{2}x_2|x_2|,\quad x_1<-\frac{\rho+4}{2\rho}x_2|x_2|\right.\right]$$

$$R_4=\left[(x_1,x_2)\left|x_1>-\frac{1}{2}x_2|x_2|,\quad x_1\leqslant-\frac{\rho+4}{2\rho}x_2|x_2|\right.\right]$$

综上所述,时间-能量综合系统的最优控制为

$$\begin{cases}u^*(x_1,x_2)=+1, & (x_1,x_2)\in R_3\\ u^*(x_1,x_2)=-1, & (x_1,x_2)\in R_1\\ u^*(x_1,x_2)=0, & (x_1,x_2)\in R_2\cup R_4\end{cases}$$

例 5-2 给定系统方程

$$\begin{cases}\dot{x}_1(t)=x_2(t)\\ \dot{x}_2(t)=u(t)\end{cases}$$

其中$|u(t)|\leqslant 1$,试求最优控制 $u^*(t)$,把系统从初始状态 $x_1(0)=1,x_2(0)=1$ 转移到状态平面原点,且使性能指标 $J=\int_0^{t_f}[4+|u(t)|]\mathrm{d}t$ 取极小值。

解 这是一个时间-燃料综合最优问题,由图 5-12 可知,初始点在 R_1 区,最优控制应为$\{-1,0,+1\}$,第一条切换曲线方程(控制由-1到 0)为:

$$x_1=\frac{\rho+4}{2\rho}x_2^2=x_2^2,\quad x_2<0$$

第二条切换曲线方程(控制由 0 到 1)为

$$x_1=\frac{1}{2}x_2^2,\quad x_2<0$$

当 $0\leqslant t<t_1$ 时,$u(t)=-1$,由状态方程及初始条件得

$$x_1=-t+1$$

$$x_2=-\frac{1}{2}t^2+t+1$$

消去 t 得

$$x_1=\frac{3}{2}-\frac{1}{2}x_2^2$$

当 $t=t_1$ 时，将上述 x_1 和 x_2 代入第一条切换曲线方程，得 $t_1=2$。

当 $t_1<t<t_2$ 时，$u(t)=0$，由状态方程解得

$$x_2=-t_1+1$$

$$x_1=t-t_1t+\frac{1}{2}t_1^2+1$$

当 $t_2<t<t_f$ 时，$u(t)=1$，由状态方程和初始条件解得

$$x_2=t-t_2+1-t_1$$

$$x_1=\frac{1}{2}t^2+(1-t_1-t_2)t+\frac{1}{2}(t_1^2+t_2^2)+1$$

消去 t 得

$$x_1=\frac{1}{2}x_2^2+\frac{1}{2}+t_1+t_2-t_1t_2$$

为使终端状态为零，应有

$$\frac{1}{2}+t_1+t_2-t_1t_2=0$$

将 $t_1=2$ 代入上式，得 $t_2=2.5$。

当 $t=t_f$ 时，将 $t_1=2, t_2=2.5, x_2=0$ 代入 $x_2=t-t_2+1-t_1$ 得 $t_f=3.5$。

状态轨迹如图 5-13 所示。

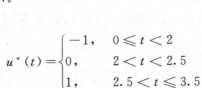

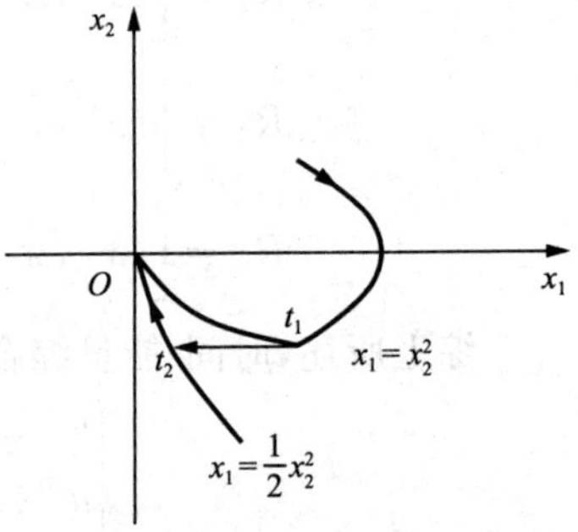

图 5-13　状态轨迹

所以，最优控制为

$$u^*(t)=\begin{cases}-1, & 0\leqslant t<2\\ 0, & 2<t<2.5\\ 1, & 2.5<t\leqslant 3.5\end{cases}$$

5.5　小　结

最少燃料控制问题是指有限时间的控制过程中，要求控制系统的能量消耗最小。为了保证控制过程最省能量，可把控制过程所消耗的能量总量作为性能指标来表示，即

$$J=\int_{t_0}^{t_f}|\boldsymbol{u}(t)|\,\mathrm{d}t$$

在给定的时间内使燃料消耗最少的最小能量最优控制，各个控制分量应取 3 个位置的值，即砰-零-砰。因为要节省燃料，所以必然有“零”的位置，才能让系统利用本身的惯性运行。从物理意义上看，这种控制就是先加速，然后保持恒速，最后再减速。

(1) 非线性系统的燃料最优控制。

最优控制分量为

$$u_j^*(t)=-\mathrm{dez}\left[\frac{q_j(t)}{c_j}\right]=-\mathrm{dez}\left\{\frac{1}{c_j}\sum_{i=1}^{n}b_{ij}[x^*(t),t]\lambda_i^*(t)\right\}$$

(2) 线性定常系统的燃料最优控制。

最优控制为

$$\boldsymbol{u}^*(t) = -\mathrm{dez}\,\{[\boldsymbol{\lambda}^*(t)]^{\mathrm{T}}\boldsymbol{B}\}$$

(3) 单纯以节省燃料为目的的能量最优控制问题往往响应太慢，导致控制过程所需的时间过长，很难在实际工程中应用，因为实际系统总是对系统的快慢性提出某种程度的要求。这就促使人们把缩短时间和节省燃料这两个要求一并加以考虑，设计时间和能量的综合指标为最优的控制系统。时间和能量综合控制通常采用如下性能指标

$$J = \int_0^{t_f} [\rho + |\boldsymbol{u}(t)|] \mathrm{d}t$$

其中，$\rho > 0$，称为加权系数，ρ 越大，表示对响应时间的重视程度越高。若 $\rho = 0$，则表示不计时间长短，只考虑节省燃料；若 $\rho = \infty$，则表示不计燃料消耗，只要求时间最短。对于时间和能量综合控制，各个控制分量同样应取 3 个位置的值，即砰-零-砰。

第5章 习 题

5-1 设二阶系统的状态方程为 $\dot{x}_1(t) = x_2(t)$，$\dot{x}_2(t) = u(t)$，不等式控制约束为 $|u(t)| \leqslant 1$，现需要在预定的时间 $t_f = 10$ s 内实现系统从初始状态(2,2)到终端状态(0,0)的转移，试求使性能指标 $J = \int_0^{t_f} |u(t)| \mathrm{d}t$ 为最小的最优控制 $u^*(t)$。

5-2 考虑二阶系统

$$\begin{cases} \dot{x}_1(t) = x_2(t) \\ \dot{x}_2(t) = x_1(t) + x_2(t)u(t) \end{cases}$$

确定满足约束 $|u(t)| \leqslant 1$ 的最优控制，使得系统从任意初态 x_0 转移到目标集的燃料最省，即

$$J = \int_0^{t_f} |u(t)| \mathrm{d}t$$

5-3 给定双积分系统

$$\begin{bmatrix} \dot{x}_1 \\ \dot{x}_2 \end{bmatrix} = \begin{bmatrix} 0 & 1 \\ 0 & 0 \end{bmatrix} \begin{bmatrix} x_1 \\ x_2 \end{bmatrix} + \begin{bmatrix} 0 \\ 1 \end{bmatrix} u$$

控制变量 u 受不等式 $-1 \leqslant u \leqslant 1$ 约束，要求系统从初始状态 $[x_1(0), x_2(0)]^{\mathrm{T}} = [1,1]^{\mathrm{T}}$ 转移到状态平面原点。性能指标是① $J = \int_0^{t_f} \mathrm{d}t$；② $J = \int_0^{t_f} \{1 + |u|\} \mathrm{d}t$，试分别计算它们的相应时间和消耗的燃料。

第 6 章

线性二次型最优控制系统

本章要点

- 线性二次型最优控制问题的基本表示方法。
- 主要研究连续系统的状态调节器问题、输出调节器问题及跟踪系统问题。
- 线性二次型最优控制器设计最终归结为求解黎卡提矩阵方程；用 MATLAB 求解黎卡提方程的解。

用极小值原理求最优控制，求出的最优控制通常是时间的函数，这样的控制称为开环控制。当用开环控制时，在控制过程中不允许有任何干扰，这样才能使系统以最优状态运行。但在实际问题中，干扰不可能没有，因此工程上总希望应用闭环控制，即将控制函数表示成时间和状态的函数。求解这样的问题一般来说是很困难的，但对一类线性的且指标是二次型的动态系统，却得到了完全的解决。对于线性系统，如果性能指标是状态变量和控制变量的二次型函数，则把这种动态系统的最优控制问题称为线性二次型最优控制问题，简称线性二次型问题，一般也称为 LQR(Linesr Quadratic Regulator)问题。由于线性二次型问题的最优解可以写成统一的解析表达式和实现求解过程的规范化，且可推导出一个简单的线性状态反馈控制规律，易于构成闭环最优反馈控制，便于工程实现，因而在实际工程问题中得到了广泛应用。

线性二次型最优控制问题与一般的最优控制问题相比还具有如下明显的特点：线性最优控制的结果可以应用于工作在小信号条件下的非线性系统，其计算和实现比非线性控制方法容易；线性最优控制器设计方法可以作为求解非线性最优控制问题的基础；线性最优控制除具有二次型性能指标意义上的最优性外，还具有良好的频响特性，可以实现极点的最优配置，并可抗慢变输入扰动，从而建立了现代控制理论与经典控制理论之间的联系。

6.1 线性二次型问题

设线性时变系统的状态空间表达式为

$$\begin{cases}\dot{\boldsymbol{x}}(t)=\boldsymbol{A}(t)\boldsymbol{x}(t)+\boldsymbol{B}(t)\boldsymbol{u}(t), \quad \boldsymbol{x}(t_0)=\boldsymbol{x}_0 \\ \boldsymbol{y}(t)=\boldsymbol{C}(t)\boldsymbol{x}(t)\end{cases} \tag{6-1}$$

式中，$\boldsymbol{x}(t)$ 为 n 维状态向量；$\boldsymbol{u}(t)$ 为 m 维控制向量；$\boldsymbol{y}(t)$ 为 l 维输出向量；$\boldsymbol{A}(t)$，$\boldsymbol{B}(t)$，$\boldsymbol{C}(t)$ 为维数适当的时变矩阵，其各元分段有界，在特殊情况下可以是常数矩阵 $\boldsymbol{A}$，$\boldsymbol{B}$，$\boldsymbol{C}$。假定 $0<l\leqslant m\leqslant n$，且 $\boldsymbol{u}(t)$ 不受约束。

在工程实践中，总希望设计一个系统，使其输出 $\boldsymbol{y}(t)$ 尽快接近理想输出 $\boldsymbol{y}_r(t)$，为此定义误差向量

$$\boldsymbol{e}(t)=\boldsymbol{y}_r(t)-\boldsymbol{y}(t)$$

因此最优控制的目的通常是寻找一个控制向量 $\boldsymbol{u}(t)$ 使误差向量 $\boldsymbol{e}(t)$ 最小。由于假设控制向量 $\boldsymbol{u}(t)$ 不受约束，$\boldsymbol{e}(t)$ 趋于极小有可能导致 $\boldsymbol{u}(t)$ 极大，这在工程上意味着控制能量过大以致无法实现，把这一因素考虑在内，对控制能量加以约束。要求确定最优控制 $\boldsymbol{u}^*(t)$ 使下列二次型性能指标极小

$$J=\frac{1}{2}\boldsymbol{e}^{\mathrm{T}}(t_f)\boldsymbol{F}\boldsymbol{e}(t_f)+\frac{1}{2}\int_{t_0}^{t_f}[\boldsymbol{e}^{\mathrm{T}}(t)\boldsymbol{Q}(t)\boldsymbol{e}(t)+\boldsymbol{u}^{\mathrm{T}}(t)\boldsymbol{R}(t)\boldsymbol{u}(t)]\mathrm{d}t \tag{6-2}$$

式中，$\boldsymbol{F}$，$\boldsymbol{Q}(t)$ 为适当维数的半正定对称加权矩阵；$\boldsymbol{R}(t)$ 为适当维数的正定对称矩阵；初始时刻 t_0 和终端时刻 t_f 固定。

在二次型性能指标式(6-2)中，其各项都有明确的物理含义，现分述如下。

1) 终值项 $\frac{1}{2}\boldsymbol{e}^{\mathrm{T}}(t_f)\boldsymbol{F}\boldsymbol{e}(t_f)$

$$\frac{1}{2}\boldsymbol{e}^{\mathrm{T}}(t_f)\boldsymbol{F}\boldsymbol{e}(t_f)=\frac{1}{2}\sum_{i=1}^{m}\sum_{j=1}^{m}f_{ij}(t)e_i(t)e_j(t)$$

终值项的物理意义是：在控制过程结束后，对系统终端状态跟踪误差的要求，强调了系统接近终端时的误差。该项也同样反映了系统的控制要求。如果对终端误差限制为 $\boldsymbol{e}(t_f)=0$，则此项可略去。但是在有限时间 t_f 内，系统难以实现使 $\boldsymbol{e}(t_f)=0$，因此要求 $\frac{1}{2}\boldsymbol{e}^{\mathrm{T}}(t_f)\boldsymbol{F}\boldsymbol{e}(t_f)$ 位于零的某一邻域内，这样既符合工程实际情况，又易于满足。

2) 积分项 $\frac{1}{2}\int_{t_0}^{t_f}\boldsymbol{e}^{\mathrm{T}}(t)\boldsymbol{Q}(t)\boldsymbol{e}(t)\mathrm{d}t$

$$\int_{t_0}^{t_f}\boldsymbol{L}_e\mathrm{d}t=\frac{1}{2}\int_{t_0}^{t_f}\boldsymbol{e}^{\mathrm{T}}(t)\boldsymbol{Q}(t)\boldsymbol{e}(t)\mathrm{d}t$$

$$\boldsymbol{L}_e=\frac{1}{2}[\boldsymbol{e}^{\mathrm{T}}(t)\boldsymbol{Q}(t)\boldsymbol{e}(t)]=\frac{1}{2}\sum_{i=1}^{m}\sum_{j=1}^{m}q_{ij}(t)e_i(t)e_j(t)$$

由于 $\boldsymbol{Q}(t)$ 为半正定对称矩阵，在 $[t_0,t_f]$ 区间内非负，积分 $\int_{t_0}^{t_f}\boldsymbol{L}_e\mathrm{d}t$ 表示了在区间上误差的累积大小，反映了系统在控制中动态跟踪误差的累积和。由于误差的二次型表达形式，所

以加权矩阵 $\boldsymbol{Q}(t)$ 实际上能给较大的误差以较大的加权，而 $\boldsymbol{Q}(t)$ 为时间函数则意味着对不同时刻误差赋予不同的加权，该项反映了系统的控制效果。显然，这一积分项愈小，说明控制的性能愈好。

3) 积分项 $\frac{1}{2}\int_{t_0}^{t_f}\boldsymbol{u}^{\mathrm{T}}(t)\boldsymbol{R}(t)\boldsymbol{u}(t)\mathrm{d}t$

$$\boldsymbol{L}_u=\frac{1}{2}[\boldsymbol{u}^{\mathrm{T}}(t)\boldsymbol{R}(t)\boldsymbol{u}(t)]=\frac{1}{2}\sum_{i=1}^{r}\sum_{j=1}^{r}r_{ij}(t)u_i(t)u_j(t)$$

由于 $\boldsymbol{R}(t)$ 正定，且对称，故 $\int_{t_0}^{t_f}\boldsymbol{L}_u\mathrm{d}t$ 表示了在整个控制过程中所消耗的控制能量，同样起到了对不同时刻控制分量赋予不同加权的作用。

根据上述分析可知，二次型性能指标式(6-2)的物理意义是：使系统在控制过程中的动态误差与能量消耗，以及控制结束时的系统稳态误差综合最优。因此，从性能指标的物理意义来看，加权矩阵 $\boldsymbol{F}$ 和 $\boldsymbol{Q}(t)$ 都必须取为非负定矩阵，不能取为负定矩阵，否则具有大误差和控制能量消耗很大的系统仍然会有一个小的性能指标，从而违背了最优控制解的原意。之所以要求控制加权矩阵 $\boldsymbol{R}(t)$ 必须是正定对称矩阵，是因为在后面最优控制规律的计算中需要用到 $\boldsymbol{R}(t)$ 的逆矩阵，即 $\boldsymbol{R}^{-1}(t)$，如果只要求 $\boldsymbol{R}(t)$ 为非负定，则不能保证 $\boldsymbol{R}^{-1}(t)$ 的必然存在。

本章根据 $\boldsymbol{C}(t)$ 矩阵和理想输出 $\boldsymbol{y}_{\mathrm{r}}(t)$ 的不同情况，将线性二次型最优控制问题按三种类型即状态调节器问题、输出调节器问题和跟踪问题分别进行讨论。

6.2 状态调节器问题

在系统方程(6-1)和二次型性能指标式(6-2)中，如果

$$\boldsymbol{C}(t)=I,\quad \boldsymbol{y}_{\mathrm{r}}(t)=0$$

则有

$$\boldsymbol{e}(t)=-\boldsymbol{y}(t)=-\boldsymbol{x}(t)$$

从而性能指标式(6-2)演变为

$$J=\frac{1}{2}\boldsymbol{x}^{\mathrm{T}}(t_f)\boldsymbol{F}\boldsymbol{x}(t_f)+\frac{1}{2}\int_{t_0}^{t_f}[\boldsymbol{x}^{\mathrm{T}}(t)\boldsymbol{Q}(t)\boldsymbol{x}(t)+\boldsymbol{u}^{\mathrm{T}}(t)\boldsymbol{R}(t)\boldsymbol{u}(t)]\mathrm{d}t \tag{6-3}$$

式中，$\boldsymbol{F}$ 为适当维数的半正定常数矩阵；$\boldsymbol{Q}(t)$ 为适当维数的半正定对称矩阵；$\boldsymbol{R}(t)$ 为适当维数的正定对称矩阵；$\boldsymbol{Q}(t)$，$\boldsymbol{R}(t)$ 在 $[t_0,t_f]$ 上均连续有界；终端时刻 t_f 固定。

这时，线性二次型最优控制问题为：当系统式(6-1)受扰偏离原平衡状态时，要求产生一控制向量，使系统状态 $\boldsymbol{x}(t)$ 恢复到原平衡状态附近，并使性能指标式(6-3)极小，因而称为状态调节器问题。

根据终端时刻 t_f 有限或无限，可将状态调节器问题分为有限时间的状态调节器问题和无限时间的状态调节器问题。

6.2.1 有限时间状态调节器

如果系统是线性时变的，终端时刻 t_f 是有限的，则这样的状态调节器称为有限时间状态

调节器。

设线性时变系统的状态方程为

$$\dot{\boldsymbol{x}}(t)=\boldsymbol{A}(t)\boldsymbol{x}(t)+\boldsymbol{B}(t)\boldsymbol{u}(t),\quad \boldsymbol{x}(t_0)=\boldsymbol{x}_0$$

式中，$\boldsymbol{x}(t)$ 为 n 维状态向量；$\boldsymbol{u}(t)$ 为 m 维控制向量，且不受约束；$\boldsymbol{A}(t)$，$\boldsymbol{B}(t)$ 分别是适当维数的时变矩阵，其各元在 $[t_0,t_f]$ 上连续且有界。试求最优控制 $\boldsymbol{u}^*(t)$，使系统的二次型性能指标式(6-3)取极小值。

由于控制向量 $\boldsymbol{u}(t)$ 不受约束，故可用极小值原理求解。引入 n 维拉格朗日乘子矢量 $\boldsymbol{\lambda}(t)$，构造哈密尔顿函数

$$H[\boldsymbol{x}(t),\boldsymbol{\lambda}(t),\boldsymbol{u}(t),t]=\frac{1}{2}[\boldsymbol{x}^{\mathrm{T}}\boldsymbol{Q}(t)\boldsymbol{x}(t)+\boldsymbol{u}^{\mathrm{T}}(t)\boldsymbol{R}(t)\boldsymbol{u}(t)]+\boldsymbol{\lambda}^{\mathrm{T}}(t)[\boldsymbol{A}(t)\boldsymbol{x}(t)+\boldsymbol{B}(t)\boldsymbol{u}(t)]$$

于是实现最优控制的必要条件如下。

(1) 正则方程组为

状态方程

$$\dot{\boldsymbol{x}}(t)=\frac{\partial H}{\partial \boldsymbol{\lambda}}=\boldsymbol{A}(t)\boldsymbol{x}(t)+\boldsymbol{B}(t)\boldsymbol{u}(t) \tag{6-4}$$

协态方程

$$\dot{\boldsymbol{\lambda}}(t)=-\frac{\partial H}{\partial \boldsymbol{x}}=-\boldsymbol{Q}(t)\boldsymbol{x}(t)-\boldsymbol{A}^{\mathrm{T}}(t)\boldsymbol{\lambda}(t) \tag{6-5}$$

(2) 控制方程为

$$\frac{\partial H}{\partial \boldsymbol{u}}=\boldsymbol{R}(t)\boldsymbol{u}(t)+\boldsymbol{B}^{\mathrm{T}}(t)\boldsymbol{\lambda}(t)=0 \tag{6-6}$$

(3) 初始条件为

$$\boldsymbol{x}(t_0)=\boldsymbol{x}_0 \tag{6-7}$$

(4) 横截条件为

$$\boldsymbol{\lambda}(t_f)=\frac{\partial \boldsymbol{\Phi}[\boldsymbol{x}(t_f),t_f]}{\partial \boldsymbol{x}(t_f)}=\boldsymbol{F}\boldsymbol{x}(t_f) \tag{6-8}$$

由式(6-6)，注意 $\boldsymbol{R}(t)$ 的正定性，有

$$\boldsymbol{u}^*(t)=-\boldsymbol{R}^{-1}(t)\boldsymbol{B}^{\mathrm{T}}(t)\boldsymbol{\lambda}(t) \tag{6-9}$$

将式(6-9)代入式(6-4)，有

$$\dot{\boldsymbol{x}}(t)=\boldsymbol{A}(t)\boldsymbol{x}(t)-\boldsymbol{B}(t)\boldsymbol{R}^{-1}(t)\boldsymbol{B}^{\mathrm{T}}(t)\boldsymbol{\lambda}(t) \tag{6-10}$$

将式(6-10)与式(6-5)联立，写成统一的 $2n$ 维线性齐次微分方程式为

$$\begin{bmatrix}\dot{\boldsymbol{x}}(t)\\ \dot{\boldsymbol{\lambda}}(t)\end{bmatrix}=\begin{bmatrix}\boldsymbol{A}(t) & -\boldsymbol{B}(t)\boldsymbol{R}^{-1}(t)\boldsymbol{B}^{\mathrm{T}}(t)\\ -\boldsymbol{Q}(t) & -\boldsymbol{A}^{\mathrm{T}}(t)\end{bmatrix}\begin{bmatrix}\boldsymbol{x}(t)\\ \boldsymbol{\lambda}(t)\end{bmatrix} \tag{6-11}$$

其解为

$$\begin{bmatrix}\boldsymbol{x}(t)\\ \boldsymbol{\lambda}(t)\end{bmatrix}=\boldsymbol{\Phi}(t,t_0)\begin{bmatrix}\boldsymbol{x}(t_0)\\ \boldsymbol{\lambda}(t_0)\end{bmatrix} \tag{6-12}$$

式中，$\boldsymbol{\Phi}(t,t_0)$ 为 $2n\times 2n$ 维状态转移矩阵；$\boldsymbol{x}(t_0)$ 和 $\boldsymbol{\lambda}(t_0)$ 分别为状态变量及协态变量的初始值。

这是一个典型的两点边值问题。求解式(6-11)所需的 $2n$ 个边界条件，其中 n 个由初始值 $\boldsymbol{x}(t_0)$ 决定，另外 n 个由末态 $\boldsymbol{\lambda}(t_f)$ 决定。显然，求解式(6-11)有不少困难。为此，希望通过对式(6-11)及式(6-12)的分析确定 $\boldsymbol{x}(t)$ 与 $\boldsymbol{\lambda}(t)$ 之间的关系，然后代入式(6-9)，从而可以求得最优控制 $\boldsymbol{u}^*(t)$ 与状态 $\boldsymbol{x}(t)$ 之间的关系，用状态反馈去组成最优控制系统。

如果终端状态 $\boldsymbol{x}(t_f)$ 和终端协态 $\boldsymbol{\lambda}(t_f)$ 已知，可令 $t=t_f$ 和 $t_0=t$ 并代入式(6-12)，则有

$$\begin{bmatrix}\boldsymbol{x}(t_f)\\ \boldsymbol{\lambda}(t_f)\end{bmatrix}=\boldsymbol{\Phi}(t_f,t)\begin{bmatrix}\boldsymbol{x}(t)\\ \boldsymbol{\lambda}(t)\end{bmatrix}=\begin{bmatrix}\boldsymbol{\Phi}_{11}(t_f,t) & \boldsymbol{\Phi}_{12}(t_f,t)\\ \boldsymbol{\Phi}_{21}(t_f,t) & \boldsymbol{\Phi}_{22}(t_f,t)\end{bmatrix}\begin{bmatrix}\boldsymbol{x}(t)\\ \boldsymbol{\lambda}(t)\end{bmatrix}$$

即

$$\begin{cases}\boldsymbol{x}(t_f)=\boldsymbol{\Phi}_{11}(t_f,t)\boldsymbol{x}(t)+\boldsymbol{\Phi}_{12}(t_f,t)\boldsymbol{\lambda}(t)\\ \boldsymbol{\lambda}(t_f)=\boldsymbol{\Phi}_{21}(t_f,t)\boldsymbol{x}(t)+\boldsymbol{\Phi}_{22}(t_f,t)\boldsymbol{\lambda}(t)\end{cases}\tag{6-13}$$

式中，$\boldsymbol{\Phi}_{11}(t_f,t)$，$\boldsymbol{\Phi}_{12}(t_f,t)$，$\boldsymbol{\Phi}_{21}(t_f,t)$，$\boldsymbol{\Phi}_{22}(t_f,t)$ 为状态转移矩阵 $\boldsymbol{\Phi}(t_f,t)$ 的 4 个 $n\times n$ 维子矩阵。

根据式(6-13)并考虑式(6-8)，有

$$\boldsymbol{\lambda}(t)=[\boldsymbol{\Phi}_{22}(t_f,t)-\boldsymbol{F}\boldsymbol{\Phi}_{12}(t_f,t)]^{-1}[\boldsymbol{F}\boldsymbol{\Phi}_{11}(t_f,t)-\boldsymbol{\Phi}_{21}(t_f,t)]\boldsymbol{x}(t)\tag{6-14}$$

可以证明 $[\boldsymbol{\Phi}_{22}(t_f,t)-\boldsymbol{F}\boldsymbol{\Phi}_{12}(t_f,t)]^{-1}$ 存在。令

$$\boldsymbol{P}(t)=[\boldsymbol{\Phi}_{22}(t_f,t)-\boldsymbol{F}\boldsymbol{\Phi}_{12}(t_f,t)]^{-1}[\boldsymbol{F}\boldsymbol{\Phi}_{11}(t_f,t)-\boldsymbol{\Phi}_{21}(t_f,t)]\tag{6-15}$$

则式(6-14)可写为

$$\boldsymbol{\lambda}(t)=\boldsymbol{P}(t)\boldsymbol{x}(t)\tag{6-16}$$

式中，$\boldsymbol{P}(t)$ 为待定的 $n\times n$ 维时变或定常矩阵。

由式(6-16)可见，$\boldsymbol{\lambda}(t)$ 与 $\boldsymbol{x}(t)$ 之间存在线性关系。

将式(6-16)代入式(6-9)，有

$$\boldsymbol{u}^*(t)=-\boldsymbol{R}^{-1}(t)\boldsymbol{B}^{\mathrm{T}}(t)\boldsymbol{P}(t)\boldsymbol{x}(t)=-\boldsymbol{K}(t)\boldsymbol{x}(t)\tag{6-17}$$

式中，$\boldsymbol{K}(t)$ 为反馈增益矩阵。

$$\boldsymbol{K}(t)=\boldsymbol{R}^{-1}(t)\boldsymbol{B}^{\mathrm{T}}(t)\boldsymbol{P}(t)\tag{6-18}$$

由式(6-17)可见，$\boldsymbol{u}^*(t)$ 与 $\boldsymbol{x}(t)$ 之间存在线性关系，从而可以实现最优线性反馈控制。

由于 $\boldsymbol{R}(t)$ 和 $\boldsymbol{B}(t)$ 均为已知，所以求最优控制器 $\boldsymbol{u}^*(t)$ 的问题就归结为求解矩阵 $\boldsymbol{P}(t)$。当然，可以按式(6-15)求 $\boldsymbol{P}(t)$，但这将涉及 $n\times n$ 维矩阵 $[\boldsymbol{\Phi}_{22}(t_f,t)-\boldsymbol{F}\boldsymbol{\Phi}_{12}(t_f,t)]$ 的求逆运算，计算工作量很大。

将式(6-16)对时间 t 求一阶导数，并将式(6-4)及式(6-17)代入，则有

$$\begin{aligned}\dot{\boldsymbol{\lambda}}(t)&=\dot{\boldsymbol{P}}(t)\boldsymbol{x}(t)+\boldsymbol{P}(t)\dot{\boldsymbol{x}}(t)=\dot{\boldsymbol{P}}(t)\boldsymbol{x}(t)+\boldsymbol{P}(t)[\boldsymbol{A}(t)\boldsymbol{x}(t)+\boldsymbol{B}(t)\boldsymbol{u}(t)]\\ &=[\dot{\boldsymbol{P}}(t)+\boldsymbol{P}(t)\boldsymbol{A}(t)-\boldsymbol{P}(t)\boldsymbol{B}(t)\boldsymbol{R}^{-1}(t)\boldsymbol{B}^{\mathrm{T}}(t)\boldsymbol{P}(t)]\boldsymbol{x}(t)\end{aligned}\tag{6-19}$$

将式(6-16)代入式(6-5)，有

$$\dot{\boldsymbol{\lambda}}(t)=[-\boldsymbol{Q}(t)-\boldsymbol{A}^{\mathrm{T}}(t)\boldsymbol{P}(t)]\boldsymbol{x}(t)\tag{6-20}$$

令式(6-19)和式(6-20)相等，可得

$$\dot{\boldsymbol{P}}(t)=-\boldsymbol{P}(t)\boldsymbol{A}(t)-\boldsymbol{A}^{\mathrm{T}}(t)\boldsymbol{P}(t)+\boldsymbol{P}(t)\boldsymbol{B}(t)\boldsymbol{R}^{-1}(t)\boldsymbol{B}^{\mathrm{T}}(t)\boldsymbol{P}(t)-\boldsymbol{Q}(t)\tag{6-21}$$

式(6-21)为 $n\times n$ 维非线性矩阵微分方程，称为黎卡提矩阵微分方程。

当 $t=t_f$ 时，式(6-16)可写为

$$\boldsymbol{\lambda}(t_f)=\boldsymbol{P}(t_f)\boldsymbol{x}(t_f)\tag{6-22}$$

比较式(6-22)和式(6-8),可得黎卡提方程的边界条件为

$$\boldsymbol{P}(t_f)=\boldsymbol{F} \tag{6-23}$$

由此可见,$\boldsymbol{P}(t)$是以式(6-23)为边界条件的黎卡提微分方程的解。可以证明,对于任意$t\in[t_0,t_f]$,$\boldsymbol{P}(t)$为非负定对称矩阵。由于$\boldsymbol{P}(t)$是一个对称矩阵,所以实际上只需解$\dfrac{n(n+1)}{2}$个一阶微分方程组,便可确定$\boldsymbol{P}(t)$的所有元素。

还可以进一步证明,当按式(6-17)决定最优控制$\boldsymbol{u}^*(t)$后,系统的最优性能指标为

$$J^*=\frac{1}{2}\boldsymbol{x}^{\mathrm{T}}(t_0)\boldsymbol{P}(t_0)\boldsymbol{x}(t_0) \tag{6-24}$$

黎卡提方程是一个非线性微分方程,虽然有一些求解方法,但相当烦琐,一般来说只是在很简单的情况下才能求得解析形式的解,在大多数情况只能通过计算机求出数值解。

综上所述,状态调节器的设计步骤如下:

(1) 根据系统要求和工程实际经验选定加权矩阵$\boldsymbol{F}$,$\boldsymbol{Q}(t)$和$\boldsymbol{R}(t)$;

(2) 由$\boldsymbol{A}(t)$,$\boldsymbol{B}(t)$,$\boldsymbol{F}$,$\boldsymbol{Q}(t)$,$\boldsymbol{R}(t)$按式(6-21)和式(6-23)求解黎卡提矩阵微分方程,求得矩阵$\boldsymbol{P}(t)$;

(3) 由式(6-18)求反馈增益矩阵$\boldsymbol{K}(t)$;

(4) 由式(6-17)求取最优控制$\boldsymbol{u}^*(t)$;

(5) 解式(6-10)求相应的最优轨迹$\boldsymbol{x}^*(t)$;

(6) 由式(6-24)计算性能指标最优值。

例 6-1 已知一阶系统状态方程

$$\dot{x}(t)=\frac{1}{2}x(t)+u(t),\quad x(t_0)=x_0$$

性能指标

$$J=\frac{1}{2}\int_{t_0}^{t_f}\left[\frac{1}{2}\mathrm{e}^{-t}x^2(t)+2\mathrm{e}^{-t}u^2(t)\right]\mathrm{d}t$$

试求最优控制$u^*(t)$及最优指标J^*。

解 由题意,$A=\dfrac{1}{2}$,$B=1$,$F=0$,$Q(t)=\dfrac{1}{2}\mathrm{e}^{-t}$,$R(t)=2\mathrm{e}^{-t}$。

黎卡提方程(6-21)及其边界条件(6-23)可写为

$$-\dot{P}(t)=P(t)-\frac{1}{2}\mathrm{e}^{t}P^2(t)+\frac{1}{2}\mathrm{e}^{-t},\quad P(t_f)=0$$

这是非线性变系数微分方程,可进行如下等价变换。令

$$\hat{x}(t)=\mathrm{e}^{-\frac{1}{2}t}x(t),\quad \hat{u}(t)=\mathrm{e}^{-\frac{1}{2}t}u(t)$$

则有

$$\dot{\hat{x}}(t)=-\frac{1}{2}\hat{x}(t)+\mathrm{e}^{-\frac{1}{2}t}\left[\frac{1}{2}x(t)+u(t)\right]$$

于是等价状态方程为

$$\dot{\hat{x}}(t)=\hat{u}(t)$$

等价性能指标为

$$J=\int_{t_0}^{t_f}\left[\frac{1}{2}\hat{x}^2(t)+2\hat{u}^2(t)\right]\mathrm{d}t$$

等价黎卡提方程为

$$-\dot{\hat{P}}(t)=-\frac{1}{2}\hat{P}^2(t)+\frac{1}{2},\quad \hat{P}(t_f)=0$$

解得

$$\hat{P}(t)=\frac{1-\mathrm{e}^{t-t_f}}{1+\mathrm{e}^{t-t_f}}$$

可以算出等价最优控制为

$$\hat{u}^*(t)=-\hat{R}^{-1}(t)\hat{B}^{\mathrm{T}}(t)\hat{P}(t)\hat{x}(t)=-\frac{1}{2}\mathrm{e}^{-\frac{1}{2}t}\hat{P}(t)x(t)$$

从而原系统的最优控制为

$$u^*(t)=\mathrm{e}^{\frac{1}{2}t}\hat{u}^*(t)=-\frac{1}{2}(1-\mathrm{e}^{t-t_f})(1+\mathrm{e}^{t-t_f})^{-1}x(t)$$

又因为

$$u^*(t)=-R^{-1}B^{\mathrm{T}}(t)P(t)x(t)=-\frac{1}{2}\mathrm{e}^{t}P(t)x(t)$$

故有

$$P(t)=\mathrm{e}^{-t}\hat{P}(t)=(1-\mathrm{e}^{t-t_f})(\mathrm{e}^{t}+\mathrm{e}^{2t-t_f})^{-1}$$

不难算出原系统的最优指标为

$$J^*[x(t_0),t_0]=x^{\mathrm{T}}(t_0)P(t_0)x(t_0)=(1-\mathrm{e}^{t_0-t_f})(\mathrm{e}^{t_0}+\mathrm{e}^{2t_0-t_f})^{-1}x^2(t_0)$$

由本例可见，对于有限时间调节器，黎卡提方程的解 $\boldsymbol{P}(t)$ 是时变矩阵，因而状态反馈增益矩阵 $\boldsymbol{K}(t)=\boldsymbol{R}^{-1}(t)\boldsymbol{B}^{\mathrm{T}}(t)\boldsymbol{P}(t)$ 也是时变的，使得闭环系统的实现比较困难。即使对于线性定常系统，性能指标中的加权矩阵为常数矩阵，情况也是如此。这种时变状态调节器将使系统的结构复杂化。

例 6-2 二阶系统的状态方程为

$$\dot{\boldsymbol{x}}(t)=\begin{bmatrix}0&1\\0&0\end{bmatrix}\boldsymbol{x}(t)+\begin{bmatrix}0\\1\end{bmatrix}\boldsymbol{u}(t)$$

二次型性能指标为

$$J=\frac{1}{2}[x_1^2(t_f)+2x_2^2(t_f)]+\frac{1}{2}\int_0^t\left(2x_1^2+4x_2^2+2x_1x_2+\frac{1}{2}\boldsymbol{u}^2\right)\mathrm{d}t$$

试求使系统指标 J 为极小值时的最优控制 $\boldsymbol{u}^*(t)$。

解 本题为定常线性系统。二次型性能指标的矩阵分别为

$$\boldsymbol{A}=\begin{bmatrix}0&1\\0&0\end{bmatrix},\quad \boldsymbol{B}=\begin{bmatrix}0\\1\end{bmatrix},\quad \boldsymbol{F}=\begin{bmatrix}1&0\\0&2\end{bmatrix},\quad \boldsymbol{Q}=\begin{bmatrix}2&1\\1&4\end{bmatrix},\quad R=\frac{1}{2}$$

根据式(6-17)，最优控制为

$$\boldsymbol{u}^*(t)=-R^{-1}\boldsymbol{B}^{\mathrm{T}}\boldsymbol{P}(t)\boldsymbol{x}=-2[0\quad 1]\begin{bmatrix}p_{11}(t)&p_{12}(t)\\p_{21}(t)&p_{22}(t)\end{bmatrix}\begin{bmatrix}x_1\\x_2\end{bmatrix}$$

因为 $\boldsymbol{P}(t)$ 为对称矩阵，故 $p_{12}(t)=p_{21}(t)$，即

$$\boldsymbol{u}^*(t)=-2p_{12}(t)x_1(t)-2p_{22}(t)x_2(t)$$

矩阵 $\boldsymbol{P}(t)$ 满足黎卡提微分方程式(6-21)，即

$$\dot{\boldsymbol{P}}(t)+\boldsymbol{P}(t)\boldsymbol{A}+\boldsymbol{A}^{\mathrm{T}}\boldsymbol{P}(t)-\boldsymbol{P}(t)\boldsymbol{B}R^{-1}\boldsymbol{B}^{\mathrm{T}}\boldsymbol{P}(t)+\boldsymbol{Q}=0$$

或

$$\begin{bmatrix}\dot{p}_{11}(t) & \dot{p}_{12}(t)\\ \dot{p}_{21}(t) & \dot{p}_{22}(t)\end{bmatrix}+\begin{bmatrix}p_{11}(t) & p_{12}(t)\\ p_{21}(t) & p_{22}(t)\end{bmatrix}\begin{bmatrix}0 & 1\\ 0 & 0\end{bmatrix}+\begin{bmatrix}0 & 0\\ 1 & 0\end{bmatrix}\begin{bmatrix}p_{11}(t) & p_{12}(t)\\ p_{21}(t) & p_{22}(t)\end{bmatrix}-$$

$$\begin{bmatrix}p_{11}(t) & p_{12}(t)\\ p_{21}(t) & p_{22}(t)\end{bmatrix}\begin{bmatrix}0\\ 1\end{bmatrix}2\begin{bmatrix}0 & 1\end{bmatrix}\begin{bmatrix}p_{11}(t) & p_{12}(t)\\ p_{21}(t) & p_{22}(t)\end{bmatrix}+\begin{bmatrix}2 & 1\\ 1 & 4\end{bmatrix}=\begin{bmatrix}0 & 0\\ 0 & 0\end{bmatrix}$$

根据黎卡提方程的边界条件式(6-23)，当 $t_{\mathrm{f}}=3$ 时，有

$$\begin{bmatrix}p_{11}(3) & p_{12}(3)\\ p_{21}(3) & p_{22}(3)\end{bmatrix}=\boldsymbol{F}=\begin{bmatrix}1 & 0\\ 0 & 2\end{bmatrix}$$

黎卡提方程可分解为3个微分方程和相应的边界条件

$$\begin{cases}\dot{p}_{11}(t)=2p_{12}^{2}(t)-2\\ \dot{p}_{12}(t)=-p_{11}+2p_{12}(t)p_{22}(t)-1\\ \dot{p}_{22}(t)=-2p_{12}+2p_{22}^{2}(t)-4\end{cases}$$

$$p_{11}(3)=1$$

$$p_{12}(3)=0$$

$$p_{22}(3)=2$$

解此微分方程组，可以得到 $p_{11}(t)$，$p_{12}(t)$ 和 $p_{22}(t)$，将其代入 $\boldsymbol{u}^{*}(t)$ 的表达式，即可求得最优控制。显然，由于微分方程组的非线性，故不能直接求得其解析解，而只能利用计算机求得其数值解。

根据式(6-18)，系统的反馈增益矩阵为

$$\boldsymbol{K}(t)=R^{-1}\boldsymbol{B}^{\mathrm{T}}\boldsymbol{P}(t)=2\begin{bmatrix}0 & 1\end{bmatrix}\begin{bmatrix}p_{11}(t) & p_{12}(t)\\ p_{21}(t) & p_{22}(t)\end{bmatrix}=2p_{12}(t)+2p_{22}(t)$$

从例题中可以看到，虽然矩阵 $\boldsymbol{A}$，$\boldsymbol{B}$，$\boldsymbol{Q}$，$\boldsymbol{R}$ 均为常数矩阵，但系统最优控制的反馈增益矩阵仍然是时变的。

6.2.2 无限时间状态调节器

由以上介绍可见，当 t_{f} 有限时，增益矩阵 $\boldsymbol{P}(t)$ 是时变的，因而使系统结构变复杂，即使在一阶线性定常系统的情况下，黎卡提方程的解 $\boldsymbol{P}(t)$ 仍然是时间的函数，反馈系统的时变性质正是由此产生的，但随 $t_{\mathrm{f}}\to\infty$，$\boldsymbol{P}(t)$ 最终趋于一常数，而最优反馈时变系统也就转化为定常系统。从工程观点看，这种状态调节器具有很大的实用价值。

如果终端时刻 $t_{\mathrm{f}}\to\infty$，系统及性能指标中的各矩阵均为常数矩阵，则这样的状态调节器称为无限时间状态调节器。

若系统受扰偏离原平衡状态后，希望系统能最优地恢复到原平衡状态而不产生稳态误差，则必须采用无限长时间状态调节器。

设线性定常系统的状态方程为

$$\dot{\boldsymbol{x}}(t)=\boldsymbol{A}\boldsymbol{x}(t)+\boldsymbol{B}\boldsymbol{u}(t) \tag{6-25}$$

给定初始条件 $\boldsymbol{x}(t_0)=\boldsymbol{x}_0$，终端时间 $t_f=\infty$。试求最优控制 $\boldsymbol{u}^*(t)$，使系统的二次型性能指标

$$J=\frac{1}{2}\int_0^{\infty}[\boldsymbol{x}^{\mathrm{T}}\boldsymbol{Q}\boldsymbol{x}(t)+\boldsymbol{u}^{\mathrm{T}}(t)\boldsymbol{R}\boldsymbol{u}(t)]\mathrm{d}t \tag{6-26}$$

取极小值。式中，$\boldsymbol{A}$，$\boldsymbol{B}$，$\boldsymbol{Q}$，$\boldsymbol{R}$ 为适当维数的常数矩阵；$\boldsymbol{Q}$ 为半正定对称矩阵；$\boldsymbol{R}$ 为正定对称矩阵。控制 $\boldsymbol{u}(t)$不受约束。

可以证明，最优控制唯一，即

$$\boldsymbol{u}^*(t)=-\boldsymbol{R}^{-1}\boldsymbol{B}^{\mathrm{T}}\boldsymbol{P}\boldsymbol{x}(t)=-\boldsymbol{K}\boldsymbol{x}(t) \tag{6-27}$$

式中，$\boldsymbol{P}=\min\limits_{t\to\infty}\boldsymbol{P}(t)$，为 $n\times n$ 维正定常数矩阵，满足下列的黎卡提矩阵代数方程

$$\boldsymbol{P}\boldsymbol{A}+\boldsymbol{A}^{\mathrm{T}}\boldsymbol{P}-\boldsymbol{P}\boldsymbol{B}\boldsymbol{R}^{-1}\boldsymbol{B}^{\mathrm{T}}\boldsymbol{P}+\boldsymbol{Q}=0 \tag{6-28}$$

实际上，黎卡提矩阵代数方程式(6-28)的解 $\boldsymbol{P}$ 就是黎卡提矩阵微分方程式(6-21)的稳态解。

最优轨迹满足下列的线性定常齐次方程

$$\dot{\boldsymbol{x}}(t)=(\boldsymbol{A}-\boldsymbol{B}\boldsymbol{R}^{-1}\boldsymbol{B}^{\mathrm{T}}\boldsymbol{P})\boldsymbol{x}(t)=(\boldsymbol{A}-\boldsymbol{B}\boldsymbol{K})\boldsymbol{x}(t) \tag{6-29}$$

其中，反馈增益矩阵为

$$\boldsymbol{K}=\boldsymbol{R}^{-1}\boldsymbol{B}^{\mathrm{T}}\boldsymbol{P} \tag{6-30}$$

无论初始时间 t_0 如何选择，最优控制 $\boldsymbol{u}^*(t)$所对应的最优性能指标为

$$\boldsymbol{J}^*=\frac{1}{2}\boldsymbol{x}^{\mathrm{T}}(t_0)\boldsymbol{P}\boldsymbol{x}(t_0) \tag{6-31}$$

适用于线性定常系统的无限时间状态调节器要求系统完全能控，这是因为在无限时间状态调节器中，控制区间扩大至无穷，倘若系统不能控，则无论哪一个控制矢量都将由于 $t=\infty$而使性能指标趋于无穷。而对于有限时间状态调节器，由于系统性能指标中积分项的上限为有限值，即使系统状态不完全能控，但在有限的积分时间内，积分值也是有限的。所以，对有限时间状态调节器，可不强调对系统能控性的要求。

例 6-3 已知一阶系统的状态方程及初始条件

$$\dot{x}(t)=x(t)+u(t),\quad x(t_0)=x_0$$

性能指标函数为

$$J=\frac{1}{2}\int_{t_0}^{\infty}(x^2+\rho u^2)\mathrm{d}t$$

试求 u^* 及 $J^*[x(t_0),t_0]$，并对闭环响应与 ρ 的关系进行分析。

解 根据题意，$A=1$，$B=1$，$F=0$，$Q=1$，$R=\rho$，属定常无限时间调节器问题。将已知数代入黎卡提方程

$$PA+A^{\mathrm{T}}P-PBR^{-1}B^{\mathrm{T}}P+Q=0$$

整理得

$$P^2-2\rho P-\rho=0$$

解得

$$P=\rho\pm\sqrt{\rho^2+\rho}$$

考虑 P 为非负定，取 $P=\rho+\sqrt{\rho^2+\rho}$，而

$$u^*(t)=-R^{-1}B^{\mathrm{T}}Px(t)=-\frac{1}{\rho}(\rho+\sqrt{\rho^2+\rho})x(t)$$

$$J^*[x(t_0),t_0]=\frac{1}{2}x^{\mathrm{T}}(t_0)Px(t_0)=\frac{1}{2}(\rho+\sqrt{\rho^2+\rho})x^2(t_0)$$

将 u^* 代入状态方程，有

$$\dot{x}(t)-x(t)+\frac{1}{\rho}(\rho+\sqrt{\rho^2+\rho})x(t)=0$$

即 $\dot{x}(t)+\sqrt{1+\frac{1}{\rho}}x(t)=0$，解得

$$x(t)=x_0\mathrm{e}^{-\sqrt{1+\frac{1}{\rho}}t}$$

由此看出，ρ 越小，$x(t)$ 响应越快；ρ 越大，$x(t)$ 响应越慢。

例 6-4 已知系统状态空间方程为

$$\dot{x}_1(t)=x_2(t)$$
$$\dot{x}_2(t)=u(t)$$

性能指标为

$$J=\frac{1}{2}\int_0^{\infty}[x_1^2(t)+2bx_1(t)x_2(t)+ax_2^2(t)+u^2(t)]\mathrm{d}t$$

式中，$a-b^2>0$。试求最优控制 $\boldsymbol{u}^*(t)$。

解 本例为定常无限时间状态调节器问题。由题意知

$$\boldsymbol{A}=\begin{bmatrix}0 & 1\\ 0 & 0\end{bmatrix},\quad \boldsymbol{B}=\begin{bmatrix}0\\ 1\end{bmatrix},\quad \boldsymbol{Q}=\begin{bmatrix}1 & b\\ b & a\end{bmatrix},\quad R=1$$

容易验证 $\{\boldsymbol{A},\boldsymbol{B}\}$ 可控，故 $\boldsymbol{u}^*(t)$ 存在且唯一。令

$$\boldsymbol{P}=\begin{bmatrix}p_{11} & p_{12}\\ p_{21} & p_{22}\end{bmatrix}$$

将 $\boldsymbol{P},\boldsymbol{A},\boldsymbol{B},R,\boldsymbol{Q}$ 代入黎卡提代数方程(6-28)，可得

$$\begin{bmatrix}p_{11} & p_{12}\\ p_{21} & p_{22}\end{bmatrix}\begin{bmatrix}0 & 1\\ 0 & 0\end{bmatrix}+\begin{bmatrix}0 & 0\\ 1 & 0\end{bmatrix}\begin{bmatrix}p_{11} & p_{12}\\ p_{21} & p_{22}\end{bmatrix}-$$
$$\begin{bmatrix}p_{11} & p_{12}\\ p_{21} & p_{22}\end{bmatrix}\begin{bmatrix}0\\ 1\end{bmatrix}1[0\quad 1]\begin{bmatrix}p_{11} & p_{12}\\ p_{21} & p_{22}\end{bmatrix}+\begin{bmatrix}1 & b\\ b & a\end{bmatrix}=\begin{bmatrix}0 & 0\\ 0 & 0\end{bmatrix}$$

展开整理，可得如下代数方程

$$p_{12}^2-1=0$$
$$p_{11}-p_{12}p_{22}+b=0$$
$$2p_{12}-p_{22}^2+a=0$$

联立解得

$$p_{11}=p_{12}p_{22}-b,\quad p_{12}=\pm 1,\quad p_{22}=\pm\sqrt{a+2p_{12}}$$

为了保证最优闭环系统渐近稳定，要求 $\boldsymbol{P}>0$，从而应有

$$p_{11}>0,\quad p_{11}p_{22}-p_{12}^2>0$$

上述不等式成立的必要条件是 $p_{22}>0$，故取 $p_{22}=\sqrt{a+2p_{12}}$。

试取 $p_{12}=-1$，得 $p_{22}=\sqrt{a-2}$，必有 $a>2$，从而 $p_{11}=-\sqrt{a-2}-b>0$，应取 $b<-\sqrt{a-2}<0$。于是由 $p_{11}p_{22}-p_{12}^2>0$ 得

$$-(a-2)-b\sqrt{a-2}>1$$

即

$$-b\sqrt{a-2}>(a-1)$$

由于 $b<0, a>2$，故上述不等式两边都是正数，因而不等式两边平方后，不等号不变，故有

$$b^2>\frac{(a-1)^2}{a-2}>a$$

上式与 $a-b^2>0$ 的已知条件矛盾，于是应取 $p_{12}=1$，解得

$$\boldsymbol{P}=\begin{bmatrix}\sqrt{a+2}-b & 1\\ 1 & \sqrt{a+2}\end{bmatrix}>0$$

本例最优控制应为 $\boldsymbol{u}^*(t)=-R^{-1}\boldsymbol{B}^{\mathrm{T}}\boldsymbol{P}\boldsymbol{x}(t)=-x_1(t)-\sqrt{a+2}\,x_2(t)$。

最优系统结构图如图 6-1 所示

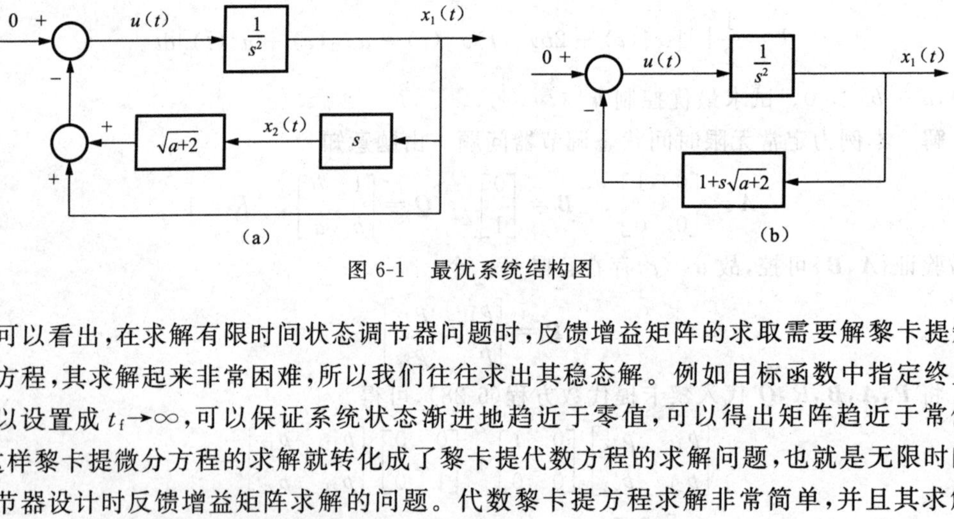

图 6-1 最优系统结构图

可以看出，在求解有限时间状态调节器问题时，反馈增益矩阵的求取需要解黎卡提矩阵微分方程，其求解起来非常困难，所以我们往往求出其稳态解。例如目标函数中指定终止时间可以设置成 $t_f\to\infty$，可以保证系统状态渐进地趋近于零值，可以得出矩阵趋近于常值矩阵，这样黎卡提微分方程的求解就转化成了黎卡提代数方程的求解问题，也就是无限时间状态调节器设计时反馈增益矩阵求解的问题。代数黎卡提方程求解非常简单，并且其求解只涉及矩阵运算，所以非常适合使用 MATLAB 来求解。

在 MATLAB 控制系统工具箱中提供了求解代数黎卡提方程的函数，即函数 lqr( )和函数 care( )，两者的调用格式分别为：

```
[K,P,E]=lqr(A,B,Q,R)
[P,E,K]=care(A,B,Q,R)
```

式中，输入矩阵分别为 $\boldsymbol{A}$，$\boldsymbol{B}$，$\boldsymbol{Q}$，$\boldsymbol{R}$，其中，$\boldsymbol{A}$ 和 $\boldsymbol{B}$ 为给定的对象状态方程模型，$\boldsymbol{Q}$ 和 $\boldsymbol{R}$ 分别为加权矩阵；返回的参数中，$\boldsymbol{K}$ 表示最优反馈增益矩阵，$\boldsymbol{P}$ 是黎卡提方程 $\boldsymbol{P}'+\boldsymbol{PA}+\boldsymbol{A}^{\mathrm{T}}\boldsymbol{P}+\boldsymbol{Q}-\boldsymbol{PBR}^{-1}\boldsymbol{B}^{\mathrm{T}}\boldsymbol{P}=0$ 的解，$\boldsymbol{E}$ 是 $\boldsymbol{A}-\boldsymbol{BK}$ 的特征值。

采用 care( )函数的优点在于可以设置 $\boldsymbol{P}$ 的终值条件，而采用 lqr( )函数不能设置代数黎卡提方程的边界条件。

例如设置 P 的终值条件为[0.2;0.2]

[P,E,K]=care(A,B,Q,R,[0.2;0.2])

例 6-5 令例 6-4 中的 $a=1,b=0$,则可用 MATLAB 程序求解。

解 根据题意,$\boldsymbol{A}=\begin{bmatrix}0 & 1\\ 0 & 0\end{bmatrix}$,$\boldsymbol{B}=\begin{bmatrix}0\\ 1\end{bmatrix}$,$\boldsymbol{Q}=\begin{bmatrix}1 & 0\\ 0 & 1\end{bmatrix}$,$R=1$。

程序如下:

```
clc;
clear;
A=[0 1;0 0];B=[0;1];C=[1 0];D=[0];
sys=ss(A,B,C,D)                          %建立系统的状态空间方程
control=ctrb(A,B)                        %判断系统能控性
s=[1 0;0 1];
observe=[s;s*A]                          %判断系统能观测性
R=1;Q=[1 0;0 1];
[K,P,E]=lqr(A,B,Q,R)                     %计算最优状态反馈控制器参数
A_new=A-B*K;
sys_new=ss(A_new,B,C,D)
step(sys_new);                           %反馈系统阶跃响应
gtext('反馈后')
hold on
step(sys);                               %反馈前系统阶跃响应
gtext('反馈前')
```

对比反馈前后系统的阶跃响应曲线如图 6-2 所示。从图 6-2 中不难看出,反馈前系统不稳定,通过状态反馈,闭环系统稳定,并且在阶跃响应下的稳态值为 1,稳态误差为 0。这与系统能控性和能观测性的分析结果相符合。从 lqr( )函数返回值中得到的 $\boldsymbol{E}$ 矩阵中也可以分析出闭环系统的稳定性。因为 $\boldsymbol{E}$ 是闭环系统状态转移矩阵的特征值,位于复平面的左半部分,因此系统是稳定的。

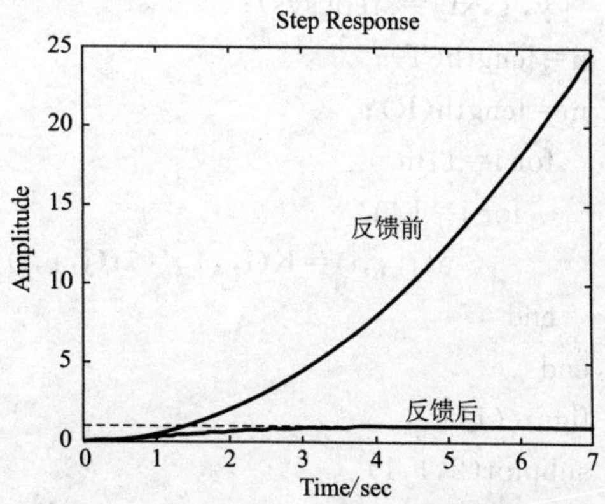

图 6-2 反馈前后系统阶跃响应曲线

例 6-6 已知系统状态空间方程

$$\dot{\boldsymbol{x}}(t)=\boldsymbol{A}\boldsymbol{x}(t)+\boldsymbol{B}\boldsymbol{u}(t)$$
$$\boldsymbol{y}(t)=\boldsymbol{C}\boldsymbol{x}(t)+\boldsymbol{D}\boldsymbol{u}(t)$$

性能指标

$$J=\frac{1}{2}\int_0^{\infty}[\boldsymbol{x}^{\mathrm{T}}(t)\boldsymbol{Q}\boldsymbol{x}(t)+\boldsymbol{u}^{\mathrm{T}}(t)\boldsymbol{R}\boldsymbol{u}(t)]\mathrm{d}t$$

其中

$$A=\begin{bmatrix}-2&0&0&0\\0&-5&1&0\\0&0&-5&1\\0&0&0&-5\end{bmatrix},\quad B=\begin{bmatrix}2&0\\0&5\\0&3\\1&1\end{bmatrix},\quad C=\begin{bmatrix}1&1&0&0\\0&1&2&1\end{bmatrix},$$

$$D=\begin{bmatrix}0&0\\0&0\end{bmatrix},\quad Q=\begin{bmatrix}1&&&\\&2&&\\&&3&\\&&&4\end{bmatrix},\quad R=\begin{bmatrix}1&0\\0&1\end{bmatrix}$$

试求解其代数黎卡提方程的解和最优控制信号 $\boldsymbol{u}(t)$，并绘制系统对两个输入量的阶跃响应曲线。

解 本例是一个无限时间状态调节器问题，从状态空间方程上看，这是一个多输入多输出系统，且最优控制信号是二维的。用 care( )函数求解程序清单如下：

```
A=[-2 0 0 0;0 -5 1 0; 0 0 -5 1;0 0 0 -5];
B=[2 0;0 5;0 3;1 1];
C=[1 1 0 0;0 1 2 1];
D=zeros(2);
Q=diag(1:4);
R=eye(2);
X=care(A,B,Q,R);                        %求解代数黎卡提方程的解
K=-inv(R)*B'*X
t=0:0.005:0.5;
sys=ss(A+B*K,B,C,D);                    %建立系统的状态空间方程
 [y,T,xt]=step(sys);
n=length(T);
m=length(R);
  for i=1:m
    for j=1:n
          u(j,:,i)=K(i,:)*(xt(j,:,i))';
  end
end
figure(1)
subplot(2,1,1)
plot(T,u(:,:,1))                        %绘制最优控制信号 u(1)
title('Linear Quadratic Controller output u(t)');
subplot(2,1,2)
plot(T,u(:,:,2))                        %绘制最优控制信号 u(2)
xlabel('Time-sec')
ylabel('Value')
figurte(2)
step(A+B*K,B,C,D,1,t)                   %绘制系统对第一个输入量的阶跃响应曲线
```

```
figure(3)
step(A+B*K,B,C,D,2,t)                %绘制系统对第二个输入量的阶跃响应曲线
```

运行以上程序可以得到如下结果。

系统的代数黎卡提方程的解为：

$$
\boldsymbol{X}=\begin{bmatrix} 0.2099 & 0.0018 & 0.0006 & -0.0192 \\ 0.0018 & 0.1549 & -0.0270 & -0.0215 \\ 0.0006 & -0.0270 & 0.2545 & 0.0048 \\ -0.0192 & -0.0215 & 0.0048 & 0.3809 \end{bmatrix}
$$

由以上程序得到系统的二维最优控制信号图如图 6-3 所示。

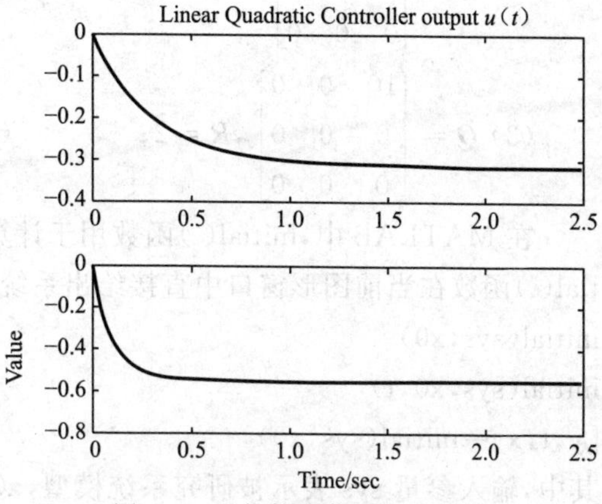

图 6-3　最优控制信号变化曲线

从图 6-3 中可以看出，在阶跃输入下，控制信号基本上在 0.5～0.7 s 左右就趋于稳定，也就是说，系统的过渡过程时间不会大于这个值。当然，在实际的控制系统中，最优信号的值是不必手工计算的，只需求出状态反馈矩阵，也就是最优控制器的设计思路，另一方面也是系统运动状态的一种反映。这里求解系统的闭环参数矩阵时用的是 $\boldsymbol{A}+\boldsymbol{B}*\boldsymbol{K}$ 而不是 $\boldsymbol{A}-\boldsymbol{B}*\boldsymbol{K}$，这是因为在计算状态反馈矩阵 $\boldsymbol{K}$ 时已经包含负号了。从图 6-4 和图6-5中还可以看出，系统的过渡过程时间都是在 0.5～0.7 s 之间，这也验证了控制信号趋于稳定的时间，就是系统稳定过渡需要的时间。

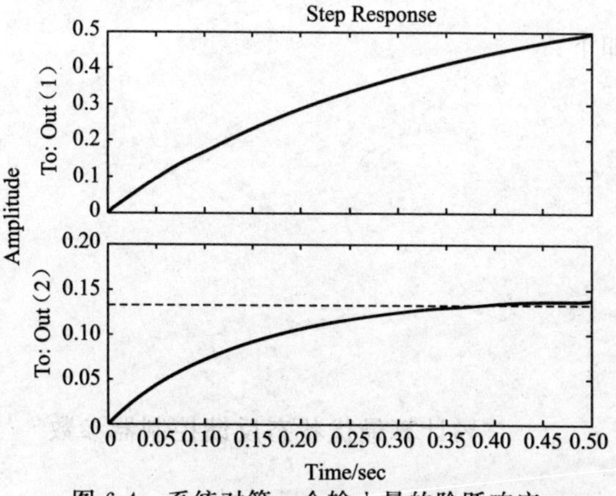

图 6-4　系统对第一个输入量的阶跃响应

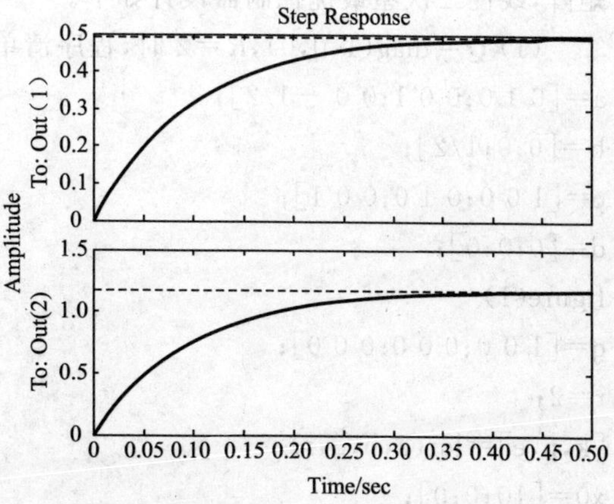

图 6-5　系统对第二个输入量的阶跃响应

例 6-7　对某飞行器进行最优高度控制，飞行器的控制方程如下：

$$
\begin{bmatrix} \dot{h}(t) \\ \ddot{h}(t) \\ \dddot{h}(t) \end{bmatrix} = \begin{bmatrix} 0 & 1 & 0 \\ 0 & 0 & 1 \\ 0 & 0 & -\dfrac{1}{2} \end{bmatrix} \begin{bmatrix} h(t) \\ \dot{h}(t) \\ \ddot{h}(t) \end{bmatrix} + \begin{bmatrix} 0 \\ 0 \\ \dfrac{1}{2} \end{bmatrix} u(t)
$$

其中，$h(t)$是飞行器的高度，$u(t)$是油门输入。设计控制器参数，使如下性能指标极小

$$J=\frac{1}{2}\int_0^{\infty}\left\{\begin{bmatrix}h(t) & \dot{h}(t) & \ddot{h}(t)\end{bmatrix}Q\begin{bmatrix}h(t)\\ \dot{h}(t)\\ \ddot{h}(t)\end{bmatrix}+Ru^2(t)\right\}dt$$

初始状态$[h(t)\quad \dot{h}(t)\quad \ddot{h}(t)]^T=[10,0,0]^T$。绘制系统状态与控制输入曲线，对如下给定的 Q，R 进行仿真分析。

(1) $Q=\begin{bmatrix}1&0&0\\0&0&0\\0&0&0\end{bmatrix}$，$R=2$；　　(2) $Q=\begin{bmatrix}1&0&0\\0&0&0\\0&0&0\end{bmatrix}$，$R=2\,000$；

(3) $Q=\begin{bmatrix}10&0&0\\0&0&0\\0&0&0\end{bmatrix}$，$R=2$；　　(4) $Q=\begin{bmatrix}1&0&0\\0&100&0\\0&0&0\end{bmatrix}$，$R=2$。

在 MATLAB 中，initial( )函数用于计算系统的零输入响应。当调用无输入变量时，initial( )函数在当前图形窗口中直接绘出系统的单位冲激响应。调用格式如下：

```
initial(sys,x0)
initial(sys,x0,t)
[y,t,x]=initial(sys,x0)
```

其中，输入参量 sys 表示被研究系统模型，x0 为系统初始状态，t 为一个标量，表示观测时间长度，可以通过诸如 t=0:dt:Tfinal 命令设置一个时间矢量。对于离散系统，时间间隔 dt 必须与采样周期匹配。

解　本题为无线时间状态调节器问题，其中 Q 和 R 分别是对状态变量和控制量的加权矩阵，线性二次型最优控制器设计如下。

(1) Q=diag(1,0,0)，$R=2$ 时，程序清单如下：

```
a=[0 1 0;0 0 1;0 0 -1/2];
b=[0;0;1/2];
c=[1 0 0;0 1 0;0 0 1];
d=[0;0;0];
figure(1)
q=[1 0 0;0 0 0;0 0 0];
r=2;
[k,p,e]=lqr(a,b,q,r)                              %计算最优状态反馈控制器参数
x0=[10;0;0];
a1=a-b*k;
[y,x]=initial(a1,b,c,d,x0,60);
n=length(x(:,3));
T=0:60/n:60-60/n;
plot(T,x(:,1),'red',T,x(:,2),'blue',T,x(:,3),'green');        %绘制反馈系统状态响应曲线
gtext('x1');
```

```
gtext('x2');
gtext('x3');
xlabel('time/sec');
ylabel('state response curve');
title('state response curve of Q=diag(1,0,0),R=2');
for j=1:n
    u(j,:)=-k*(x(j,:))';
end
figure(2)
plot(T,u);                                    %绘制反馈系统控制响应曲线
xlabel('time/sec');
ylabel('control variable');
title('control variable of Q=diag(1,0,0),R=2');
```

由 MATLAB 求得最优状态反馈矩阵为 $\boldsymbol{K}_1=[0.7071\quad 2.077\,2\quad 2.051\,0]$，$\boldsymbol{u}(t)=-\boldsymbol{K}_1\boldsymbol{x}(t)$；所画状态响应曲线及控制输入 $\boldsymbol{u}(t)$ 的响应曲线如图 6-6 和图 6-7 所示。

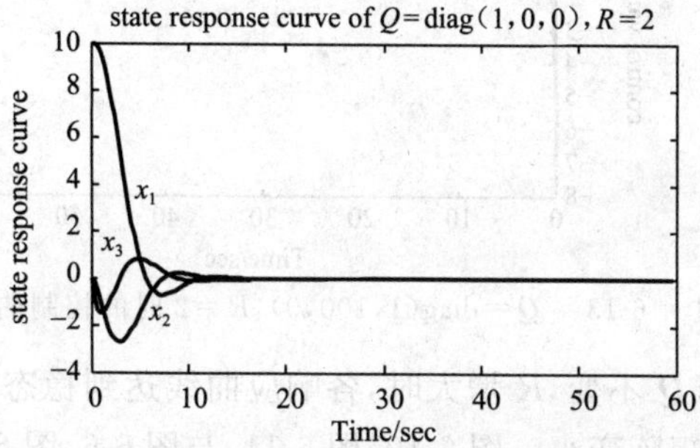

图 6-6 $\boldsymbol{Q}=\text{diag}(1,0,0)$，$R=2$ 时的状态响应曲线

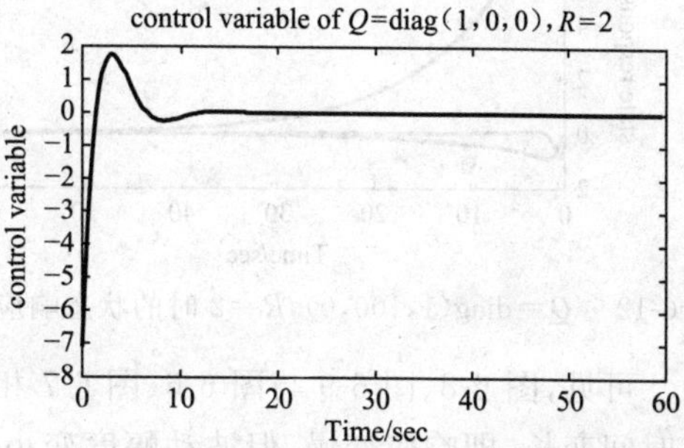

图 6-7 $\boldsymbol{Q}=\text{diag}(1,0,0)$，$R=2$ 时的控制曲线

(2) $\boldsymbol{Q}=\text{diag}(1,0,0)$，$R=2\,000$ 时，将上述程序中的 $\boldsymbol{Q}$ 和 R 用新的数据代替，由 MATLAB 求得最优状态反馈矩阵为 $\boldsymbol{K}_2=[0.022\,4\quad 0.251\,0\quad 0.416\,6]$，$\boldsymbol{u}(t)=-\boldsymbol{K}_2\boldsymbol{x}(t)$；所画状态响应曲线及控制输入 $\boldsymbol{u}(t)$ 的响应曲线如图 6-8 和 6-9 所示。

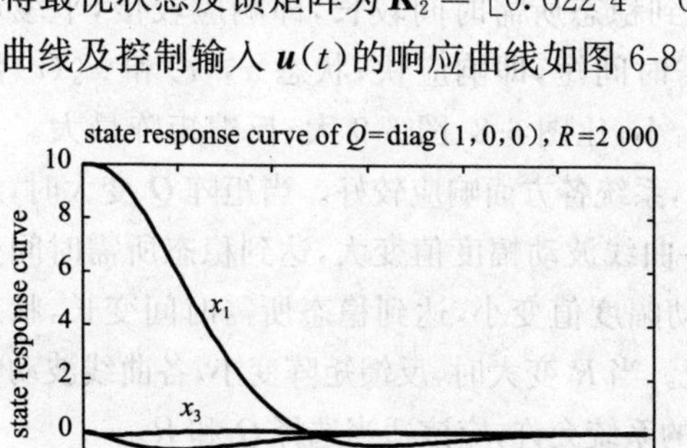

图 6-8 $\boldsymbol{Q}=\text{diag}(1,0,0)$，$R=2\,000$ 时的状态响应曲线

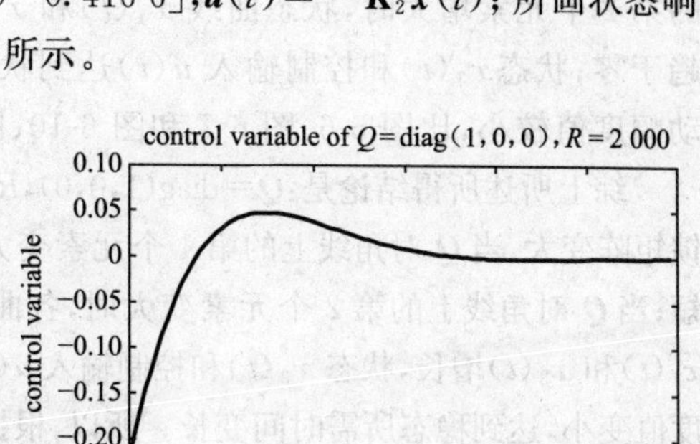

图 6-9 $\boldsymbol{Q}=\text{diag}(1,0,0)$，$R=2\,000$ 时的控制曲线

(3) $\boldsymbol{Q}=\text{diag}(10,0,0)$，$R=2$ 时，同理将程序中的 $\boldsymbol{Q}$ 和 R 重新赋值，由 MATLAB 求得最优状态反馈矩阵为 $\boldsymbol{K}_3=[2.236\quad 4.389\,2\quad 3.307\,7]$，$\boldsymbol{u}(t)=-\boldsymbol{K}_3\boldsymbol{x}(t)$；所画状态响应曲线及控制输入 $\boldsymbol{u}(t)$ 的响应曲线如图 6-10 和图 6-11 所示。

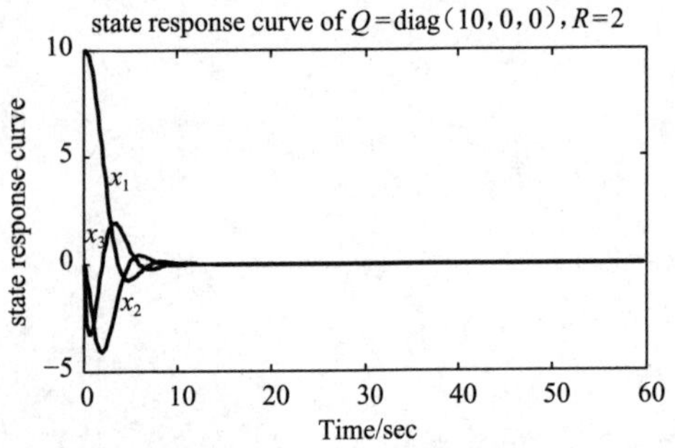

图 6-10　$\boldsymbol{Q}=\text{diag}(10,0,0)$,$R=2$ 时的状态响应曲线图

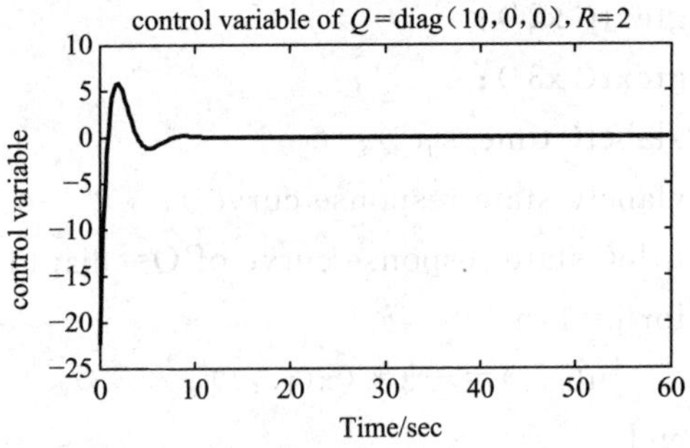

6-11　$\boldsymbol{Q}=\text{diag}(10,0,0)$,$R=2$ 时的控制曲线

(4) $\boldsymbol{Q}=\text{diag}(1,100,0)$,$R=2$ 时,由 MATLAB 求得最优状态反馈矩阵为 $\boldsymbol{K}_4=[0.7071\quad 7.6112\quad 4.6076]$,$\boldsymbol{u}(t)=-\boldsymbol{K}_4\boldsymbol{x}(t)$;所画状态响应曲线及控制输入 $\boldsymbol{u}(t)$ 的响应曲线如图 6-12 和图 6-13 所示。

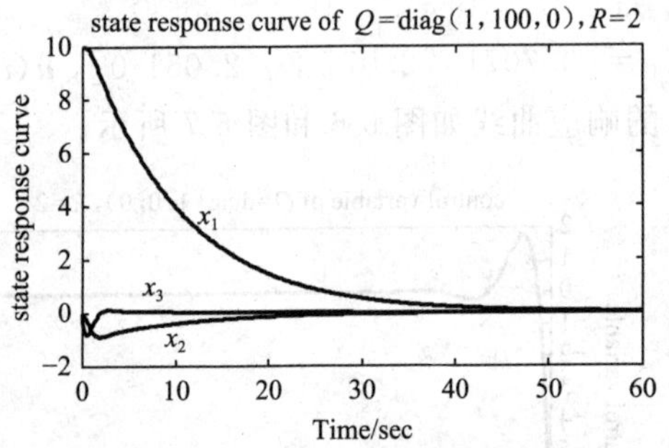

图 6-12　$\boldsymbol{Q}=\text{diag}(1,100,0)$,$R=2$ 时的状态响应曲线图

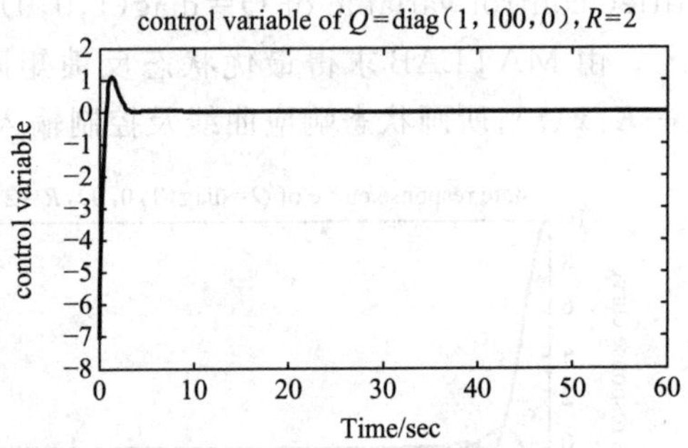

6-13　$\boldsymbol{Q}=\text{diag}(1,100,0)$,$R=2$ 时的控制曲线

可见,图 6-8、图 6-9 与图 6-6、图 6-7 相比,当 $\boldsymbol{Q}$ 不变,R 增大时,各响应曲线达到稳态所需时间变长,即响应变慢,但波动幅度变小,反馈矩阵变小。图 6-10、图 6-11、与图 6-6、图 6-7 和图 6-8、图 6-9 相比,当 $\boldsymbol{Q}$ 对角线上第 1 个元素增大时,各响应曲线达到稳态所需时间变短,即响应快,但波动幅度值变大,反馈矩阵增大。由图 6-12 和图 6-13 可知,当 $\boldsymbol{Q}$ 对角线上的第 2 个元素增大时,状态曲线 $x_1(t)$ 和 $x_2(t)$ 达到稳态所需时间较长,即响应较慢,平缓地趋于零;状态 $x_3(t)$ 和控制输入 $u(t)$ 达到状态所需时间短,即响应快;状态 $x_2(t)$ 和 $x_3(t)$ 波动幅度值较小,比图 6-6、图 6-7 和图 6-10、图 6-11 小,比图 6-8、图 6-9 大;反馈矩阵最大。

综上所述所得结论是:$\boldsymbol{Q}=\text{diag}(1,0,0)$,$R=2$ 时,系统各方面响应较好。当矩阵 $\boldsymbol{Q}$ 变大时,反馈矩阵变大,当 $\boldsymbol{Q}$ 对角线上的第 1 个元素变大时,各曲线波动幅度值变大,达到稳态所需时间变短;当 $\boldsymbol{Q}$ 对角线上的第 2 个元素变大时,各曲线波动幅度值变小,达到稳态所需时间变长,状态 $x_1(t)$ 和 $x_2(t)$ 增长,状态 $x_3(t)$ 和控制输入 $u(t)$ 变短。当 R 变大时,反馈矩阵变小,各曲线波动幅度值变小,达到稳态所需时间变长。所以,根据实际的系统允许,应该适当选择 $\boldsymbol{Q}$ 和 R。

6.3　输出调节器问题

在系统状态空间表达式(6-1)和二次型性能指标式(6-2)中,如果理想输出向量 $\boldsymbol{y}_r(t)=0$,则有 $\boldsymbol{e}(t)=-\boldsymbol{y}(t)$,从而性能指标式(6-2)演变为

$$J=\frac{1}{2}\boldsymbol{y}^{\mathrm{T}}(t_{\mathrm{f}})\boldsymbol{F}\boldsymbol{y}(t_{\mathrm{f}})+\frac{1}{2}\int_{t_0}^{t_{\mathrm{f}}}[\boldsymbol{y}^{\mathrm{T}}(t)\boldsymbol{Q}(t)\boldsymbol{y}(t)+\boldsymbol{u}^{\mathrm{T}}(t)\boldsymbol{R}(t)\boldsymbol{u}(t)]\mathrm{d}t \tag{6-32}$$

其中，$\boldsymbol{F}$ 为适当维数的半正定常数矩阵；$\boldsymbol{Q}(t)$为适当维数的半正定对称矩阵；$\boldsymbol{R}(t)$为适当维数的正定对称矩阵。$\boldsymbol{Q}(t)$，$\boldsymbol{R}(t)$各元在$[t_0,t_{\mathrm{f}}]$上连续有界，t_{f} 固定。

此时线性二次型最优控制问题转变为：状态空间表达式(6-1)所代表的系统受扰偏离原输出平衡状态时，要求产生一个控制向量，使系统输出 $\boldsymbol{y}(t)$保持在原平衡状态附近，并使性能指标式(6-32)极小，因而称为输出调节器。当系统完全可观时，由于输出调节器问题可以转化成等效的状态调节器问题，那么所有对状态调节器成立的结论都可以推广到输出调节器问题中。

根据系统终端时间 t_{f} 是有限的($t_{\mathrm{f}}\neq\infty$)或无限的($t_{\mathrm{f}}=\infty$)具体情况，输出调节器问题可以分为有限时间输出调节器问题和无限时间输出调节器问题。

6.3.1 有限时间输出调节器

设线性时变系统的状态空间表达式为

$$\dot{\boldsymbol{x}}(t)=\boldsymbol{A}\boldsymbol{x}(t)+\boldsymbol{B}\boldsymbol{u}(t),\quad \boldsymbol{x}(t_0)=\boldsymbol{x}_0 \tag{6-33}$$

$$\boldsymbol{y}(t)=\boldsymbol{C}(t)\boldsymbol{x}(t) \tag{6-34}$$

其中，$\boldsymbol{x}(t)$为 n 维状态向量；$\boldsymbol{u}(t)$为 m 维控制向量($m\leqslant n$)；$\boldsymbol{A}(t)$，$\boldsymbol{B}(t)$，$\boldsymbol{C}(t)$为适当维数的时变矩阵；$\boldsymbol{y}(t)$为 l 维输出向量($0<l\leqslant m\leqslant n$)。

假定控制向量 $\boldsymbol{u}(t)$不受约束，试求最优控制 $\boldsymbol{u}^*(t)$，使系统由任意给定的初始状态 $\boldsymbol{x}(t_0)=\boldsymbol{x}_0$转移到自由终态 $\boldsymbol{x}(t_{\mathrm{f}})$时性能指标式(6-32)取极小值。始端时间 t_0 及终端时间 t_{f} 固定，且 $t_{\mathrm{f}}\neq\infty$。

这类问题的求解可通过将式(6-32)转化为类似于状态调节器的二次型性能指标进行。因此，将式(6-34)代入式(6-32)，有

$$\begin{aligned}J&=\frac{1}{2}[\boldsymbol{C}(t_{\mathrm{f}})\boldsymbol{x}(t_{\mathrm{f}})]^{\mathrm{T}}\boldsymbol{F}[\boldsymbol{C}(t_{\mathrm{f}})\boldsymbol{x}(t_{\mathrm{f}})]+\frac{1}{2}\int_{t_0}^{t_{\mathrm{f}}}\{[\boldsymbol{C}(t)\boldsymbol{x}(t)]^{\mathrm{T}}\boldsymbol{Q}(t)[\boldsymbol{C}(t)\boldsymbol{x}(t)]+\\&\quad\boldsymbol{u}^{\mathrm{T}}(t)\boldsymbol{R}(t)\boldsymbol{u}(t)\}\mathrm{d}t=\frac{1}{2}\boldsymbol{x}^{\mathrm{T}}(t_{\mathrm{f}})\boldsymbol{C}^{\mathrm{T}}(t_{\mathrm{f}})\boldsymbol{F}\boldsymbol{C}(t_{\mathrm{f}})+\\&\quad\frac{1}{2}\int_{t_0}^{t_{\mathrm{f}}}[\boldsymbol{x}^{\mathrm{T}}(t)\boldsymbol{C}^{\mathrm{T}}(t)\boldsymbol{Q}(t)\boldsymbol{C}(t)\boldsymbol{x}(t)+\boldsymbol{u}^{\mathrm{T}}(t)\boldsymbol{R}(t)\boldsymbol{u}(t)]\mathrm{d}t\end{aligned} \tag{6-35}$$

令

$$\boldsymbol{C}^{\mathrm{T}}(t_{\mathrm{f}})\boldsymbol{F}\boldsymbol{C}(t_{\mathrm{f}})=\boldsymbol{F}' \tag{6-36}$$

$$\boldsymbol{C}^{\mathrm{T}}(t)\boldsymbol{Q}(t)\boldsymbol{C}(t)=\boldsymbol{Q}' \tag{6-37}$$

则式(6-35)可改写为

$$J=\frac{1}{2}\boldsymbol{x}^{\mathrm{T}}(t_{\mathrm{f}})\boldsymbol{F}'\boldsymbol{x}(t_{\mathrm{f}})+\frac{1}{2}\int_{t_0}^{t_{\mathrm{f}}}[\boldsymbol{x}^{\mathrm{T}}(t)\boldsymbol{Q}'(t)\boldsymbol{x}(t)+\boldsymbol{u}^{\mathrm{T}}(t)\boldsymbol{R}(t)\boldsymbol{u}(t)]\mathrm{d}t \tag{6-38}$$

显然，式(6-38)与式(6-3)在形式上完全相同。可以证明，$\boldsymbol{F}'$ 及 $\boldsymbol{Q}'$ 与 $\boldsymbol{F}$ 及 $\boldsymbol{Q}$ 同为半正定对称矩阵。因此，有关有限时间状态调节器问题的所有讨论可直接推广到有限时间输出调节器问题中去，即最优控制为

$$\boldsymbol{u}^*(t)=-\boldsymbol{R}^{-1}(t)\boldsymbol{B}^{\mathrm{T}}(t)\boldsymbol{P}(t)\boldsymbol{x}(t)=-\boldsymbol{K}(t)\boldsymbol{x}(t) \tag{6-39}$$

式中，反馈增益矩阵为

$$\boldsymbol{K}(t)=\boldsymbol{R}^{-1}(t)\boldsymbol{B}^{\mathrm{T}}(t)\boldsymbol{P}(t) \tag{6-40}$$

其中，$\boldsymbol{P}(t)$为黎卡提方程

$$\dot{\boldsymbol{P}}(t)=-\boldsymbol{P}(t)\boldsymbol{A}(t)-\boldsymbol{A}^{\mathrm{T}}(t)\boldsymbol{P}(t)+\boldsymbol{P}(t)\boldsymbol{B}(t)\boldsymbol{R}^{-1}\boldsymbol{B}^{\mathrm{T}}(t)\boldsymbol{P}(t)-\boldsymbol{C}^{\mathrm{T}}(t)\boldsymbol{Q}(t)\boldsymbol{C}(t) \tag{6-41}$$

在边界条件

$$\boldsymbol{P}(t_{\mathrm{f}})=\boldsymbol{C}^{\mathrm{T}}(t_{\mathrm{f}})\boldsymbol{F}\boldsymbol{C}(t_{\mathrm{f}}) \tag{6-42}$$

下的解。

系统的最优性能指标为

$$J^{*}=\frac{1}{2}\boldsymbol{x}^{\mathrm{T}}(t_0)\boldsymbol{P}(t_0)\boldsymbol{x}(t_0) \tag{6-43}$$

由式(6-40)可见，与有限时间状态调节器一样，即使矩阵$\boldsymbol{A},\boldsymbol{B},\boldsymbol{Q},\boldsymbol{R}$均为常数矩阵，输出调节器的反馈增益矩阵也是时变的。

6.3.2 无限时间输出调节器

设线性定常系统的状态空间表达式为

$$\dot{\boldsymbol{x}}(t)=\boldsymbol{A}(t)\boldsymbol{x}(t)+\boldsymbol{B}(t)\boldsymbol{u}(t),\quad \boldsymbol{x}(0)=\boldsymbol{x}_0 \tag{6-44}$$

$$\boldsymbol{y}(t)=\boldsymbol{C}\boldsymbol{x}(t) \tag{6-45}$$

给定初始条件$\boldsymbol{x}(t_0)=\boldsymbol{x}_0$，终端时间$t_{\mathrm{f}}=\infty$。试求最优控制$\boldsymbol{u}^{*}(t)$，使系统的二次型性能指标

$$J=\frac{1}{2}\int_0^{\infty}[\boldsymbol{y}^{\mathrm{T}}(t)\boldsymbol{Q}\boldsymbol{y}(t)+\boldsymbol{u}^{\mathrm{T}}(t)\boldsymbol{R}\boldsymbol{u}(t)]\mathrm{d}t \tag{6-46}$$

取极小值。式中，$\boldsymbol{x}(t)$为n维状态向量；$\boldsymbol{u}(t)$为m维控制向量，且不受约束；$\boldsymbol{y}(t)$为l维输出向量；$\boldsymbol{A}(t),\boldsymbol{B}(t),\boldsymbol{C}(t)$为适当维数的常数矩阵；$\boldsymbol{Q}$为适当维数的半正定对称常数矩阵；$\boldsymbol{R}$为适当维数的正定对称常数矩阵。

设系统完全能控和完全能观测。与无限时间状态调节器问题一样，可以证明，最优控制存在且唯一，即

$$\boldsymbol{u}^{*}(t)=-\boldsymbol{R}^{-1}\boldsymbol{B}^{\mathrm{T}}\boldsymbol{P}\boldsymbol{x}(t) \tag{6-47}$$

式中，$\boldsymbol{P}$为$n\times n$维正定常数矩阵，满足下列黎卡提矩阵代数方程

$$\boldsymbol{P}\boldsymbol{A}+\boldsymbol{A}^{\mathrm{T}}\boldsymbol{P}-\boldsymbol{P}\boldsymbol{B}\boldsymbol{R}^{-1}\boldsymbol{B}^{\mathrm{T}}\boldsymbol{P}+\boldsymbol{C}^{\mathrm{T}}\boldsymbol{Q}\boldsymbol{C}=0 \tag{6-48}$$

最优线性曲线满足下列线性定常齐次方程

$$\dot{\boldsymbol{x}}(t)=[\boldsymbol{A}-\boldsymbol{B}\boldsymbol{R}^{-1}\boldsymbol{B}^{\mathrm{T}}\boldsymbol{P}]\boldsymbol{x}(t)=[\boldsymbol{A}-\boldsymbol{B}\boldsymbol{K}]\boldsymbol{x}(t) \tag{6-49}$$

其中，反馈增益矩阵为

$$\boldsymbol{K}=\boldsymbol{R}^{-1}\boldsymbol{B}^{\mathrm{T}}\boldsymbol{P} \tag{6-50}$$

最优控制$\boldsymbol{u}^{*}(t)$所对应的最优性能指标为

$$J^{*}=\frac{1}{2}\boldsymbol{x}^{\mathrm{T}}(t_0)\boldsymbol{P}\boldsymbol{x}(t_0) \tag{6-51}$$

例 6-8 设系统动态方程

$$\dot{x}_1(t)=x_2(t)$$

$$\dot{x}_2(t)=u(t)$$

$$y(t)=x_1(t)$$

性能指标

$$J=\frac{1}{2}\int_0^{\infty}[y^2(t)+u^2(t)]\mathrm{d}t$$

试构造调节器,使性能指标极小。

解 本例中

$$\boldsymbol{A}=\begin{bmatrix}0&1\\0&0\end{bmatrix},\quad \boldsymbol{B}=\begin{bmatrix}0\\1\end{bmatrix},\quad \boldsymbol{C}=[1\quad 0],\quad Q=1,\quad R=1$$

可以验证,能控矩阵 $\mathrm{rank}[\boldsymbol{B}\ \vdots\ \boldsymbol{AB}]=\mathrm{rank}\begin{bmatrix}0&1\\1&0\end{bmatrix}=2$ 和能观测矩阵 $\mathrm{rank}\begin{bmatrix}\boldsymbol{C}\\\boldsymbol{CA}\end{bmatrix}=\mathrm{rank}\begin{bmatrix}1&0\\0&1\end{bmatrix}=2$ 满秩,所以系统是完全能控和完全能观测的。

根据式(6-47),最优控制为

$$\begin{aligned}\boldsymbol{u}^*(t)&=-\boldsymbol{R}^{-1}\boldsymbol{B}^{\mathrm{T}}\boldsymbol{P}\boldsymbol{x}(t)=-[0\quad 1]\begin{bmatrix}p_{11}&p_{12}\\p_{21}&p_{22}\end{bmatrix}\begin{bmatrix}x_1(t)\\x_2(t)\end{bmatrix}\\&=-[p_{12}x_1(t)+p_{22}x_2(t)]\end{aligned}$$

根据式(6-48),黎卡提矩阵代数方程为

$$\begin{bmatrix}p_{11}&p_{12}\\p_{21}&p_{22}\end{bmatrix}\begin{bmatrix}0&1\\0&0\end{bmatrix}+\begin{bmatrix}0&0\\1&0\end{bmatrix}\begin{bmatrix}p_{11}&p_{12}\\p_{21}&p_{22}\end{bmatrix}-$$

$$\begin{bmatrix}p_{11}&p_{12}\\p_{21}&p_{22}\end{bmatrix}\begin{bmatrix}0\\1\end{bmatrix}[0\quad 1]\begin{bmatrix}p_{11}&p_{12}\\p_{21}&p_{22}\end{bmatrix}+\begin{bmatrix}0\\1\end{bmatrix}[1\quad 0]=\begin{bmatrix}0&0\\0&0\end{bmatrix}$$

展开整理,可得 3 个代数方程为

$$p_{12}^2=1$$

$$p_{11}-p_{12}p_{22}=0$$

$$2p_{12}-p_{22}^2=0$$

为保证 $\boldsymbol{P}$ 为正定矩阵,黎卡提方程必须满足

$$p_{11}>0,\quad p_{11}p_{22}-p_{12}^2>0$$

解之可得

$$p_{12}=1$$

$$p_{22}=\sqrt{2}$$

$$p_{11}=\sqrt{2}$$

因此,最优控制为

$$\boldsymbol{u}^*(t)=-[p_{12}x_1(t)+p_{22}x_2(t)]=-x_1(t)-\sqrt{2}x_2(t)=-y(t)-\sqrt{2}\dot{y}(t)$$

最优闭环控制系统的结构如图 6-14 所示。

由式(6-49)可得闭环系统方程

$$\dot{\boldsymbol{x}}(t)=\begin{bmatrix}0&1\\-1&-\sqrt{2}\end{bmatrix}\boldsymbol{x}(t)$$

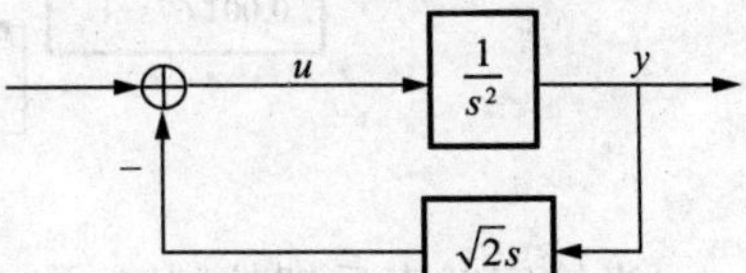

图 6-14 最优闭环控制系统结构图

可以得到闭环特征值为 $\lambda_{1,2}=-\frac{\sqrt{2}}{2}\pm j\sqrt{2}$。闭环系统是渐近稳定的。

MATLAB 的控制系统工具箱中也提供了完整的解决线性二次型输出调节器最有控制的函数，如函数 lqry( )用于求解线性二次型输出调节器问题及相关的黎卡提方程，其调用格式为

$$[K,P,E]=\text{lqry}(sys,Q,R,N)$$

其中，输入的参数中 sys 表示被控系统，$\boldsymbol{Q}$ 为给定的半正定矩阵，$\boldsymbol{R}$ 为给定的正的实对称矩阵，$\boldsymbol{N}$ 为性能指标中交叉乘积项的加权系数矩阵，缺省默认为适当维数的零矩阵。

返回的参数中，$\boldsymbol{K}$ 表示最优反馈增益矩阵，$\boldsymbol{P}$ 是黎卡提方程 $\boldsymbol{PA}+\boldsymbol{A}^{\mathrm{T}}\boldsymbol{P}-\boldsymbol{PBR}^{-1}\boldsymbol{B}^{\mathrm{T}}\boldsymbol{P}+\boldsymbol{C}^{\mathrm{T}}\boldsymbol{QC}=0$ 的解，$\boldsymbol{E}$ 是 $\boldsymbol{A}-\boldsymbol{BK}$ 的特征值。

针对例 6-8，用函数 lqry( )编程求解，程序如下：

```
A=[0 1;0 0];B=[0;1];
C=[1,0];D=0;
Q=1;R=1;
[K,P,r]=lqry(A,B,C,D,Q,R)              %求输出反馈控制器参数
t=0:0.1:10;
figure(1);step(A-B*K,B,C,D,1,t);       %绘输出反馈后系统阶跃响应曲线
figure(2);step(A,B,C,D,1,t);           %绘原系统阶跃响应曲线
```

执行程序，可得到图 6-15 所示的系统在输出反馈前后的阶跃响应曲线。对比反馈前后系统的阶跃响应曲线不难看出，反馈前系统不稳定，通过输出反馈，闭环系统稳定，并且在阶跃响应下的稳态值为 1，稳态误差为 0。

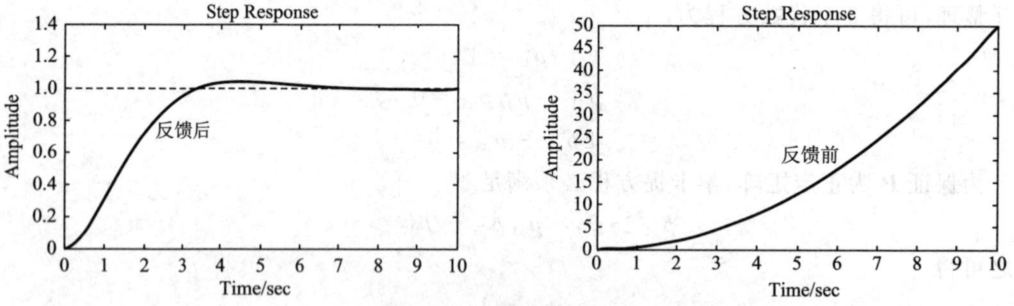

图 6-15　系统在输出反馈前后的阶跃响应曲线

例 6-9　已知可控直流电源供电给直流电机系统的结构图如图 6-16 所示。欲对系统进行最优状态反馈与输出反馈控制，试分别计算状态反馈增益矩阵与输出反馈增益矩阵，并对其闭环控制系统进行阶跃响应仿真。

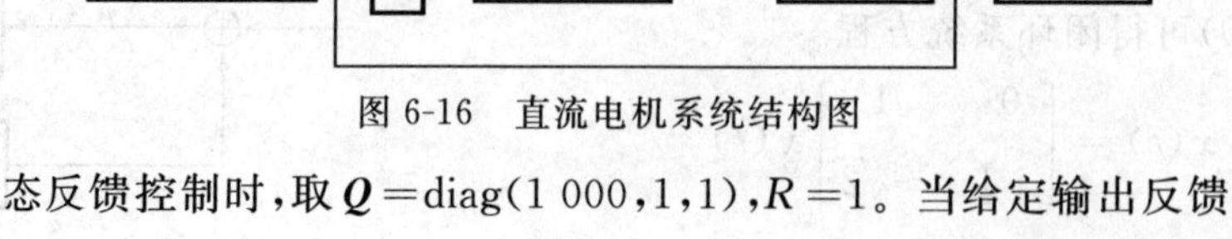

图 6-16　直流电机系统结构图

当给定状态反馈控制时，取 $\boldsymbol{Q}=\text{diag}(1\ 000,1,1)$，$R=1$。当给定输出反馈控制时，取 $Q_y=1\ 000$，$R=1$。

解 按图 6-16 建立系统的 Simulink 仿真结构图如图 6-17 所示，并以文件名 exe4 将其保存。

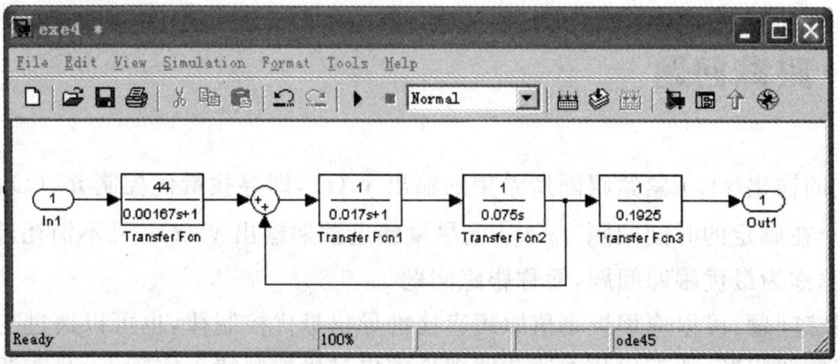

图 6-17 直流电机系统仿真结构图

分别设计状态反馈控制器和输出反馈控制器，程序代码如下：

```
[A,B,C,D]=linmod2('exe4');
Q=diag([1000,1,1]);R=1;
[K,P,r]=lqr(A,B,Q,R);                    %求二次型状态反馈增益矩阵
figure(1);
t=0:0.1:10;
step(A-B*K,B,C,D)                        %绘制状态反馈后系统阶跃响应曲线
Q0=diag([1000]);
R=1;
[K0,P0,r0]=lqry(A,B,C,D,Q0,R);           %求二次型输出反馈增益矩阵
figure(2);
step(A-B*K0,B,C,D);                      %绘制输出反馈后系统阶跃响应曲线
title('Unit-Step-Response of LQR System')
```

执行以上程序得如下结果及如图 6-18 和图 6-19 所示的阶跃响应曲线。

K=31.150 6　337.031 3　9.815 4

K0=1.0e+003 * 2.188 8　2.426 6　0.166 9

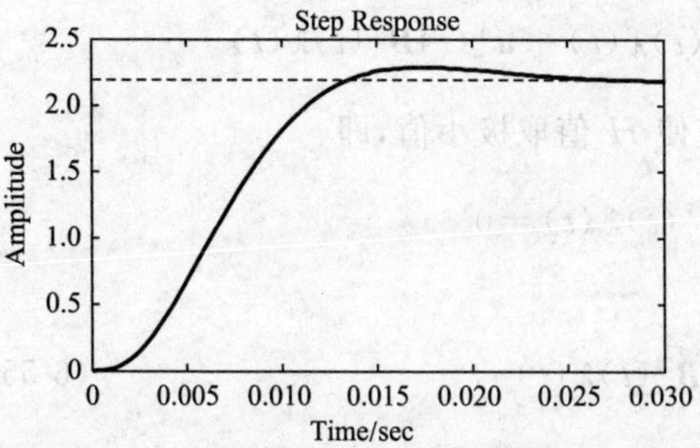

图 6-18 状态反馈后系统的阶跃响应曲线

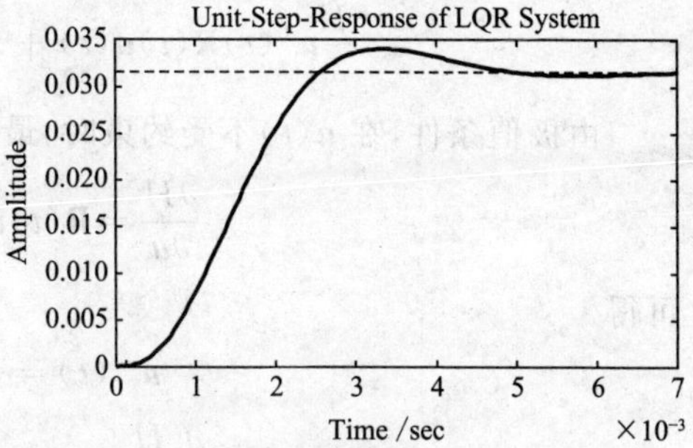

图 6-19 输出反馈后系统的阶跃响应曲线

由图 6-18 和图 6-19 所示的阶跃响应曲线可以看出，采用输出反馈的闭环系统的单位阶跃响应的超调量，要比采用状态反馈的闭环系统的单位阶跃响应的超调量大，且有一次震荡

产生，峰值时间也短；采用状态反馈的闭环系统的单位阶跃响应的超调量较小，并且超调后单调衰减。因此，状态反馈为最优控制，而输出反馈仅为次优控制。

6.4 跟踪问题

使系统的输出 $\boldsymbol{y}(t)$ 紧紧跟随所希望的输出 $\boldsymbol{y}_r(t)$，即寻找最优控制 $\boldsymbol{u}^*(t)$，使系统的实际输出 $\boldsymbol{y}(t)$ 在确定的时间间隔$[t_0,t_f]$上尽量接近预期输出 $\boldsymbol{y}_r(t)$，且不消耗过多的控制能量，这类问题称为最优跟踪问题，简称跟踪问题。

对于跟踪问题，可以应用极小值原理直接推导出最优控制律，也可以通过变换转化为等效的状态调节器问题，从而用状态调节器理论求出最优控制律。实际上，状态调节器问题可视为一个特定的跟踪问题。

6.4.1 有限时间时变跟踪问题

设线性时变系统的状态空间表达式为

$$\begin{cases}\dot{\boldsymbol{x}}(t)=\boldsymbol{A}(t)\boldsymbol{x}(t)+\boldsymbol{B}(t)\boldsymbol{u}(t), \quad \boldsymbol{x}(t_0)=\boldsymbol{x}_0 \\ \boldsymbol{y}(t)=\boldsymbol{C}(t)\boldsymbol{x}(t)\end{cases} \tag{6-52}$$

性能指标为

$$J=\frac{1}{2}\boldsymbol{e}^{\mathrm{T}}(t_f)\boldsymbol{F}\boldsymbol{e}(t_f)+\frac{1}{2}\int_{t_0}^{t_f}[\boldsymbol{e}^{\mathrm{T}}(t)\boldsymbol{Q}(t)\boldsymbol{e}(t)+\boldsymbol{u}^{\mathrm{T}}(t)\boldsymbol{R}(t)\boldsymbol{u}(t)]\mathrm{d}t \tag{6-53}$$

式中，$\boldsymbol{x}(t)$ 为 n 维状态向量；$\boldsymbol{u}(t)$ 为 m 维控制向量，且不受约束；$\boldsymbol{y}(t)$ 为 l 维输出向量，$0<l\leqslant m\leqslant n$；输出误差向量 $\boldsymbol{e}(t)=\boldsymbol{y}_r(t)-\boldsymbol{y}(t)$；$\boldsymbol{y}_r(t)$ 为 l 维理想输出向量；矩阵 $\boldsymbol{A}(t)$，$\boldsymbol{B}(t)$，$\boldsymbol{C}(t)$ 分别是适当维数的时变矩阵；$\boldsymbol{F}$ 和 $\boldsymbol{Q}(t)$ 为适当维数的半正定对称矩阵；$\boldsymbol{R}(t)$ 为适当维数的正定对称矩阵；$\boldsymbol{A}(t)$，$\boldsymbol{B}(t)$，$\boldsymbol{C}(t)$，$\boldsymbol{Q}(t)$，$\boldsymbol{R}(t)$ 各元在$[t_0,t_f]$上连续有界，t_f 固定。使性能指标式(6-53)为极小的最优解如下。

构造哈密尔顿函数为

$$\begin{aligned}H=&\frac{1}{2}[\boldsymbol{y}_r(t)-\boldsymbol{C}(t)\boldsymbol{x}(t)]^{\mathrm{T}}\boldsymbol{Q}(t)[\boldsymbol{y}_r(t)-\boldsymbol{C}(t)\boldsymbol{x}(t)]+\\&\frac{1}{2}\boldsymbol{u}^{\mathrm{T}}(t)\boldsymbol{R}(t)\boldsymbol{u}(t)+\boldsymbol{x}^{\mathrm{T}}(t)\boldsymbol{A}^{\mathrm{T}}(t)\boldsymbol{\lambda}(t)+\boldsymbol{u}^{\mathrm{T}}(t)\boldsymbol{B}^{\mathrm{T}}(t)\boldsymbol{\lambda}(t)\end{aligned} \tag{6-54}$$

由极值条件，在 $\boldsymbol{u}(t)$不受约束时，最优控制应使 H 值取极小值，即

$$\frac{\partial H}{\partial \boldsymbol{u}}=\boldsymbol{R}(t)\boldsymbol{u}(t)+\boldsymbol{B}^{\mathrm{T}}(t)\boldsymbol{\lambda}(t)=0$$

可得

$$\boldsymbol{u}^*(t)=-\boldsymbol{R}^{-1}(t)\boldsymbol{B}^{\mathrm{T}}(t)\boldsymbol{\lambda}(t) \tag{6-55}$$

由于$\boldsymbol{R}(t)$ 为正定矩阵，所以$\dfrac{\partial^2 H}{\partial^2 \boldsymbol{u}}=\boldsymbol{R}(t)>0$，则由式(6-55)确定的 $\boldsymbol{u}^*(t)$使函数 H 取极小值。

正则方程为

$$\dot{\boldsymbol{x}}(t)=\frac{\partial H}{\partial \boldsymbol{\lambda}}=\boldsymbol{A}(t)\boldsymbol{x}(t)-\boldsymbol{B}(t)\boldsymbol{R}^{-1}(t)\boldsymbol{B}^{\mathrm{T}}(t)\boldsymbol{\lambda}(t) \tag{6-56}$$

$$\dot{\boldsymbol{\lambda}}(t)=-\frac{\partial H}{\partial \boldsymbol{x}}=\boldsymbol{C}^{\mathrm{T}}(t)\boldsymbol{Q}(t)[\boldsymbol{y}_{\mathrm{r}}(t)-\boldsymbol{C}(t)\boldsymbol{x}(t)]-\boldsymbol{A}^{\mathrm{T}}(t)\boldsymbol{\lambda}(t) \tag{6-57}$$

横截条件为

$$\boldsymbol{\lambda}(t_{\mathrm{f}})=\boldsymbol{C}^{\mathrm{T}}(t_{\mathrm{f}})\boldsymbol{F}[\boldsymbol{C}(t_{\mathrm{f}})\boldsymbol{x}(t_{\mathrm{f}})-\boldsymbol{y}_{\mathrm{r}}(t_{\mathrm{f}})] \tag{6-58}$$

将式(6-56)与式(6-57)联立有：

$$\begin{bmatrix}\dot{\boldsymbol{x}}(t)\\ \dot{\boldsymbol{\lambda}}(t)\end{bmatrix}=\begin{bmatrix}\boldsymbol{A}(t) & -\boldsymbol{B}(t)\boldsymbol{R}^{-1}(t)\boldsymbol{B}^{\mathrm{T}}(t)\\ -\boldsymbol{C}^{\mathrm{T}}(t)\boldsymbol{Q}(t)\boldsymbol{C}(t) & -\boldsymbol{A}^{\mathrm{T}}(t)\end{bmatrix}\begin{bmatrix}\boldsymbol{x}(t)\\ \boldsymbol{\lambda}(t)\end{bmatrix}+\begin{bmatrix}0\\ \boldsymbol{C}^{\mathrm{T}}(t)\boldsymbol{Q}(t)\end{bmatrix}\boldsymbol{y}_{\mathrm{r}}(t) \tag{6-59}$$

其解为：

$$\begin{bmatrix}\boldsymbol{x}(t_{\mathrm{f}})\\ \boldsymbol{\lambda}(t_{\mathrm{f}})\end{bmatrix}=\boldsymbol{\Phi}(t_{\mathrm{f}},t)\left\{\begin{bmatrix}\boldsymbol{x}(t)\\ \boldsymbol{\lambda}(t)\end{bmatrix}+\int_{t_0}^{t_{\mathrm{f}}}\boldsymbol{\Phi}^{-1}(\tau,t)\begin{bmatrix}0\\ \boldsymbol{C}^{\mathrm{T}}(t)\boldsymbol{Q}(t)\end{bmatrix}\boldsymbol{y}_{\mathrm{r}}(\tau)\mathrm{d}\tau\right\} \tag{6-60}$$

式中，$\boldsymbol{\Phi}(t_{\mathrm{f}},t)$为 $2n\times 2n$ 维状态转移矩阵。

将横截条件式(6-58)代入式(6-60)并简化整理，可得

$$\boldsymbol{\lambda}(t)=\boldsymbol{P}(t)\boldsymbol{x}(t)-\boldsymbol{g}(t) \tag{6-61}$$

式中，$\boldsymbol{P}(t)$为待求的 $n\times n$ 维时变或定常矩阵；$\boldsymbol{g}(t)$为由 $\boldsymbol{y}_{\mathrm{r}}(t)$引起的 n 维矢量。

将式(6-61)代入式(6-55)，则最优控制为

$$\boldsymbol{u}^*(t)=-\boldsymbol{R}^{-1}(t)\boldsymbol{B}^{\mathrm{T}}(t)[\boldsymbol{P}(t)\boldsymbol{x}(t)-\boldsymbol{g}(t)] \tag{6-62}$$

显然，为了确定最优控制 $\boldsymbol{u}^*(t)$，必须首先确定 $\boldsymbol{P}(t)$和 $\boldsymbol{g}(t)$。为此，将式(6-61)对时间 t 求一阶导数，并将式(6-56)及式(6-61)代入，有

$$\begin{aligned}\dot{\boldsymbol{\lambda}}(t)&=\dot{\boldsymbol{P}}(t)\boldsymbol{x}(t)+\boldsymbol{P}(t)\dot{\boldsymbol{x}}(t)-\dot{\boldsymbol{g}}(t)\\&=\dot{\boldsymbol{P}}(t)\boldsymbol{x}(t)+\boldsymbol{P}(t)[\boldsymbol{A}(t)\boldsymbol{x}(t)-\boldsymbol{B}(t)\boldsymbol{R}^{-1}(t)\boldsymbol{B}^{\mathrm{T}}(t)\boldsymbol{\lambda}(t)]-\dot{\boldsymbol{g}}(t)\\&=[\dot{\boldsymbol{P}}(t)+\boldsymbol{P}(t)\boldsymbol{A}(t)-\boldsymbol{P}(t)\boldsymbol{B}(t)\boldsymbol{R}^{-1}(t)\boldsymbol{B}^{\mathrm{T}}(t)\boldsymbol{P}(t)]\boldsymbol{x}(t)+\\&\quad\boldsymbol{P}(t)\boldsymbol{B}(t)\boldsymbol{R}^{-1}(t)\boldsymbol{B}^{\mathrm{T}}(t)\boldsymbol{g}(t)-\dot{\boldsymbol{g}}(t)\end{aligned} \tag{6-63}$$

另一方面，将式(6-61)代入式(6-57)，有：

$$\dot{\boldsymbol{\lambda}}(t)=[-\boldsymbol{C}^{\mathrm{T}}(t)\boldsymbol{Q}(t)\boldsymbol{C}(t)-\boldsymbol{A}^{\mathrm{T}}(t)\boldsymbol{P}(t)]\boldsymbol{x}(t)+\boldsymbol{A}^{\mathrm{T}}(t)\boldsymbol{g}(t)+\boldsymbol{C}^{\mathrm{T}}(t)\boldsymbol{Q}(t)\boldsymbol{y}_{\mathrm{r}}(t) \tag{6-64}$$

令式(6-63)和式(6-64)相等，可得 $\boldsymbol{P}(t)$和 $\boldsymbol{g}(t)$应满足的微分方程为：

$$\dot{\boldsymbol{P}}(t)=-\boldsymbol{P}(t)\boldsymbol{A}(t)-\boldsymbol{A}^{\mathrm{T}}(t)\boldsymbol{P}(t)+\boldsymbol{P}(t)\boldsymbol{B}(t)\boldsymbol{R}^{-1}(t)\boldsymbol{B}^{\mathrm{T}}(t)\boldsymbol{P}(t)-\boldsymbol{C}^{\mathrm{T}}(t)\boldsymbol{Q}(t)\boldsymbol{C}(t) \tag{6-65}$$

$$\dot{\boldsymbol{g}}(t)=-[\boldsymbol{A}(t)-\boldsymbol{B}(t)\boldsymbol{R}^{-1}(t)\boldsymbol{B}^{\mathrm{T}}(t)\boldsymbol{P}(t)]^{\mathrm{T}}\boldsymbol{g}(t)-\boldsymbol{C}^{\mathrm{T}}(t)\boldsymbol{Q}(t)\boldsymbol{y}_{\mathrm{r}}(t) \tag{6-66}$$

由式(6-61)有

$$\boldsymbol{\lambda}(t_{\mathrm{f}})=\boldsymbol{P}(t_{\mathrm{f}})\boldsymbol{x}(t_{\mathrm{f}})-\boldsymbol{g}(t_{\mathrm{f}}) \tag{6-67}$$

令式(6-67)和式(6-58)相等，可得相应的边界条件为

$$\boldsymbol{P}(t_{\mathrm{f}})=\boldsymbol{C}^{\mathrm{T}}(t_{\mathrm{f}})\boldsymbol{F}\boldsymbol{C}(t_{\mathrm{f}}) \tag{6-68}$$

$$\boldsymbol{g}(t_{\mathrm{f}})=\boldsymbol{C}^{\mathrm{T}}(t_{\mathrm{f}})\boldsymbol{F}\boldsymbol{y}_{\mathrm{r}}(t_{\mathrm{f}}) \tag{6-69}$$

依次解式(6-65)和式(6-66)，求得 $\boldsymbol{P}(t)$ 和 $\boldsymbol{g}(t)$，代入式(6-61)和式(6-55)，即得最优控制

$$\boldsymbol{u}^*(t)=-\boldsymbol{R}^{-1}(t)\boldsymbol{B}^{\mathrm{T}}(t)[\boldsymbol{P}(t)\boldsymbol{x}(t)-\boldsymbol{g}(t)] \tag{6-70}$$

最优轨线可通过状态方程求解，即

$$\begin{aligned}\dot{\boldsymbol{x}}(t)&=\boldsymbol{A}(t)\boldsymbol{x}(t)-\boldsymbol{B}(t)\boldsymbol{R}^{-1}\boldsymbol{B}^{\mathrm{T}}(t)\boldsymbol{\lambda}(t)\\&=[\boldsymbol{A}(t)-\boldsymbol{B}(t)\boldsymbol{R}^{-1}(t)\boldsymbol{B}^{\mathrm{T}}(t)\boldsymbol{P}(t)]\boldsymbol{x}(t)+\boldsymbol{B}(t)\boldsymbol{R}^{-1}(t)\boldsymbol{B}^{\mathrm{T}}(t)\boldsymbol{g}(t)\end{aligned} \tag{6-71}$$

最优性能指标为

$$J^*=\frac{1}{2}\boldsymbol{x}^{\mathrm{T}}(t_0)\boldsymbol{P}(t_0)\boldsymbol{x}(t_0)-\boldsymbol{g}^{\mathrm{T}}(t_0)\boldsymbol{x}(t_0)+\varphi(t_0) \tag{6-72}$$

式中，函数 $\varphi(t)$ 应满足的微分方程和边界条件为

$$\dot{\varphi}(t)=-\frac{1}{2}\boldsymbol{y}_{\mathrm{r}}^{\mathrm{T}}(t)\boldsymbol{Q}(t)\boldsymbol{y}_{\mathrm{r}}(t)-\boldsymbol{g}^{\mathrm{T}}(t)\boldsymbol{B}(t)\boldsymbol{R}^{-1}\boldsymbol{B}^{\mathrm{T}}(t)\boldsymbol{g}(t) \tag{6-73}$$

$$\varphi(t_{\mathrm{f}})=\boldsymbol{y}_{\mathrm{r}}^{\mathrm{T}}(t_{\mathrm{f}})\boldsymbol{P}(t_{\mathrm{f}})\boldsymbol{y}_{\mathrm{r}}(t_{\mathrm{f}}) \tag{6-74}$$

对上述定理的结论，做如下几点说明：

(1) 由式(6-65)和式(6-68)可见，$\boldsymbol{P}(t)$ 仅是矩阵 $\boldsymbol{A}(t)$，$\boldsymbol{B}(t)$，$\boldsymbol{C}(t)$，$\boldsymbol{F}$，$\boldsymbol{Q}(t)$ 和 $\boldsymbol{R}(t)$ 及终端时间 t_{f} 的函数，而与预期输出 $\boldsymbol{y}_{\mathrm{r}}(t)$ 无关。也就是说，只要受控系统、性能指标及终端时间给定，矩阵 $\boldsymbol{P}(t)$ 就随之而定。

(2) 式(6-65)和式(6-68)与式(6-41)和式(6-42)完全相同，这说明最优跟踪系统的反馈结构与最优输出调节器系统的反馈结构完全相同，而与预期输出 $\boldsymbol{y}_{\mathrm{r}}(t)$ 无关。

(3) 最优跟踪系统与最优输出调节器系统的本质差异主要反映在 $\boldsymbol{g}(t)$ 上。比较式(6-66)和式(6-71)可见，其齐次部分的矩阵一个是 $-[\boldsymbol{A}(t)-\boldsymbol{B}(t)\boldsymbol{R}^{-1}\boldsymbol{B}^{\mathrm{T}}(t)\boldsymbol{P}(t)]^{\mathrm{T}}$，另一个是 $[\boldsymbol{A}(t)-\boldsymbol{B}(t)\boldsymbol{R}^{-1}\boldsymbol{B}^{\mathrm{T}}(t)\boldsymbol{P}(t)]$，即互为负的转置关系，可见式(6-66)是式(6-71)的伴随方程。

(4) 由式(6-66)和式(6-69)可见，为了求得 $\boldsymbol{g}(t)$，必须在控制过程开始之前就需要知道全部 $\boldsymbol{y}_{\mathrm{r}}(t)$ 信息。同时，由式(6-70)可见，$\boldsymbol{u}^*(t)$ 与 $\boldsymbol{g}(t)$ 有关，因而最优控制的现时值也要依赖于预期输出 $\boldsymbol{y}_{\mathrm{r}}(t)$ 的全部未来值，即要实现最优跟踪的关键在于预先掌握预期输出 $\boldsymbol{y}_{\mathrm{r}}(t)$ 的变化规律。但是，预期输出的实际变化规律往往难以事先确定，为了便于设计输出跟踪器，往往假定理想输出 $\boldsymbol{y}_{\mathrm{r}}(t)$ 为典型外作用函数，例如单位阶跃、单位斜坡或单位加速度函数等。

6.4.2 无限时间定常跟踪问题

设完全能控和完全能观测的线性定常系统的状态空间表达式为

$$\dot{\boldsymbol{x}}(t)=\boldsymbol{A}\boldsymbol{x}(t)+\boldsymbol{B}\boldsymbol{u}(t),\quad \boldsymbol{x}(t_0)=\boldsymbol{x}_0$$

$$\boldsymbol{y}(t)=\boldsymbol{C}\boldsymbol{x}(t)$$

其中，$\boldsymbol{x}(t)$ 为 n 维状态向量；$\boldsymbol{u}(t)$ 为 m 维控制向量，且不受约束；$\boldsymbol{y}(t)$ 为 l 维输出向量；$0<l\leqslant m\leqslant n$；$\boldsymbol{A}$，$\boldsymbol{B}$，$\boldsymbol{C}$ 分别是适当维数的常数矩阵；输出误差向量 $\boldsymbol{e}(t)=\boldsymbol{y}_{\mathrm{r}}(t)-\boldsymbol{y}(t)$；$\boldsymbol{y}_{\mathrm{r}}(t)$ 为 l 维理想输出向量。

性能指标为

$$J=\frac{1}{2}\int_0^{\infty}[\boldsymbol{e}^{\mathrm{T}}(t)\boldsymbol{Q}\boldsymbol{e}(t)+\boldsymbol{u}^{\mathrm{T}}(t)\boldsymbol{R}\boldsymbol{u}(t)]\mathrm{d}t \tag{6-75}$$

式中，$\boldsymbol{Q}$，$\boldsymbol{R}$ 为适当维数的正定对称常数矩阵。

使性能指标式(6-75)极小的近似最优控制为

$$\boldsymbol{u}^*(t)=-\boldsymbol{R}^{-1}\boldsymbol{B}^{\mathrm{T}}\boldsymbol{P}\boldsymbol{x}(t)+\boldsymbol{R}^{-1}\boldsymbol{B}^{\mathrm{T}}\boldsymbol{g} \tag{6-76}$$

式中，$\boldsymbol{P}$ 为对称正定常数矩阵，满足下列黎卡提矩阵代数方程，即

$$\boldsymbol{PA}+\boldsymbol{A}^{\mathrm{T}}\boldsymbol{P}-\boldsymbol{PBR}^{-1}\boldsymbol{B}^{\mathrm{T}}\boldsymbol{P}+\boldsymbol{C}^{\mathrm{T}}\boldsymbol{QC}=0 \tag{6-77}$$

常数伴随向量为

$$\boldsymbol{g}=(\boldsymbol{PBR}^{-1}\boldsymbol{B}^{\mathrm{T}}-\boldsymbol{A}^{\mathrm{T}})^{-1}\boldsymbol{C}^{\mathrm{T}}\boldsymbol{Q}\boldsymbol{y}_{\mathrm{r}} \tag{6-78}$$

闭环系统方程为

$$\dot{\boldsymbol{x}}(t)=(\boldsymbol{A}-\boldsymbol{BR}^{-1}\boldsymbol{B}^{\mathrm{T}}\boldsymbol{P})\boldsymbol{x}(t)+\boldsymbol{BR}^{-1}\boldsymbol{B}^{\mathrm{T}}\boldsymbol{g} \tag{6-79}$$

及初始状态 $\boldsymbol{x}(t_0)=\boldsymbol{x}_0$ 的解，为近似最优曲线 $\boldsymbol{x}^*(t)$。

例 6-10 已知一阶系统的状态空间表达式为

$$\dot{x}(t)=ax(t)+u(t)$$

$$y(t)=x(t)$$

控制 $u(t)$ 不受约束，用 $y_{\mathrm{r}}(t)$ 表示预期输出，$e(t)=y_{\mathrm{r}}(t)-y(t)=y_{\mathrm{r}}(t)-x(t)$ 表示误差，试求最优控制 $u^*(t)$，使性能指标

$$J=\frac{1}{2}fe^2(t_{\mathrm{f}})+\frac{1}{2}\int_0^{t_{\mathrm{f}}}[qe^2(t)+ru^2(t)]\mathrm{d}t$$

取极小值。其中，$f\geqslant 0, q>0, r>0$。

解 根据式(6-62)，最优控制为

$$u^*(t)=\frac{1}{r}[g(t)-P(t)x(t)]$$

其中，$P(t)$满足一阶黎卡提方程

$$\dot{P}(t)=-2aP(t)+\frac{1}{r}P^2(t)-q$$

$$P(t_{\mathrm{f}})=f$$

$g(t)$满足一阶线性方程

$$\dot{g}(t)=-\left[a-\frac{1}{r}P(t)\right]g(t)-qy_{\mathrm{r}}(t)$$

$$g(t_{\mathrm{f}})=fy_{\mathrm{r}}(t_{\mathrm{f}})$$

最优轨线 $x(t)$满足一阶线性微分方程：

$$\dot{x}(t)=\left[a-\frac{1}{r}P(t)\right]x(t)+\frac{1}{r}g(t)$$

图 6-20 为最优跟踪系统在 $a=1, x(0)=0, f=0, q=1, t_{\mathrm{f}}=1$ 情况下的一组响应曲线。其中，图 6-20(a) 表示预期输出为阶跃函数，即对所有的 $t\in[0,t_{\mathrm{f}}]$，$y_{\mathrm{r}}(t)=+1$ 时，以 r 为参变量的一组响应曲线。由图 6-20(a) 可见，随着 r 值的减小，系统的跟踪能力增强。此外，在控制区域的终端时刻 t_{f} 附近，误差又恢复回升，这是由于 $f=0, q(t_{\mathrm{f}})=0, p(t_{\mathrm{f}})=0$，以致 $u(t_{\mathrm{f}})=0$。图 6-20(b) 为 $g(t)$ 对 $t\in[0,t_{\mathrm{f}}]$ 的一组响应曲线。由图 6-20(b) 可见，随着 r 的减小，$g(t)$ 在控制区的开始阶段几乎保持恒定，但由于 $f=0$，所以 $g(t)$ 随后逐渐开始下降至零。图 6-20(c) 为 $u(t)$ 对 $t\in[0,t_{\mathrm{f}}]$ 的一组响应曲线。由图 6-20(c) 可见，r 越小(即表示

不重视消耗能量大小)，$u(t)$ 的恒值越大。相对而言，即重视误差减小，导致 $y(t)$ 对 $y_r(t)$ 跟踪性能变好。

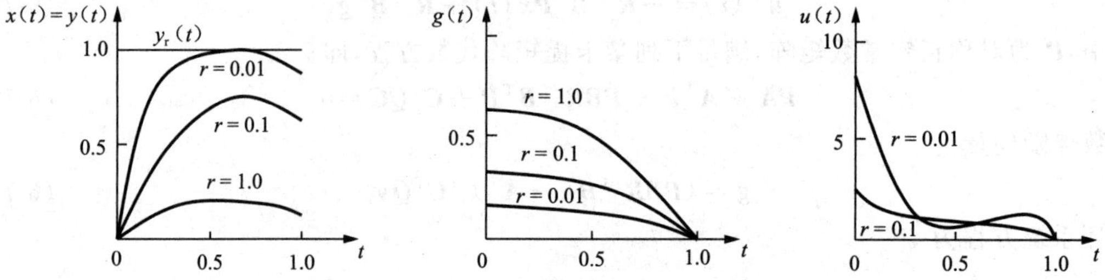

(a) 对 $t\in[0,\ t_f]$，$y_r(t)=+1$ 的一组响应曲线

(b) $g(t)$ 对 $t\in[0,\ t_f]$ 的一组响应曲线

(c) $u(t)$ 对 $t\in[0,\ t_f]$ 的一组响应曲线

图 6-20　最优跟踪系统响应曲线

例 6-11　设系统的状态空间方程为

$$\dot{x}_1(t)=x_2(t)$$
$$\dot{x}_2(t)=4u(t)$$
$$y(t)=x_1(t)$$

试设计最优控制 $u^*(t)$，使性能指标

$$J=\int_0^\infty [y_r(t)-y(t)]^2+u^2(t)\mathrm{d}t$$

极小。式中，$y_r(t)=1$ 为理想输出。

解　本例为无限时间定常输出跟踪器问题，其中

$$\boldsymbol{A}=\begin{bmatrix}0 & 1\\ 0 & 0\end{bmatrix},\quad \boldsymbol{B}=\begin{bmatrix}0\\ 4\end{bmatrix},\quad \boldsymbol{C}=[1\quad 0],\quad Q=1,\quad R=1$$

因为

$$\text{rank}[\boldsymbol{B}\ \vdots\ \boldsymbol{AB}]=\text{rank}\begin{bmatrix}0 & 4\\ 4 & 0\end{bmatrix}=2$$

$$\text{rank}\begin{bmatrix}\boldsymbol{C}\\ \boldsymbol{CA}\end{bmatrix}=\text{rank}\begin{bmatrix}1 & 0\\ 0 & 1\end{bmatrix}=2$$

系统完全能控制和能观测，故无限时间输出跟踪器的最优控制 $u^*(t)$ 存在。

解黎卡提方程，令

$$\boldsymbol{P}=\begin{bmatrix}p_{11} & p_{12}\\ p_{21} & p_{22}\end{bmatrix}$$

代入方程(6-77)得

$$\begin{bmatrix}p_{11} & p_{12}\\ p_{21} & p_{22}\end{bmatrix}\begin{bmatrix}0 & 1\\ 0 & 0\end{bmatrix}+\begin{bmatrix}0 & 1\\ 0 & 0\end{bmatrix}^{\mathrm{T}}\begin{bmatrix}p_{11} & p_{12}\\ p_{21} & p_{22}\end{bmatrix}-$$
$$\begin{bmatrix}p_{11} & p_{12}\\ p_{21} & p_{22}\end{bmatrix}\begin{bmatrix}0\\ 4\end{bmatrix}[0\quad 4]\begin{bmatrix}p_{11} & p_{12}\\ p_{21} & p_{22}\end{bmatrix}+\begin{bmatrix}1\\ 0\end{bmatrix}[1\quad 0]=\begin{bmatrix}0 & 0\\ 0 & 0\end{bmatrix}$$

整理代数方程组为

$$\begin{cases}-16p_{12}^2+2=0\\ p_{11}-16p_{12}p_{22}=0\\ 2p_{12}-8p_{22}^2=0\end{cases}$$

联立求解得

$$\boldsymbol{P}=\begin{bmatrix}\frac{1}{\sqrt{2}} & \frac{1}{4}\\ \frac{1}{4} & \frac{1}{4\sqrt{2}}\end{bmatrix}>0$$

根据式(6-78)有

$$\boldsymbol{g}=[\boldsymbol{PB}R^{-1}\boldsymbol{B}^{\mathrm{T}}-\boldsymbol{A}^{\mathrm{T}}]^{-1}\boldsymbol{C}^{\mathrm{T}}Q\boldsymbol{y}_{\mathrm{r}}=\begin{bmatrix}\frac{1}{\sqrt{2}}\\ \frac{1}{4}\end{bmatrix}$$

根据(6-76)确定最优控制 $u^*(t)$

$$\begin{aligned}u^*(t)&=-R^{-1}\boldsymbol{B}^{\mathrm{T}}\boldsymbol{Px}(t)+R^{-1}\boldsymbol{B}^{\mathrm{T}}\boldsymbol{g}=-x_1(t)-\frac{\sqrt{2}}{2}x_2(t)+1\\ &=-y(t)-\frac{\sqrt{2}}{2}\dot{y}(t)+1\end{aligned}$$

上述例子也可以用 MATLAB 编程求解，程序代码如下：

```
A=[0 1;0 0];B=[0;4];
C=[1 0];D=0;
Q=1;R=1;
yr=1;
[P,E,K]=care(A,B,Q,R)
g=inv(P*B*inv(R)*B'-A')*C'*Q*yr
t=0:0.1:10;
figure(1);
y=step(A-B*K,B,C,D,1,t);              %输出跟踪器的阶跃响应曲线
plot(t,y)
xlabel('Time/s');
ylabel('y');
gtext('跟踪器')
figure(2);
y=step(A,B,C,D,1,t);                  %原系统输出的阶跃响应曲线
plot(t,y)
xlabel('Time/s');
ylabel('y');
gtext('原系统')
```

执行以上程序得到结果如下：

P=0.707 1　0.250 0
　0.250 0　0.176 8
E=−1.414 2 + 1.414 2i
　−1.414 2 − 1.414 2i
K=1.000 0　0.707 1
g=0.707 1
　0.250 0

执行程序,可得到图 6-21 所示的系统在跟踪输出前后的阶跃响应曲线。通过对比不难看出,系统通过跟踪系统设计,闭环系统稳定,并且能够跟踪理想输出 $y_r(t)=1$。

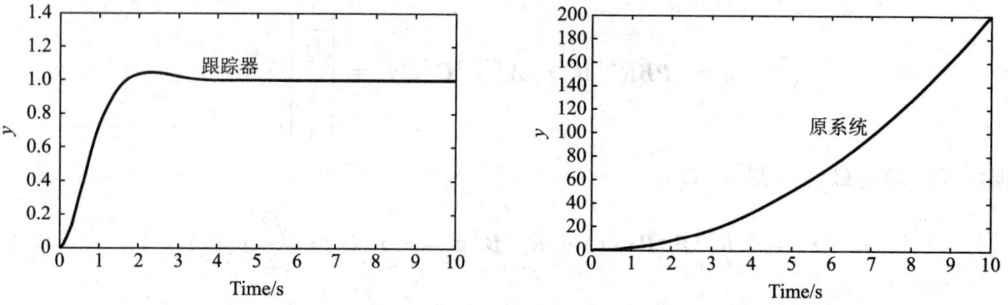

图 6-21　跟踪系统及原系统的阶跃响应曲线

6.5　离散系统的线性二次型最优控制问题

本节讨论离散系统的线性二次型最优控制问题中的离散状态调节器问题,也就是线性离散系统和线性二次型离散性能指标的最优控制问题,并应用离散极小值原理的方法求解。

6.5.1　离散系统有限时间线性二次型最优控制

设线性离散系统的状态方程为

$$\boldsymbol{x}(k+1)=\boldsymbol{A}\boldsymbol{x}(k)+\boldsymbol{B}\boldsymbol{u}(k),\quad \boldsymbol{x}(0)=\boldsymbol{x}_0 \tag{6-80}$$

式中,$\boldsymbol{x}(k)$为 n 维状态向量;$\boldsymbol{u}(k)$为 m 维控制向量,且不受约束;$\boldsymbol{A}$,$\boldsymbol{B}$ 分别是适当维数的常数矩阵。

假定系统状态完全可控,系统性能指标为

$$J=\frac{1}{2}\boldsymbol{x}^{\mathrm{T}}(N)\boldsymbol{F}\boldsymbol{x}(N)+\frac{1}{2}\sum_{k=0}^{N-1}[\boldsymbol{x}^{\mathrm{T}}(k)\boldsymbol{Q}\boldsymbol{x}(k)+\boldsymbol{u}^{\mathrm{T}}(k)\boldsymbol{R}\boldsymbol{u}(k)] \tag{6-81}$$

式中,$\boldsymbol{Q}$,$\boldsymbol{R}$,$\boldsymbol{S}$ 为适当维数的加权矩阵。求取最优控制序列$\{\boldsymbol{u}(k)\}$,使得性能指标 J 达到最小值。

引入拉格朗日乘子 $\boldsymbol{\lambda}(k)$,构成新的性能指标

$$L=\frac{1}{2}\boldsymbol{x}^{\mathrm{T}}(N)\boldsymbol{F}\boldsymbol{x}(N)+\frac{1}{2}\sum_{k=0}^{N-1}\{[\boldsymbol{x}^{\mathrm{T}}(k)\boldsymbol{Q}\boldsymbol{x}(k)+\boldsymbol{u}^{\mathrm{T}}(k)\boldsymbol{R}\boldsymbol{u}(k)]+ 2\boldsymbol{\lambda}^{\mathrm{T}}(k+1)[\boldsymbol{A}\boldsymbol{x}(k)+\boldsymbol{B}\boldsymbol{u}(k)-\boldsymbol{x}(k+1)]\} \tag{6-82}$$

利用离散极小值原理,可得到最优解的必要条件为

$$\frac{\partial L}{\partial \boldsymbol{\lambda}(k)}=0,\quad \boldsymbol{Ax}(k)+\boldsymbol{Bu}(k)-\boldsymbol{x}(k+1)=0\quad (k=1,2,\cdots,N) \tag{6-83}$$

$$\frac{\partial L}{\partial \boldsymbol{x}(k)}=0,\quad \boldsymbol{Qx}(k)+\boldsymbol{A}^{\mathrm{T}}\boldsymbol{\lambda}(k+1)-\boldsymbol{\lambda}(k)=0\quad (k=1,2,\cdots,N) \tag{6-84}$$

$$\frac{\partial L}{\partial \boldsymbol{u}(k)}=0,\quad \boldsymbol{Ru}(k)+\boldsymbol{B}^{\mathrm{T}}\boldsymbol{\lambda}(k+1)=0\quad (k=1,2,\cdots,N) \tag{6-85}$$

$$\frac{\partial L}{\partial \boldsymbol{x}(N)}=0,\quad \boldsymbol{Fx}(N)-\boldsymbol{\lambda}(N)=0 \tag{6-86}$$

式(6-83)即为状态方程，将式(6-85)代入，并考虑到式(6-84)、式(6-86)和初始条件 $\boldsymbol{x}(0)=\boldsymbol{x}_0$，可得到如下两点边值问题：

$$\begin{cases}\boldsymbol{x}(k+1)=\boldsymbol{Ax}(k)-\boldsymbol{BR}^{-1}\boldsymbol{B}^{\mathrm{T}}\boldsymbol{\lambda}(k+1)\\ \boldsymbol{\lambda}(k)=\boldsymbol{Qx}(k)+\boldsymbol{A}^{\mathrm{T}}\boldsymbol{\lambda}(k+1)\\ \boldsymbol{x}(0)=\boldsymbol{x}_0\\ \boldsymbol{\lambda}(N)=\boldsymbol{Fx}(N)\end{cases} \tag{6-87}$$

求解式(6-87)的两点边值问题，并将求得的 $\boldsymbol{\lambda}(k+1)$ 代入式(6-85)，即可得到最优控制序列。但得到的是一种开环结构，对实际应用而言，更希望得到闭环控制结构，以实现性能良好的最优反馈控制。

用数学归纳法可求得 $\boldsymbol{\lambda}(k)$ 和 $\boldsymbol{x}(k)$ 之间的关系为

$$\boldsymbol{\lambda}(k)=\boldsymbol{P}(k)\boldsymbol{x}(k) \tag{6-88}$$

其中，$\boldsymbol{P}(k+1)$ 满足下列方程

$$\boldsymbol{P}(k)=\boldsymbol{Q}+\boldsymbol{A}^{\mathrm{T}}\left[\boldsymbol{P}^{-1}(k+1)+\boldsymbol{BR}^{-1}\boldsymbol{B}^{\mathrm{T}}\right]^{-1}\boldsymbol{A} \tag{6-89}$$

式(6-89)是一个 $n\times n$ 维矩阵一阶非线性差分方程，通常称为黎卡提差分方程。

可推得最优控制的闭环形式为

$$\begin{cases}\boldsymbol{u}(k)=-\boldsymbol{K}(k)\boldsymbol{x}(k)\\ \boldsymbol{K}(k)=\boldsymbol{R}^{-1}\boldsymbol{B}^{\mathrm{T}}(\boldsymbol{A}^{\mathrm{T}})^{-1}\left[\boldsymbol{P}(k)-\boldsymbol{Q}\right]\end{cases} \tag{6-90}$$

最优控制矢量 $\boldsymbol{u}(k)$ 可以有几种不同的表达形式，即

$$\begin{cases}\boldsymbol{u}(k)=-\boldsymbol{K}(k)\boldsymbol{x}(k)\\ \boldsymbol{K}(k)=\boldsymbol{R}^{-1}\boldsymbol{B}^{\mathrm{T}}\left[\boldsymbol{P}^{-1}(k+1)+\boldsymbol{BR}^{-1}\boldsymbol{B}^{\mathrm{T}}\right]^{-1}\boldsymbol{A}\end{cases} \tag{6-91}$$

$$\begin{cases}\boldsymbol{u}(k)=-\boldsymbol{K}(k)\boldsymbol{x}(k)\\ \boldsymbol{K}(k)=\left[\boldsymbol{R}+\boldsymbol{B}^{\mathrm{T}}\boldsymbol{P}(k+1)\boldsymbol{B}\right]^{-1}\boldsymbol{B}^{\mathrm{T}}\boldsymbol{P}(k+1)\boldsymbol{A}\end{cases} \tag{6-92}$$

式(6-90)、式(6-91)、式(6-92)给出的 $\boldsymbol{K}(k)$ 是相等的，而且 $\boldsymbol{K}(k)$ 具有在其临近终端时刻是时变的，在其他情况下几乎是一个常数的性质。

现在来讨论一下最小性能指标的计算问题

$$\min J=\min\left\{\frac{1}{2}\boldsymbol{x}^{\mathrm{T}}(N)\boldsymbol{Fx}(N)+\frac{1}{2}\sum_{k=0}^{N-1}\left[\boldsymbol{x}^{\mathrm{T}}(k)\boldsymbol{Qx}(k)+\boldsymbol{u}^{\mathrm{T}}(k)\boldsymbol{Ru}(k)\right]\right\} \tag{6-93}$$

由式(6-88)和式(6-87)可得

$$\boldsymbol{P}(k)\boldsymbol{x}(k)=\boldsymbol{\lambda}(k)=\boldsymbol{Qx}(k)+\boldsymbol{A}^{\mathrm{T}}\boldsymbol{\lambda}(k+1)=\boldsymbol{Qx}(k)+\boldsymbol{A}^{\mathrm{T}}\boldsymbol{P}(k+1)\boldsymbol{x}(k+1) \tag{6-94}$$

即有

$$\boldsymbol{x}^{\mathrm{T}}(k)\boldsymbol{P}(k)\boldsymbol{x}(k)=\boldsymbol{x}^{\mathrm{T}}(k)\boldsymbol{Qx}(k)+\boldsymbol{x}^{\mathrm{T}}(k)\boldsymbol{A}^{\mathrm{T}}\boldsymbol{P}(k+1)\boldsymbol{x}(k+1) \tag{6-95}$$

又

$$\boldsymbol{\lambda}(k+1)=\boldsymbol{P}(k+1)\boldsymbol{x}(k+1) \tag{6-96}$$

$$\boldsymbol{x}(k+1)=\boldsymbol{A}\boldsymbol{x}(k)-\boldsymbol{B}\boldsymbol{R}^{-1}\boldsymbol{B}^{\mathrm{T}}\boldsymbol{\lambda}(k+1) \tag{6-97}$$

可推得

$$\boldsymbol{x}(k+1)=[\boldsymbol{P}^{-1}(k+1)+\boldsymbol{B}\boldsymbol{R}^{-1}\boldsymbol{B}^{\mathrm{T}}]^{-1}\boldsymbol{A}\boldsymbol{x}(k) \tag{6-98}$$

将式(6-98)代入式(6-95)可得

$$\begin{aligned}\boldsymbol{x}^{\mathrm{T}}(k)\boldsymbol{P}(k)\boldsymbol{x}(k)&=\boldsymbol{x}^{\mathrm{T}}(k)\boldsymbol{Q}\boldsymbol{x}(k)+[\boldsymbol{A}\boldsymbol{x}(k)]^{\mathrm{T}}\boldsymbol{P}(k+1)\boldsymbol{x}(k+1)\\&=\boldsymbol{x}^{\mathrm{T}}(k)\boldsymbol{Q}\boldsymbol{x}(k)+\boldsymbol{x}^{\mathrm{T}}(k+1)[\boldsymbol{P}^{-1}(k+1)+\boldsymbol{B}\boldsymbol{R}^{-1}\boldsymbol{B}^{\mathrm{T}}]^{\mathrm{T}}\boldsymbol{P}(k+1)\boldsymbol{x}(k+1)\\&=\boldsymbol{x}^{\mathrm{T}}(k)\boldsymbol{Q}\boldsymbol{x}(k)+\boldsymbol{x}^{\mathrm{T}}(k+1)[\boldsymbol{I}+\boldsymbol{P}(k+1)\boldsymbol{B}\boldsymbol{R}^{-1}\boldsymbol{B}^{\mathrm{T}}]^{\mathrm{T}}\boldsymbol{P}(k+1)\boldsymbol{x}(k+1)\end{aligned} \tag{6-99}$$

因此

$$\begin{aligned}\boldsymbol{x}^{\mathrm{T}}(k)\boldsymbol{Q}\boldsymbol{x}(k)=&\boldsymbol{x}^{\mathrm{T}}(k)\boldsymbol{P}(k)\boldsymbol{x}(k)-\boldsymbol{x}^{\mathrm{T}}(k+1)\boldsymbol{P}(k+1)\boldsymbol{x}(k+1)-\\&\boldsymbol{x}^{\mathrm{T}}(k+1)\boldsymbol{P}(k+1)\boldsymbol{B}\boldsymbol{R}^{-1}\boldsymbol{B}^{\mathrm{T}}\boldsymbol{P}(k+1)\boldsymbol{x}(k+1)\end{aligned} \tag{6-100}$$

由式(6-85)推出

$$\boldsymbol{u}^{\mathrm{T}}(k)\boldsymbol{R}\boldsymbol{u}(k)=\boldsymbol{x}^{\mathrm{T}}(k+1)\boldsymbol{P}(k+1)\boldsymbol{B}\boldsymbol{R}^{-1}\boldsymbol{B}^{\mathrm{T}}\boldsymbol{P}(k+1)\boldsymbol{x}(k+1) \tag{6-101}$$

将式(6-100)代入式(6-101)得

$$\boldsymbol{x}^{\mathrm{T}}(k)\boldsymbol{Q}\boldsymbol{x}(k)+\boldsymbol{u}^{\mathrm{T}}(k)\boldsymbol{R}\boldsymbol{u}(k)=\boldsymbol{x}^{\mathrm{T}}(k)\boldsymbol{P}(k)\boldsymbol{x}(k)-\boldsymbol{x}^{\mathrm{T}}(k+1)\boldsymbol{P}(k+1)\boldsymbol{x}(k+1) \tag{6-102}$$

将式(6-102)代入性能指标得

$$\begin{aligned}J&=\frac{1}{2}\boldsymbol{x}^{\mathrm{T}}(N)\boldsymbol{F}\boldsymbol{x}(N)+\frac{1}{2}\sum_{k=0}^{N-1}[\boldsymbol{x}^{\mathrm{T}}(k)\boldsymbol{P}(k)\boldsymbol{x}(k)-\boldsymbol{x}^{\mathrm{T}}(k+1)\boldsymbol{P}(k+1)\boldsymbol{x}(k+1)]\\&=\frac{1}{2}\boldsymbol{x}^{\mathrm{T}}(N)\boldsymbol{F}\boldsymbol{x}(N)+\frac{1}{2}\boldsymbol{x}^{\mathrm{T}}(0)\boldsymbol{P}(0)\boldsymbol{x}(0)-\frac{1}{2}\boldsymbol{x}^{\mathrm{T}}(N)\boldsymbol{P}(N)\boldsymbol{x}(N)\end{aligned} \tag{6-103}$$

当 $\boldsymbol{P}(N)=\boldsymbol{F}$ 时，式(6-103)取得最小值，因此

$$J_{\min}=\frac{1}{2}\boldsymbol{x}^{\mathrm{T}}(0)\boldsymbol{P}(0)\boldsymbol{x}(0) \tag{6-104}$$

离散系统最优控制设计的一般方法和步骤如下：

(1) 由方程式(6-89)和边界极条件 $\boldsymbol{P}(N)=\boldsymbol{F}$ 求出矩阵 $\boldsymbol{P}$；

(2) 由方程式(6-90)求出反馈增益矩阵 $\boldsymbol{K}$；

(3) 求出最优控制序列 $\boldsymbol{u}(k)$；

(4) 计算性能指标最小值。

例 6-12 离散系统为 $x(k+1)=0.367\,9x(k)+0.632\,1u(k)$，$x(0)=1$。试求最优控制，使下列性能指标达到最小

$$J=\frac{1}{2}[x(0)]^2+\frac{1}{2}\sum_{k=0}^{9}[x^2(k)+u^2(k)]$$

解 第1步 求矩阵 $\boldsymbol{P}$。

由已知条件可知

$$F=1,\quad Q=1,\quad R=1$$

黎卡提差分方程为

$$P(k)=Q+A^{T}[P^{-1}(k+1)+BR^{-1}B^{T}]^{-1}A$$
$$=1+(0.3679)P(k+1)[1+0.6321\times1\times0.6321P(k+1)]^{-1}\times0.3679$$
$$=1+0.1354P(k+1)[1+0.3996P(k+1)]^{-1}$$

边界条件为

$$P(N)=P(10)=F=1$$

由 $k=9$ 到 $k=0$,求出 $P(k)$ 为

$$P(9)=1+0.1354P(10)[1+0.3996P(10)]^{-1}=1.0967$$
$$P(8)=1+0.1354P(9)[1+0.3996P(9)]^{-1}=1.1032$$
$$P(7)=1+0.1354P(8)[1+0.3996P(8)]^{-1}=1.1036$$
$$P(6)=1+0.1354P(7)[1+0.3996P(7)]^{-1}=1.1037$$
$$P(k)=1.1037\quad(k=5,4,3,2,1,0)$$

从上面分析可以看到,$P(k)$迅速地趋近其稳态值,其稳态值 P_{ss} 可由下式得到

$$P_{ss}=1+0.1354P_{ss}[1+0.3996P_{ss}]^{-1}$$

整理得到

$$0.3996P_{ss}^{2}+0.4650P_{ss}-1=0$$

解得

$$P_{ss1}=1.1037,\quad P_{ss2}=-2.2674$$

由于 $P(k)$必须是正定的,因此 $P_{ss}=1.1037$。

第2步　求反馈增益矩阵 K。

$$K(k)=R^{-1}B^{T}(A^{T})^{-1}[P(k)-Q]$$
$$=1\times0.6321\times(0.3679)^{-1}[P(k)-1]=1.7181[P(k)-1]$$
$$K(10)=1.7181[P(10)-1]=1.7181(1-1)=0$$
$$K(9)=1.7181[P(9)-1]=1.7181(1.0967-1)=0.1662$$
$$K(8)=1.7181[P(8)-1]=1.7181(1.1032-1)=0.1773$$
$$K(7)=1.7181[P(7)-1]=1.7181(1.1036-1)=0.1781$$
$$K(6)\approx K(5)\approx K(4)\approx K(3)\approx K(2)\approx K(1)\approx K(0)\approx0.1781$$

第3步　求最优控制序列 $u(k)$。

为求最优控制序列,先求出状态变量

$$x(k+1)=0.3679x(k)+0.6321u(k)=[0.3679-0.6321K(k)]x(k)$$
$$x(1)=[0.3679-0.6321K(0)]x(0)=0.2553$$
$$x(2)=[0.3679-0.6321K(1)]x(1)=0.0652$$
$$x(3)=[0.3679-0.6321K(2)]x(2)=0.0166$$
$$x(4)=[0.3679-0.6321K(3)]x(3)=0.00424$$

$k=5,6,7,8,9,10$ 时的 $x(k)$ 的值趋近于零,最优控制序列 $u(k)$ 为

$$u(0)=-K(0)x(0)=-0.1781\times1=-0.1781$$
$$u(1)=-K(1)x(1)=-0.1781\times0.2553=-0.0455$$
$$u(2)=-K(2)x(2)=-0.1781\times0.0652=-0.0116$$
$$u(3)=-K(3)x(3)=-0.1781\times0.0166=-0.00296$$
$$u(4)=-K(4)x(4)=-0.1781\times0.00424=-0.000755$$
$$u(k)\approx0\quad(k=5,6,\cdots,10)$$

最后，J 的最小值为

$$J_{\min}=\frac{1}{2}x^{\mathrm{T}}(0)P(0)x(0)=\frac{1}{2}\times 1\times 1.1037\times 1=0.5518$$

下面给出了本例的 MATLAB 程序：

```
A=0.3679;B=0.6321;F=1;Q=1;R=1;P=1;
N=11;p(N)=F;x(1)=1;Pnext=F;
for i=N-1:-1:1
  P=Q+A'*Pnext*A-A'*Pnext*B*inv(R+B'*Pnext*B)*B'*Pnext*A;
  p(i)=P;Pnext=P;
end
disp(p)
for i=N-1:-1:1
  K=inv(R)*B'*inv(A')*(p(i)-Q);
  k(i)=K;
end
disp(k)
for i=1:N-1
  Xnext=(A-B*k(i))*x(i);
  x(i+1)=Xnext;
end
disp(x)
for i=1:N-1
  u(i)=-k(i)*x(i);
end
disp(u)
x0=x(1);p0=p(1);
Jmin=0.5*x0'*p0*x0
```

运行结果：

```
1.1037  1.1037  1.1037  1.1037  1.1037  1.1037  1.1037  1.1036  1.1032  1.0967  1.0000  0.1781  0.1781
0.1781  0.1781  0.1781  0.1781  0.1781  0.1781  0.1773  0.1662  1.0000  0.2553  0.0652  0.0166  0.0042
0.0011  0.0003  0.0001  0.0000  0.0000  0.0000  -0.1781  -0.0455  -0.0116  -0.0030  -0.0008
-0.0002  -0.0000  -0.0000  -0.0000  -0.0000
```

$$J_{\min}=0.5518$$

例 6-13 已知离散系统状态方程与初始条件为

$$\boldsymbol{x}(k+1)=\boldsymbol{A}\boldsymbol{x}(k)+\boldsymbol{B}\boldsymbol{u}(k)$$

试确定最优控制作用 $\boldsymbol{u}^*(k)$ 与最优轨线 $\boldsymbol{x}^*(k)$，使得以下性能指标为最小。

$$J=\frac{1}{2}\boldsymbol{x}^{\mathrm{T}}(8)\boldsymbol{F}\boldsymbol{x}(8)+\frac{1}{2}\sum_{k=0}^{8}\left[\boldsymbol{x}^{\mathrm{T}}(k)\boldsymbol{Q}\boldsymbol{x}(k)+\boldsymbol{u}^{\mathrm{T}}(k)\boldsymbol{R}\boldsymbol{u}(k)\right]$$

式中，$\boldsymbol{A}=\begin{bmatrix}1&1\\1&0\end{bmatrix}$，$\boldsymbol{B}=\begin{bmatrix}1\\0\end{bmatrix}$，$\boldsymbol{x}(0)=\begin{bmatrix}1\\0\end{bmatrix}$，$\boldsymbol{F}=\begin{bmatrix}1&0\\0&1\end{bmatrix}$，$\boldsymbol{Q}=\begin{bmatrix}1&0\\0&1\end{bmatrix}$，$R=1$。求其最优性能指

标 J^*。

解 用以下MATLAB程序求解最优控制 $\boldsymbol{u}^*(k)$ 与最优性能指标 J^*。

```
A=[1 1;1 0];B=[1;0];F=[1 0;0 1];Q=[1 0;0 1];R=1;x0=[1;0];
N=9;p11(N)=1;p12(N)=0;p22(N)=1;x1(1)=1;x2(1)=0;Pnext=F;
for i=N-1:-1:1
P=Q+A'*Pnext*inv(eye(2)+B*inv(R)*B'*Pnext)*A;
p11(i)=P(1,1);p12(i)=P(1,2);p22(i)=P(2,2);
Pnext=P;
end
for i=N:-1:1
K=inv(R)*B'*inv(A')*([p11(i) p12(i);p12(i) p22(i)]-Q);
k1(i)=K(1);k2(i)=K(2);
end
for i=1:N-1
Xnext=(A-B*[k1(i) k2(i)])*[x1(i);x2(i)];
x1(i+1)=Xnext(1);x2(i+1)=Xnext(2)
end
for i=1:N
  u(i)=-[k1(i) k2(i)]*[x1(i);x2(i)];
end
p21=p12;
P=[p11;p12;p21;p22]
K=[k1;k2]'
x=[x1;x2]
u
J=1/2*x0'*[p11(1) p12(1);p12(1) p22(1)]*x0
```

程序执行结果：

```
P=
3.791 3   3.791 1   3.790 5   3.787 7   3.774 0   3.709 7   3.428 6   2.500 0   1.000 0
1.000 0   0.999 9   0.999 7   0.998 6   0.993 2   0.967 7   0.857 1   0.500 0   0
1.000 0   0.999 9   0.999 7   0.998 6   0.993 2   0.967 7   0.857 1   0.500 0   0
1.791 3   1.791 3   1.791 1   1.790 5   1.787 7   1.774 2   1.714 3   1.500 0   1.000 0
K = 1.000 0     0.791 3
    0.999 9     0.791 3
    0.999 7     0.791 1
    0.998 6     0.790 5
    0.993 2     0.787 7
    0.967 7     0.774 2
    0.857 1     0.714 3
```

```
     0.500 0      0.500 0
        0            0
x=
1.000 0   0.000 0   0.208 7   0.000 1   0.043 7   0.000 3   0.009 9   0.001 5   0.005 7
    0     1.000 0   0.000 0   0.208 7   0.000 1   0.043 7   0.000 3   0.009 9   0.001 5
u =-1.000 0 -0.791 3 -0.208 7 -0.165 1 -0.043 5 -0.034 2 -0.008 7  -0.005 7 0
J =1.895 6
```

即最优控制作用为

$\boldsymbol{u}^*(k)=[-1.0\quad 0.791\,3\quad -0.208\,7\quad -0.165\,1\quad -0.043\,5\quad -0.034\,2\quad -0.008\,7\quad -0.005\,7\,0]$

最优轨线为

$x_1(k)=[1.0\quad 0\quad 0.208\,7\quad 0.000\,1\quad 0.043\,7\quad 0.000\,3\quad 0.009\,9\quad 0.001\,5\quad 0.005\,7]$

$x_2(k)=[0\quad 1.0\quad 0\quad 0.208\,7\quad 0.000\,1\quad 0.043\,7\quad 0.000\,3\quad 0.009\,9\quad 0.001\,5]$

最优反馈指标为

$$J^*=1.985\,6$$

6.5.2 离散系统无限时间线性二次型最优控制

设线性离散系统的状态方程为

$$\boldsymbol{x}(k+1)=\boldsymbol{A}\boldsymbol{x}(k)+\boldsymbol{B}\boldsymbol{u}(k),\quad \boldsymbol{x}(0)=\boldsymbol{x}_0 \tag{6-105}$$

从上一节的分析可以看出，若控制步数 N 是有限的，则反馈增益矩阵 $\boldsymbol{K}(k)$ 是时变的。现在将 N 由有限的改为无限值，即 $N=\infty$，则最优控制的稳态解，原时变的反馈增益矩阵是 $\boldsymbol{K}(k)$ 变成常数增益矩阵，并记为 $\boldsymbol{K}$。

当 $N=\infty$ 时，性能指标变为

$$J=\frac{1}{2}\boldsymbol{x}^{\mathrm{T}}(\infty)\boldsymbol{F}\boldsymbol{x}(\infty)+\frac{1}{2}\sum_{k=0}^{\infty}[\boldsymbol{x}^{\mathrm{T}}(k)\boldsymbol{Q}\boldsymbol{x}(k)+\boldsymbol{u}^{\mathrm{T}}(k)\boldsymbol{R}\boldsymbol{u}(k)] \tag{6-106}$$

因为控制系统是稳定的 $\boldsymbol{x}(\infty)$，性能指标进而变成

$$J=\frac{1}{2}\sum_{k=0}^{\infty}[\boldsymbol{x}^{\mathrm{T}}(k)\boldsymbol{Q}\boldsymbol{x}(k)+\boldsymbol{u}^{\mathrm{T}}(k)\boldsymbol{R}\boldsymbol{u}(k)] \tag{6-107}$$

离散系统的稳态二次最优控制问题为：当控制步数 N 无限时，求取最优控制序列 $\{\boldsymbol{u}(k)\}$，使得式(6-107)表示的系统性能指标 J 达到最小值。

稳态二次最优控制问题的解与二次最优问题的解相比具有如下变化：

(1) $\boldsymbol{P}(k)$ 变为常数矩阵，由式(6-89)得到

$$\boldsymbol{P}=\boldsymbol{Q}+\boldsymbol{A}^{\mathrm{T}}(\boldsymbol{P}^{-1}+\boldsymbol{B}\boldsymbol{R}^{-1}\boldsymbol{B}^{\mathrm{T}})^{-1}\boldsymbol{A} \tag{6-108}$$

(2) 反馈增益矩阵 $\boldsymbol{K}(k)$ 变成常数增益矩阵，由式(6-90)得到

$$\boldsymbol{K}=\boldsymbol{R}^{-1}\boldsymbol{B}^{\mathrm{T}}(\boldsymbol{A}^{\mathrm{T}})^{-1}(\boldsymbol{P}-\boldsymbol{Q})=\boldsymbol{R}^{-1}\boldsymbol{B}^{\mathrm{T}}(\boldsymbol{P}^{-1}+\boldsymbol{B}\boldsymbol{R}^{-1}\boldsymbol{B}^{\mathrm{T}})\boldsymbol{A} \tag{6-109}$$

(3) 对应的最优控制为

$$\boldsymbol{u}(k)=-\boldsymbol{K}\boldsymbol{x}(k)=-\boldsymbol{R}^{-1}\boldsymbol{B}^{\mathrm{T}}(\boldsymbol{P}^{-1}+\boldsymbol{B}\boldsymbol{R}^{-1}\boldsymbol{B}^{\mathrm{T}})\boldsymbol{A}\boldsymbol{x}(k) \tag{6-110}$$

此外，根据式(6-92)得到

$$\boldsymbol{K}(k)=(\boldsymbol{R}+\boldsymbol{B}^{\mathrm{T}}\boldsymbol{P}\boldsymbol{B})^{-1}\boldsymbol{B}^{\mathrm{T}}\boldsymbol{P}\boldsymbol{A} \tag{6-111}$$

对应最优控制

$$\boldsymbol{u}(k)=-\boldsymbol{K}(k)\boldsymbol{x}(k)=-(\boldsymbol{R}+\boldsymbol{B}^{\mathrm{T}}\boldsymbol{P}\boldsymbol{B})^{-1}\boldsymbol{B}^{\mathrm{T}}\boldsymbol{P}\boldsymbol{A}\boldsymbol{x}(k) \tag{6-112}$$

闭环系统的状态方程为

$$\boldsymbol{x}(k+1)=[\boldsymbol{A}-(\boldsymbol{B}\boldsymbol{R}+\boldsymbol{B}^{\mathrm{T}}\boldsymbol{P}\boldsymbol{B})^{-1}\boldsymbol{B}^{\mathrm{T}}\boldsymbol{P}\boldsymbol{A}]\boldsymbol{x}(k) \tag{6-113}$$

应用矩阵求逆引理，式(6-113)可改写为

$$\boldsymbol{x}(k+1)=(\boldsymbol{I}+\boldsymbol{B}\boldsymbol{R}^{-1}\boldsymbol{B}^{\mathrm{T}}\boldsymbol{P})^{-1}\boldsymbol{A}\boldsymbol{x}(k) \tag{6-114}$$

最小性能指标则没有变化，仍然为

$$J_{\min}=\frac{1}{2}\boldsymbol{x}^{\mathrm{T}}(0)\boldsymbol{P}(0)\boldsymbol{x}(0) \tag{6-115}$$

可见求解稳态二次最优控制问题的关键问题，就是求解式(6-108)稳态黎卡提方程。由矩阵求逆引理有

$$\boldsymbol{P}=\boldsymbol{Q}+\boldsymbol{A}^{\mathrm{T}}(\boldsymbol{P}^{-1}+\boldsymbol{B}\boldsymbol{R}^{-1}\boldsymbol{B}^{\mathrm{T}})^{-1}\boldsymbol{A}=\boldsymbol{Q}+\boldsymbol{A}^{\mathrm{T}}\boldsymbol{P}\boldsymbol{A}-\boldsymbol{A}^{\mathrm{T}}\boldsymbol{P}\boldsymbol{B}(\boldsymbol{R}+\boldsymbol{B}^{\mathrm{T}}\boldsymbol{P}\boldsymbol{B})^{-1}\boldsymbol{B}^{\mathrm{T}}\boldsymbol{P}\boldsymbol{A} \tag{6-116}$$

式(6-116)是一种迭代算法，由对应的非稳态方程开始计算

$$\boldsymbol{P}(k)=\boldsymbol{Q}+\boldsymbol{A}^{\mathrm{T}}\boldsymbol{P}(k+1)\boldsymbol{A}-\boldsymbol{A}^{\mathrm{T}}\boldsymbol{P}(k+1)\boldsymbol{B}[\boldsymbol{R}+\boldsymbol{B}^{\mathrm{T}}\boldsymbol{P}(k+1)\boldsymbol{B}]^{-1}\boldsymbol{B}^{\mathrm{T}}\boldsymbol{P}(k+1)\boldsymbol{A} \tag{6-117}$$

将上式的 $\boldsymbol{P}(k+1)$ 和 $\boldsymbol{P}(k)$ 的顺序倒过来有

$$\boldsymbol{P}(k+1)=\boldsymbol{Q}+\boldsymbol{A}^{\mathrm{T}}\boldsymbol{P}(k)\boldsymbol{A}-\boldsymbol{A}^{\mathrm{T}}\boldsymbol{P}(k)\boldsymbol{B}[\boldsymbol{R}+\boldsymbol{B}^{\mathrm{T}}\boldsymbol{P}(k)\boldsymbol{B}]^{-1}\boldsymbol{B}^{\mathrm{T}}\boldsymbol{P}(k)\boldsymbol{A} \tag{6-118}$$

然后由 $\boldsymbol{P}(0)=0$ 开始，将式(6-118)的迭代过程一直进行到相邻两次计算的 $\boldsymbol{P}(k)$ 之差足够小时，便可认为 $\boldsymbol{P}(k)$ 已收敛到稳态值。在计算中要注意，矩阵 $\boldsymbol{P}$ 应该是一个实对称正定矩阵。

应用 MATLAB 中的 dlqr( )和 dlqry( )函数可以直接求解稳态二次型调节器问题及相关的黎卡提方程。这两个函数格式为

[K,P,E]=dlqr(A,B,Q,R,N)

[K,P,E]=dlqry(A,B,C,D,Q,R)

其中，输出参量：$\boldsymbol{K}$ 为最优反馈增益矩阵，$\boldsymbol{P}$ 为对应的黎卡提方程唯一正定解，$\boldsymbol{E}$ 为 $\boldsymbol{A}-\boldsymbol{B}\boldsymbol{K}$ 的特征值；输入参量：$\boldsymbol{A}$，$\boldsymbol{B}$，$\boldsymbol{Q}$，$\boldsymbol{R}$ 分别为系统参数矩阵和加权阵，$\boldsymbol{N}$ 为可选项，其代表交叉乘积项的加权矩阵。dlqry( )函数用于求解二次型调节器的特例，即目标函数中用输出 $\boldsymbol{y}$ 来代替状态 $\boldsymbol{x}$，此时的目标函数为

$$J=\frac{1}{2}\sum_{k=0}^{\infty}[\boldsymbol{y}^{\mathrm{T}}(k)\boldsymbol{Q}\boldsymbol{y}(k)+\boldsymbol{u}^{\mathrm{T}}(k)\boldsymbol{R}\boldsymbol{u}(k)]$$

带有可选项 N 时的目标函数为

$$J=\frac{1}{2}\sum_{k=0}^{\infty}[\boldsymbol{x}^{\mathrm{T}}(k)\boldsymbol{Q}\boldsymbol{x}(k)+\boldsymbol{u}^{\mathrm{T}}(k)\boldsymbol{R}\boldsymbol{u}(k)+2\boldsymbol{x}^{\mathrm{T}}(k)\boldsymbol{N}\boldsymbol{u}(k)]$$

lqrd( )函数用连续系统的目标函数来进行离散系统二次型调节器设计，其调用格式为

[K,P,E]=lqrd(A,B,Q,R,T_s)

其中，输出参量：$\boldsymbol{K}$ 为最优反馈矩阵，$\boldsymbol{P}$ 为对应的黎卡提方程唯一正定解，E 为离散化后离散状态方程闭环后的系统矩阵 $\boldsymbol{A}-\boldsymbol{B}\boldsymbol{K}$ 的特征值；输入参量：$\boldsymbol{A}$，$\boldsymbol{B}$，$\boldsymbol{Q}$，$\boldsymbol{R}$ 分别为系统的系数矩阵和加权矩阵，T_s 为采样周期。

例 6-14 已知系统

$$x(k+1)=\begin{bmatrix}0.3 & 0\\ 0 & 0.6\end{bmatrix}x(k)+\begin{bmatrix}1\\1\end{bmatrix}u(k)$$

目标函数为

$$J=\frac{1}{2}\sum_{k=0}^{\infty}\left[x^{\mathrm{T}}(k)Qx(k)+u^{\mathrm{T}}(k)Ru(k)\right]$$

式中

$$Q=\begin{bmatrix}1 & 0\\ 0 & 0.3\end{bmatrix},\quad R=1$$

试求稳态最优反馈增益矩阵 K 和稳态离散黎卡提方程的解 P。

解 MATLAB 程序如下：

```
A=[0.3 0;0 0.6]; B=[1;1]; Q=[1 0;0 0.3]; R=1;
[K,P,E]=dlqr(A,B,Q,R)
```

运行结果：

```
K=0.126 7     0.098 3
P=1.056 3     -0.036 7
  -0.036 7    0.432 3
E=0.139 0
  0.536 0
```

例 6-15 某伺服控制系统的结构如图 6-22 所示。

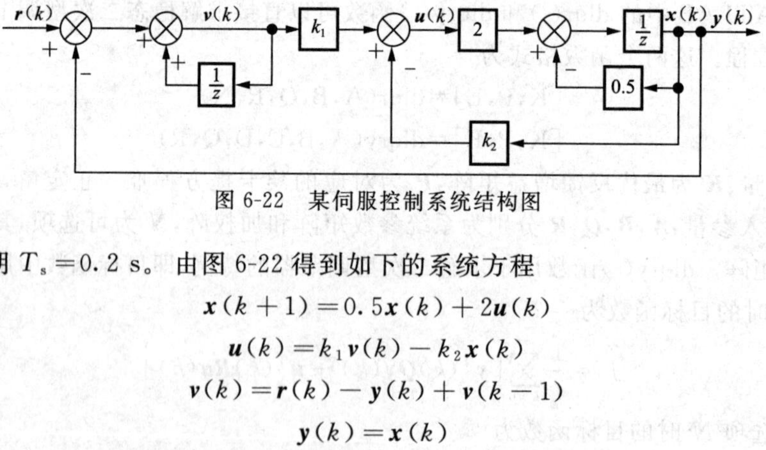

图 6-22 某伺服控制系统结构图

采样周期 $T_s=0.2$ s。由图 6-22 得到如下的系统方程

$$x(k+1)=0.5x(k)+2u(k)$$
$$u(k)=k_1v(k)-k_2x(k)$$
$$v(k)=r(k)-y(k)+v(k-1)$$
$$y(k)=x(k)$$

试确定 k_1,k_2 两个参数，使系统稳定，并观察系统的单位阶跃响应。

解 由系统方程可得

$$v(k+1)=r(k+1)-y(k+1)+v(k)=-0.5x(k)+v(k)-2u(k)+r(k+1)$$

则有

$$\begin{bmatrix}x(k+1)\\ v(k+1)\end{bmatrix}=\begin{bmatrix}0.5 & 0\\ -0.5 & 1\end{bmatrix}\begin{bmatrix}x(k)\\ v(k)\end{bmatrix}+\begin{bmatrix}2\\ -2\end{bmatrix}u(k)+\begin{bmatrix}0\\ 1\end{bmatrix}r(k+1)\tag{6-119}$$

对于 $k=\infty$，有

$$\begin{bmatrix} \boldsymbol{x}(\infty) \\ \boldsymbol{v}(\infty) \end{bmatrix} = \begin{bmatrix} 0.5 & 0 \\ -0.5 & 1 \end{bmatrix} \begin{bmatrix} \boldsymbol{x}(\infty) \\ \boldsymbol{v}(\infty) \end{bmatrix} + \begin{bmatrix} 2 \\ -2 \end{bmatrix} \boldsymbol{u}(\infty) + \begin{bmatrix} 0 \\ 1 \end{bmatrix} \boldsymbol{r}(\infty) \tag{6-120}$$

当系统为阶跃输入时，$\boldsymbol{r}(k+1)=\boldsymbol{r}(\infty)=\boldsymbol{r}_0$，令

$$\boldsymbol{x}_e(k)=\boldsymbol{x}(k)-\boldsymbol{x}(\infty),\quad \boldsymbol{v}_e(k)=\boldsymbol{v}(k)-\boldsymbol{v}(\infty),\quad \boldsymbol{u}_e(k)=\boldsymbol{u}(k)-\boldsymbol{u}(\infty)$$

将式(6-109)减去式(6-120)得

$$\begin{bmatrix} \boldsymbol{x}_e(k+1) \\ \boldsymbol{v}_e(k+1) \end{bmatrix} = \begin{bmatrix} 0.5 & 0 \\ -0.5 & 1 \end{bmatrix} \begin{bmatrix} \boldsymbol{x}_e(k) \\ \boldsymbol{v}_e(k) \end{bmatrix} + \begin{bmatrix} 2 \\ -2 \end{bmatrix} \boldsymbol{u}_e(k) \tag{6-121}$$

再令

$$\boldsymbol{x}_1(k)=\boldsymbol{x}_e(k),\quad \boldsymbol{x}_2(k)=\boldsymbol{v}_e(k),\quad \boldsymbol{w}(k)=\boldsymbol{u}_e(k)$$

并由 $\boldsymbol{u}_e(k)=k_1\boldsymbol{v}_e(k)-k_2\boldsymbol{x}_e(k)$，式(6-121) 可改写为

$$\begin{bmatrix} \boldsymbol{x}_1(k+1) \\ \boldsymbol{x}_2(k+1) \end{bmatrix} = \begin{bmatrix} 0.5 & 0 \\ -0.5 & 1 \end{bmatrix} \begin{bmatrix} \boldsymbol{x}_1(k) \\ \boldsymbol{x}_2(k) \end{bmatrix} + \begin{bmatrix} 2 \\ -2 \end{bmatrix} \boldsymbol{w}(k)$$

其中

$$\boldsymbol{w}(k)=-\begin{bmatrix} k_2 & -k_1 \end{bmatrix} \begin{bmatrix} \boldsymbol{x}_1(k) \\ \boldsymbol{x}_2(k) \end{bmatrix}$$

系统的状态方程为

$$\boldsymbol{A}=\begin{bmatrix} 0.5 & 0 \\ -0.5 & 1 \end{bmatrix},\quad \boldsymbol{B}=\begin{bmatrix} 2 \\ -2 \end{bmatrix}$$

状态反馈增益矩阵为

$$\boldsymbol{K}=\begin{bmatrix} k_2 & -k_1 \end{bmatrix}$$

设性能指标如下

$$J=\frac{1}{2}\sum_{k=0}^{\infty}\left[\boldsymbol{x}^{\mathrm{T}}(k)\boldsymbol{Q}\boldsymbol{x}(k)+\boldsymbol{w}^{\mathrm{T}}(k)R\boldsymbol{w}(k)\right]$$

$$\boldsymbol{Q}=\begin{bmatrix} 100 & 0 \\ 0 & 1 \end{bmatrix},\quad R=1$$

注意，要保证系统是稳定的，$\boldsymbol{Q}$ 和 R 有多种选择，这里只是其中的一种选择方式，不同的选择对应得到的 k_1，k_2 参数和系统响应会有所不同。

求反馈增益矩阵的 MATLAB 程序如下：

```
A=[0.5 0;-0.5 1];B=[2;-1];Q=[100 0;0 1];R=1;
[K,P,E]=dlqr(A,B,Q,R)                          %求解黎卡提方程
k1=-K(2);k2=K(1);
AA=[0.5-2*k2  2*k1;  -0.5+2*k2  1-2*k1];%闭环系统参数
BB=[0;1];CC=[1 0];DD=0;FF=[0 1];
[num,den]=ss2tf(AA,BB,CC,DD);                  %闭环系统传递函数
dstep(num,den,200);                            %闭环系统的单位阶跃响应
grid;
title('系统的单位阶跃输出响应');
xlabel(' k ');
ylabel(' y(k)');
```

运算结果：

K＝0.261 4　　－0.048 1

P＝100.891 7　　－3.305 3

　－3.305 3　　14.173 1

E＝0.001 2

　0.927 7

该系统的单位阶跃响应曲线如图 6-23 所示。

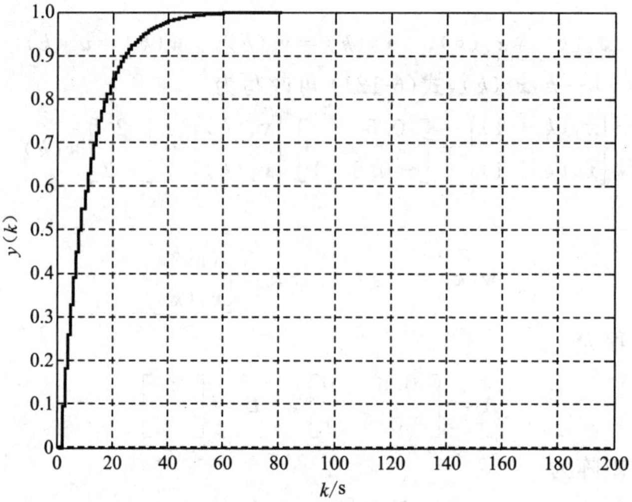

图 6-23　系统的单位阶跃响应曲线

6.6　小　结

对于线性系统，若取状态变量和控制变量的二次型函数的积分作为性能指标函数，则这种动态系统最优问题称为线性系统二次型性能指标的最优控制问题，简称线性二次型最优控制问题或线性二次型问题。

6.6.1　状态调节器

状态调节器的最优控制问题：当系统受扰偏离原平衡状态时，要求产生一控制向量，使系统状态 $\boldsymbol{x}(t)$ 恢复到原平衡状态附近，并使性能指标极小。

1) 有限时间的状态调节器

最优性能指标为　$J^* = \frac{1}{2}\boldsymbol{x}^{\mathrm{T}}(t_0)\boldsymbol{P}(t_0)\boldsymbol{x}(t_0)$

使性能指标极小的最优控制为　$\boldsymbol{u}^*(t) = -\boldsymbol{R}^{-1}(t)\boldsymbol{B}^{\mathrm{T}}(t)\boldsymbol{P}(t)\boldsymbol{x}(t)$

最优曲线 $\boldsymbol{x}^*(t)$ 是下列线性向量微分方程的解

$$\dot{\boldsymbol{x}}(t) = [\boldsymbol{A}(t) - \boldsymbol{B}(t)\boldsymbol{R}^{-1}(t)\boldsymbol{B}^{\mathrm{T}}(t)\boldsymbol{P}(t)]\boldsymbol{x}(t), \boldsymbol{x}(t_0) = \boldsymbol{x}_0$$

其中，$\boldsymbol{P}(t)$ 为时变或定常矩阵，可通过如下的黎卡提矩阵微分方程求解

$$\dot{\boldsymbol{P}}(t)=-\boldsymbol{P}(t)\boldsymbol{A}(t)-\boldsymbol{A}^{\mathrm{T}}(t)\boldsymbol{P}(t)+\boldsymbol{P}(t)\boldsymbol{B}(t)\boldsymbol{R}^{-1}(t)\boldsymbol{B}^{\mathrm{T}}(t)\boldsymbol{P}(t)-\boldsymbol{Q}(t)$$

边界条件为 $\boldsymbol{P}(t_{\mathrm{f}})=\boldsymbol{F}$

2) 无限时间状态调节器(针对完全能控的线性定常系统)

最优性能指标为 $J^{*}=\frac{1}{2}\boldsymbol{x}^{\mathrm{T}}(0)\boldsymbol{P}\boldsymbol{x}(0)$

使性能指标极小的最优控制 $\boldsymbol{u}^{*}(t)=-\boldsymbol{R}^{-1}(t)\boldsymbol{B}^{\mathrm{T}}\boldsymbol{P}\boldsymbol{x}(t)$

最优曲线 $\boldsymbol{x}^{*}(t)$ 是下列状态方程的解

$$\dot{\boldsymbol{x}}(t)=(\boldsymbol{A}-\boldsymbol{B}\boldsymbol{R}^{-1}\boldsymbol{B}^{\mathrm{T}}\boldsymbol{P})\boldsymbol{x}(t),\quad \boldsymbol{x}(0)=\boldsymbol{x}_{0}$$

其中,$\boldsymbol{P}=\min\limits_{t\to\infty}\boldsymbol{P}(t)$ 为正定常数矩阵,通过如下的黎卡提矩阵代数方程求解

$$\boldsymbol{P}\boldsymbol{A}+\boldsymbol{A}^{\mathrm{T}}\boldsymbol{P}-\boldsymbol{P}\boldsymbol{B}\boldsymbol{R}^{-1}\boldsymbol{B}^{\mathrm{T}}\boldsymbol{P}+\boldsymbol{Q}=0$$

6.6.2 输出调节器

输出调节器的最优控制问题为:当系统受扰偏离原输出平衡状态时,要求产生一个控制向量,使系统输出 $\boldsymbol{y}(t)$ 保持在原平衡状态附近,并使以下性能指标极小

$$J=\frac{1}{2}\boldsymbol{y}^{\mathrm{T}}(t_{\mathrm{f}})\boldsymbol{F}\boldsymbol{y}(t_{\mathrm{f}})+\frac{1}{2}\int_{t_0}^{t_{\mathrm{f}}}[\boldsymbol{y}^{\mathrm{T}}(t)\boldsymbol{Q}(t)\boldsymbol{y}(t)+\boldsymbol{u}^{\mathrm{T}}(t)\boldsymbol{R}(t)\boldsymbol{u}(t)]\mathrm{d}t$$

1) 有限时间输出调节器

最优性能指标为 $J^{*}=\frac{1}{2}\boldsymbol{x}^{\mathrm{T}}(t_0)\boldsymbol{P}(t_0)\boldsymbol{x}(t_0)$

性能指标极小的唯一的最优控制为 $\boldsymbol{u}^{*}(t)=-\boldsymbol{R}^{-1}(t)\boldsymbol{B}^{\mathrm{T}}(t)\boldsymbol{P}(t)\boldsymbol{x}(t)$

最优曲线 $\boldsymbol{x}^{*}(t)$ 满足下列线性向量微分方程

$$\dot{\boldsymbol{x}}(t)=[\boldsymbol{A}(t)-\boldsymbol{B}(t)\boldsymbol{R}^{-1}(t)\boldsymbol{B}^{\mathrm{T}}(t)\boldsymbol{P}(t)]\boldsymbol{x}(t),\quad \boldsymbol{x}(0)=\boldsymbol{x}_{0}$$

其中,$\boldsymbol{P}(t)$ 为黎卡提方程

$$\dot{\boldsymbol{P}}(t)=-\boldsymbol{P}(t)\boldsymbol{A}(t)-\boldsymbol{A}^{\mathrm{T}}(t)\boldsymbol{P}(t)+\boldsymbol{P}(t)\boldsymbol{B}(t)\boldsymbol{R}^{-1}\boldsymbol{B}^{\mathrm{T}}(t)\boldsymbol{P}(t)-\boldsymbol{C}^{\mathrm{T}}(t)\boldsymbol{Q}(t)\boldsymbol{C}(t)$$

在边界条件

$$\boldsymbol{P}(t_{\mathrm{f}})=\boldsymbol{C}^{\mathrm{T}}(t_{\mathrm{f}})\boldsymbol{F}\boldsymbol{C}(t_{\mathrm{f}})$$

下的解。

2) 无限时间输出调节器(完全能控和完全能观测的线性定常系统)

最优性能指标为 $J^{*}=\frac{1}{2}\boldsymbol{x}^{\mathrm{T}}(0)\boldsymbol{P}\boldsymbol{x}(0)$

使性能指标极小的惟一最优控制为 $\boldsymbol{u}^{*}(t)=-\boldsymbol{R}^{-1}\boldsymbol{B}^{\mathrm{T}}\boldsymbol{P}\boldsymbol{x}(t)$

最优曲线 $\boldsymbol{x}^{*}(t)$ 满足下列线性向量微分方程

$$\dot{\boldsymbol{x}}(t)=(\boldsymbol{A}-\boldsymbol{R}\boldsymbol{B}^{-1}\boldsymbol{B}^{\mathrm{T}}\boldsymbol{P})\boldsymbol{x}(t),\quad \boldsymbol{x}(0)=\boldsymbol{x}_{0}$$

其中,$\boldsymbol{P}$ 为正定常数矩阵,可通过如下的黎卡提矩阵代数方程求解

$$\boldsymbol{P}\boldsymbol{A}+\boldsymbol{A}^{\mathrm{T}}\boldsymbol{P}-\boldsymbol{P}\boldsymbol{B}\boldsymbol{R}^{-1}\boldsymbol{B}^{\mathrm{T}}\boldsymbol{P}+\boldsymbol{C}^{\mathrm{T}}\boldsymbol{Q}\boldsymbol{C}=0$$

6.6.3 输出跟踪器

输出跟踪器问题的最优控制问题归结为:当理想输出向量 $\boldsymbol{y}_{\mathrm{r}}(t)$ 作用于系统时,要求系

统产生一个控制向量,使系统实际输出向量 $\boldsymbol{y}(t)$ 始终跟踪 $\boldsymbol{y}_{\mathrm{r}}(t)$ 的变化,并使性能指标式极小,也就是说,以极小的控制能量为代价,使误差保持在零值附近。

1) 有限时间输出跟踪器

最优性能指标为 $J^{*}=\frac{1}{2}\boldsymbol{x}^{\mathrm{T}}(0)\boldsymbol{P}\boldsymbol{x}(0)-\boldsymbol{g}^{\mathrm{T}}(t_0)\boldsymbol{x}(t_0)+\boldsymbol{\varphi}(t_0)$

使性能指标极小的最优控制为 $\boldsymbol{u}^{*}(t)=-\boldsymbol{R}^{-1}(t)\boldsymbol{B}^{\mathrm{T}}(t)[\boldsymbol{P}(t)\boldsymbol{x}(t)-\boldsymbol{g}(t)]$

最优曲线 $\boldsymbol{x}^{*}(t)$ 为最优跟踪闭环系统方程

$$\dot{\boldsymbol{x}}(t)=[\boldsymbol{A}(t)-\boldsymbol{B}(t)\boldsymbol{R}^{-1}(t)\boldsymbol{B}^{\mathrm{T}}(t)\boldsymbol{P}(t)]\boldsymbol{x}(t)+\boldsymbol{B}(t)\boldsymbol{R}^{-1}(t)\boldsymbol{B}^{\mathrm{T}}(t)\boldsymbol{g}(t)$$

在初始条件 $\boldsymbol{x}(t_0)=\boldsymbol{x}_0$ 下的解。其中,$\boldsymbol{P}(t)$ 和 $\boldsymbol{g}(t)$ 是下列微分方程

$$\dot{\boldsymbol{P}}(t)=-\boldsymbol{P}(t)\boldsymbol{A}(t)-\boldsymbol{A}^{\mathrm{T}}(t)\boldsymbol{P}(t)+\boldsymbol{P}(t)\boldsymbol{B}(t)\boldsymbol{R}^{-1}(t)\boldsymbol{B}^{\mathrm{T}}(t)\boldsymbol{P}(t)-\boldsymbol{C}^{\mathrm{T}}(t)\boldsymbol{Q}(t)\boldsymbol{C}(t)$$

$$\dot{\boldsymbol{g}}(t)=-[\boldsymbol{A}(t)-\boldsymbol{B}(t)\boldsymbol{R}^{-1}(t)\boldsymbol{B}^{\mathrm{T}}(t)\boldsymbol{P}(t)]^{\mathrm{T}}\boldsymbol{g}(t)-\boldsymbol{C}^{\mathrm{T}}(t)\boldsymbol{Q}(t)\boldsymbol{y}_{\mathrm{r}}(t)$$

在边界条件

$$\boldsymbol{P}(t_{\mathrm{f}})=\boldsymbol{C}^{\mathrm{T}}(t_{\mathrm{f}})\boldsymbol{F}\boldsymbol{C}(t_{\mathrm{f}})$$

$$\boldsymbol{g}(t_{\mathrm{f}})=\boldsymbol{C}^{\mathrm{T}}(t_{\mathrm{f}})\boldsymbol{F}\boldsymbol{y}_{\mathrm{r}}(t_{\mathrm{f}})$$

下的解。

2) 无限时间输出跟踪器

使性能指标极小的近似最优控制为 $\boldsymbol{u}^{*}(t)=-\boldsymbol{R}^{-1}\boldsymbol{B}^{\mathrm{T}}\boldsymbol{P}\boldsymbol{x}(t)+\boldsymbol{R}^{-1}\boldsymbol{B}^{\mathrm{T}}\boldsymbol{g}$

近似最优曲线 $\boldsymbol{x}^{*}(t)$ 为闭环系统方程

$$\dot{\boldsymbol{x}}(t)=(\boldsymbol{A}-\boldsymbol{B}\boldsymbol{R}^{-1}\boldsymbol{B}^{\mathrm{T}}\boldsymbol{P})\boldsymbol{x}(t)+\boldsymbol{B}\boldsymbol{R}^{-1}\boldsymbol{B}^{\mathrm{T}}\boldsymbol{g}$$

在初始状态 $\boldsymbol{x}(0)=\boldsymbol{x}_0$ 的解。其中,$\boldsymbol{P}$ 为对称正定常数矩阵,是如下黎卡提矩阵代数方程的解

$$\boldsymbol{P}\boldsymbol{A}+\boldsymbol{A}^{\mathrm{T}}\boldsymbol{P}-\boldsymbol{P}\boldsymbol{B}\boldsymbol{R}^{-1}\boldsymbol{B}^{\mathrm{T}}\boldsymbol{P}+\boldsymbol{C}^{\mathrm{T}}\boldsymbol{Q}\boldsymbol{C}=0$$

常数伴随向量为 $\boldsymbol{g}=(\boldsymbol{P}\boldsymbol{B}\boldsymbol{R}^{-1}\boldsymbol{B}^{\mathrm{T}}-\boldsymbol{A}^{\mathrm{T}})^{-1}\boldsymbol{C}^{\mathrm{T}}\boldsymbol{Q}\boldsymbol{y}_{\mathrm{r}}$

6.6.4 离散状态调节器

1) 有限时间线性二次型最优控制

最优性能指标为 $J_{\min}=\frac{1}{2}\boldsymbol{x}^{\mathrm{T}}(0)\boldsymbol{P}(0)\boldsymbol{x}(0)$

使性能指标极小的最优控制为

$$\boldsymbol{u}^{*}(k)=-[\boldsymbol{R}+\boldsymbol{B}^{\mathrm{T}}\boldsymbol{P}(k+1)\boldsymbol{B}]^{-1}\boldsymbol{B}^{\mathrm{T}}\boldsymbol{P}(k+1)\boldsymbol{A}\boldsymbol{x}(k)$$

其中,$\boldsymbol{P}(k)$ 是下列差分方程

$$\boldsymbol{P}(k)=\boldsymbol{Q}+\boldsymbol{A}^{\mathrm{T}}[\boldsymbol{P}^{-1}(k+1)+\boldsymbol{B}\boldsymbol{R}^{-1}\boldsymbol{B}^{\mathrm{T}}]^{-1}\boldsymbol{A}$$

在边界条件

$$\boldsymbol{P}(N)=\boldsymbol{F}$$

下的解。

2) 无限时间输出跟踪器

使性能指标极小的近似最优控制为

$$\boldsymbol{u}^{*}(k)=-\boldsymbol{K}\boldsymbol{x}(k)=-\boldsymbol{R}^{-1}\boldsymbol{B}^{\mathrm{T}}(\boldsymbol{P}^{-1}+\boldsymbol{B}\boldsymbol{R}^{-1}\boldsymbol{B}^{\mathrm{T}})\boldsymbol{A}\boldsymbol{x}(k)$$

近似最优曲线 $\boldsymbol{x}^*(t)$为闭环系统方程

$$\boldsymbol{x}(k+1)=[\boldsymbol{A}-\boldsymbol{B}(\boldsymbol{R}+\boldsymbol{B}^{\mathrm{T}}\boldsymbol{P}\boldsymbol{B})^{-1}\boldsymbol{B}^{\mathrm{T}}\boldsymbol{P}\boldsymbol{A}]\boldsymbol{x}(k)$$

在初始状态 $\boldsymbol{x}(0)=\boldsymbol{x}_0$ 时的解。其中，$\boldsymbol{P}$ 为对称正定常数矩阵，是如下黎卡提矩阵代数方程的解

$$\boldsymbol{P}=\boldsymbol{Q}+\boldsymbol{A}^{\mathrm{T}}(\boldsymbol{P}^{-1}+\boldsymbol{B}\boldsymbol{R}^{-1}\boldsymbol{B}^{\mathrm{T}})^{-1}\boldsymbol{A}$$

第6章 习 题

6-1 一阶受控系统 $\dot{x}=x+u, x(t_0)=x_0$，性能指标函数为

$$J=\frac{1}{2}\int_{t_0}^{\mathrm{T}}(2x^2+u^2)\mathrm{d}t$$

试求使 J 极小的最优控制律 u^*。

6-2 线性二次型调节器问题

$$\dot{\boldsymbol{x}}=\boldsymbol{A}(t)+\boldsymbol{B}(t)\boldsymbol{u},\quad \boldsymbol{x}(t_0)=\boldsymbol{x}_0$$

$$J=\frac{1}{2}\boldsymbol{x}^{\mathrm{T}}(T)\boldsymbol{F}\boldsymbol{x}(T)+\frac{1}{2}\int_{t_0}^{\mathrm{T}}[\boldsymbol{x}^{\mathrm{T}}\boldsymbol{Q}(t)\boldsymbol{x}+\boldsymbol{u}^{\mathrm{T}}\boldsymbol{R}(t)\boldsymbol{u}]\mathrm{d}t$$

若去掉 J 中的系数 1/2，试推证最优控制律、黎卡提方程、边界条件及最优性能指标。

6-3 已知传递函数和性能指标分别为

$$G(s)=\frac{y(s)}{u(s)}=\frac{1}{s^2},\quad J=\frac{1}{2}\int_0^{\infty}(y^2+u^2)\mathrm{d}t$$

求解最优控制并绘出最优闭环控制结构图。

6-4 已知一阶系统状态方程、初始条件和性能指标分别为

$$\dot{x}=-\frac{1}{2}x+u,\quad x(0)=2,\quad J=5x^2(I)+\frac{1}{2}\int_0^1(2x^2+u^2)\mathrm{d}t$$

求使 J 极小的最优轨迹。

6-5 为保证 $\boldsymbol{x}(T)=0$，可取性能指标

$$J=\lim n\boldsymbol{x}^{\mathrm{T}}\boldsymbol{x}(T)+\int_{t_0}^{T}(\boldsymbol{x}^{\mathrm{T}}\boldsymbol{Q}\boldsymbol{x}+\boldsymbol{u}^{\mathrm{T}}\boldsymbol{R}\boldsymbol{u})\mathrm{d}t$$

它相当于要求加权矩阵 $\boldsymbol{F}$ 的各元都是无穷大，若 $\boldsymbol{P}$ 是黎卡提方程满足边界条件

$$\boldsymbol{P}(T)=\lim_{n\to\infty}n\boldsymbol{I}$$

的解，如果 $\boldsymbol{P}^{-1}$ 存在，试证明 $\boldsymbol{P}^{-1}(t)$ 满足黎卡提型矩阵方程（称逆黎卡提方程）及边界条件 $\boldsymbol{P}^{-1}(T)=0$。

6-6 设线性系统的状态方程为 $\dot{\boldsymbol{x}}(t)=\boldsymbol{A}(t)\boldsymbol{x}(t)+\boldsymbol{B}(t)\boldsymbol{u}(t)$，初始条件为 $\boldsymbol{x}(t_0)=\boldsymbol{x}_0$，试求使性能指标

$$J=\frac{1}{2}\boldsymbol{x}^{\mathrm{T}}(t_{\mathrm{f}})\boldsymbol{F}\boldsymbol{x}(t_{\mathrm{f}})+\frac{1}{2}\int_{t_0}^{t_{\mathrm{f}}}[\boldsymbol{x}^{\mathrm{T}}(t)\quad\boldsymbol{u}^{\mathrm{T}}(t)]\begin{bmatrix}\boldsymbol{Q}(t) & \boldsymbol{M}(t)\\ \boldsymbol{M}^{\mathrm{T}}(t) & \boldsymbol{R}(t)\end{bmatrix}\begin{bmatrix}\boldsymbol{x}(t)\\ \boldsymbol{u}(t)\end{bmatrix}\mathrm{d}t$$

取极小值的最优控制 $\boldsymbol{u}^*(t)$，并证明黎卡提方程及终端条件分别为

$$\dot{\boldsymbol{P}}(t)=-\boldsymbol{P}(t)\boldsymbol{A}(t)-\boldsymbol{A}^{\mathrm{T}}(t)\boldsymbol{P}(t)+\boldsymbol{K}^{\mathrm{T}}(t)\boldsymbol{R}(t)\boldsymbol{K}(t)-\boldsymbol{Q}(t)$$

$$\boldsymbol{P}(t_f)=\boldsymbol{F}$$

式中

$$\boldsymbol{K}(t)=\boldsymbol{R}^{-1}(t)[\boldsymbol{B}^{T}(t)\boldsymbol{P}(t)+\boldsymbol{M}^{T}(t)]$$

6-7　已知系统

$$\dot{\boldsymbol{x}}(t)=\boldsymbol{A}(t)\boldsymbol{x}(t)+\boldsymbol{B}(t)\boldsymbol{u}(t)+\boldsymbol{w}(t)$$
$$\boldsymbol{y}(t)=\boldsymbol{C}(t)\boldsymbol{x}(t)$$

其中，$\boldsymbol{w}(t)$ 为已知干扰向量，设 $\boldsymbol{y}_r(t)$ 为预期输出，且 $\boldsymbol{e}(t)=\boldsymbol{y}_r(t)-\boldsymbol{y}(t)$，性能指标为

$$J=\frac{1}{2}\boldsymbol{e}^{T}(t_f)\boldsymbol{F}\boldsymbol{e}(t_f)+\frac{1}{2}\int_0^{t_f}[\boldsymbol{e}^{T}(t)\boldsymbol{Q}(t)\boldsymbol{e}(t)+\boldsymbol{u}^{T}(t)\boldsymbol{R}(t)\boldsymbol{u}(t)]\mathrm{d}t$$

其中，$\boldsymbol{R}(t)>0,\boldsymbol{F}>0,\boldsymbol{Q}(t)\geqslant 0$，试证明最优控制为

$$\boldsymbol{u}^{*}(t)=\boldsymbol{R}^{-1}(t)\boldsymbol{B}^{T}[\boldsymbol{P}(t)-\boldsymbol{K}(t)\boldsymbol{x}(t)]$$

式中，$\boldsymbol{K}(t)$满足的黎卡提方程及边界条件为

$$\boldsymbol{P}(t)=-[\boldsymbol{A}(t)-\boldsymbol{B}(t)\boldsymbol{R}^{-1}\boldsymbol{B}^{T}\boldsymbol{K}(t)]^{T}\boldsymbol{P}(t)-\boldsymbol{C}^{T}(t)\boldsymbol{Q}(t)\boldsymbol{y}_r(t)+\boldsymbol{K}(t)\boldsymbol{w}(t)$$
$$\boldsymbol{P}(t_f)=\boldsymbol{C}^{T}(t_f)\boldsymbol{F}\boldsymbol{y}_r(t_f)$$

6-8　求一阶线性时变二次型

$$\dot{\boldsymbol{x}}=\boldsymbol{u},\quad \boldsymbol{x}(t_0)=\boldsymbol{x}_0,\quad J=\int_{t_0}^{\infty}t^2\boldsymbol{u}^2\mathrm{d}t\quad (t_0>0)$$

的最优控制和最优轨线。

6-9　设系统方程为

$$\begin{cases}x_1(k+1)=x_1(k)+x_2(k), & x_1(0)=1\\ x_2(k+1)=u(k), & x_2(0)=1\end{cases}$$

求反馈控制 $u^{*}(k)$，使

$$J=\frac{1}{2}\sum_{k=0}^{\infty}[x_1^2(k)+x_2^2(k)+u^2(k)]$$

取极小。

6-10　已知离散系统

$$\boldsymbol{x}(k+1)=\boldsymbol{x}(k)+2\boldsymbol{u}(k)$$

试求最优控制序列$[\boldsymbol{u}^{*}(0),\boldsymbol{u}^{*}(1),\boldsymbol{u}^{*}(2)]$，使性能指标

$$J=\sum_{k=0}^{2}[\boldsymbol{x}^2(k)+r\boldsymbol{u}(k)]$$

为最小。其中，r 为正数。

第 7 章

动态规划

本章要点

- 贝尔曼最优性原理。
- 应用离散系统动态规划的基本递推方程求解控制受约束的离散时间最优控制问题。
- 应用哈密尔顿-雅可比方程求解控制受约束的连续时间最优控制问题。
- 动态规划与变分法、极小值原理之间的关系。

动态规划法是美国学者贝尔曼于 1957 年提出来的，它与极小值原理一样被称为现代变分法，是处理控制变量存在有界闭集约束时，确定最优控制解的有效数学方法。它可以用来解决非线性系统、时变系统的最优控制问题。从本质上讲，动态规划是一种非线性规划，其核心是贝尔曼的最优原理。这个最优原理可归结为一个基本递推公式，求解多级决策问题时，要从终端开始，直到始端为止，逆向递推，从而使决策过程连续地转移，可将一个多级决策问题转化为多个单级决策过程，使求解简化。动态规划的离散形式受问题维数的限制，因而其应用有一定的限制。但是它对解决线性时间离散系统二次型性能指标最优控制问题最为有效。至于动态规划的连续形式，不仅是一种可供选择的求解最优问题的方法，而且还揭示了动态规划与变分法、极小值原理之间的关系，具有重要的理论价值。

7.1 动态规划的基本原理

7.1.1 多级决策问题

多级决策过程的特点是把多级决策问题变为一系列互相联系的单级决策问题，然后逐个加以解决。在多级决策问题中，各个阶段采用的决策一般来说是与时间有关的，决策依赖于当前的状态，又随即引起状态的转移，一个决策序列就是在变化的状态中产生出来的，即为动态规划。因此，动态规划的方法就是把一个“动态过程”优化决策问题分成一些相互联系的阶段后，把每个阶段作为一个静态问题来分析。

设由 A 地至 E 地的路线如图 7-1 所示，全段分为 4 级，要求从 A 地出发，选择一条最短路线到达 E 地。其间要通过中间站 B，C 和 D，而每个中间站又有若干个可供选择的路线，各站之间的距离已标注在图中。由图 7-1 可见，由 A 地到终点 E 地可有不同的路线，沿各种路线 A 地与 E 地的路程不同，为使 A 地与 E 地之间的路程最短，在路线的前 3 级要作出 3 次决策（选择）。也就是说，第 1 级由 A 地到 $B(B_1,B_2)$ 地，要选择一条路线，使 A 地与 B 地之间的路程最短，称为一级决策过程；第 2 级由 $B(B_1,B_2)$ 地到 $C(C_1,C_2,C_3)$ 地，要选择一条路线，使 ABC 路程最短，称为二级决策过程；第 3 级由 $C(C_1,C_2,C_3)$ 地到 $D(D_1,D_2)$ 地，要选择一条线路，使 $ABCD$ 路程最短，称为三级决策过程；第 4 级由 $D(D_1,D_2)$ 地到 E 地，只有一条路线选择，所以本级无决策问题。

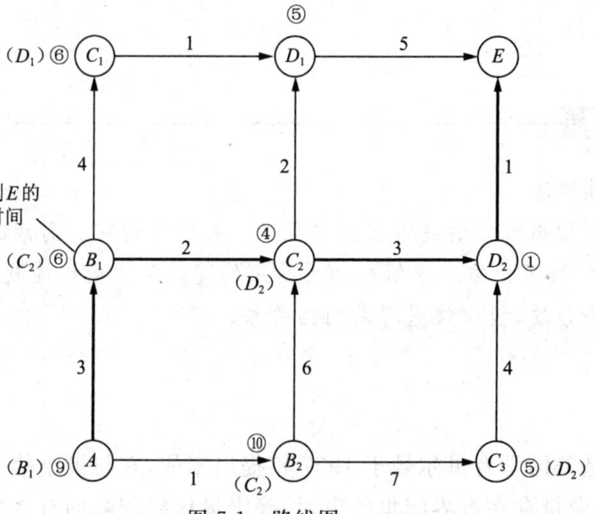

图 7-1　路线图

为了确定 AE 之间的最短路线，可以采用穷举法与动态规划法两种方法。

穷举法是列出所有可能的路线，计算各路线的路程，通过对比后得到最短路程。本例共有 6 条可能路线，决定每条路线的长度需做 3 次加法，为了计算 6 条路线所花的时间要做 $3\times6=18$ 次运算。显然当级数很多时，计算量是很大的。这种方法的特点是从起点站往前进行，而且把这 4 级决策一起考虑。由图 7-1 可知，从 A 到下一站 B_2 的距离为 1，而到 B_1 的距离为 3，但最优路线却不经过 B_2。这说明只看下一步的"眼前利益"来作决策是没有意义的。

另一种可确定最优路线的方法是动态规划法。动态规划是一种逆序计算法，从终端 E 开始，到始端 A 为止，逆向递推。

设 N 为多级决策过程的级数；x 为状态变量，表示在任一级所处的位置；$S_N(x)$ 为决策变量，表示状态 x 以后还有 N 级要走时所选取的下一点；$J_N(x)$ 为性能指标函数，表示从状态 x 向终点还有 N 级要走时由 x 到终点 E 的最短距离；$d(x,S_N)$ 表示从 x 点到 $S_N(x)$ 点之间的距离。对于图 7-1 的路线问题，从最后一级开始计算。

1）第 4 级（D 级）

由于本级从 D_1 到 E 及从 D_2 到 E 都只有一种可能，所以本级无决策问题，$D(D_1,D_2)$ 到

E 的距离可表示为

$$J_4(D_1)=d(D_1,E)=5$$
$$J_4(D_2)=d(D_2,E)=1$$

将 $D(D_1,D_2)$ 至 E 的距离数值标注于图 7-1 中，表示本级指标函数，即在 D_1 和 D_2 点处分别标注⑤和①。数字旁括号内填写相应的决策变量(本级无)。

2) 第 3 级(C 级)

本级决策有三种选择，其中一种选择有两条可能的路线，其他两种选择有一条路线。

若从 C_1 出发，可达 D_1，所以

$$J_3(C_1)=d(C_1,D_1)+J_4(D_1)=1+5=6$$

由此可见，C_1 至 E 的最短距离为 6，路线为 C_1D_1E，决策变量为 $S_3(C_1)=D_1$，因而在图7-1中的 C_1 点处标注⑥(D_1)。

若从 C_2 出发，可达 D_1，也可达 D_2 所以

$$J_3(C_2)=\min\begin{Bmatrix}d(C_2,D_1)+J_4(D_1)\\d(C_2,D_2)+J_4(D_2)\end{Bmatrix}=\min\begin{Bmatrix}2+5\\3+1\end{Bmatrix}=4$$

由此可见，C_2 至 E 的最短距离为 4，线路为 C_2D_2E，决策变量 $S_3(C_2)=D_2$，因而在图7-1中的 C_2 点处标注④(D_2)。

若从 C_3 出发，可达 D_2，所以

$$J_3(C_3)=d(C_3,D_2)+J_4(D_2)=4+1=5$$

由此可见，C_3 至 E 的最短距离为 5，路线为 C_3D_2E，决策变量为 $S_3(C_3)=D_2$，因而在图 7-1 中的 C_3 点处标注⑤(D_2)。

3) 第 2 级(B 级)

本级有两种选择，每种选择有两种可能的路线

$$J_2(B_1)=\min\begin{Bmatrix}d(B_1,C_1)+J_3(C_1)\\d(B_1,C_2)+J_3(C_2)\end{Bmatrix}=\min\begin{Bmatrix}4+6\\2+4\end{Bmatrix}=6$$

$$S_2(B_1)=C_2$$

$$J_2(B_2)=\min\begin{Bmatrix}d(B_2,C_2)+J_3(C_2)\\d(B_2,C_3)+J_3(C_3)\end{Bmatrix}=\min\begin{Bmatrix}6+4\\7+5\end{Bmatrix}=10$$

$$S_2(B_2)=C_2$$

因而在图 7-1 中 B_1 和 B_2 点处，分别标注⑥(C_2)和⑩(C_2)

4) 第 1 级(A 级)

本级决策是唯一的，它有两种可能的路线

$$J_1(A)=\min\begin{Bmatrix}d(A,B_1)+J_2(B_1)\\d(A,B_2)+J_2(B_2)\end{Bmatrix}=\min\begin{Bmatrix}3+6\\1+10\end{Bmatrix}=9$$

$$S_1(A)=B_1$$

在图 7-1 中 A 点处标注⑨(B_1)。

至此求出了 A 到 E 的最短距离为 9，最优路线为 $AB_1C_2D_2E$，在图 7-1 中用粗线表示。这里，为决定最优路线进行了 10 次加法，比穷举法的 18 次少了 8 次。当级数 N 更多时，节省计算将会更多。

由上面解题过程可见，动态规划解题有两个特点：它是从最后一级往前倒着计算的；它

把一个 N 级决策问题(这里是决定一整条路线)化为 N 个单级决策问题,即把一个复杂问题化为多个简单问题来求解。

用动态规划求解上述最短路线问题采用的递推方程的一般形式为

$$J_4(x)=\min_{S_N(x)}\{d[x,S_N(x)]+J_{N+1}[S_N(x)]\}\quad(N=3,2,1)\tag{7-1}$$

及

$$J_4(x)=d(x,E)$$

式(7-1)称为函数方程。从式(7-1)可见,在选择了决策 $S_N(x)$后有两个影响,其一是直接影响下一级的距离(眼前利益),其二是影响以后 $N-1$ 级的最短距离 J_{N-1}(未来利益)。因此动态规划方法可以说是把眼前利益和未来利益区分开来又结合起来考虑的一种优化方法。这些特点都是由动态规划法的基本原理——最优性原理所决定的。

7.1.2 最优性原理

贝尔曼指出,对图 7-2 所示的 N 级决策过程,如果在 $k+1$ 级处把全过程看成前 k 级子过程和后 $N-k$ 级子过程两部分,对于后部子过程来说,$\boldsymbol{x}(k)$可看作是由 $\boldsymbol{x}(0)$及前 k 级初始决策(或控制)$\boldsymbol{u}_0,\boldsymbol{u}_1,\cdots,\boldsymbol{u}_{k-1}$所形成的初始状态,那么多级决策过程的最优策略具有这样的性质:不论初始状态和初始决策如何,其余(后级)决策(或控制)对于由初始决策形成的状态来说,必定也是一个最优策略。这个性质称为贝尔曼最优性原理。

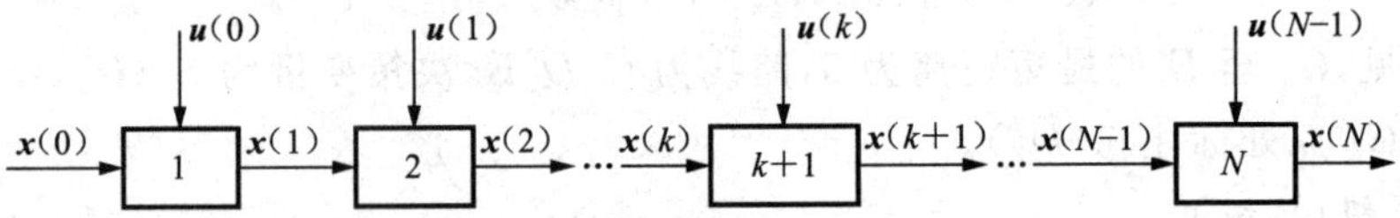

图 7-2　N 级决策过程

具体来说,若有一个初态为 $\boldsymbol{x}(0)$的 N 级决策过程,其最优策略为

$$\{\boldsymbol{u}(0),\boldsymbol{u}(1),\cdots,\boldsymbol{u}(N-1)\}$$

那么,对于以 $\boldsymbol{x}(1)$为初态的 $N-1$ 级决策过程来说,决策集合$\{\boldsymbol{u}(1),\boldsymbol{u}(2),\cdots,\boldsymbol{u}(N-1)\}$必定是最优策略。

证明　设决策序列

$$\boldsymbol{u}^*=\{\boldsymbol{u}^*(0),\boldsymbol{u}^*(1),\cdots,\boldsymbol{u}^*(N-1)\}$$

是使代价函数 J 最小的最优策略,相应的最小代价为

$$\begin{aligned}J^*[\boldsymbol{x}(0)]&=J[\boldsymbol{x}(0),\boldsymbol{u}^*]\\&=J[\boldsymbol{x}(0),\boldsymbol{u}^*(0),\boldsymbol{u}^*(1),\cdots,\boldsymbol{u}^*(N-1)]\\&=\lim_{\boldsymbol{u}(k)}\sum_{k=0}^{N-1}L[\boldsymbol{x}(k),\boldsymbol{u}(k),k]\end{aligned}$$

假设在 $k=r,r+1,\cdots,N-1$ 区间内 $\boldsymbol{u}^*(k)$不是最优决策序列,则必存在另一决策序列 $\bar{\boldsymbol{u}}(k),k=r,r+1,\cdots,N-1$,使得

$$J[\boldsymbol{x}(r),\bar{\boldsymbol{u}}(r),\bar{\boldsymbol{u}}(r+1),\cdots,\bar{\boldsymbol{u}}(N-1)]<J[\boldsymbol{x}(r),\boldsymbol{u}^*(r),\boldsymbol{u}^*(r+1),\cdots,\boldsymbol{u}^*(N-1)]$$

因而,有两个决策序列

$$\boldsymbol{u}^*(k),\quad k=0,1,\cdots,N-1$$

$$\boldsymbol{u}^{**}(k)=\begin{cases}\boldsymbol{u}^{*}(k), & k\in[0,r-1]\\ \bar{\boldsymbol{u}}(k), & k\in[r,N-1]\end{cases}$$

使得

$$J^{*}>J^{**}$$

式中

$$\begin{aligned}J^{*}&=J[\boldsymbol{x}(0),\boldsymbol{u}^{*}(0),\boldsymbol{u}^{*}(1),\cdots,\boldsymbol{u}^{*}(N-1)]\\&=L[\boldsymbol{x}(0),\boldsymbol{u}^{*}(0),0]+\cdots+L[\boldsymbol{x}(r-1),\boldsymbol{u}^{*}(r-1),r-1]+\\&\quad L[\boldsymbol{x}(r),\boldsymbol{u}^{*}(r),r]+\cdots+L[\boldsymbol{x}(N-1),\boldsymbol{u}^{*}(N-1),N-1]\end{aligned}$$

$$\begin{aligned}J^{**}&=J[\boldsymbol{x}(0),\boldsymbol{u}^{*}(0),\cdots,\boldsymbol{u}^{*}(r-1);\bar{\boldsymbol{u}}(r),\bar{\boldsymbol{u}}(r+1),\cdots,\bar{\boldsymbol{u}}(N-1)]\\&=L[\boldsymbol{x}(0),\boldsymbol{u}^{*}(0),0]+\cdots+L[\boldsymbol{x}(r-1),\boldsymbol{u}^{*}(r-1),r-1]+\\&\quad L[\boldsymbol{x}(r),\bar{\boldsymbol{u}}(r),r]+\cdots+L[\boldsymbol{x}(N-1),\bar{\boldsymbol{u}}(N-1),N-1]\end{aligned}$$

上述结果与 J^{*} 为最小代价的假设相矛盾，因此假设不成立，最优性原理得证。

最优性原理同样适用于连续系统。假设图 7-3 中 $x^{*}(t)$ 是连续系统的一条最优轨线，$x(t_1)$ 是最优轨线上的一点，最优性原理说明，无论 $t=t_1(t_0<t_1<t_f)$ 时系统是怎么转移到状态 $x(t_1)$ 的，但从 $x(t_1)$ 到 $x(t_f)$ 这段轨线必定是最优的。因为最优路线的后一段从 $x(t_1)$ 到 $x(t_f)$ 如果还有另一条轨线是最优的话，那么原来从 $x(t_0)$ 到 $x(t_f)$ 的轨线就不是最优的，这与假设矛盾。因此，最优性原理成立。

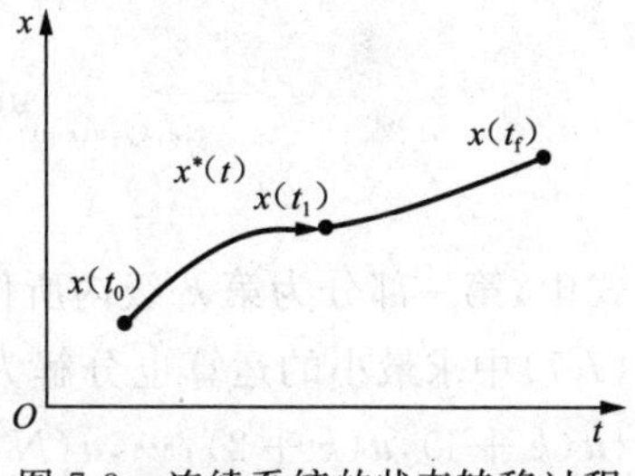

图 7-3　连续系统的状态转移过程

应用最优性原理可以将一个 N 级最优决策问题化为 N 个一级最优决策问题，从而大大减少求解最优决策问题的计算量。

7.1.3　动态规划的基本递推方程

设 N 级过程的动态方程为

$$\boldsymbol{x}(k+1)=f[\boldsymbol{x}(k),\boldsymbol{u}(k),k],\quad \boldsymbol{x}(0)=\boldsymbol{x}_0 \tag{7-2}$$

式中，$\boldsymbol{x}(k)$ 为 n 维状态向量；$\boldsymbol{u}(k)\in\Omega$ 为 m 维控制（决策）向量，$k=0,1,\cdots,N-1$。求容许控制（决策）序列 $\boldsymbol{u}^{*}(k)$，$k=0,1,\cdots,N-1$，使性能指标

$$J=\sum_{k=0}^{N-1}L[\boldsymbol{x}(k),\boldsymbol{u}(k),k] \tag{7-3}$$

为最小。其中，L 与 f 是区间上的连续函数，且 L 是正定的；k 表示 N 级决策过程中的阶段变量，$\boldsymbol{x}(k)$ 表示 $k+1$ 级的初始状态，$\boldsymbol{u}(k)$ 表示 $k+1$ 级所采用的控制（决策）向量。为了强调 J 是控制 $\boldsymbol{u}$ 的泛函，因此式(7-3)可表示为

$$J[\boldsymbol{x}(0),\boldsymbol{u}]=\sum_{k=0}^{N-1}L[\boldsymbol{x}(k),\boldsymbol{u}(k),k] \tag{7-4}$$

一般情况下，始于任意状态 $\boldsymbol{x}(k)$ 的代价可记为 $J[\boldsymbol{x}(k),\boldsymbol{u}]$。其中

$$\boldsymbol{u}=\{\boldsymbol{u}(k),\boldsymbol{u}(k+1),\cdots,\boldsymbol{u}(N-1)\}$$

$J[\boldsymbol{x}(k),\boldsymbol{u}]$ 表示由任意状态 $\boldsymbol{x}(k)$ 到过程终点为止，由任意策略 $\boldsymbol{u}$ 所导致的代价。因此，始自 $\boldsymbol{x}(k)$ 的最优代价为

$$J^*[\boldsymbol{x}(k)]=J[\boldsymbol{x}(k),\boldsymbol{u}^*]$$

式中，$\boldsymbol{u}^*$ 表示最优策略。对于给定问题，当 $\boldsymbol{x}(k)$ 固定时，$\boldsymbol{u}^*$ 是确定的，因此最优代价 $J^*[\boldsymbol{x}(k)]$ 仅是初始状态 $\boldsymbol{x}(k)$ 的函数，常记为 $J[\boldsymbol{x}(k)]$。

为了求出最小代价 $J^*[\boldsymbol{x}(0),0]$，根据动态规划的解题思想，把由初始状态 $\boldsymbol{x}(0)$ 开始的待求问题嵌入到求 $J^*[\boldsymbol{x}(k),k]$ 的问题中。研究如下问题：

$$\min_{\boldsymbol{u}\in\Omega} J[\boldsymbol{x}(k),k]=\sum_{j=k}^{N-1}L[\boldsymbol{x}(j),\boldsymbol{u}(j),j] \tag{7-5}$$

式中，$\boldsymbol{x}(k)$ 固定。状态方程约束为

$$\boldsymbol{x}(j+1)=f[\boldsymbol{x}(j),\boldsymbol{u}(j),j],\quad (j=k,k+1,\cdots,N-1) \tag{7-6}$$

式中，$\boldsymbol{x}(k)\in X\subset\mathbf{R}^n,\boldsymbol{u}(k)\in\Omega\subset\mathbf{R}^m,k=0,1,\cdots,N-1$。

始自第 k 级任一容许状态 $\boldsymbol{x}(k)$ 的最小代价为

$$\begin{aligned}J^*[\boldsymbol{x}(k),k]&=\min_{\{\boldsymbol{u}(k),\boldsymbol{u}(k+1),\cdots,\boldsymbol{u}(N-1)\}\in\Omega}\left\{\sum_{j=k}^{N-1}L[\boldsymbol{x}(j),\boldsymbol{u}(j),j]\right\}\\&=\min_{\{\boldsymbol{u}(k),\boldsymbol{u}(k+1),\cdots,\boldsymbol{u}(N-1)\}\in\Omega}\left\{L[\boldsymbol{x}(k),\boldsymbol{u}(k),k]+\sum_{j=k+1}^{N-1}L[\boldsymbol{x}(j),\boldsymbol{u}(j),j]\right\}\end{aligned} \tag{7-7}$$

式中，第一部分为第 k 级内所付出的代价，第二部分是从 $k+1$ 级到第 N 级的代价和。将式(7-7)中求最小的运算也分解为两部分：在本级决策 $\boldsymbol{u}(k)$ 下求最小，以及在剩余决策序列 $\{\boldsymbol{u}(k+1),\boldsymbol{u}(k+2),\cdots,\boldsymbol{u}(N-1)\}$ 下求最小。于是，式(7-7)可写为

$$J^*[\boldsymbol{x}(k),k]=\min_{\boldsymbol{u}(k)\in\Omega}\ \min_{\{\boldsymbol{u}(k+1),\cdots,\boldsymbol{u}(N-1)\}\in\Omega}\left\{L[\boldsymbol{x}(k),\boldsymbol{u}(k),k]+\sum_{j=k+1}^{N-1}L[\boldsymbol{x}(j),\boldsymbol{u}(j),j]\right\} \tag{7-8}$$

式中，大括号内的第一项仅取决于 $\boldsymbol{u}(k)$，而与 $\boldsymbol{u}(j),j=k+1,k+2,\cdots,N-1$ 无关，因此对 $\boldsymbol{u}(j)$ 取极小没有意义；大括号内的第二项，当 $\boldsymbol{x}(k+1)$ 固定时，其值取决于 $\boldsymbol{u}(j),j=k+1,k+2,\cdots,N-1$，而与 $\boldsymbol{u}(k)$ 没有直接关系，但是 $\boldsymbol{u}(k)$ 通过状态方程(7-6)决定 $\boldsymbol{x}(k+1)$，从而影响该项的值。于是，式(7-8)可写为

$$J^*[\boldsymbol{x}(k),k]=\min_{\boldsymbol{u}(k)\in\Omega}\left\{L[\boldsymbol{x}(k),\boldsymbol{u}(k),k]+\min_{\{\boldsymbol{u}(k+1),\cdots\boldsymbol{u}(N-1)\}\in\Omega}\sum_{j=k+1}^{N-1}L[\boldsymbol{x}(j),\boldsymbol{u}(j),j]\right\} \tag{7-9}$$

根据最优性原理和状态方程(7-2)，有如下关系式成立

$$\begin{aligned}J^*[\boldsymbol{x}(k+1),k+1]&=J^*\{f[\boldsymbol{x}(k),\boldsymbol{u}(k),k],k+1\}\\&=\min_{\{\boldsymbol{u}(k+1),\cdots\boldsymbol{u}(N-1)\}\in\Omega}\sum_{j=k+1}^{N-1}L[\boldsymbol{x}(j),\boldsymbol{u}(j),j]\end{aligned} \tag{7-10}$$

将式(7-10)代入式(7-9)，得动态规划基本递推方程

$$J^*[\boldsymbol{x}(k),k]=\min_{\boldsymbol{u}(k)\in\Omega}\{L[\boldsymbol{x}(k),\boldsymbol{u}(k),k]+J^*[\boldsymbol{x}(k+1),k+1]\} \tag{7-11}$$

$$(k=0,1,\cdots,N-1)$$

或

$$J^*[\boldsymbol{x}(k),k]=\min_{\boldsymbol{u}(k)\in\Omega}\{L[\boldsymbol{x}(k),\boldsymbol{u}(k),k]+J^*[f[\boldsymbol{x}(k),\boldsymbol{u}(k),k],k+1]\} \tag{7-12}$$

$$(k=0,1,\cdots,N-1)$$

上述递推关系从过程的最后一级开始，逐级逆向递推。由式(7-11)，令 $k=N-1$，得

$$J^*[\boldsymbol{x}(N-1),N-1]=\min_{\boldsymbol{u}(N-1)\in\Omega}\{L[\boldsymbol{x}(N-1),\boldsymbol{u}(N-1),N-1]+J^*[\boldsymbol{x}(N),N]\} \tag{7-13}$$

式中，$J^*[\boldsymbol{x}(N),N]$ 表示代价函数 J 中的末值项。对 N 级过程的动态寻优以及相应的嵌入式(7-5)，代价函数中无末值项，应取 $J^*[\boldsymbol{x}(N),N]=0$。于是，式(7-13)可写为

$$J^*[\boldsymbol{x}(N-1),N-1]=\min_{\boldsymbol{u}(N-1)\in\Omega}L[\boldsymbol{x}(N-1),\boldsymbol{u}(N-1),N-1] \tag{7-14}$$

式(7-14) 仅是函数 $L[\boldsymbol{x}(N-1),\boldsymbol{u}(N-1),N-1]$ 对控制 $\boldsymbol{u}(N-1)\in\Omega$ 的单级最优化问题，不再是式(7-5) 那样的多级优化问题，易于求解。求解时，可以对所有的 $\boldsymbol{x}(N-1)\in X$，求解式(7-14)，从而得到 $J^*[\boldsymbol{x}(N-1),N-1]$，然后根据递推方程(7-11) 逆向逐级递推，求出 $J^*[\boldsymbol{x}(N-2),N-2],\cdots,J^*[\boldsymbol{x}(1),1],J^*[\boldsymbol{x}(0),0]$。最后一步的递推解 $J^*[\boldsymbol{x}(0),0]$ 以及得到的最优策略 $\boldsymbol{u}^*(0),\boldsymbol{u}^*(1),\cdots,\boldsymbol{u}^*(N-1)$ 即为所求。

7.2 离散系统的动态规划

利用离散动态规划的方法可以方便地求解控制变量与状态变量都有约束时离散系统的最优控制问题。

7.2.1 离散最优控制问题的动态规划解

设离散系统的状态方程

$$\boldsymbol{x}(k+1)=f[\boldsymbol{x}(k),\boldsymbol{u}(k),k],\quad \boldsymbol{x}(0)=\boldsymbol{x}_0 \tag{7-15}$$

式中，$\boldsymbol{x}(k)$ 为 n 维状态向量；$\boldsymbol{u}(k)\in\Omega$ 为 m 维控制(决策) 向量，$k=0,1,\cdots,N$。求最优控制序列 $\boldsymbol{u}^*(k),k=0,1,\cdots,N-1$，使代价函数

$$J_N^*[\boldsymbol{x}(0)]=\Phi[\boldsymbol{x}(N),N]+\sum_{k=0}^{N-1}L[\boldsymbol{x}(k),\boldsymbol{u}(k),k]$$

极小。

在上述问题中，代价函数是复合型的，根据动态规划的基本递推方程，可以按如下步骤求解。

(1) 求第 N 级最优控制 $\boldsymbol{u}^*(N-1)$。

$$J_1^*[\boldsymbol{x}(N-1)]=\min_{\boldsymbol{u}(N-1)\in\Omega}\{L[\boldsymbol{x}(N-1),\boldsymbol{u}(N-1),N-1]+J_0^*[\boldsymbol{x}(N)]\}$$

式中，$L[\boldsymbol{x}(N-1),\boldsymbol{u}(N-1),N-1]$ 为本级代价；$J_0^*[\boldsymbol{x}(N)]=\Phi[\boldsymbol{x}(N),N]$ 为代价函数中的末值项，或称终点指标；$\boldsymbol{x}(N)=f[\boldsymbol{x}(N-1),\boldsymbol{u}(N-1),N-1]$ 为后面 0 段子过程初始状态。

可以解得

$$\boldsymbol{u}^*(N-1)=\boldsymbol{u}^*[\boldsymbol{x}(N-1)]$$

以及

$$J_1^*[\boldsymbol{x}(N-1)]$$

可以看出以上两式是 $\boldsymbol{x}(N-1)$ 的函数。

(2) 求第 $N-1$ 级最优控制 $\boldsymbol{u}^*(N-2)$。

$$J_2^*[\boldsymbol{x}(N-2)]=\min_{\boldsymbol{u}(N-2)\in\Omega}\{L[\boldsymbol{x}(N-2),\boldsymbol{u}(N-2),N-2]+J_1^*[\boldsymbol{x}(N-1)]\}$$

式中,$L[\boldsymbol{x}(N-2),\boldsymbol{u}(N-2),N-2]$ 为本级代价;$J_1^*[\boldsymbol{x}(N-1)]$ 为后面 1 级子过程的最小代价函数,已经由第一步求出;$\boldsymbol{x}(N-1)=f[\boldsymbol{x}(N-2),\boldsymbol{u}(N-2),N-2]$ 为后面 1 级子过程初态。本步求得 $\boldsymbol{u}^*[\boldsymbol{x}(N-2)]$ 及 $J_2^*[\boldsymbol{x}(N-2)]$。以此类推。

(3) 求第 $k+1$ 级最优控制 $\boldsymbol{u}^*(k)$ 。

$$J_{N-k}^*[\boldsymbol{x}(k)]=\min_{\boldsymbol{u}(k)\in\Omega}\{L[\boldsymbol{x}(k),\boldsymbol{u}(k),k]+J_{N-k-1}^*[\boldsymbol{x}(k+1)]\}$$

$$\boldsymbol{x}(k+1)=f[\boldsymbol{x}(k),\boldsymbol{u}(k),k]$$

得到 $\boldsymbol{u}^*(k)=\boldsymbol{u}^*[\boldsymbol{x}(k)]$ 以及 $J_{N-k}^*[\boldsymbol{x}(k)]$。以此类推。

(4) 求第 2 级最优控制 $\boldsymbol{u}^*(1)$ 。

$$J_{N-1}^*[\boldsymbol{x}(1)]=\min_{\boldsymbol{u}(1)\in\Omega}\{L[\boldsymbol{x}(1),\boldsymbol{u}(1),1]+J_{N-2}^*[\boldsymbol{x}(2)]\}$$

$$\boldsymbol{x}(2)=f[\boldsymbol{x}(1),\boldsymbol{u}(1),1]$$

式中,$J_{N-2}^*[\boldsymbol{x}(2)]$ 是后面 $N-2$ 级子过程的最小代价函数,已由上一步求出;$\boldsymbol{x}(2)$ 为其相应的初态;$L[\boldsymbol{x}(1),\boldsymbol{u}(1),1]$ 为本级代价。

(5) 求第 1 级最优控制 $\boldsymbol{u}^*(0)$。

$$J_N^*[\boldsymbol{x}(0)]=\min_{\boldsymbol{u}(0)\in\Omega}\{L[\boldsymbol{x}(0),\boldsymbol{u}(0),0]+J_{N-1}^*[\boldsymbol{x}(1)]\}$$

$$\boldsymbol{x}(1)=f[\boldsymbol{x}(0),\boldsymbol{u}(0),0]$$

求得 $\boldsymbol{u}^*(0)=\boldsymbol{u}^*[\boldsymbol{x}(0)]$ 以及 $J_1^*[\boldsymbol{x}(0)]$。它们都是 $\boldsymbol{x}(0)$ 的函数。

最后,由已知初态 $\boldsymbol{x}(0)$,顺序求出 $\boldsymbol{u}^*(0),\boldsymbol{x}^*(1),\boldsymbol{u}^*(1),\cdots,\boldsymbol{x}^*(N-1),\boldsymbol{u}^*(N-1)$ 及 N 级过程最小代价函数 J_N^* 和各级子过程的最小代价函数 $J_{N-1}^*,J_{N-2}^*,\cdots,J_1^*$ 。

7.2.2 动态规划在离散系统最优控制问题中的应用

例 7-1 三个电阻并联的电路如图 7-4 所示,当总电流 $I=18.3$ A时,试确定如何分配电流才能保证电阻总的消耗功率为最小。

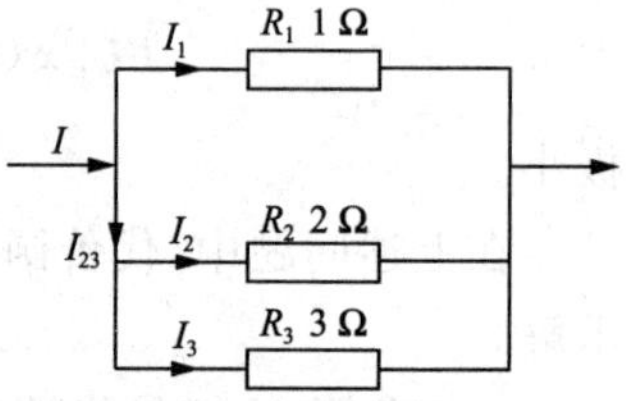

图 7-4 电路图

解 这是一个按空间构成的多步决策问题。

设流经电阻 R_1,R_2,R_3 的电流分别为 I_1,I_2,I_3,总消耗功率为

$$J=I_1^2R_1+I_2^2R_2+I_3^2R_3=\sum_{k=1}^{3}I_k^2R_k$$

要求 $$J^*=\min_{I_k}\sum_{k=1}^{3}I_k^2R_k$$

首先,R_3 消耗的功率 $$J_3{}^*=J_3=(I_3^*)^2R_3$$

其次,R_2,R_3 消耗的功率 $$J_2=I_2^2R_2+J_3{}^*=I_2^2R_2+(I_3^*)^2R_3$$

$$J_2^*=\min_{I_2}[I_2^2R_2+(I_3^*)^2R_3]=\min_{I_2}[I_2^2R_2+(I_{23}-I_2)^2R_3]$$

利用 $\dfrac{\mathrm{d}}{\mathrm{d}I_2}[I_2^2R_2+(I_{23}-I_2)^2R_3]=2I_2R_2-2(I_{23}-I_2)R_3=0$ 得到

$$I_2^*=\frac{R_3}{R_2+R_3}I_{23}$$

所以
$$J_2^* = \frac{R_2R_3}{R_2+R_3}(I_{23})^2$$

最后求 R_1 消耗的功率

$$J_1^* = \min_{I_1}[I_1^2R_1 + J_2^*] = \min_{I_1}\left[I_1^2R_1 + \frac{R_2R_3}{R_2+R_3}(I_{23})^2\right] = \min_{I_1}\left[I_1^2R_1 + \frac{R_2R_3}{R_2+R_3}(I-I_1)^2\right]$$

由
$$\frac{\mathrm{d}}{\mathrm{d}I_1}\left(I_1^2R_1 + \frac{R_2R_3}{R_2+R_3}(I-I_1)^2\right) = 2I_1R_1 - 2(I-I_1)\frac{R_2R_3}{R_2+R_3} = 0$$

解得
$$I_1^* = \frac{R_2R_3}{R_1(R_2+R_3)+R_2R_3}I$$

代入数据得

$$I_1^* = \frac{6}{11}\times 19.3 \approx 10\ (\mathrm{A}),\quad I_2^* = \frac{3}{5}(18.3-10) \approx 5\ (\mathrm{A}),\quad I_3^* = I - I_1 - I_2 \approx 3.3\ (\mathrm{A})$$

即流经 R_1,R_2,R_3 的电流分别为 10 A,5 A 和 3.3 A 时,电阻消耗的总功率最小。

例 7-2 给定一离散系统

$$x(k+1) = x(k) + u(k),\quad x(0) = 1$$

性能指标

$$J = \sum_{k=0}^{3}[x^2(k) + u^2(k)]$$

试用动态规划和极小值原理求最优控制序列 $u^*(k)$,$k=0,1,2,3$ 和最小性能指标 J^*。

解 解法一 动态规划问题。

本题为 $N=4$ 级最优控制问题。

(1) 令 $k=3$。

$$J^*(3) = \min[x^2(3) + u^2(3) + 0]$$

因为控制无约束,所以

$$\frac{\partial J^*(3)}{\partial u(3)} = 2u(3) = 0$$

故
$$u^*(3) = 0$$
$$J^*(3) = x^2(3) = [x(2) + u(2)]^2$$

(2) 令 $k=2$。

$$J^*(2) = \min\{x^2(2) + u^2(2) + [x(2) + u(2)]^2\}$$
$$\frac{\partial J^*(2)}{\partial u(2)} = 2u(2) + 2[x(2) + u(2)] = 0$$

则
$$u^*(2) = -\frac{1}{2}x(2)$$
$$J^*(2) = \frac{3}{2}x^2(2) = \frac{3}{2}[x(1) + u(1)]^2$$

(3) 令 $k=1$。

$$J^*(1) = \min\left\{x^2(1) + u^2(1) + \frac{3}{2}[x(1) + u(1)]^2\right\}$$
$$\frac{\partial J^*(1)}{\partial u(1)} = 2u(1) + 3[x(1) + u(1)] = 0$$

则
$$u^*(1)=-\frac{3}{5}x(1)$$

$$J^*(1)=\frac{8}{5}x^2(1)=\frac{8}{5}[x(0)+u(0)]^2$$

(4) 令 $k=0$。

$$J^*(0)=\min\left\{x^2(0)+u^2(0)+\frac{8}{5}[x(0)+u(0)]^2\right\}$$

$$\frac{\partial J^*(0)}{\partial u(0)}=2u(0)+\frac{16}{5}[x(0)+u(0)]=0$$

则
$$u^*(0)=-\frac{8}{13}x(0)$$

代入已知的初始条件 $x(0)=1$ 得

$$u^*(0)=-\frac{8}{13}$$

$$J=J^*(0)=\frac{21}{13}x^2(0)=\frac{21}{13}$$

$$x(1)=x(0)+u(0)=\frac{5}{13}\Rightarrow u^*(1)=-\frac{3}{13}$$

$$x(2)=x(1)+u(1)=\frac{2}{13}\Rightarrow u^*(2)=-\frac{1}{13}$$

则最优控制序列为
$$u^*(k)=\left\{-\frac{8}{13},-\frac{3}{13},-\frac{1}{13},0\right\}$$

最小性能指标
$$J^*=\frac{21}{13}$$

解法二　极小值原理法。

由题意

$$x(k+1)=x(k)+u(k)$$
$$H(k)=x^2(k)+u^2(k)+\lambda(k+1)[x(k)+u(k)]$$

协态方程
$$\lambda(k)=\frac{\partial H(k)}{\partial x(k)}=2x(k)+\lambda(k+1)$$

极值条件
$$\frac{\partial H(k)}{\partial u(k)}=2u(k)+\lambda(k+1)=0$$

初始条件
$$x(0)=1$$

横截条件
$$\lambda(4)=0$$

联立上述各方程，可递推出 u^* 序列及最小性能指标 J^* 同上。

例 7-3　某发电站 3 台发电机运行示意图如图 7-5 所示。发电机的运行费用分别为：

1 号发电机　$C[u(1)]=u^2(1)/2$，元 /h

2 号发电机　$C[u(2)]=u^2(2)$，元 /h

3 号发电机　$C[u(3)]=3u^2(3)/2$，元 /h

其中，$u(i)(i=1,2,3,\cdots)$表示 i 号发电机的输出功率(MW)。

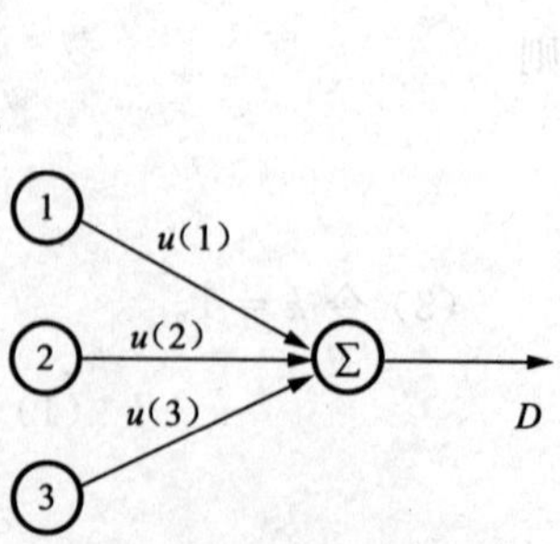

图 7-5　发电机并联示意图

规定：当 1 台发电机运行时，使用 1 号发电机；当 2 台发电机运行时，使用 1 号发电机和 2 号发电机。一般情况下 3 台发电机同时使用，以减少运行费用。

试用动态规划法求 1 号发电机和 2 号发电机同时运行及 3 台发电机同时运行的最佳负荷分配方案，使发电站运行费用达到最小值。

假定发电站的总负荷 $D=9.9$ MW，且不会使任何一台发电机超出额定容量。

解 当同时运行的台数为 n 时，电站的最小运行费用可表示为

$$J_n(D)=\min_{u(n)}\{C[u(n)]+J_{n-1}[D-u(n)]\}$$

其中，$u(n)$ 为 n 号发电机的输出功率(MW)；$C[u(n)]$ 为 n 号发电机的运行费用；D 为发电机的总负荷(MW)，在此设 $D=9.9$ MW；$J_{n-1}[D-u(n)]$ 为除 n 号发电机外的其他发电机的最小运行费用。

显然，只有 1 号发电机运行时，则有

$$J_1(D)=\frac{1}{2}u^2(1)=\frac{1}{2}D^2=49.005$$

当 1 号发电机和 2 号发电机同时运行时，则有

$$J_2(D)=\min_{u(2)}\{u^2(2)+J_1[u(1)]\}=\min_{u(2)}\{u^2(2)+J_1[D-u(2)]\}$$

$$=\min_{u(2)}\{u^2(2)+\frac{1}{2}[D-u(2)]^2\}$$

由于不考虑额定容量的限制，故在求最佳负荷分配时可取

$$\frac{\partial}{\partial u(2)}\left\{u^2(2)+\frac{1}{2}[D-u(2)]^2\right\}=3u(2)-D=0$$

因此得

$$u^*(2)=\frac{1}{3}D=3.3$$

$$u^*(1)=D-u^*(2)=\frac{2}{3}D=6.6$$

由此可见，当 1 号发电机和 2 号发电机同时运行时，最佳负荷分配方案为：1 号发电机承担总负荷的 2/3，2 号发电机承担总负荷的 1/3。

此时发电站的总运行费用为

$$J_2(D)=\frac{1}{2}u^{*2}(1)+u^{*2}(2)=\frac{1}{2}\left(\frac{2}{3}D\right)^2+\left(\frac{1}{3}D\right)^2=\frac{1}{3}D^2=32.67$$

当 3 台发电机同时运行时，则有

$$J_3(D)=\min_{u(3)}\left\{\frac{3}{2}u^2(3)+J_2[D-u(3)]\right\}=\min_{u(3)}\left\{\frac{3}{2}u^2(3)+\frac{1}{3}[D-u(3)]^2\right\}$$

同样，取

$$\frac{\partial}{\partial u(3)}\left\{\frac{3}{2}u^2(3)+\frac{1}{3}[D-u(3)]^2\right\}=\frac{11}{3}u(3)-\frac{2}{3}D=0$$

因此得

$$u^*(3)=\frac{2}{11}D=1.8$$

$$u^*(2)=\frac{1}{3}[D-u^*(3)]=\frac{1}{3}\left(D-\frac{2}{11}D\right)=\frac{3}{11}D=2.7$$

$$u^*(1)=\frac{2}{3}[D-u^*(3)]=\frac{2}{3}\left(D-\frac{2}{11}D\right)=\frac{6}{11}D=5.4$$

由此可见，当 3 台发电机同时运行时，最佳负荷分配方案为：1 号发电机承担总负荷的 6/11，2 号发电机承担总负荷的 3/11，3 号发电机承担总负荷的 2/11。

此时，发电站的总运行费用为

$$J_3(D)=\frac{1}{2}u^{*2}(1)+u^{*2}(2)+\frac{3}{2}u^{*2}(3)=\frac{1}{2}\left(\frac{6}{11}D\right)^2+\left(\frac{3}{11}D\right)^2+\frac{3}{2}\left(\frac{2}{11}D\right)^2=26.73$$

显然，在最佳负荷分配的前提下，对同一总负荷 D 而言，3 台发电机同时运行的总费用 $(3D^2/11)$ 比 1 号发电机和 2 号发电机同时运行的总费用 $(D^2/3)$ 低，而 1 号发电机和 2 号发电机同时运行的总费用 $(D^2/3)$ 又比 1 号发电机运行的总费用 $(D^2/2)$ 低。

此题也可以用 MATLAB 语言中的 fmincon( )函数来求解。fmincon( )函数用于求解多变量有约束非线性函数最小化的问题，其调用格式为：

[x,Jmin]=fmincon(fun,x0,A,B,Aeq,Beq,lb,ub)

其中，返回值 x 是使目标函数 $J=f(x)$ 是最小的值；Jmin 为目标函数 J 的最小值；输入参量：fun 为定义 $f(x)$ 的函数名；x0 为求解 x 所给定的初值；不等式的约束条件为 A＊x≤B；等式约束条件为 Aeq＊x=Beq；lb 为 x 的下界，ub 为上界。若无不等式约束条件，则在函数调用格式中取 A=[ ]，B=[ ]；若无等式约束条件，则在函数调用格式中取 Aeq=[ ]，Beq=[ ]。

针对例 7-2，利用 MATLAB 语言求解过程如下：

(1) 当只有 1 号机运行时，略。

(2) 当 1 号机和 2 号机同时运行时，根据提议建立如下规划模型。

性能指标为

$$J=\frac{1}{2}u^2(1)+u^2(2)$$

约束条件为

$$u(1)+u(2)=D$$
$$0\leqslant u(1)\leqslant D$$
$$0\leqslant u(2)\leqslant D$$

首先，编写函数文件来定义性能指标函数，函数名为 exe7_1.m，其程序清单如下：

```
function f=exe7_1(u)
f=u(1)^2/2+u(2)^2;      %当 1 号机和 2 号机同时运行时的性能指标
```

其次，调用 fmincon( )函数，求解满足性能指标的最优控制变量 $u^*(1)$ 和 $u^*(2)$，其 MATLAB 程序如下：

```
D=9.9;
Aeq=[1,1;0,0];Beq=[D,0]';
Ib=[0 0]';ub=[D D]';u0=[0 0]';
[u,Jmin]=fmincon('exe5_1',u0,[],[],Aeq,Beq,Ib,ub);
disp('最优负荷分配:u1,u2='),disp(u)
disp('最小运行费用:J='),disp(Jmin)
```

运行结果：最优负荷分配：u1，u2＝

6.6000

3.3000

最小运行费用：J＝32.6700

可见，计算结果与采用动态规划方法的结果完全相同。

(3) 当3台发电机同时运行时，根据题意建立如下规划模型。

性能指标为

$$J=\frac{1}{2}u^2(1)+u^2(2)+\frac{3}{2}u^2(3)$$

约束条件为

$$\begin{gathered}u(1)+u(2)+u(3)=D\\0\leqslant u(1)\leqslant D\\0\leqslant u(2)\leqslant D\\0\leqslant u(3)\leqslant D\end{gathered}$$

首先，编写函数文件来定义性能指标函数，函数名为exe5_2.m，其程序如下：

```
function f=exe5_2(u)
f=u(1)^2/2+u(2)^2+3*u(3)^2/2;        %当3台机器同时运行时的性能指标
```

其次，调用fmincon( )函数，求解满足性能指标的最优控制变量 $u^*(1)$，$u^*(2)$和 $u^*(3)$，其MATLAB程序如下：

```
D=9.9;
Aeq=[1 1 1;0 0 0;0 0 0];Beq=[D 0 0]';
Ib=[0 0 0]';ub=[D D D]';u0=[0 0 0]';
[u,Jmin]=fmincon('exe5_2',u0,[],[],Aeq,Beq,Ib,ub);
disp('最优负荷分配:u1,u2,u3='),disp(u)
disp('最小运行费用:J='),disp(Jmin)
```

运行结果为：

最优负荷分配：u1，u2，u3＝

5.4000

2.7000

1.8000

最小运行费用：J＝26.7300

可见，计算结果与采用动态规划方法的结果完全相同。

例7-4 设离散系统方程

$$x(k+1)=x(k)+u(k),\quad x(0)=0,\quad x(4)=1$$

性能指标

$$J=\sum_{k=0}^{3}[x^2(k)+u^2(k)]$$

其中，控制 $u(k)\in\Omega=\{-1,0,+1\}$，求使性能指标为极小的最优控制序列 $u^*(k)$，$k=0,1,2,3$，以及最优轨线 $x^*(k)$，$k=0,1,2,3,4$。

解 本例为 $N=4$ 级最优决策问题,求解步骤如下。

(1) 令 $k=3$。

因为

$$x(4)=x(3)+u(3)=1$$
$$x(3)=1-u(3)$$
$$J_0^*=0$$

所以

$$J_1^*=\min_{u(3)\in\Omega}[x^2(3)+u^2(3)+J_0^*]$$
$$=\min_{u(3)\in\Omega}[1-2u(3)+2u^2(3)]=\begin{cases}1, & u(3)=+1\\1, & u(3)=0\\5, & u(3)=-1\end{cases}$$

故取

$$u^*(3)=\begin{cases}+1\\0\end{cases},\quad x^*(3)=\begin{cases}0, & u^*(3)=+1\\1, & u^*(3)=0\end{cases},\quad J_1^*=1$$

(2) 令 $k=2$。

$$x(3)=x(2)+u(2)=\begin{cases}0, & u^*(3)=+1\\1, & u^*(3)=0\end{cases}$$
$$J_2^*=\min_{u(2)\in\Omega}[x^2(2)+u^2(2)+J_1^*]$$

① 取 $u^*(3)=+1, x^*(3)=0, J_1^*=1$ 时,因为

$$x(2)=-u(2)$$
$$J_2^*=\min_{u(2)\in\Omega}[2u^2(2)+1]=\begin{cases}3, & u(2)=+1\\1, & u(2)=0\\3, & u(2)=-1\end{cases}$$

所以

$$u^*(2)=0, x^*(2)=0, J_2^*=1$$

② 取 $u^*(3)=0, x^*(3)=1, J_1^*=1$ 时,因为

$$x(2)=1-u(2)$$
$$J_2^*=\min_{u(2)\in\Omega}[1-2u(2)+2u^2(2)+1]=\begin{cases}2, & u(2)=+1\\2, & u(2)=0\\6, & u(2)=-1\end{cases}$$

故取

$$u^*(2)=\begin{cases}+1\\0\end{cases},\quad x^*(2)=\begin{cases}0, & u^*(2)=+1\\1, & u^*(2)=0\end{cases},\quad J_2^*=2$$

(3) 令 $k=1$。

$$x(2)=x(1)+u(1)$$
$$J_3^*=\min_{u(1)\in\Omega}[x^2(1)+u^2(1)+J_2^*]$$

① 取

$$u^*(3)=+1,\quad x^*(3)=0,\quad J_1^*=1$$
$$u^*(2)=0,\quad x^*(2)=0,\quad J_2^*=1$$

可得

$$x(1)=-u(1)$$

$$J_3^* = \min_{u(1)\in\Omega}[2u^2(x)+1]=\begin{cases}3, & u(1)=+1\\1, & u(1)=0\\3, & u(1)=-1\end{cases}$$

应取

$$u^*(1)=0 \quad x^*(1)=0 \quad J_3^*=1$$

② 取

$$u^*(3)=0, \quad x^*(3)=1, \quad J_2^*=1$$

$$u^*(2)=0, \quad x^*(2)=1, \quad J_1^*=2$$

可得

$$x(1)=1-u(1)$$

$$J_3^* = \min_{u(1)\in\Omega}[1-2u(1)+2u^2(1)+2]=\begin{cases}3, & u(1)=+1\\3, & u(1)=0\\7, & u(1)=-1\end{cases}$$

应取

$$u^*(1)=\begin{cases}+1\\0\end{cases}, \quad x^*(3)=\begin{cases}0, & u*(1)=+1\\1, & u*(1)=0\end{cases}, \quad J_3^*=3$$

③ 取

$$u^*(3)=0, \quad x^*(3)=1, \quad J_2^*=1$$

$$u^*(2)=1, \quad x^*(2)=0, \quad J_1^*=2$$

可得

$$x(1)=-u(1)$$

$$J_3^* = \min_{u(1)\in\Omega}[2u^2(1)+2]=\begin{cases}4, & u(1)=+1\\2, & u(1)=0\\4, & u(1)=-1\end{cases}$$

应取

$$u^*(1)=0, \quad x^*(1)=0, \quad J_3^*=2$$

(4) 令 $k=0$。

$$x(1)=x(0)+u(0)$$

$$J_4^* = \min_{u(0)\in\Omega}[x^2(0)+u^2(0)+J_3^*]$$

根据上步得到的 4 种可能选择,分别计算如下:

① 取

$$u^*(3)=1, \quad x^*(3)=0, \quad J_1^*=1$$

$$u^*(2)=0, \quad x^*(2)=0, \quad J_2^*=1$$

$$u^*(1)=0, \quad x^*(1)=0, \quad J_3^*=1$$

可得

$$x(0)=-u(0)$$

$$J_4^* = \min_{u(0)\in\Omega}[2u^2(0)+1] = \begin{cases} 3, & u(0)=+1 \\ 1, & u(0)=0 \\ 3, & u(0)=-1 \end{cases}$$

应取

$$u^*(0)=0,\quad x^*(0)=0,\quad J_4^*=1$$

这一结果符合已知初态值的要求。

② 取

$$u^*(3)=0,\quad x^*(3)=1,\quad J_1^*=1$$
$$u^*(2)=0,\quad x^*(2)=1,\quad J_2^*=2$$
$$u^*(1)=1,\quad x^*(1)=0,\quad J_3^*=3$$

可得

$$x(0)=-u(0)$$

$$J_4^* = \min_{u(0)\in\Omega}[2u^2(0)+3] = \begin{cases} 5, & u(1)=+1 \\ 3, & u(1)=0 \\ 5, & u(1)=-1 \end{cases}$$

应取

$$u^*(0)=0,\quad x^*(0)=0,\quad J_4^*=3$$

这一结果也符合给定初态值的要求。

③ 取

$$u^*(3)=0,\quad x^*(3)=1,\quad J_1^*=1$$
$$u^*(2)=0,\quad x^*(2)=1,\quad J_2^*=2$$
$$u^*(1)=0,\quad x^*(1)=1,\quad J_3^*=3$$

可得

$$x(0)=1-u(0)$$

$$J_4^* = \min_{u(0)\in\Omega}[1-2u(0)+2u^2(0)+3] = \begin{cases} 4, & u(0)=+1 \\ 4, & u(0)=0 \\ 8, & u(0)=-1 \end{cases}$$

由于取 $u^*(0)=0$ 时,有 $x^*(0)=1$,不符初态要求,故应取

$$u^*(0)=1,\quad x^*(0)=0,\quad J_4^*=4$$

④ 取

$$u^*(3)=0,\quad x^*(3)=1,\quad J_1^*=1$$
$$u^*(2)=1,\quad x^*(2)=0,\quad J_2^*=2$$
$$u^*(1)=0,\quad x^*(1)=0,\quad J_3^*=2$$

可得

$$x(0)=-u(0)$$

$$J_4^* = \min_{u(0)\in\Omega}[2u^2(0)+2] = \begin{cases} 4, & u(0)=+1 \\ 2, & u(0)=0 \\ 4, & u(0)=-1 \end{cases}$$

应取

$$u^*(0)=0,\quad x^*(0)=0,\quad J_4^*=2$$

这一结果也满足给定初态值要求。

本步给出了满足已知初态值的4种可能解，但比较后可以发现，只有第1种方案代价函数最小，故本例最优解为：

最优控制序列　　$u^*(k)=\{0,0,0,1\}$

最优轨线序列　　$x^*(k)=\{0,0,0,0,1\}$

最优指标　　$J_4^*=1$

根据上述例子，对于级数 $N=4$ 的一阶离散线性系统，控制变量约束只有3个可能的取值，状态变量除了起点和终点以外没有约束，利用动态规划来求解已有相当的计算量。如果是高阶离散系统，控制与状态都有约束，则计算量和存储量很大，需要采用表格式数值计算法。

例7-4也可以用MATLAB求解，程序如下：

```
x(1,5)=1;
J(1,5)=0;
for k=5:-1:2
    uu=-1;
    x(1,k-1)=x(1,k)-uu;
    J1(1,k-1)=x(1,k-1)^2+uu^2+J(1,k);
    uu=0;
    x(1,k-1)=x(1,k)-uu;
    J2(1,k-1)=x(1,k-1)^2+uu^2+J(1,k);
    uu=1;
    x(1,k-1)=x(1,k)-uu;
    J3(1,k-1)=x(1,k-1)^2+uu^2+J(1,k);

    if J3(1,k-1)>=J2(1,k-1) & J3(1,k-1)>=J1(1,k-1)
        if J1(1,k-1)>J2(1,k-1);
            J(1,k-1)=J2(1,k-1);
            u(1,k-1)=0;
        else if J2(1,k-1)>J1(1,k-1)
                J(1,k-1)=J1(1,k-1);
                u(1,k-1)=-1;
            end
        end
    end

    if J2(1,k-1)>=J3(1,k-1) & J2(1,k-1)>=J1(1,k-1)
        if J1(1,k-1)>J3(1,k-1);
            J(1,k-1)=J3(1,k-1);
            u(1,k-1)=1;
```

```
        else if J3(1,k-1)>J1(1,k-1)
                J(1,k-1)=J1(1,k-1);
                u(1,k-1)=-1;
            end
        end
    end

    if J1(1,k-1)>=J2(1,k-1) & J1(1,k-1)>=J3(1,k-1)
        if J3(1,k-1)>J2(1,k-1);
            J(1,k-1)=J2(1,k-1);
            u(1,k-1)=0;
        else if J2(1,k-1)>J3(1,k-1)
                J(1,k-1)=J3(1,k-1);
                u(1,k-1)=1;
            end
        end
    end
    x(1,k-1)=x(1,k)-u(1,k-1);
end
disp('最优控制序列:u*(0),u*(1),u*(2),u*(3)='),disp(u)
disp('最优曲线序列:x*(0),x*(1),x*(2),x*(3),x*(4)='),disp(x)
```

运行结果:

```
最优控制序列:u*(0),u*(1),u*(2),u*(3)=
0    0    0    1
最优曲线序列:x*(0),x*(1),x*(2),x*(3),x*(4)=
0    0    0    0    1
```

可见,计算结果与采用动态规划方法的结果完全相同。

例 7-5 已知离散系统状态方程为

$$x(k+1)=2x(k)+u(k)$$

性能指标为

$$J=x^2(3)+\sum_{k=0}^{2}[x^2(k)+u^2(k)]$$

其中,状态 $x(k)$ 及控制 $u(k)$ 均不受约束,初始状态为 $x(0)=1$。试求最优控制序列 $\{u^*(0),u^*(1),u^*(2)\}$ 使性能指标极小。

解 本例为 $N=2$ 级最优决策问题。根据递推方程,按如下步骤逆向递推。

(1) 令 $k=2$,则根据递推方程

$$J_3^*[x(2)]=\min_{u(2)}[x^2(3)+x^2(2)+u^2(2)]$$

根据状态方程,有

$$x(3)=2x(2)+u(2)$$

所以

$$J_3^*[x(2)]=\min_{u(2)}\{[2x(2)+u(2)]^2+x^2(2)+u^2(2)\}$$

由于 $u(k)$ 不受约束，故令

$$\frac{\partial J}{\partial u(2)}=2[2x(2)+u(2)]+2u(2)=0$$

解得 $$u^*(2)=-x(2)$$

将上述结果代入 $J_3^*[x(2)]$，得 $J_3^*[x(2)]=3x^2(2)$

(2) 令 $k=1$

$$\begin{aligned}J_2^*[x(1)]&=\min_{u(1)}\{[x^2(1)+u^2(1)]+J_3^*[x(2)]\}\\&=\min_{u(1)}\{[x^2(1)+u^2(1)]+3[2x(1)+u(1)]^2\}\end{aligned}$$

同理解 $\frac{\partial J}{\partial u(1)}=0$ 得

$$u^*(1)=-\frac{3}{2}x(1),\quad J_2^*[x(1)]=4x^2(1)$$

(3) 令 $k=0$

$$\begin{aligned}J_1^*[x(0)]&=\min_{u(0)}\{[x^2(0)+u^2(0)]+J_2^*[x(1)]\}\\&=\min_{u(0)}\{[x^2(0)+u^2(0)]+4[2x(0)+u(0)]^2\}\end{aligned}$$

同理解 $\frac{\partial J}{\partial u(0)}=0$ 得

$$u^*(0)=-\frac{8}{5}x(0),\quad J_1^*[x(0)]=\frac{21}{5}x(0)$$

代入已知的 $x(0)=1$，按正向顺序求出，即

$$u^*(0)=-\frac{8}{5},\quad x^*(1)=2x(0)+u^*(0)=\frac{2}{5}$$

$$u^*(1)=-\frac{3}{5},\quad x^*(2)=2x(1)+u^*(1)=\frac{1}{5}$$

$$u^*(2)=-\frac{1}{5},\quad x^*(3)=2x(2)+u^*(2)=\frac{1}{5}$$

于是，本例的最优控制、最优曲线和最优性能指标分别为

$$u^*(k)=\{-1.6,-0.6,-0.2\}$$

$$x^*(k)=\{1,0.4,0.2,0.2\}$$

$$J^*=4.2$$

由例 7-5 可见，利用动态规划法求解最优控制问题要进行两次搜索：第一次搜索逆向进行，即用第 $k+1$ 级的最小代价 $J^*[x(k+1)]$，根据递推方程式去计算第 k 级最小代价 $J^*[x(k)]$；第二次搜索正向进行，应用第一次搜索得到的决策函数 $u^*[x(k)]$，根据系统方程 $x(k+1)=f[x(k),u(k),k]$ 正向迭代，求出最优决策序列及最优曲线。

此题也可用 MATLAB 语言编辑求解，调用 fminunc( )函数，用 fminunc( )函数求解单边两极多变量函数的极小值，其调用格式为

[x,Jmin]=fminunc(fun,x0,options)

其中，fun 为定义 $f(x)$ 的函数名；x0 为给定初值；用 options 参数指定的优化参数进行最小化，若没有设置 optons 选项，可令 option=[ ]，也可省略这一项；返回值是目标函数 J 取极小值的 x 和目标函数的极小值 Jmin。

MATLAB 程序如下。

首先，编写函数文件，其程序如下：

```
function f=myfun7-5(x)
f=x(3)^2+1+x(1)^2+x(2)^2+(x(1)-2)^2+(x(2)-2* x(1))2+(x(3)-2* x(2))^2
```

其次，调用 fminunc( )函数，其程序如下：

```
x0=[0,0,0];
[x,Jmin]=fminunc('myfun4_3',x0);
u=[x(1)-2,x(2)-2* x(1),x(3)-2* x(2)];
x=[1,x(1),x(2),x(3)];
disp('最优控制序列:u* (0),u* (1),u* (2)='),disp(u)
disp('最优曲线序列:x* (0),x* (1),x* (2),x* (3)='),disp(x)
disp('最小代价:J* (0)='),disp(Jmin)
```

运行结果为：

最优控制序列　u* (0),u* (1),u* (2)=−1.6000　−0.6000　−0.2000

最优曲线序列　x* (0),x* (1),x* (2),x* (3)=1.0000　0.4000　0.2000　0.2000

最小代价　J* (0)=4.2000

对于一些与时间没有关系的静态规划问题，只要人为地引入时间因素，也可把它视为多级决策问题，用动态规划去处理。

7.3 连续系统的动态规划——哈密尔顿-雅可比方程

最优性原理表明：对于给定的性能指标，当从状态空间的任一点出发时，其最优控制仅取决于被控制系统在这一点的状态，而与到达该状态以前的系统经历无关。这就是所谓的“无后效性”，或者说性能指标函数都具有马尔科夫特性。马尔科夫特性是概率论中的一个概念。当一个随机过程在给定现在状态及所有过去状态的情况下，其未来状态的条件概率分布仅依赖于当前状态；换句话说，在给定现在状态时，它与过去状态（即该过程的历史路径）是条件独立的，那么此随机过程即具有马尔科夫特性。具有马尔科夫性质的过程通常称之为马尔科夫过程。事实上，大量有意义的工程、经济和生物控制过程的性能指标函数都具有马尔科夫特性，甚至一些不能用解析关系来表达的性能指标函数也同样具有马尔科夫特性。

根据性能指标的马尔科夫特性，最优控制可表示为 $\boldsymbol{u}^*(\boldsymbol{x})$，从而可使系统实现闭环反馈控制。这时，不论初始条件如何，最优控制 $\boldsymbol{u}^*(\boldsymbol{x})$ 均能将系统由初始状态 $\boldsymbol{x}^*(t_0)$ 转移到要求的目标集。

本节将讨论如何用动态规划方法求解连续时间系统的最优化问题，得出动态规划的连续形式——哈密尔顿-雅可比方程。

7.3.1 哈密尔顿-雅可比方程

设连续系统状态方程为

$$\dot{\boldsymbol{x}}(t)=f[\boldsymbol{x}(t),\boldsymbol{u}(t),t],\quad \boldsymbol{x}(t_0)=\boldsymbol{x}_0 \tag{7-16}$$

终端约束为

$$\Psi[\boldsymbol{x}(t_f),t_f]=0 \tag{7-17}$$

性能指标为

$$J=\Phi[\boldsymbol{x}(t_f),t_f]+\int_{t_0}^{t_f}L[\boldsymbol{x}(t),\boldsymbol{u}(t),t]\mathrm{d}t \tag{7-18}$$

根据最优性原理，如果 $\boldsymbol{x}^*(t)$ 是以 $\boldsymbol{x}(t_0)$ 为初始状态的最优轨线，如图 7-6 所示，设 $t=t'(t_0<t'<t_f)$ 时，状态为 $\boldsymbol{x}(t')$，它将轨线分成前后两半段，那么以 $\boldsymbol{x}(t')$ 为初始状态的后半段也必是最优轨线，而且与系统先前如何到达 $\boldsymbol{x}(t')$ 无关。

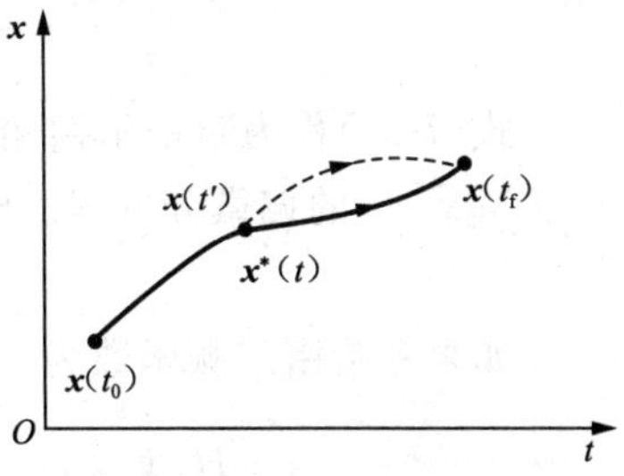

图 7-6 连续系统最优轨线

若取 $t_0=t,t'=t+\Delta t$，则式(7-18) 可写成

$$\begin{aligned}J^*[\boldsymbol{x},t]&=\min_{\boldsymbol{u}\in\Omega}\left\{\int_t^{t_f}L[\boldsymbol{x},\boldsymbol{u},t]\mathrm{d}t+\Phi[\boldsymbol{x}(t_f)]\right\}\\&=\min_{\boldsymbol{u}\in\Omega}\left\{\int_t^{t+\Delta t}L[\boldsymbol{x},\boldsymbol{u},t]\mathrm{d}t+\int_{t+\Delta t}^{t_f}L[\boldsymbol{x},\boldsymbol{u},t]\mathrm{d}t+\Phi[\boldsymbol{x}(t_f)]\right\}\end{aligned} \tag{7-19}$$

根据最优性原理，如果从 t 到 t_f 的过程是最优的，则从 $t+\Delta t$ 到 t_f 的子过程也是最优的，其中 $t<t+\Delta t<t_f$。因此可以写成

$$J^*[\boldsymbol{x}(t+\Delta t),t+\Delta t]=\min_{\boldsymbol{u}\in\Omega}\left\{\int_{t+\Delta t}^{t_f}L[\boldsymbol{x},\boldsymbol{u},t]\mathrm{d}t+\Phi[\boldsymbol{x}(t_f)]\right\}$$

当 Δt 最小时，有

$$\int_t^{t+\Delta t}L[\boldsymbol{x},\boldsymbol{u},t]\mathrm{d}t\approx L[\boldsymbol{x},\boldsymbol{u},t]\Delta t$$

式(7-19)可近似表示为

$$J^*[\boldsymbol{x},t]=\min_{\boldsymbol{u}\in\Omega}\{L[\boldsymbol{x},\boldsymbol{u},t]\Delta t+J^*[\boldsymbol{x}(t+\Delta t),t+\Delta t]\} \tag{7-20}$$

将 $\boldsymbol{x}(t+\Delta t)$ 进行泰勒展开，并取一次近似时，有

$$\boldsymbol{x}(t+\Delta t)=\boldsymbol{x}+\frac{\mathrm{d}\boldsymbol{x}}{\mathrm{d}t}\Delta t+\cdots=\boldsymbol{x}+\Delta\boldsymbol{x}+\cdots$$

$$\Delta\boldsymbol{x}=\frac{\mathrm{d}\boldsymbol{x}}{\mathrm{d}t}\Delta t=f[\boldsymbol{x},\boldsymbol{u},t]\Delta t$$

$$J^*[\boldsymbol{x}(t+\Delta t),t+\Delta t]=J^*[\boldsymbol{x}+\Delta\boldsymbol{x},t+\Delta t]$$

将上式在$[\boldsymbol{x},t]$邻域展开成泰勒级数，考虑到 $J^*[\boldsymbol{x}(t+\Delta t),t+\Delta t]$ 既是 $\boldsymbol{x}$ 的函数，又与 t 有关，所以

$$J^*[\boldsymbol{x}+\Delta\boldsymbol{x},t+\Delta t]\approx J^*[\boldsymbol{x},t]+\left[\frac{\partial J^*[\boldsymbol{x},t]}{\partial\boldsymbol{x}}\right]^{\mathrm{T}}\Delta\boldsymbol{x}+\frac{\partial J^*[\boldsymbol{x},t]}{\partial t}\Delta t \tag{7-21}$$

代入式(7-20)，得

$$\begin{aligned}J^*[\boldsymbol{x},t]&=\min_{\boldsymbol{u}\in\Omega}\left\{L[\boldsymbol{x},\boldsymbol{u},t]\Delta t+J^*[\boldsymbol{x},t]+\left[\frac{\partial J^*[\boldsymbol{x},t]}{\partial\boldsymbol{x}}\right]^{\mathrm{T}}\Delta x+\frac{\partial J^*[\boldsymbol{x},t]}{\partial t}\Delta t\right\}\\&=J^*[\boldsymbol{x},t]+\frac{\partial J^*[\boldsymbol{x},t]}{\partial t}\Delta t+\min_{\boldsymbol{u}\in\Omega}\left\{L[\boldsymbol{x},\boldsymbol{u},t]\Delta t+\left[\frac{\partial J^*[\boldsymbol{x},t]}{\partial\boldsymbol{x}}\right]^{\mathrm{T}}f[\boldsymbol{x},\boldsymbol{u},t]\Delta t\right\}\end{aligned} \tag{7-22}$$

考察上式，因为$J^*[\boldsymbol{x},t]$与u无关，故$J^*[\boldsymbol{x},t]$与$\dfrac{\partial J^*[\boldsymbol{x},t]}{\partial t}\Delta t$可提到min号外面。经整理可得

$$-\frac{\partial J^*[\boldsymbol{x},t]}{\partial t}=\min_{\boldsymbol{u}\in\Omega}\left\{L[\boldsymbol{x},\boldsymbol{u},t]+\left[\frac{\partial J^*[\boldsymbol{x},t]}{\partial \boldsymbol{x}}\right]^{\mathrm{T}}f[\boldsymbol{x},\boldsymbol{u},t]\right\} \tag{7-23}$$

式(7-23)称为哈密尔顿-雅可比方程或称为哈密尔顿-雅可比-贝尔曼方程。它是一个关于$J^*[\boldsymbol{x},t]$的偏微分方程。解此方程可求得最优控制J为最小。它的边界条件为

$$J^*[\boldsymbol{x}(t_f),t_f]=\Phi[\boldsymbol{x}(t_f),t_f] \tag{7-24}$$

如果令哈密尔顿函数为

$$\begin{aligned}H[\boldsymbol{x},\lambda,\boldsymbol{u},t]&=L[\boldsymbol{x},\boldsymbol{u},t]+\left[\frac{\partial J^*[\boldsymbol{x},t]}{\partial \boldsymbol{x}}\right]^{\mathrm{T}}f[\boldsymbol{x},\boldsymbol{u},t]\\&=L[\boldsymbol{x},\boldsymbol{u},t]+\boldsymbol{\lambda}^{\mathrm{T}}(t)f[\boldsymbol{x},\boldsymbol{u},t]\end{aligned} \tag{7-25}$$

式中

$$\boldsymbol{\lambda}(t)=\frac{\partial J^*[\boldsymbol{x},t]}{\partial \boldsymbol{x}} \tag{7-26}$$

则式(7-23)可写成

$$-\frac{\partial J^*[\boldsymbol{x},t]}{\partial t}=\min_{\boldsymbol{u}\in\Omega}H[\boldsymbol{x},\boldsymbol{\lambda},\boldsymbol{u},t] \tag{7-27}$$

当控制矢量$\boldsymbol{u}(t)$不受限制时，有

$$-\frac{\partial J^*[\boldsymbol{x},t]}{\partial t}=H[\boldsymbol{x},\boldsymbol{\lambda},\boldsymbol{u},t] \tag{7-28}$$

于是式(7-27)及(7-28)构成了控制无约束时哈密尔顿-雅可比方程的第二种形式。上式说明，在最优轨线上，最优控制必须是H达全局最小。实际上就是极小值原理的另一形式。

由哈密尔顿-雅可比-贝尔曼方程可推导出协态方程和横截条件。式(7-23)可写成

$$\frac{\partial J^*[\boldsymbol{x},t]}{\partial t}+L[\boldsymbol{x},\boldsymbol{u},t]+\left[\frac{\partial J^*[\boldsymbol{x},t]}{\partial \boldsymbol{x}}\right]^{\mathrm{T}}f[\boldsymbol{x},\boldsymbol{u},t]=0$$

对x求偏导，得

$$\frac{\partial^2 J^*[\boldsymbol{x},t]}{\partial \boldsymbol{x}\partial t}+\frac{\partial L[\boldsymbol{x},\boldsymbol{u},t]}{\partial \boldsymbol{x}}+\left[\frac{\partial J^*[\boldsymbol{x},t]}{\partial \boldsymbol{x}}\right]^{\mathrm{T}}\frac{\partial f[\boldsymbol{x},\boldsymbol{u},t]}{\partial \boldsymbol{x}}+\frac{\partial^2 J^*[\boldsymbol{x},t]}{\partial \boldsymbol{x}^2}f[\boldsymbol{x},\boldsymbol{u},t]=0 \tag{7-29}$$

由于$\dfrac{\partial J^*}{\partial \boldsymbol{x}}$对$t$的全导数为

$$\frac{\mathrm{d}}{\mathrm{d}t}\frac{\partial J^*[\boldsymbol{x},t]}{\partial \boldsymbol{x}}=\frac{\partial^2 J^*[\boldsymbol{x},t]}{\partial \boldsymbol{x}\partial t}+\frac{\partial^2 J^*[\boldsymbol{x},t]}{\partial \boldsymbol{x}^2}\frac{\mathrm{d}\boldsymbol{x}}{\mathrm{d}t}$$

代入式(7-29)可写成

$$\frac{\mathrm{d}}{\mathrm{d}t}\frac{\partial J^*[\boldsymbol{x},t]}{\partial \boldsymbol{x}}+\frac{\partial L[\boldsymbol{x},\boldsymbol{u},t]}{\partial \boldsymbol{x}}+\left[\frac{\partial J^*[\boldsymbol{x},t]}{\partial \boldsymbol{x}}\right]^{\mathrm{T}}\frac{\partial f[\boldsymbol{x},\boldsymbol{u},t]}{\partial \boldsymbol{x}}=0 \tag{7-30}$$

令$\boldsymbol{\lambda}(t)=\dfrac{\partial J^*[\boldsymbol{x},t]}{\partial \boldsymbol{x}}$，则上式可写成

$$\frac{\mathrm{d}}{\mathrm{d}t}\boldsymbol{\lambda}(t)=-\left\{\frac{\partial L[\boldsymbol{x},\boldsymbol{u},t]}{\partial \boldsymbol{x}}+\boldsymbol{\lambda}^{\mathrm{T}}(t)\frac{\partial f[\boldsymbol{x},\boldsymbol{u},t]}{\partial \boldsymbol{x}}\right\}=-\frac{\partial H}{\partial \boldsymbol{x}} \tag{7-31}$$

这就是所求的协态方程 $\dot{\boldsymbol{\lambda}}=-\dfrac{\partial H}{\partial \boldsymbol{x}}$，与以前的结果完全一致。

当 $t=t_f$ 时，在终端处性能泛函为

$$J^*[\boldsymbol{x}(t_f),t_f]=\Phi[\boldsymbol{x}(t_f),t_f]+\boldsymbol{\mu}^{\mathrm{T}}\Psi[\boldsymbol{x}(t_f),t_f] \tag{7-32}$$

式中　$\boldsymbol{\mu}$——与 Ψ 同维的乘子矢量。

对 $\boldsymbol{x}(t_f)$ 求偏导数，得

$$\frac{\partial J^*[\boldsymbol{x}(t_f),t_f]}{\partial \boldsymbol{x}(t_f)}\bigg|_{t=t_f}=\left\{\frac{\partial \Phi[\boldsymbol{x}(t_f),t_f]}{\partial \boldsymbol{x}(t_f)}+\left[\frac{\partial \Psi[\boldsymbol{x}(t_f),t_f]}{\partial \boldsymbol{x}(t_f)}\right]^{\mathrm{T}}\boldsymbol{\mu}\right\}_{t=t_f}$$

即

$$\boldsymbol{\lambda}(t_f)=\left[\frac{\partial \Phi}{\partial \boldsymbol{x}(t_f)}+\frac{\partial \Psi^{\mathrm{T}}}{\partial \boldsymbol{x}(t_f)}\boldsymbol{\mu}\right]_{t=t_f} \tag{7-33}$$

将式(7-32)对 t_f 求偏导数，得

$$\frac{\partial J^*[\boldsymbol{x}(t_f),t_f]}{\partial t_f}\bigg|_{t=t_f}=\left\{\frac{\partial \Phi[\boldsymbol{x}(t_f),t_f]}{\partial t_f}+\boldsymbol{\mu}^{\mathrm{T}}\frac{\partial \Psi[\boldsymbol{x}(t_f),t_f]}{\partial t_f}\right\}_{t=t_f}$$

考虑到式(7-27)、式(7-29)得

$$\left[H+\frac{\partial \Phi}{\partial t_f}+\boldsymbol{\mu}^{\mathrm{T}}\frac{\partial \Psi}{\partial t_f}\right]_{t=t_f}=0 \tag{7-34}$$

上述结果与极小原理推导的完全一致。上述推导过程实际上等于用动态规划方程间接证明了极小值原理。

应当指出，与极小值原理相比，动态规划法需要解偏微分方程式(7-23)，它要求 $J[\boldsymbol{x},t]$ 具有连续的偏导数，但在实际工程中这一点往往不能满足，因而限制了动态规划法的使用范围。

7.3.2　动态规划在连续系统最优控制问题中的应用

例 7-6　设系统状态方程为

$$\dot{x}_1(t)=x_2(t)$$
$$\dot{x}_2(t)=u(t)$$

性能指标

$$J=\frac{1}{2}\int_0^{\infty}[4x_1^2(t)+u^2(t)]\mathrm{d}t$$

试分别用连续动态规划和状态调节器方法确定最优控制 $u^*(t)$

解　解法一　连续动态规划法。

由题意可得

$$\boldsymbol{A}=\begin{bmatrix}0&1\\0&0\end{bmatrix},\quad \boldsymbol{B}=\begin{bmatrix}0\\1\end{bmatrix},\quad \boldsymbol{Q}=\begin{bmatrix}4&0\\0&0\end{bmatrix},\quad R=1$$

(1) 求 u^* 隐式解。

构造哈密尔顿函数

$$H[\boldsymbol{x},u,\boldsymbol{\lambda},t]=L[\boldsymbol{x},u,t]+\left(\frac{\partial J^*}{\partial \boldsymbol{x}}\right)^{\mathrm{T}}f[\boldsymbol{x},u,t]$$
$$=\frac{1}{2}\boldsymbol{x}^{\mathrm{T}}\boldsymbol{Q}\boldsymbol{x}+\frac{1}{2}Ru^2+\left(\frac{\partial J^*}{\partial \boldsymbol{x}}\right)^{\mathrm{T}}\boldsymbol{A}\boldsymbol{x}+\left(\frac{\partial J^*}{\partial \boldsymbol{x}}\right)^{\mathrm{T}}\boldsymbol{B}u$$

因控制无约束，所以有 $$\frac{\partial H}{\partial u}=Ru+\boldsymbol{B}^{\mathrm{T}}\frac{\partial J^*}{\partial \boldsymbol{x}}=0$$

故 $$u^*=-R^{-1}\boldsymbol{B}^{\mathrm{T}}\frac{\partial J^*}{\partial \boldsymbol{x}}$$

(2) 求 J^*。

将 u^* 代入哈密尔顿函数中，有

$$H^*=\frac{1}{2}\boldsymbol{x}^{\mathrm{T}}\boldsymbol{Q}\boldsymbol{x}+\left(\frac{\partial J^*}{\partial \boldsymbol{x}}\right)^{\mathrm{T}}\boldsymbol{A}\boldsymbol{x}-\frac{1}{2}\left(\frac{\partial J^*}{\partial \boldsymbol{x}}\right)^{\mathrm{T}}\boldsymbol{B}R^{-1}\boldsymbol{B}^{\mathrm{T}}\frac{\partial J^*}{\partial \boldsymbol{x}}$$

由于为线性定常二次型问题，可设

$$J^*=\frac{1}{2}\boldsymbol{x}^{\mathrm{T}}\bar{\boldsymbol{P}}\boldsymbol{x},\quad \frac{\partial J^*}{\partial t}=0$$

则哈密尔顿-雅可比方程为：

$$\frac{1}{2}\boldsymbol{x}^{\mathrm{T}}\boldsymbol{Q}\boldsymbol{x}+\left(\frac{\partial J^*}{\partial \boldsymbol{x}}\right)^{\mathrm{T}}\boldsymbol{A}\boldsymbol{x}-\frac{1}{2}\left(\frac{\partial J^*}{\partial \boldsymbol{x}}\right)^{\mathrm{T}}\boldsymbol{B}R^{-1}\boldsymbol{B}^{\mathrm{T}}\frac{\partial J^*}{\partial \boldsymbol{x}}=0$$

因 $\frac{\partial J^*}{\partial \boldsymbol{x}}=\bar{\boldsymbol{P}}\boldsymbol{x}$，则

$$\frac{1}{2}\boldsymbol{x}^{\mathrm{T}}(\bar{\boldsymbol{P}}\boldsymbol{A}+\boldsymbol{A}^{\mathrm{T}}\bar{\boldsymbol{P}}-\bar{\boldsymbol{P}}\boldsymbol{B}R^{-1}\boldsymbol{B}^{\mathrm{T}}\bar{\boldsymbol{P}}+\boldsymbol{Q})\boldsymbol{x}=0$$

该式对任意非零 $\boldsymbol{x}(t)$ 均成立，故

$$\bar{\boldsymbol{P}}\boldsymbol{A}+\boldsymbol{A}^{\mathrm{T}}\bar{\boldsymbol{P}}-\bar{\boldsymbol{P}}\boldsymbol{B}R^{-1}\boldsymbol{B}^{\mathrm{T}}\bar{\boldsymbol{P}}+\boldsymbol{Q}=0$$

令 $\bar{\boldsymbol{P}}=\begin{bmatrix}p_{11} & p_{12}\\ p_{21} & p_{22}\end{bmatrix}$，将系数矩阵参数代入可得

$$\begin{aligned}-p_{12}^2+4&=0\\ p_{11}-p_{12}p_{22}&=0\\ 2p_{12}-p_{22}^2&=0\end{aligned}$$

解得 $$p_{11}=4,\quad p_{12}=2,\quad p_{22}=2$$

(3) 求 u^* 显式解。

$$u^*(t)=-R^{-1}\boldsymbol{B}^{\mathrm{T}}\bar{\boldsymbol{P}}\boldsymbol{x}(t)=-\begin{bmatrix}0 & 1\end{bmatrix}\begin{bmatrix}4 & 2\\ 2 & 2\end{bmatrix}\begin{bmatrix}x_1(t)\\ x_1(t)\end{bmatrix}=-2x_1(t)-2x_2(t)$$

解法二　状态调节器方法

由题意得

$$\boldsymbol{A}=\begin{bmatrix}0 & 1\\ 0 & 0\end{bmatrix},\quad \boldsymbol{B}=\begin{bmatrix}0\\ 1\end{bmatrix},\quad \boldsymbol{Q}=\begin{bmatrix}4 & 0\\ 0 & 0\end{bmatrix},\quad R=1$$

最优控制 $$u^*(t)=-R^{-1}\boldsymbol{B}^{\mathrm{T}}\bar{\boldsymbol{P}}\boldsymbol{x}(t)$$

$\bar{\boldsymbol{P}}$ 是黎卡提方程 $\bar{\boldsymbol{P}}\boldsymbol{A}+\boldsymbol{A}^{\mathrm{T}}\bar{\boldsymbol{P}}-\bar{\boldsymbol{P}}\boldsymbol{B}R^{-1}\boldsymbol{B}^{\mathrm{T}}\bar{\boldsymbol{P}}+\boldsymbol{Q}=0$ 的解，可求出 $\bar{\boldsymbol{P}}=\begin{bmatrix}4 & 2\\ 2 & 2\end{bmatrix}$，

则 $$u^*(t)=-2x_1(t)-2x_2(t)$$

例 7-7　给定系统方程和性能指标分别为

$$\begin{cases}\dot{x}_1 = x_1 + x_2^2 \\ \dot{x}_2 = x_1 - x_2 + u\end{cases}, \quad J = \frac{1}{2}\int_0^\infty (x_1^2 + u^2)\mathrm{d}t$$

试求闭环最优控制的哈密尔顿-雅可比方程的二次近似解。

解 哈密尔顿函数为

$$H = \frac{1}{2}x_1^2 + \frac{1}{2}u^2 + \frac{\partial J^*}{\partial x_1}(x_1 + x_2^3) + \frac{\partial J^*}{\partial x_2}(x_1 - x_2 + u)$$

由

$$\frac{\partial H}{\partial u} = u + \frac{\partial J^*}{\partial x_2} = 0$$

有

$$u^*(t) = -\frac{\partial J^*}{\partial x_2}$$

由于 J 的积分上限为 ∞，被积函数不显含 t，且系统是定常的，所以有 $\frac{\partial J^*}{\partial t} = 0$。

根据式(7-28)，将 $u^*(t)$ 表达式代入哈密尔顿函数中，则得到哈密尔顿-雅可比方程为

$$\frac{1}{2}x_1^2 - \frac{1}{2}\left(\frac{\partial J^*}{\partial x_2}\right)^2 + \frac{\partial J^*}{\partial x_1}(x_1 + x_2^3) + \frac{\partial J^*}{\partial x_2}(x_1 - x_2) = 0$$

这是非线性微分方程，很难得到解析解。下面用级数展开

$$J^*[x(t)] = h_0 + h_{11}x_1 + h_{12}x_2 + \frac{1}{2}h_{21}x_1^2 + \frac{1}{2}h_{22}x_2^2 + h_{23}x_1x_2 + \cdots$$

由于题目要求得到二次近似解，所以可仅取式中的前面6项

$$\frac{\partial J^*}{\partial x_1} = h_{11} + h_{21}x_1 + h_{23}x_2, \quad \frac{\partial J^*}{\partial x_2} = h_{12} + h_{22}x_2 + h_{23}x_1$$

$$\frac{\partial J^*}{\partial x_1}(x_1 + x_2^3) = h_{11}x_1 + h_{21}x_1^2 + h_{23}x_1x_2$$

$$\frac{\partial J^*}{\partial x_2}(x_1 - x_2) = h_{12}x_1 - h_{12}x_2 + (h_{22} - h_{23})x_1x_2 + h_{23}x_1^2 - h_{22}x_2^2$$

$$\left(\frac{\partial J^*}{\partial x_2}\right)^2 = h_{12}^2 + 2h_{13}h_{23}x_1 + 2h_{12}h_{22}x_2 + 2h_{22}h_{23}x_1x_2 + h_{23}^2x_1^2 + h_{22}^2x_2^2$$

将上述各式代入哈密尔顿-雅可比方程，并经整理得

$$-\frac{1}{2}h_{12}^2 + (h_{11} + h_{12} - h_{12}h_{23})x_1 - (h_{12}h_{22} + h_{12})x_2 + (h_{22} - h_{22}h_{23})x_1x_2 +$$

$$\left(\frac{1}{2} - \frac{1}{2}h_{23}^2 + h_{23} + h_{21}\right)x_1^2 - \left(\frac{1}{2}h_{22}^2 + h_{22}\right)x_2^2 = 0$$

比较等号两边系数相等，得一组解

$$h_{11} = 0, \quad h_{12} = 0, \quad h_{21} = -1, \quad h_{22} = -2, \quad h_{23} = 1$$

而 h_0 由初始条件确定。

当初始状态和控制为零时，即 $x_1(t) = 0$ 时，$J = 0$，为极小值，因而 $h_0 = 0$。

$$J^*[x(t)] \approx -\frac{1}{2}x_1^2 - x_2^2 + x_1x_2$$

最优控制为

$$u^*(t) = -\frac{\partial J^*}{\partial x_2} = 2x_2 - x_1$$

例 7-8 设线性定常系统的状态方程为

$$\dot{\boldsymbol{x}}(t)=\boldsymbol{A}\boldsymbol{x}(t)+\boldsymbol{B}\boldsymbol{u}(t)$$

初始状态为

$$\boldsymbol{x}(0)=\begin{bmatrix}1\\0\end{bmatrix}$$

性能指标为

$$J=\int_0^{\infty}[\boldsymbol{x}^{\mathrm{T}}(t)\boldsymbol{Q}\boldsymbol{x}(t)+R\boldsymbol{u}^2(t)]\mathrm{d}t$$

其中 $\boldsymbol{A}=\begin{bmatrix}0&1\\0&0\end{bmatrix}$，$\boldsymbol{B}=\begin{bmatrix}0\\1\end{bmatrix}$，$\boldsymbol{Q}=\begin{bmatrix}2&0\\0&0\end{bmatrix}$，$R=\frac{1}{2}$。

试用连续动态规划方法，在控制无约束的情况下，确定使性能指标 J 为极小值的最优控制律 $\boldsymbol{u}^*(t)$、最优指标 J^* 和最优曲线 $\boldsymbol{x}^*(t)$。

解 构造哈密尔顿函数

$$H=L+\left[\frac{\partial J^*}{\partial \boldsymbol{x}}\right]^{\mathrm{T}}f=2x_1^2+\frac{1}{2}\boldsymbol{u}^2+\begin{bmatrix}\frac{\partial J^*}{\partial x_1}&\frac{\partial J^*}{\partial x_2}\end{bmatrix}\begin{bmatrix}x_2\\\boldsymbol{u}\end{bmatrix}$$

$$=2x_1^2+\frac{1}{2}\boldsymbol{u}^2+\frac{\partial J^*}{\partial x_1}x_2+\frac{\partial J^*}{\partial x_2}\boldsymbol{u}$$

由哈密尔顿-雅可比方程

$$-\frac{\partial J^*}{\partial t}=\min_{\boldsymbol{u}}H=\min_{\boldsymbol{u}}\left[2x_1^2+\frac{1}{2}\boldsymbol{u}^2+\frac{\partial J^*}{\partial x_1}x_2+\frac{\partial J^*}{\partial x_2}\boldsymbol{u}\right]$$

因 $\boldsymbol{u}$ 无约束，可从 $\frac{\partial H}{\partial \boldsymbol{u}}=0$ 求得 $\boldsymbol{u}^*=-\frac{\partial J^*}{\partial x_2}$。代入上式，并注意到 J^* 与 t 无关，因而 $\frac{\partial J^*}{\partial t}=0$，有

$$2x_1^2+\frac{\partial J^*}{\partial x_1}x_2-\frac{1}{2}\left(\frac{\partial J^*}{\partial x_2}\right)^2=0$$

为求解此偏微分方程，设其解为 $J^*=a_1x_1^2+2a_2x_1x_2+a_3x_2^2$ 满足上述方程，可得

$$(1-a_2^2)x_1^2+(a_1-2a_2a_3)x_1x_2+(a_2-a_3^2)x_2^2=0$$

各项系数为

$$1-a_2^2=0,\quad a_1-2a_2a_3=0,\quad a_2-a_3^2=0$$

可得

$$a_1=2,\quad a_2=1,\quad a_3=1$$

解为

$$J^*[\boldsymbol{x}(t)]=2x_1^2+2x_1x_2+x_2^2$$

最优控制为

$$\boldsymbol{u}^*=-\frac{\partial J^*[\boldsymbol{x}(t)]}{\partial x_2}=-(2x_1+2x_2)=-2(x_1+x_2)$$

最优控制可由状态反馈实现，进一步考察系统的状态轨线。系统的状态方程

$$\dot{\boldsymbol{x}}^*=\begin{bmatrix}0&1\\-2&-2\end{bmatrix}\boldsymbol{x}^*$$

为齐次方程，它的解为

$$x^*(t)=e^{At}x(0)=L^{-1}(sI-A)^{-1}x(0)=L^{-1}\left\{\begin{bmatrix} s & -1 \\ 2 & s+2 \end{bmatrix}^{-1}\right\}\begin{bmatrix} 1 \\ 0 \end{bmatrix}$$

$$=L^{-1}\left\{\frac{\begin{bmatrix} s+2 & 1 \\ 2 & s \end{bmatrix}}{(s+1+j)(s+1-j)}\right\}\begin{bmatrix} 1 \\ 0 \end{bmatrix}=\begin{bmatrix} e^{-t}(\cos t+\sin t) \\ -2e^{-t}\sin t \end{bmatrix}$$

于是最优控制为

$$u^*(t)=2e^{-t}(\sin t-\cos t)$$

性能泛函为

$$J^*=\int_0^{\infty}\left[2e^{-2t}(\cos t+\sin t)^2+\frac{1}{2}4e^{-2t}(\sin t-\cos t)^2\right]dt$$

$$=\int_0^{\infty}4e^{-2t}dt=2$$

此例题也可以用 MATLAB 求解，程序代码如下：

```
A=[0 1 ;0 0];B=[0;1];C=[0,0];D=0;
Q=[2 0;0 0];R=0.5;
[K,P,r]=lqr(A,B,Q,R)
E=A-B*K
K=   2.0000      2.0000
P=   2.0000      1.0000
     1.0000      1.0000
r=   -1.0000+1.0000i
     -1.0000-1.0000i
E=   0           1.0000
     -2.0000     -2.0000
```

根据求得的反馈增益矩阵 $\boldsymbol{E}$，整理最优控制及最优状态的表达式，可通过如下求解微分方程的函数，求解具体的最优控制变量和最优状态变量的表达式。

```
[x,y]=dsolve('Dx=y','Dy=-2*x-2*y','x(0)=1','y(0)=0','t')
u=-2*x-2*y
figure(1)
ezplot(x)
figure(2)
ezplot(y)
figure(3)
ezplot(u)
```

程序运行结果如下：

```
x=exp(-t)*(sin t+cos t)
y=-2*exp(-t)*sin t
u=-2*exp(-t)*(sin t+cos t)+4*exp(-t)*sin t
```

执行程序，可得到图 7-7、图 7-8 和图 7-9，其中图 7-7 为系统状态 x_1 的最优响应曲线，图 7-8 为系统状态 x_2 的最优响应曲线，图 7-9 为系统状态 $\boldsymbol{u}$ 的最优响应曲线。

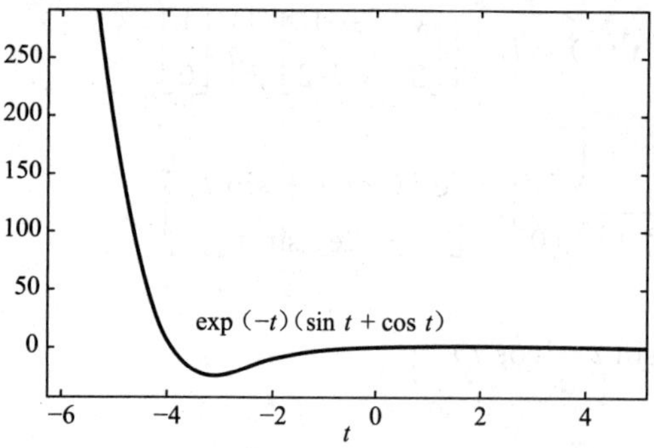

图 7-7　x_1^* 的最优响应曲线

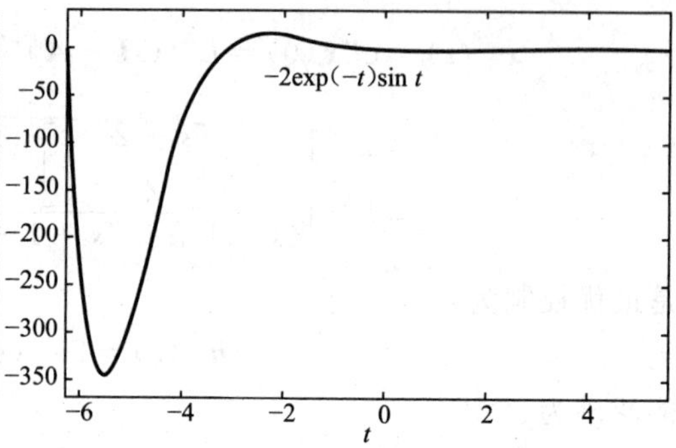

图 7-8　x_2^* 的最优响应曲线

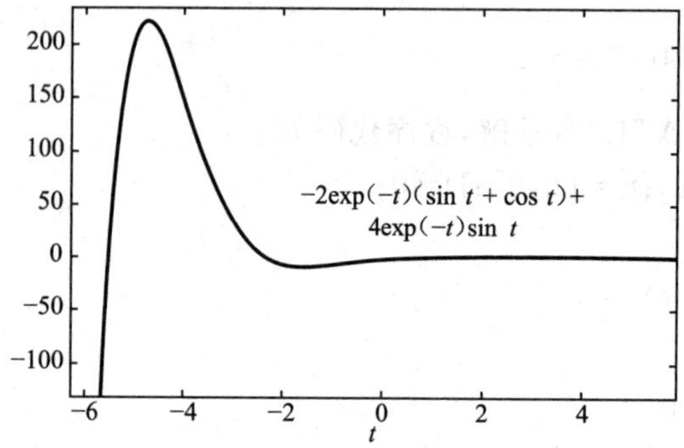

图 7-9　$\boldsymbol{u}^*(t)$的最优响应曲线

例 7-8 中的控制量 $\boldsymbol{u}(t)$不受约束，所以得到的最优控制 $\boldsymbol{u}^*(t)$是状态的线性反馈。当控制量 $\boldsymbol{u}(t)$受约束时，所得到的最优控制 $\boldsymbol{u}^*(t)$就不是状态的线性反馈。

例 7-9　设一阶受控系统

$$\dot{x}(t)=-x(t)+u(t),\quad x(0)=1$$

控制 $u(t)$满足约束条件

$$-1\leqslant u(t)\leqslant 1$$

试确定最优控制 $u^*(t)$，使性能指标

$$J=\int_0^{\infty}x^2(t)\mathrm{d}t$$

为极小值。

解　构造哈密尔顿函数为

$$H=L+\lambda^{\mathrm{T}}f=x^2(t)+\frac{\partial J^*}{\partial x}[-x(t)+u(t)]=x^2(t)-\frac{\partial J^*}{\partial x}x(t)-\frac{\partial J^*}{\partial x}u(t)$$

由于控制 $u(t)$ 受不等式约束，故不能利用 H 对 $u(t)$ 求导且等于零的条件去求最优控制。根据哈密尔顿函数表达式，要使 H 取极小值，即寻求最优控制 $u^*(t)$，则取决于$\dfrac{\partial J^*}{\partial x(t)}$的符号。显然，当$\dfrac{\partial J^*}{\partial x(t)}>0$ 时，$u^*(t)=-1$；当$\dfrac{\partial J^*}{\partial x(t)}<0$ 时，$u^*(t)=1$。

即

$$u^*(t)=-\operatorname{sgn}\left(\frac{\partial J^*}{\partial x}\right)$$

其中,sgn 为符号函数。

将 $u^*(t)$代入哈密尔顿-雅可比方程式得

$$-\frac{\partial J^*[x(t),t]}{\partial t}=\min H[x(t),\lambda(t),u(t),t]$$

并注意到 J^* 与 t 无关,则有

$$-\frac{\partial J^*}{\partial t}=\min_{u(t)} H=\min_{u(t)}\left[x^2(t)-\frac{\partial J^*}{\partial x(t)}x(t)+\frac{\partial J^*}{\partial x(t)}u(t)\right]$$

$$=x^2(t)-\frac{\partial J^*}{\partial x(t)}x(t)-\frac{\partial J^*}{\partial x(t)}\operatorname{sgn}\left[\frac{\partial J^*}{\partial x(t)}\right]=0$$

即

$$x^2(t)-\frac{\partial J^*}{\partial x(t)}x(t)-\left|\frac{\partial J^*}{\partial x(t)}\right|=0$$

由于受控对象是一个稳定的一阶非周期环节,且初始状态 $x(0)=1$ 及终端时间为∞,故其必为平衡状态 $x(\infty)=0$,即在 $0\leqslant t<\infty$ 区间内,$x(t)>0$。另外,给定的性能指标 J 是 $x(t)$二次函数的积分。可以断定

$$\frac{\partial J^*}{\partial x(t)}>0,\quad t\in[0,\infty]$$

因此

$$x^2(t)-\frac{\partial J^*}{\partial x(t)}x(t)-\frac{\partial J^*}{\partial x(t)}=0$$

或

$$\frac{\partial J^*}{\partial x(t)}=\frac{x^2(t)}{1+x(t)}$$

分离变量后,积分可得

$$J^*[x(t)]=\frac{1}{2}x^2(t)-x(t)+\ln[1+x(t)]+c$$

上式中的积分常数 c 可根据边界确定。当 $t=\infty$ 时,$x(\infty)=0$,性能指标

$$J^*[x(\infty)]=\int_0^\infty x^2(t)\mathrm{d}t=0$$

所以,$c=0$。此时

$$J^*[x(t)]=\frac{1}{2}x^2(t)-x(t)+\ln[1+x(t)]$$

显然

$$u^*(t)=-\operatorname{sgn}\left(\frac{\partial J^*}{\partial x}\right)=-\operatorname{sgn}\left[\frac{x^2(t)}{1+x(t)}\right]$$

即

$$\begin{cases}u^*(t)=-1, & x(t)>0\\ u^*(t)=0, & x(t)=0\end{cases}$$

将 $u^*(t)$代入系统方程求解,最优轨线为

$$\begin{cases}x(t)=2\mathrm{e}^{-t}-1, & 0\leqslant t<\ln 2\\ x(t)=0, & t\geqslant \ln 2\end{cases}$$

最优控制为

$$\begin{cases} u^*(t) = -1, & 0 \leqslant t < \ln 2 \\ u^*(t) = 0, & t \geqslant \ln 2 \end{cases}$$

最优性能指标为

$$J^*[x(0)] = \frac{1}{2}x^2(0) - x(0) + \ln[1 + x(0)] = \ln 2 - \frac{1}{2} = 0.193$$

由于本例中的控制 $u(t)$受到不等式约束，所以得到的最优控制不是状态的线性反馈。

本例中的受控对象为一阶惯性环节，初始状态 $x(0)=1$。当控制取为 $u(t)=0$ 时，所得的状态解为 $x(t)=\mathrm{e}^{-t}$。此时，系统的性能指标为

$$J = \int_0^\infty x^2(t)\mathrm{d}t = \int_0^\infty \mathrm{e}^{-2t}\mathrm{d}t = \frac{1}{2} = 0.5$$

显然，$J=0.5$ 比 $J^*=0.193$ 要大得多。因此，在施加控制时，应令 $u(t)=-1$，使 $x(t)$ 获得最大的减速度，从 $x(0)=1$ 很快地衰减下来。当衰减到 $x(t)=0$ 时，应及时令 $u(t)=0$。这时，状态就能稳定在 $x(t)=0$ 的平衡状态了。相应的从 $x(0)=1$ 衰减到 $x(t)=0$ 的时间 $t=\ln 2=0.693$ s。另外，在求解过程中需注意，$\frac{\partial J^*}{\partial x(t)}$ 连续是一个不易满足的强条件。

综上所述，可将连续型动态规划求解最优控制问题的步骤归纳如下。

① 构造哈密尔顿函数

$$H[\boldsymbol{x}(t),\boldsymbol{u}(t),t] = L[\boldsymbol{x}(t),\boldsymbol{u}(t),t] + \left[\frac{\partial J^*}{\partial \boldsymbol{x}}\right]^{\mathrm{T}} f[\boldsymbol{x}(t),\boldsymbol{u}(t),t]$$

② 以 $H[\boldsymbol{x}(t),\boldsymbol{u}(t),t]$ 取极值条件求 $\tilde{\boldsymbol{u}}$，即当 $\boldsymbol{u}$ 取值无限制时

$$\frac{\partial H[\boldsymbol{x}(t),\boldsymbol{u}(t),t]}{\partial \boldsymbol{u}} = 0$$

或当 $\boldsymbol{u}\in\Omega$ 为容许控制时

$$\min_{\boldsymbol{u}\in\Omega} H[\boldsymbol{x}(t),\boldsymbol{u}(t),t]$$

由上述条件解出的 $\tilde{\boldsymbol{u}}$ 是 $\boldsymbol{x}, \frac{\partial J^*}{\partial \boldsymbol{x}}, t$ 的函数。

③ 将 $\tilde{\boldsymbol{u}}$ 代入哈密尔顿-雅可比方程，并根据边界条件，解出 $J^*[\boldsymbol{x}(t),t]$。

④ 将 $J^*[\boldsymbol{x}(t),t]$ 代回 $\tilde{\boldsymbol{u}}$，即得最优控制 $\boldsymbol{u}^*[\boldsymbol{x}(t),t]$，它是状态变量的函数，据此可实现闭环最优控制。

⑤ 将 $\boldsymbol{u}^*[\boldsymbol{x}(t),t]$ 代回方程，可进一步解出最优轨线 $\boldsymbol{x}^*(t)$。

⑥ 再将 $\boldsymbol{x}^*(t)$ 代入求得最优性能泛函 $J^*[\boldsymbol{x}(t)]$。

7.4 动态规划与变分法和极小值原理

变分法、极小值原理与动态规划都是研究极值控制问题的数学方法，因此必然存在某种内在的联系。

变分法研究控制属于开集的最优控制问题，通过欧拉方程和横截条件，可以确定不同情

况下的极值控制。如果容许控制属于闭集,则经典变分法就变得无能为力。因而出现了以极小值原理和动态规划为代表的现代变分法。

庞特里亚金首先猜想并随之加以严格论证的极小值原理,以哈密尔顿方式发展了经典变分法,以解决常微分方程所描述的控制有约束的变分问题为目标,结果得到了一组常微分方程组表示的最优解的必要条件。

贝尔曼提出的动态规划以哈密尔顿-雅可比方式发展了经典变分法,可以解决比常微分方程所描述的更具一般性的最优控制问题,对于连续系统,给出了一个偏微分方程表示的充分条件。

由于许多工程实际问题的最优性能指标不满足可微性条件,所以能用极小值原理求解的最优控制问题未必能写出哈密尔顿-雅可比方程。此外,解常微分方程一般比解偏微分方程容易,因此极小值原理比动态规划好用。但是,动态规划法求解离散最优控制问题更加方便,应用范围更广。由于动态规划结论是充分条件,故便于建立动态规划、极小值原理与变分法之间的联系。当然,对于同样能用这三种方法求解的最优控制问题,所得到的结果应该是相同的。

7.4.1 动态规划与变分法

动态规划与变分法密切相关。变分法的基本问题是确定最优轨线 $x^*(t)$,使泛函

$$J=\int_{t_0}^{t_f} L[x,\dot{x},t]\mathrm{d}t \tag{7-35}$$

取极小值。式中,t_0 及 t_f 固定,$x(t)$是连续可微的标量函数。

若令

$$\dot{x}(t)=u(t) \tag{7-36}$$

将式(7-36)代入式(7-35),则变分问题转化为:对于系统(7-36),要求最优控制 $u^*(t)$,使性能指标

$$J=\int_{t_0}^{t_f} L[x,u,t]\mathrm{d}t \tag{7-37}$$

取极小值。其中,$u(t)$不受约束。

这时变分法的所有结果都可由动态规划法导出。下面分三种情况讨论。

(1) 始端和终端固定情况。

当两端固定时,系统方程(7-36)的边界条件为

$$x(t_0)=x_0,\quad x(t_f)=x_f$$

假定连续动态规划的全部条件成立,则哈密尔顿-雅可比方程为

$$\frac{\partial J^*}{\partial t}=-\min_{u(t)}\left\{L[x,u,t]+\frac{\partial J^*}{\partial x}u\right\}$$

或写为

$$\min_{u(t)}\left\{L[x,u,t]+\frac{\partial J^*}{\partial x}u+\frac{\partial J^*}{\partial t}\right\}=0 \tag{7-38}$$

令哈密尔顿函数

$$H=L[x,u,t]+\frac{\partial J^*}{\partial x}u \tag{7-39}$$

则式(7-38)可改写为

$$\min_{u(t)}\left(H+\frac{\partial J^*}{\partial x}\right)=0 \tag{7-40}$$

因为 $u(t)$ 无约束,故令

$$\frac{\partial H}{\partial u}=\frac{\partial L}{\partial u}+\frac{\partial J^*}{\partial x}=0 \tag{7-41}$$

解得

$$\frac{\partial J^*}{\partial x}=-\frac{\partial L}{\partial u} \tag{7-42}$$

取式(7-41)对 t 的偏导数,有

$$\frac{\partial^2 L}{\partial t\partial u}+\frac{\partial^2 J^*}{\partial t\partial x}=0$$

解得

$$\frac{\partial^2 J^*}{\partial t\partial u}=-\frac{\partial^2 L}{\partial t\partial u} \tag{7-43}$$

将从式(7-41)中解出的 u 代入式(7-38),自然有

$$L[x,u,t]+\frac{\partial J^*}{\partial x}u+\frac{\partial J^*}{\partial t}=0$$

上式对 x 求偏导数,得

$$\frac{\partial L}{\partial x}+\frac{\partial}{\partial x}\left(\frac{\partial J^*}{\partial x}u\right)+\frac{\partial^2 J^*}{\partial t\partial x}=0 \tag{7-44}$$

将式(7-42)和式(7-43)代入式(7-44),且令 $u=\dot{x}$,得

$$\frac{\partial L}{\partial x}-\frac{\partial}{\partial x}\left[\frac{\partial L}{\partial \dot{x}}\dot{x}\right]-\frac{\partial^2 L}{\partial t\partial \dot{x}}=0 \tag{7-45}$$

考虑到

$$\frac{\mathrm{d}}{\mathrm{d}t}\frac{\partial L}{\partial \dot{x}}=\frac{\partial^2 L}{\partial x\partial \dot{x}}\dot{x}+\frac{\partial^2 L}{\partial t\partial \dot{x}}$$

式(7-45)可写为

$$\frac{\partial L}{\partial x}-\frac{\mathrm{d}}{\mathrm{d}t}\frac{\partial L}{\partial \dot{x}}=0 \tag{7-46}$$

这就是众所周知的欧拉方程。

由于在推导欧拉方程时先做了最优解存在,即哈密尔顿-雅可比方程成立的假定,所以导出的欧拉方程(7-46)代表的是必要条件。

在连续动态规划中,式(7-40)有极小值的另一条件是

$$\frac{\partial^2 H}{\partial u^2}\geqslant 0 \tag{7-47}$$

将式(7-39)及式(7-36)代入上式,求得

$$\frac{\partial^2 L}{\partial \dot{x}^2}\geqslant 0 \tag{7-48}$$

这就是勒让德条件,也是使泛函(7-35)取极小值的必要条件。

至于求解欧拉方程(7-46)所需的两点边值条件，已由已知初态和末态条件所给出。

(2) 起点自由情况。

当起点自由时，由变分法得到的横截条件为

$$\left.\frac{\partial L}{\partial \dot{x}}\right|_{t_0}=0 \tag{7-49}$$

这一结论亦可由连续动态规划导出。

因起点自由，故最优轨线 $x^*(t)$ 的初始值 x_0^* 必对应最优性能指标 $J^*[x(t),t]$ 在 $t=t_0$ 时的极小值点，自然应有

$$\left.\frac{\partial J^*}{\partial x}\right|_{t_0}=0 \tag{7-50}$$

将式(7-42)和式(7-36)分别代入式(7-50)，立即得到式(7-49)。

(3) 终点自由情况。

当终点自由时，由变分法得到的横截条件为

$$\left.\frac{\partial L}{\partial \dot{x}}\right|_{t_f}=0 \tag{7-51}$$

由连续动态规划法知，此时应有

$$\lambda(t_f)=\left.\frac{\partial J^*}{\partial x}\right|_{t_f}=0$$

代入式(7-42)和式(7-36)，立即可得式(7-51)。

当末端受约束时，变分法中更为一般情况下的横截条件，也可以方便地根据哈密尔顿-雅可比方程导出，读者不妨自行论证。

7.4.2 极小值原理与变分法

当起点固定，$x(t_0)=x_0$ 时，使泛函(7-35)取极值的必要条件是欧拉方程(7-46)成立。这一结论也可以对系统(7-36)和性能指标(7-37)应用极小值原理方便地导出。

根据极小值原理，构造哈密尔顿函数

$$H=L[x,u,t]+\lambda(t)u(t)$$

由正则方程

$$\dot{\lambda}(t)=-\frac{\partial H}{\partial x}=-\frac{\partial L}{\partial x} \tag{7-52}$$

因 $u(t)$ 无约束，故极值条件为

$$\frac{\partial H}{\partial u}=\frac{\partial L}{\partial u}+\lambda=0$$

解得

$$\lambda(t)=-\frac{\partial L}{\partial u}$$

上式对 t 求导，有

$$\dot{\lambda}(t)=-\frac{\mathrm{d}}{\mathrm{d}t}\frac{\partial L}{\partial u} \tag{7-53}$$

比较式(7-52)和式(7-53)，得

$$\frac{\partial L}{\partial x}-\frac{\mathrm{d}}{\mathrm{d}t}\frac{\partial L}{\partial u}=0$$

因为 $u=x$，故欧拉方程为

$$\frac{\partial L}{\partial x}-\frac{\mathrm{d}}{\mathrm{d}t}\frac{\partial L}{\partial x}=0$$

应用极小值原理的结论还可以方便地得到变分法中的各种横截条件。这充分表明，经典变分法是极小值原理的特例。

7.4.3 动态规划与极小值原理

考虑如下问题：已知系统状态方程

$$\dot{\boldsymbol{x}}(t)=f[\boldsymbol{x}(t),\boldsymbol{u}(t),t],\quad \boldsymbol{x}(t_0)=\boldsymbol{x}_0 \tag{7-54}$$

式中，$\boldsymbol{x}(t)\in \mathbf{R}^n$，$\boldsymbol{u}(t)\in \boldsymbol{R}^m$。要求确定最优控制 $\boldsymbol{u}^*(t)\in \Omega$，使性能指标

$$J=\Phi[\boldsymbol{x}(t_f),t_f]+\int_{t_0}^{t_f}L[\boldsymbol{x},\boldsymbol{u},t]\mathrm{d}t \tag{7-55}$$

取极小值。其中 $\boldsymbol{x}(t_f)$ 自由；t_f 或固定，或自由。

(1) 终端时刻固定情况。

当 t_f 固定时，上述问题是时变系统、复合型性能指标、t_f 固定和终端状态自由的最优控制问题。根据极小值原理，上述问题的最优解应满足如下必要条件。

正则方程为

$$\dot{\boldsymbol{x}}(t)=\frac{\partial H}{\partial \boldsymbol{\lambda}},\quad \dot{\boldsymbol{\lambda}}(t)=-\frac{\partial H}{\partial \boldsymbol{x}}$$

式中，哈密尔顿函数

$$H[\boldsymbol{x},\boldsymbol{\lambda},\boldsymbol{u},t]=L[\boldsymbol{x},\boldsymbol{u},t]+\boldsymbol{\lambda}^{\mathrm{T}}(t)f[\boldsymbol{x},\boldsymbol{u},t]$$

边界条件为

$$\boldsymbol{x}(t_0)=\boldsymbol{x}_0,\quad \boldsymbol{\lambda}(t_f)=\frac{\partial \Phi[\boldsymbol{x}(t_f),t_f]}{\partial \boldsymbol{x}(t_f)}$$

极小值的条件为

$$H^*[\boldsymbol{x},\boldsymbol{\lambda},\boldsymbol{u}^*,t]=\min_{\boldsymbol{u}\in\Omega}H[\boldsymbol{x},\boldsymbol{\lambda},\boldsymbol{u},t]$$

上述结论也可以利用哈密尔顿-雅可比方程导出。假定最优性能指标 $J^*[\boldsymbol{x}(t),t]$ 存在，且连续可微。根据连续动态规划法，哈密尔顿-雅可比方程为如下一阶偏微分方程

$$\frac{\partial J^*}{\partial t}+H^*\left[\boldsymbol{x},\frac{\partial J^*}{\partial \boldsymbol{x}},t\right]=0 \tag{7-56}$$

其边界条件为

$$J^*[\boldsymbol{x}(t_f),t_f]=\Phi[\boldsymbol{x}(t_f),t_f] \tag{7-57}$$

式中

$$H^*\left[\boldsymbol{x},\frac{\partial J^*}{\partial \boldsymbol{x}},t\right]=\min_{\boldsymbol{u}\in\Omega}H\left[\boldsymbol{x},\boldsymbol{u},\frac{\partial J^*}{\partial \boldsymbol{x}},t\right] \tag{7-58}$$

而

$$H\left[\boldsymbol{x},\boldsymbol{u},\frac{\partial J^*}{\partial \boldsymbol{x}},t\right]=L[\boldsymbol{x},\boldsymbol{u},t]+\left(\frac{\partial J^*}{\partial \boldsymbol{x}}\right)^{\mathrm{T}}f[\boldsymbol{x},\boldsymbol{u},t] \tag{7-59}$$

若

$$\boldsymbol{\lambda}(t)=\frac{\partial J^{*}[\boldsymbol{x},t]}{\partial \boldsymbol{x}} \tag{7-60}$$

必有

$$\dot{\boldsymbol{x}}(t)=\frac{\partial H}{\partial \boldsymbol{\lambda}}=f[\boldsymbol{x},\boldsymbol{u},t] \tag{7-61}$$

$$H[\boldsymbol{x},\boldsymbol{\lambda},\boldsymbol{u}^{*},t]=\min_{\boldsymbol{u}\in\Omega} H[\boldsymbol{x},\boldsymbol{\lambda},\boldsymbol{u},t] \tag{7-62}$$

式(7-62)表明，在保持 $\boldsymbol{x},\boldsymbol{\lambda},t$ 不变的条件下，选择 $\boldsymbol{u}(t)\in\Omega$，使 H 取全局极小值，这就是极小值原理中的极小值条件。式(7-61)显然为状态方程。

将式(7-60)对 t 取全导数，有

$$\begin{aligned}\dot{\boldsymbol{\lambda}}(t)&=\frac{\mathrm{d}}{\mathrm{d}t}\left\{\frac{\partial J^{*}[\boldsymbol{x},t]}{\partial \boldsymbol{x}}\right\}=\frac{\partial^{2} J^{*}[\boldsymbol{x},t]}{\partial t\partial \boldsymbol{x}}+\frac{\partial^{2} J^{*}[\boldsymbol{x},t]}{\partial \boldsymbol{x}\partial \boldsymbol{x}^{\mathrm{T}}}\dot{\boldsymbol{x}}\\&=\frac{\partial}{\partial \boldsymbol{x}}\left\{\frac{\partial J^{*}[\boldsymbol{x},t]}{\partial \boldsymbol{x}}\right\}+\frac{\partial^{2} J^{*}[\boldsymbol{x},t]}{\partial \boldsymbol{x}\partial \boldsymbol{x}^{\mathrm{T}}}f[\boldsymbol{x},\boldsymbol{u},t]\end{aligned}$$

将式(7-56)、式(7-58)和式(7-59)代入上式，得

$$\begin{aligned}\dot{\boldsymbol{\lambda}}(t)&=-\frac{\partial}{\partial \boldsymbol{x}}\left\{L[\boldsymbol{x},\boldsymbol{u}^{*},t]+\left(\frac{\partial J^{*}}{\partial \boldsymbol{x}}\right)^{\mathrm{T}}f[\boldsymbol{x},\boldsymbol{u}^{*},t]\right\}+\frac{\partial^{2} J^{*}}{\partial \boldsymbol{x}^{2}}f[\boldsymbol{x},\boldsymbol{u},t]\\&=-\frac{\partial L[\boldsymbol{x},\boldsymbol{u}^{*},t]}{\partial \boldsymbol{x}}-\frac{\partial^{2} J^{*}[\boldsymbol{x},t]}{\partial \boldsymbol{x}}f[\boldsymbol{x},\boldsymbol{u}^{*},t]-\\&\quad\left\{\frac{\partial J^{*}[\boldsymbol{x},t]}{\partial \boldsymbol{x}}\right\}\left\{\frac{\partial f^{\mathrm{T}}[\boldsymbol{x},\boldsymbol{u}^{*},t]}{\partial \boldsymbol{x}}\right\}+\frac{\partial^{2} J^{*}[\boldsymbol{x},t]}{\partial \boldsymbol{x}^{2}}f[\boldsymbol{x},\boldsymbol{u},t]\end{aligned}$$

因为已设 $J^{*}[\boldsymbol{x}(t),t]$ 存在且连续可微，故有 $\boldsymbol{u}(t)=\boldsymbol{u}^{*}(t)$，且已令 $\boldsymbol{\lambda}(t)=\dfrac{\partial J^{*}}{\partial \boldsymbol{x}}$，于是上式可写为

$$\dot{\boldsymbol{\lambda}}(t)=-\frac{\partial}{\partial \boldsymbol{x}}\{L[\boldsymbol{x},\boldsymbol{u},t]+\boldsymbol{\lambda}^{\mathrm{T}}f[\boldsymbol{x},\boldsymbol{u},t]\}=-\frac{\partial H[\boldsymbol{x},\boldsymbol{\lambda},\boldsymbol{u},t]}{\partial \boldsymbol{x}} \tag{7-63}$$

这就是协态方程。

由边界条件(7-57)，并考虑到式(7-60)，得

$$\boldsymbol{\lambda}(t_{\mathrm{f}})=\left\{\frac{\partial J^{*}[\boldsymbol{x},t]}{\partial \boldsymbol{x}}\right\}_{t=t_{\mathrm{f}}}=\frac{\partial \Phi[\boldsymbol{x}(t_{\mathrm{f}}),t_{\mathrm{f}}]}{\partial \boldsymbol{x}(t_{\mathrm{f}})} \tag{7-64}$$

这就是横截条件。

这样，在假定 $J^{*}[\boldsymbol{x}(t),t]$ 存在且连续可微的条件下，由哈密尔顿-雅可比方程(7-56)及其边界条件式(7-57)，导出了极小值原理给出的全部必要条件。

(2) 终端时刻自由情况。

由极小值原理知，对于所讨论的问题，在最优解应满足的必要条件中，除与 t_{f} 固定时相同的必要条件外，还有一个必要条件是 H 变化律应为

$$H^{*}[\boldsymbol{x}(t_{\mathrm{f}}^{*}),\boldsymbol{\lambda}(t_{\mathrm{f}}^{*}),\boldsymbol{u}^{*}(t_{\mathrm{f}}^{*}),t_{\mathrm{f}}^{*}]=-\frac{\partial \Phi[\boldsymbol{x}(t_{\mathrm{f}}^{*}),t_{\mathrm{f}}^{*}]}{\partial t_{\mathrm{f}}^{*}} \tag{7-65}$$

在连续动态规划中，取边界条件(7-57)对 t_{f} 的偏导数，得

$$\frac{\partial J^{*}}{\partial t_{\mathrm{f}}}=\frac{\partial \Phi[\boldsymbol{x}(t_{\mathrm{f}}),t_{\mathrm{f}}]}{\partial t_{\mathrm{f}}} \tag{7-66}$$

令 $t_f = t_f^*$，并利用式(7-56)和式(7-60)，立即得到式(7-65)。

不难看出，当 t_f 自由时，前面导出的式(7-61)、式(7-62)、式(7-63)以及式(7-64)仍然成立。

应当指出，以上推证只是形式上的意义，不能认为是极小值原理的严格证明。实际上，除了线性二次型问题外，哈密尔顿-雅可比方程难以求解，或者根本不存在二次连续可微的函数 $J^*[\boldsymbol{x}(t),t]$。但是，上述推证揭示了变分法、极小值原理与动态规划之间的内在联系，对这三种方法的应用条件及相互关系有更深入的了解。

7.5 小 结

动态规划法是美国学者贝尔曼于 1957 年研究离散系统的多级决策问题时提出来的，它是解决受闭域约束的最优控制问题的又一有效方法。

7.5.1 多级决策问题

多级决策问题是指把一个多级决策过程分成若干阶段，要求对每个阶段都做出决策，以使整个过程取得最优结果。

7.5.2 动态规划法

动态规划是一种逆序计算法，从终端开始到始端为止逆向递推，是一种可确定最优路线的方法。

(1) 动态规划的基本递推方程为

$$J^*[\boldsymbol{x}(k),k] = \min_{\boldsymbol{u}(k)} \{L[\boldsymbol{x}(k),\boldsymbol{u}(k)] + J^*[\boldsymbol{x}(k+1),k+1]\} \quad (k=0,1,\cdots,N-2)$$

(2) 最优性原理。多级决策过程的最优决策具有这样的性质，即不论初始状态和初始决策如何，其余的决策对于由初始决策所形成的状态来说，必定也是一个最优策略。

7.5.3 离散系统的动态规划

非线性离散系统的状态差分方程为

$$\boldsymbol{x}(k+1) = \boldsymbol{f}[\boldsymbol{x}(k),\boldsymbol{u}(k),k] \quad (k=0,1,\cdots,N-1), \quad \boldsymbol{x}(0)=\boldsymbol{x}_0$$

性能指标为

$$J[\boldsymbol{x}(0)] = \Phi[\boldsymbol{x}(N),N] + \sum_{k=0}^{N-1} L[\boldsymbol{x}(k),\boldsymbol{u}(k),k]$$

在容许的控制域中，使性能指标取极小的最优控制序列 $\boldsymbol{u}^*(k)(k=0,1,\cdots,N-1)$ 存在的充分条件为满足以下递推方程

$$J_{k+1}^*[\boldsymbol{x}(k),k] = \min_{\boldsymbol{u}(k)} \{L[\boldsymbol{x}(k),\boldsymbol{u}(k),k] + J_{k+2}^*[\boldsymbol{x}(k+1),k+1]\} \quad (k=0,1,\cdots,N-2)$$

7.5.4 连续系统的动态规划

设连续系统的状态方程为

$$\dot{\boldsymbol{x}}(t) = \boldsymbol{f}[\boldsymbol{x}(t),\boldsymbol{u}(t),t], \quad \boldsymbol{x}(t_0)=\boldsymbol{x}_0$$

性能指标为

$$J(\boldsymbol{x}_0,t_0)=\Phi[\boldsymbol{x}(t_f),t_f]+\int_{t_0}^{t_f}L[\boldsymbol{x}(t),\boldsymbol{u}(t),t]\mathrm{d}t$$

使性能指标取极小的最优控制 $\boldsymbol{u}^*(t)$ 存在的充分条件为满足以下哈密尔顿-雅可比方程

$$-\frac{\partial J^*[\boldsymbol{x}(t),t]}{\partial t}=\min_{\boldsymbol{u}(t)}\left\{L[\boldsymbol{x}(t),\boldsymbol{u}(t),t]+\left\{\frac{\partial J^*[\boldsymbol{x}(t),t]}{\partial \boldsymbol{x}(t)}\right\}^{\mathrm{T}}f[\boldsymbol{x}(t),\boldsymbol{u}(t),t]\right\}$$

和终端边界条件

$$J^*[\boldsymbol{x}(t_f),t_f]=\Phi[\boldsymbol{x}(t_f),t_f]$$

第 7 章　习　题

7-1　已知一阶离散系统 $x(k+1)=x(k)+[x^2(k)+u(k)]/10$，$x(0)=3$，试求使代价函数

$$J=\sum_{k=0}^{1}|x(k)-3u(k)|$$

为极小的控制序列 $u(k)$。

7-2　已知一阶系统 $x(k+1)=x(k)u(k)+u(k)$，$x(0)=1$，$u(k)$ 的取值可为 1，-1，0，用动态规划法计算使目标泛函

$$J=|x(3)|+\sum_{k=0}^{2}[|x(k)|+3|u(k-1)+1|]$$

极小得最优控制 $u^*(k)$，其中 $k=0,1,2$。

7-3　已知二阶系统状态方程和初始条件分别为

$$\boldsymbol{x}(k+1)=\begin{bmatrix}2&0\\1&1\end{bmatrix}\boldsymbol{x}(k)+\begin{bmatrix}1\\0\end{bmatrix}\boldsymbol{u}(k),\quad \boldsymbol{x}(0)=\begin{bmatrix}1\\0\end{bmatrix}$$

求 $\boldsymbol{u}^*(k)$ 和 $\boldsymbol{x}^*(k)$，使

$$J=\sum_{k=0}^{1}\left\{\boldsymbol{x}^{\mathrm{T}}(k+1)\begin{bmatrix}0&0\\0&2\end{bmatrix}\boldsymbol{x}(k+1)+2\boldsymbol{u}^2(k)\right\}$$

达极小。

7-4　描述离散系统的差分方程为

$$x(k+1)=x(k)+u(k),\quad k=0,1,2,3,4$$

设控制变量 $u(k)$ 只限于取值 1 及 -1，预期得终端状态 $k=4$ 时，$x(4)=2$，使下列性能指标

$$J=\sum_{k=0}^{3}[x^3(k)+u(k)x(k)+u^2(k)x(k)]$$

为极小值，试确定最优控制序列、最优轨迹，以及对应的初始状态 $x(0)=0$ 的性能指标最优值。

7-5　对二阶受控系统 $\ddot{\boldsymbol{\theta}}+\boldsymbol{\theta}=\boldsymbol{u}$，假定 $\boldsymbol{\theta}$ 和 $\dot{\boldsymbol{\theta}}$ 可以直接测量，力矩 $\boldsymbol{u}$ 不受限制，试求使性能指标 $J=\int_0^\infty(\boldsymbol{\theta}^2+\dot{\boldsymbol{\theta}}+\boldsymbol{u}^2)\mathrm{d}t$ 为极小的最优控制 $\boldsymbol{u}^*$。

7-6　带状态延迟的一阶离散控制过程由以下状态方程描述

$$x(k+1)=x(k)+2x(k-1)+u(k)$$

性能指标为

$$J=\frac{1}{2}\sum_{k=0}^{N-1}[x^2(k)+u^2(k)]$$

求最优控制 $u(0)$ 和 $u(1)$,使 J 在 $N=2$ 时为极小。已知初始状态为 $x(0)$ 和 $x(-1)$。

7-7　已知线性定常系统的状态和初始条件分别为

$$\dot{\boldsymbol{x}}=\boldsymbol{A}(t)\boldsymbol{x}(t)+\boldsymbol{B}(t)\boldsymbol{u}(t),\quad \boldsymbol{x}(t_0)=\boldsymbol{x}_0$$

终止时刻 t_f 指定,终止状态 $\boldsymbol{x}(t_f)$ 自由,性能指标为

$$J=\frac{1}{2}\boldsymbol{x}^{\mathrm{T}}(t_f)\boldsymbol{S}\boldsymbol{x}(t_f)+\frac{1}{2}\int_{t_0}^{t_f}[\boldsymbol{x}^{\mathrm{T}}(t)\boldsymbol{Q}\boldsymbol{x}(t)+\boldsymbol{u}^{\mathrm{T}}(t)\boldsymbol{R}(t)\boldsymbol{u}(t)]\mathrm{d}t$$

其中,$\boldsymbol{x}\in\mathbf{R}^n$,$\boldsymbol{u}\in\mathbf{R}^p$;$\boldsymbol{A}$,$\boldsymbol{B}$ 分别为 $n\times n$ 和 $n\times\rho$ 阶的连续矩阵函数;$\boldsymbol{S}$ 为 $n\times n$ 阶实对称非负常数矩阵,$\boldsymbol{Q}$ 为 $n\times n$ 阶对称非负常数矩阵,$\boldsymbol{R}$ 为 $\rho\times\rho$ 阶对称正定常数矩阵。试用动态规划方法求最优控制 $\boldsymbol{u}^*(t)$,使 J 取极小值。

7-8　用动态规划法证明使泛函 $J[\boldsymbol{x}(t)]=\int_{t_0}^{t_f}F[\boldsymbol{x},\dot{\boldsymbol{x}},t]\mathrm{d}t$($t_f$ 固定)取极小值,且 $\boldsymbol{x}(t_0)=\boldsymbol{x}_0$,$\boldsymbol{x}(t_f)=\boldsymbol{x}_1$ 的极值曲线 $\boldsymbol{x}^*(t)$ 必满足欧拉方程

$$\frac{\partial F}{\partial \boldsymbol{x}}-\frac{\mathrm{d}}{\mathrm{d}t}\left(\frac{\partial F}{\partial \dot{\boldsymbol{x}}}\right)=0$$

习题参考答案

第2章　习题答案

2-1　最优轨线：$x(t)=\frac{1}{2}t^2-\frac{3}{2}t+\frac{1}{2}$

2-2　泛函的变分：

$$\delta J=\int_{t_0}^{t_f}\left(\frac{\partial L}{\partial x}-\frac{\mathrm{d}}{\mathrm{d}t}\frac{\partial L}{\partial \dot{x}}+\frac{\mathrm{d}^2}{\mathrm{d}t^2}\frac{\partial L}{\partial \ddot{x}}\right)\delta x\,\mathrm{d}t+\left(\frac{\partial L}{\partial \dot{x}}\delta x+\frac{\partial L}{\partial \ddot{x}}\delta \dot{x}-\delta x\frac{\mathrm{d}}{\mathrm{d}t}\frac{\partial L}{\partial \ddot{x}}\right)\Bigg|_{t_0}^{t_f}$$

欧拉方程：$\frac{\partial L}{\partial x}-\frac{\mathrm{d}}{\mathrm{d}t}\frac{\partial L}{\partial \dot{x}}+\frac{\mathrm{d}^2}{\mathrm{d}t^2}\frac{\partial L}{\partial \ddot{x}}=0$

2-3　极值曲线：$x(t)=-\frac{1}{6}t^4+\frac{1}{3}t^2-\frac{1}{6}$

2-4　必要条件：$\frac{\partial H}{\partial x}-\frac{\mathrm{d}}{\mathrm{d}x}\left[\frac{\partial H}{\partial \dot{x}}\right]=0,\quad g[\dot{x},x,t]=0$

横截条件：$\frac{\partial H[x(t_f),\dot{x}(t_f),t_f]}{\partial \dot{x}(t_f)}=\frac{\partial \Phi[\partial x(t_f)]}{\partial x(t_f)}$

2-5　曲线：$(y-3)^2+x^2=5$

2-6　最优控制向量：$\boldsymbol{u}^*=\begin{bmatrix}u_1\\u_2\end{bmatrix}=\begin{bmatrix}-\frac{9}{14}\\ \frac{9t}{14}-\frac{9}{7}\end{bmatrix}$

第3章　习题答案

3-1　最优控制：$u^*(t)=\frac{1}{18}t$

3-2　最优控制：$u^*(t)=\begin{cases}-1, & 0<t<\ln\frac{\mathrm{e}}{2}\\ 1, & \ln\frac{\mathrm{e}}{2}<t<1\end{cases}$

3-3　最优控制：$u(t)=\frac{-4\mathrm{e}^{-2(t_1-t)}}{5\mathrm{e}^{2(t_1-t)}-\mathrm{e}^{-2(t_1-t)}}x(t)$

其中　$x(t)=\frac{5\mathrm{e}^{2(t_1-t)}-\mathrm{e}^{-2(t_1-t)}}{5\mathrm{e}^{2t_1}-\mathrm{e}^{2t_1}}$

3-4　最优控制：$u(t)=\frac{6(T+4)}{T^3}t-\frac{4(T+3)}{T^2}$

3-5　若 T 可变，本问题无解。

3-6 最优控制：$u_1^* = -3t + \frac{5}{2}$，$u_2^* = \frac{1}{4}$

最优轨线：$x_1^* = -\frac{3}{2}t^2 + \frac{5}{2}t$，$x_2^* = -\frac{1}{2}t^3 + \frac{5}{4}t^2 + \frac{1}{4}t$

3-7

(1) u 无约束，最优控制：$u^*(t) = 0.242\,4\mathrm{e}^{\sqrt{2}t} - 4.100\,6\mathrm{e}^{-\sqrt{2}t}$

(2) $|u(t)| \leqslant 0.3$，最优控制：

$$u^*(t) = \begin{cases} -0.3, & 0 \leqslant t < 0.915 \\ 1.103\,8\mathrm{e}^{\sqrt{2}(t-0.915)} - 1.403\,8\mathrm{e}^{-\sqrt{2}(t-0.915)}, & 0.915 < t \leqslant 1 \end{cases}$$

第 4 章　习题答案

4-1 证明(略)。

4-2 最优控制：$u^*(t) = \begin{cases} -1, & \lambda_2(t) > 0 \\ 1, & \lambda_2(t) < 0 \end{cases}$

其中，$\lambda_2(t) = C\sin(t + a)$，$C$ 和 a 是初始条件下确定的常数。

4-3 当初始状态(ξ_1, ξ_2)起始于：

(1) $x_2 < -1, x_1 > -1, \gamma_-$ 以右时，$u^*(t)$：$[1, -1]$；

(2) $x_2 < -1, x_1 < -1$ 时，$u^*(t)$：$[-1, 1]$；

(3) $x_2 > 1, x_1 > 1$ 时，$u^*(t)$：$[1, -1]$；

(4) $x_2 > 1, x_1 < 1, \gamma_+$ 以左时，$u^*(t)$：$[-1, 1]$；

(5) $-1 < x_2 < 1$，开关曲线以右时，$u^*(t)$：$[1, -1]$；

(6) $-1 < x_2 < 1$，开关曲线以右时，$u^*(t)$：$[-1, 1]$；

(7) γ_- 上，$u^*(t)$：$[-1]$；γ_+ 上，$u^*(t)$：$[1]$。

$\gamma_-: x_2 - 1 = -(x_1 - 1)^2 \quad (x_1 < 1) \quad (u = -1)$

$\gamma_+: x_2 + 1 = (x_1 + 1)^2 \quad (x_1 > -1) \quad (u = 1)$

4-4 $t = t_{AB} + t_{BO} = \frac{1}{\omega}\left(\frac{\pi}{2} + \arccos\frac{3}{5}\right)$

4-5 $F(t)$ 的变化规律：$F(t) = \begin{cases} 148\ \mathrm{N}, & 0 \leqslant t < 2\sqrt{5} \\ 48\ \mathrm{N}, & 2\sqrt{5} < t \leqslant 4\sqrt{5} \end{cases}$

最短时间：$t_f = 4\sqrt{5}\ \mathrm{s}$

第 5 章　习题答案

5-1 最优控制：$u^*(t) = \begin{cases} -1, & 0 < t < 6 - 2\sqrt{3} \\ 0, & 6 - 2\sqrt{3} < t < 6 + 2\sqrt{3} \\ 1, & 6 + 2\sqrt{3} < t < 10 \end{cases}$

5-2 最优控制：$u^* = \begin{cases} 1, & \lambda_2 x_2 < -1 \\ -1, & \lambda_2 x_2 > 1 \\ 0, & -1 < \lambda_2 x_2 < 1 \\ [0,1], & \lambda_2 x_2 = -1 \\ [-1,0], & \lambda_2 x_2 = 1 \end{cases}$

5-3

(1) 时间最优问题：响应时间 $t_f = 1 + 2\sqrt{\frac{3}{2}}$

消耗的燃料：$\int_0^{t_f} |u|\,dt = 3.445\ 949$

(2) 燃料-时间问题：响应时间 $t_f = 3.828\ 427\ 12$

消耗的燃料：$\int_0^{t_f} |u|\,dt = 2.414\ 213\ 56$

第 6 章　习题答案

6-1 最优控制：$u^*(t) = \dfrac{-2(e^{-2\sqrt{3}(t-T)} - 1)}{\sqrt{3} + 1 + (\sqrt{3} - 1)e^{-2\sqrt{3}(t-T)}} x(t)$

6-2 经证明，J 的系数由原来的 1/2 变成 1 后，$\boldsymbol{P}(t)$ 变成了 $2\boldsymbol{P}(t)$，最优性能指标由原来的 $J^*[\boldsymbol{x}(t_0), t_0] = \frac{1}{2}\boldsymbol{x}^{\mathrm{T}}(t_0)\boldsymbol{P}(t_0)\boldsymbol{x}(t_0)$ 变成了 $J^*[\boldsymbol{x}(t_0), t_0] = \boldsymbol{x}^{\mathrm{T}}(t_0)\boldsymbol{P}(t_0)\boldsymbol{x}(t_0)$

6-3 最优控制：$\boldsymbol{u}^*(t) = -\begin{bmatrix} 1 & \sqrt{2} \end{bmatrix} \begin{bmatrix} y_1 \\ y_2 \end{bmatrix}$

结构图如下图所示：

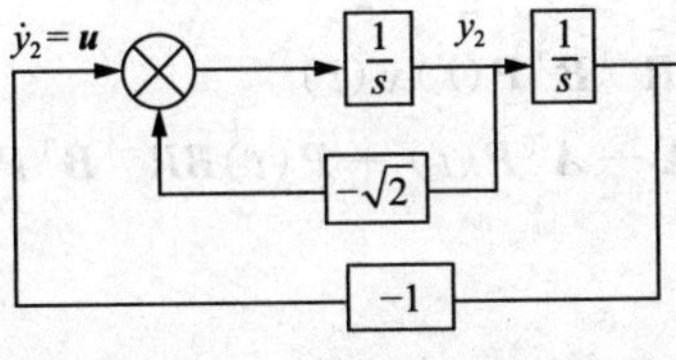

6-4 最优轨迹 $x(t) = \dfrac{2}{4e^3 - 3}(4e^3 - 3e^{3t})e^{-\frac{3}{2}t}$

6-5 证明(略)。

6-6 $\boldsymbol{u}^*(t) = -\boldsymbol{K}(t)\boldsymbol{x}(t)$

其中，$\boldsymbol{K}(t) = \boldsymbol{R}^{-1}(t)[\boldsymbol{B}^{\mathrm{T}}(t)\boldsymbol{P}(t) + \boldsymbol{M}^{\mathrm{T}}(t)]$

$\boldsymbol{P}(t)$ 是下列黎卡提方程的解

$$\dot{\boldsymbol{P}}(t) = -\boldsymbol{P}(t)\boldsymbol{A}(t) - \boldsymbol{A}^{\mathrm{T}}(t)\boldsymbol{P}(t) + \boldsymbol{K}^{\mathrm{T}}(t)\boldsymbol{R}(t)\boldsymbol{K}(t) - \boldsymbol{Q}(t)$$

边界条件为　$\boldsymbol{P}(t_f) = \boldsymbol{F}$

6-7 证明(略)。

6-8 最优控制：$\boldsymbol{u}^*(t) = -t_0\boldsymbol{x}_0 t^{-2}$

最优轨迹：$\boldsymbol{x}(t)=t_0\boldsymbol{x}_0t^{-1}$

6-9 最优控制：$\boldsymbol{u}^*(k)=-(\boldsymbol{R}+\boldsymbol{B}^{\mathrm{T}}\boldsymbol{PB})^{-1}\boldsymbol{B}^{\mathrm{T}}\boldsymbol{PA}\begin{bmatrix}x_1(k)\\x_2(k)\end{bmatrix}$

$$=-\left[\frac{1}{2},\frac{1}{2}\right]\begin{bmatrix}x_1(k)\\x_2(k)\end{bmatrix}$$

6-10 最优控制序列：

$$u^*(0)=-K(0)x(0)=-\frac{4(r+2)}{(r+4)^2+4r}x(0)$$

$$u^*(1)=-K(1)x(1)=-\frac{2}{r+4}x(1)$$

$$u^*(2)=-K(2)x(2)=0$$

第 7 章　习题答案

7-1 最优控制序列：$[u(0),u(1)]=[1,4/3]$

7-2 最优控制序列：$[u^*(0)\quad u^*(1)\quad u^*(2)]=[-1\quad -1\quad 0]$

7-3 最优控制：$u^*(0)=-3/2,u^*(1)=0$

最优状态：$\begin{bmatrix}x_1(1)\\x_2(1)\end{bmatrix}=\begin{bmatrix}1/2\\1\end{bmatrix},\begin{bmatrix}x_1(2)\\x_2(2)\end{bmatrix}=\begin{bmatrix}1\\3/2\end{bmatrix}$

7-4 最优控制：$[u^*(0)\quad u^*(1)\quad u^*(2)\quad u^*(3)]=[-1\quad 3\quad 1\quad 1]$

最优状态：$[x^*(0)\ x^*(1)\ x^*(2)\ x^*(3)\ x^*(4)]=[0\ -1\ 0\ 1\ 2]$

最优性能指标：$J^*[x(0)]=0$

7-5 最优控制：$\boldsymbol{u}^*(t)=(1-\sqrt{2})x_1-\sqrt{-1+2\sqrt{2}}\,x_2$

7-6 最优控制：$[u^*(0),u^*(1)]=\left[-\frac{1}{2}x(0)-x(-1),0\right]$

7-7 最优控制：$\boldsymbol{u}^*(t)=-\boldsymbol{R}^{-1}\boldsymbol{B}^{\mathrm{T}}\boldsymbol{P}(t)\boldsymbol{x}(t)$

$$\dot{\boldsymbol{P}}(t)=-\boldsymbol{Q}-\boldsymbol{P}(t)\boldsymbol{A}-\boldsymbol{A}^{\mathrm{T}}\boldsymbol{P}(t)+\boldsymbol{P}(t)\boldsymbol{BR}^{-1}\boldsymbol{B}^{\mathrm{T}}\boldsymbol{P}(t),\quad \boldsymbol{P}(t_f)=\boldsymbol{S}$$

7-8 证明(略)。

参考文献

[1] 沈智鹏. 最优控制. 大连:大连海事大学出版社,2013.

[2] 陈宝林. 最优化理论与算法. 第 2 版. 北京:清华大学出版社,2005.

[3] 赫孝良,葛照强. 最优化与最优控制. 西安:西安交通大学出版社,2009.

[4] 王朝珠,秦化淑. 最优控制理论. 北京:科学出版社,2005.

[5] 解学书. 最优控制理论与应用. 北京:清华大学出版社,1986.

[6] 李国勇. 最优控制理论及参数优化. 北京:国防工业出版社,2006.

[7] 蔡宣三. 最优化与最优控制. 北京:清华大学出版社,1982.

[8] 李友善. 自动控制原理(下册). 第 2 版. 北京:国防工业出版社,1997.

[9] 胡寿松,王执铨,胡维礼. 最优控制理论与系统. 第 2 版. 北京:科学出版社,2005.

[10] 刘培玉. 应用最优控制. 大连:大连理工大学出版社,1990.

[11] 胡寿松. 自动控制原理. 第 4 版. 北京:科学出版社,2000.

[12] 王贞荣. 最优控制. 北京:冶金工业出版社,1989.

[13] 巨永锋,李登峰. 最优控制. 重庆:重庆大学出版社,2005.

[14] 徐湘元. 最优控制的要点·例题·习题. 广州:华南理工大学出版社,1996.

[15] 张洪钺,王青. 最优控制理论与应用. 北京:高等教育出版社,2006.

[16] 王晓陵,陆军. 最优化方法与最优控制. 哈尔滨:哈尔滨工程大学出版社,2010.

[17] 符曦. 系统最优化及控制. 北京:机械工业出版社,1995.

[18] 秦寿康,张正方. 最优控制. 北京:电子工业出版社,1990.

[19] 邢继祥,张春蕊,徐洪泽. 最优控制应用基础. 北京:科学出版社,2003.

[20] 布莱森,何毓琦. 应用最优控制——最优化·估计·控制. 钱洁文等,译. 北京:国防工业出版社,1982.

[21] 庞特里亚金. 最佳过程的数学理论. 陈祖浩,译. 上海:上海科技出版社,1965.

[22] 邵克勇,王婷婷,宋金波. 最优控制理论与应用. 北京:化学工业出版社,2011.

[23] 李传江,马广富. 最优控制. 北京:科学出版社,2011.

[24] 吴沧浦. 最优控制理论与方法. 北京:国防工业出版社,2000.

图书在版编目(CIP)数据

最优控制理论与方法/邵克勇，王婷婷，宋金波编著. —东营：中国石油大学出版社，2015.8
ISBN 978-7-5636-4888-7

Ⅰ.①最… Ⅱ.①邵… ②王… ③宋… Ⅲ.①最佳控制—数学理论 Ⅳ.①O232

中国版本图书馆 CIP 数据核字(2015)第 185912 号

石油高等教育教材出版基金资助出版

书　　名：最优控制理论与方法
作　　者：邵克勇　王婷婷　宋金波

责任编辑：高　颖(电话 0532—86983568)
封面设计：赵志勇

出 版 者：中国石油大学出版社(山东 东营　邮编 257061)
网　　址：http://www.uppbook.com.cn
电子信箱：shiyoujiaoyu@126.com
印 刷 者：沂南县汶凤印刷有限公司
发 行 者：中国石油大学出版社(电话 0532—86981531，86983437)
开　　本：185 mm×260 mm　印张：16　字数：386 千字
版　　次：2015 年 8 月第 1 版第 1 次印刷
定　　价：40.00 元